ENERGIA E FLUIDOS

Volume 1 – Termodinâmica

João Carlos Martins Coelho

ENERGIA E FLUIDOS

Volume 1 – Termodinâmica

Energia e Fluidos – volume 1: Termodinâmica

Editora Edgard Blücher Ltda.

Blucher

Rua Pedroso Alvarenga, 1245, 4º andar
04531-934 – São Paulo – SP – Brasil
Tel.: 55 11 3078-5366
contato@blucher.com.br
www.blucher.com.br

Segundo o Novo Acordo Ortográfico, conforme
5. ed. do *Vocabulário Ortográfico da Língua
Portuguesa*, Academia Brasileira de Letras,
março de 2009.

FICHA CATALOGRÁFICA

Coelho, João Carlos Martins
    Energia e fluidos, volume 1 : termodinâmica / João
Carlos Martins Coelho. — São Paulo : Blucher, 2016.
    330 p. : il.

Bibliografia
ISBN 978-85-212-0945-4

1. Engenharia mecânica 2. Engenharia térmica
3. Termodinâmica I. Título

15-0856   CDD   621.402

Índices para catálogo sistemático:
1. Engenharia térmica

Prefácio

Com o passar do tempo, o ensino das disciplinas da área da Engenharia Mecânica, frequentemente denominada Engenharia Térmica, começou a ser realizado utilizando diversas abordagens. Em alguns cursos de engenharia foi mantido o tratamento tradicional desse assunto dividindo-o em três disciplinas clássicas: Termodinâmica, Mecânica dos Fluidos e Transferência de Calor. Em contraposição a essa abordagem, existe o ensino dos tópicos da Engenharia Térmica agrupados em duas disciplinas, sendo uma a Termodinâmica e outra a constituída pela união de mecânica dos fluidos e transmissão de calor, frequentemente denominada Fenômenos de Transporte. Por fim, há casos em que se agrupam todos os tópicos abordados pelas disciplinas clássicas em um único curso que recebe denominações tais como Fenômenos de Transporte, Ciências Térmicas e Engenharia Térmica.

Tendo em vista esse cenário, verificamos a necessidade de criar uma série de livros que permitisse o adequado apoio ao desenvolvimento de cursos que agrupassem diversos tópicos, permitindo ao aluno o trânsito suave através dos diversos assuntos abrangidos pela Engenharia Térmica. Nesse contexto, nos propusemos a iniciar a preparação desta série por meio da publicação de três livros, abordando conhecimentos básicos, com as seguintes características:

- serem organizados de forma a terem capítulos curtos, porém em maior número. Dessa forma cada assunto é tratado de maneira mais compartimentada, facilitando a sua compreensão ou, caso seja desejo do professor, a sua exclusão de um determinado curso;
- terem seus tópicos teóricos explanados de forma precisa, no entanto concisa, premiando a objetividade e buscando a rápida integração entre o aluno e o texto;
- utilizarem uma simbologia uniforme ao longo de todo o texto independentemente do assunto tratado, buscando reduzir as dificuldades do aluno ao transitar, por exemplo, da termodinâmica para a mecânica dos fluidos;
- incluírem nos textos teóricos, sempre que possível, correlações matemáticas equivalentes a correlações gráficas. O objetivo não é eliminar as apresentações gráficas, mas sim apresentar, adicionalmente, correlações que possam ser utilizadas em cálculos computacionais;
- apresentarem uma boa quantidade de exercícios resolvidos com soluções didaticamente detalhadas, de modo que o aluno possa entendê-los com facilidade, sem auxílio de professores; e
- utilizarem apenas o Sistema Internacional de Unidades.

Um dos problemas enfrentados ao se escrever uma série como é a dificuldade de definir quais tópicos devem ou não ser abordados e com qual profundidade eles serão tratados. Diante dessa questão, realizamos algumas opções com o propósito de tornar os livros atraentes para os estudantes, mantendo um padrão de qualidade adequado aos bons cursos de engenharia.

A coleção de exercícios propostos e resolvidos apresentada ao longo de toda a série é fruto do trabalho didático que, naturalmente, foi realizado ao longo dos últimos 15 anos com apoio de outros textos. Assim, é inevitável a ocorrência de semelhanças com exercícios propostos por outros autores, especialmente em se tratando dos exercícios que usualmente denominamos clássicos. Pela eventual e não intencional semelhança, pedimos desculpas desde já.

Uma dificuldade adicional na elaboração de livros-texto está na obtenção de tabelas de propriedades termodinâmicas e de transporte de diferentes substâncias. Optamos por vencer essa dificuldade desenvolvendo uma parcela muito significativa das tabelas apresentadas nesta série utilizando um programa computacional disponível no mercado.

Finalmente, expressamos nossos mais profundos agradecimentos a todos os professores que, com suas valiosas contribuições e com seu estímulo, nos auxiliaram ao longo destes anos na elaboração deste texto. Em particular, agradecemos ao Prof. Dr. Antônio Luiz Pacífico, Prof. Dr. Marco Antônio Soares de Paiva, Prof. Me. Marcelo Otávio dos Santos, Prof. Dr. Maurício Assumpção Trielli, Prof. Dr. Marcello Nitz da Costa e, também, aos muitos alunos da Escola de Engenharia Mauá que, pelas suas observações, críticas e sugestões, contribuíram para o enriquecimento deste texto.

João Carlos Martins Coelho

jcmcoelho@maua.br

Conteúdo

Lista dos principais símbolos

Símbolo	Denominação	Unidade
A	Área	m^2
a	Aceleração	m/s^2
c	Calor específico	$J/(kg.K)$
c_p	Calor específico a pressão constante	$J/(kg.K)$
c_v	Calor específico a volume constante	$J/(kg.K)$
d	Diâmetro	m
d_r	Densidade ou densidade relativa	
E	Energia	J
e	Energia específica	J/kg
e	Espessura	m
F	Força	N
G	Irradiação	W/m^2
g	Aceleração da gravidade local	m/s^2
H	Entalpia	J
h	Entalpia específica	J/kg
h	Coeficiente de transferência de calor por convecção	$W/(m^2.K)$
k	Razão entre os calores específicos a pressão constante e a volume constante	
k	Condutibilidade térmica	$W/(m.K)$
M	Massa molar de uma substância pura	$kg/kmol$
m	Massa	kg
$\dot{m}$	Vazão mássica	kg/s
P	Perímetro	m
p	Pressão	Pa
Q	Calor	J
q	Calor por unidade de massa	J/kg
$\dot{Q}$	Taxa de calor	W
$\dot{Q}'$	Taxa de calor por unidade de comprimento	W/m
R	Constante particular de um gás tido como ideal	$kJ/(kg.K)$

Símbolo	Denominação	Unidade
$\bar{R}$	Constante universal dos gases ideais (= 8314,5)	J/(mol.K)
S	Entropia	kJ/K
s	Entropia específica	kJ/(kg.K)
T	Temperatura	K
t	Tempo	s
U	Energia interna	J
u	Energia interna específica	kJ/kg
$\cancel{V}$	Volume	m³
v	Volume específico	m³/kg
$\dot{\cancel{V}}$	Vazão volumétrica	m³/s
V	Velocidade	m/s
W	Trabalho	kJ
w	Trabalho específico ou por unidade de massa	kJ/kg
$\dot{W}$	Potência	W
x	Título de uma mistura líquido-vapor	
y	Fração mássica	
$\bar{y}$	Fração molar	
Z	Fator de compressibilidade	
z	Elevação	m
Símbolos Gregos		
β	Coeficiente de expansão volumétrica	K⁻¹
β	Coeficiente de desempenho	
ϕ	Umidade relativa	
γ	Peso específico	kg/(m².s²)
η	Rendimento térmico	
θ	Diferença de temperatura	K
ρ	Massa específica	kg/m³
σ	Produção de entropia	kJ/K
$\dot{\sigma}$	Taxa de produção de entropia	W/K
Ω	Velocidade angular	s⁻¹
ω	Umidade absoluta	kg água/kg ar seco

Introdução

Faz parte da nossa vida um imenso conjunto de atividades tais como: tomar sol na praia, assar um bolo, fazer um churrasco, beber algo gelado e assim por diante. Observando-as, notamos que elas envolvem algo que denominamos, no nosso dia a dia, *energia*. À medida que ampliamos as nossas observações, notamos que a energia está praticamente correlacionada com todas as nossas atividades e que esta relação da energia com as nossas vidas e com as nossas necessidades é, a cada dia, mais profunda. Esta correlação entre o nosso viver e a energia pode aguçar a nossa curiosidade, despertar a nossa atenção e nos conduzir a elaborar questões como: O que é uma central termoelétrica? Como funciona o motor de um automóvel? Como o ar é resfriado em um aparelho de ar condicionado? Como opera a turbina de um avião a jato? Quanto combustível é necessário queimar para aquecer um determinado forno? Como funciona um compressor de ar? Qual é a quantidade de ar que devo injetar no pneu do meu automóvel para que eu possa utilizá-lo com segurança?

Para responder a esse tipo de questão, necessitamos adquirir conhecimentos sobre como e por que alguns fenômenos ocorrem, quais são os seus efeitos, como quantificá-los, como reproduzi-los, e assim por diante. Para preparar profissionais para responder a essas questões, torna-se necessário o estudo das ciências térmicas, considerado de fundamental importância na engenharia e, em particular, no estudo da Termodinâmica, ao qual este livro se dedica.

Complementarmente, notamos que termos tais como *efeito estufa* e *desenvolvimento* sustentável também fazem parte do nosso dia a dia. O que tem causado o efeito estufa? O que é necessário para viver em condição de desenvolvimento sustentável? As respostas que devem ser dadas a essas questões estão atreladas ao estudo das ciências térmicas, em particular, à energia, termo já conhecido do estudante e que será cuidadosamente explorado neste livro.

Com propósito essencialmente pedagógico, optou-se pela organização dos assuntos aqui tratados seguindo-se a sequência tradicional na qual se aborda o conjunto de conhecimentos fundamentais que constituem a Termodinâmica. O estudo conjunto desses conhecimentos tem o propósito de permitir, por exemplo, o entendimento de vários fenômenos de interesse em engenharia que ocorrem em máquinas e equipamentos que precisam ser compreendidos e avaliados.

Para realizarmos os nossos estudos, é fundamental trabalhar bem com unidades de medida, lembrando sempre de que erros de cálculo gerados pelo desconhecimento de unidades são dispendiosos e não podem, de forma alguma, ser cometidos por engenheiros. Não podemos esquecer que existem diversos sistemas de unidades que podem ser utilizados e que, no Brasil, o sistema legalmente recomendado é o Sistema Internacional de Unidades (SI). Este será o único utilizado ao longo deste texto.

Na Tabela 1.1 apresentamos algumas unidades de interesse imediato, mesmo que associadas a grandezas que ainda serão definidas ao longo do texto.

Tabela 1.1   Algumas unidades

Grandeza	Unidade	Símbolo	Equivalências	
Massa	quilograma	kg	–	–
Comprimento	metro	m	–	–
Tempo	segundo	s	–	–
Tempo	minuto	min	–	–
Tempo	hora	h	–	–
Temperatura	grau Celsius	°C	–	–
Força	newton	N	$kg.m/s^2$	–
Pressão	pascal	Pa	N/m^2	$kg/(m.s^2)$
Energia	joule	J	N.m	$kg.m^2/s^2$
Potência	watt	W	J/s	$kg.m^2/s^3$

Observe que a denominação das unidades se escreve com letras minúsculas, mesmo que elas derivem de nomes de pessoas, como, por exemplo, o newton. A única exceção a esta regra é a unidade de temperatura, denominada grau Celsius. Note que os símbolos das unidades cujos nomes são derivados de nomes próprios são sempre escritos com letras maiúsculas, por exemplo: N, J, W etc.

Cuidado: unidades não são grafadas no plural. A quantidade cem metros deve ser grafada como 100 m, dez horas como 10 h, e assim por diante. Recomenda-se que entre o numeral e a sua unidade seja deixado um espaço em branco.

Na Tabela 1.2 apresentamos prefixos das unidades. Note que o prefixo quilo, k, sempre se escreve com letra minúscula.

Tabela 1.2   Prefixos

Prefixo	Símbolo	Fator multiplicativo	Prefixo	Símbolo	Fator multiplicativo
tera	T	10^{12}	mili	m	10^{-3}
giga	G	10^{9}	micro	μ	10^{-6}
mega	M	10^{6}	nano	n	10^{-9}
quilo	k	10^{3}	pico	p	10^{-12}

Uma das necessidades de uma série voltada ao estudo das Ciências Térmicas e, em particular, de um livro voltado ao estudo dos fundamentos da termodinâmica é dispor de um conteúdo razoável de informações sobre substâncias diversas. Para suprir essa necessidade, optou-se pelo uso de um programa computacional para desenvolver as tabelas de propriedades termodinâmicas e de transporte contidas em seus apêndices.

No estudo das ciências térmicas nos deparamos com uma grande quantidade de variáveis, e um problema usual no estudo de qualquer assunto é o uso do mesmo símbolo para diversas variáveis. Buscando contornar da melhor foma possível esse problema, pelo menos parcialmente. Mesmo sem ainda ter definido algumas grandezas, observamos que optamos por utilizar a letra V ("vê" maiúscula) para simbolizar a *velocidade* e a letra $\mathcal{V}$ ("vê" maiúscula cortada) para simbolizar a grandeza *volume*. Em decorrência, o símbolo a ser utilizado para a vazão será $\dot{\mathcal{V}}$, reservando-se a letra Q para simbolizar a grandeza *calor*.

CAPÍTULO 1

PRIMEIROS CONCEITOS

Ao estudar um fenômeno físico, podemos utilizar duas metodologias distintas de observação. A primeira consiste em escolher e identificar uma determinada massa do material objeto de estudo, e observá-la. A segunda consiste em identificar um determinado espaço físico e voltar a atenção para as ocorrências que se darão nesse espaço. Neste contexto, definimos:

- *Sistema*: é uma determinada quantidade fixa de massa, previamente escolhida e perfeitamente identificada, que será objeto da atenção do observador.

- *Volume de controle*: é um espaço, previamente escolhido, que será objeto de atenção do observador, permitindo a análise de fenômenos com ele relacionados.

Ao analisar a definição de sistema, vemos que uma das palavras-chave é "escolhida", porque cabe a quem for analisar o fenômeno escolher a massa que será objeto de estudo. Essa massa será separada do meio que a circunda por uma superfície denominada *fronteira* do sistema, a qual poderá se deformar com o passar do tempo. Como a massa do sistema é fixa e perfeitamente identificada, não há nenhum tipo de transferência de massa através da sua fronteira.

O volume de controle também deve ser escolhido pelo observador. É delimitado por uma superfície denominada *superfície de controle*, a qual também pode se deformar com o passar do tempo. Note que o volume de controle poderá estar em movimento em relação a um sistema de coordenadas e que, normalmente, através da superfície de controle ocorre transferência de massa.

1.1 CARACTERIZAÇÃO DAS SUBSTÂNCIAS

Ao analisar os fenômenos que podem ocorrer em um sistema, nos deparamos com a necessidade de poder caracterizá-los quantitativamente. Isso somente é possível se formos capazes de caracterizar de forma quantitativa a substância em estudo. A nossa experiência mostra que, na natureza, as substâncias podem se apresentar em diversas condições. A água, por exemplo, pode se apresentar como um líquido, sólido ou vapor. Cada quantidade totalmente homogênea de uma substância será chamada *fase*. Assim, o primeiro nível de caracterização de uma substância é o de estabelecer em que fase ela se encontra. No entanto, nota-se que uma substância pode existir em uma determinada fase em diversas condições. Por exemplo: a água na fase líquida pode existir em diversas temperaturas.

Cada condição em que uma substância se apresenta é denominada *estado*, e o estado é caracterizado pelas propriedades da substância, por exemplo: pressão e temperatura. Desta forma, tem-se que o estado é definido pelas propriedades, e o conhecimento das propriedades de uma substância nos diz em qual estado ela se encontra.

Podemos também considerar que, do ponto de vista das ciências térmicas, a matéria se apresenta como sólido ou como *fluido*. O que diferencia um do outro é o fato de que os sólidos e os fluidos apresentam diferentes comportamentos quando submetidos a tensões de cisalhamento. Um sólido tem a capacidade de resistir a elas deformando-se estaticamente, enquanto que um fluido não tem a capacidade de resistir a essas tensões da mesma maneira que um sólido, já que suas partículas se deformam e se movimentam de forma relativamente fácil ao serem submetidas a tensões de cisalhamento. Assim, podemos dizer que líquidos, gases e vapores são fluidos.

1.2 AS PRIMEIRAS PROPRIEDADES

Ao trabalhar com propriedades, verificamos que podemos abordar a matéria constituinte de um sistema do ponto de vista macroscópico ou microscópico. A abordagem microscópica leva a um tratamento estatístico que não é o propósito deste texto, mas que pode se tornar importante quando se pretende analisar, por exemplo, escoamentos de gases rarefeitos. Por outro lado, estamos diretamente interessados no comportamento global do conjunto de partículas que compõe a matéria, o que recomenda o seu tratamento segundo a visão macroscópica. Essa abordagem nos permite adotar a hipótese de que a matéria objeto de estudo está sempre uniformemente distribuída ao longo de uma determinada região tão diminuta quanto se queira e que, por esse motivo, pode ser tratada como infinitamente divisível, ou seja: como um *meio contínuo*.

As propriedades de uma determinada substância podem depender ou não da sua massa. As que dependem da massa são chamadas *extensivas*, e as que não dependem são chamadas *intensivas*. Como exemplo, tem-se: o volume total de uma determinada quantidade de água é uma propriedade extensiva, enquanto que a temperatura em um determinado ponto dessa massa de água é uma propriedade intensiva.

1.2.1 Volume específico e massa específica

A *massa específica* de uma substância, ρ, é definida como:

$$\rho = \lim_{V \to V_0} \frac{m}{V} \tag{1.1}$$

onde o volume V_0 é o menor volume para o qual a substância pode ser tratada como um meio contínuo. Sua unidade no Sistema Internacional de Unidades é kg/m^3.

O *volume específico* de uma substância, v, é uma propriedade intensiva definida como sendo o inverso da massa específica, ou seja:

$$v = \frac{1}{\rho} \tag{1.2}$$

No Sistema Internacional de Unidades, sua unidade é m³/kg.

1.2.2 Pressão

Pressão, p, é uma propriedade intensiva definida como:

$$p = \lim_{A \to A_0} \frac{F_n}{A} \qquad (1.3)$$

onde F_n é a magnitude da componente normal da força F aplicada sobre a área A, e A_0 é a menor área para a qual o meio puder ser tomado como contínuo. No Sistema Internacional de Unidades, sua unidade é o pascal: $1\ Pa = 1\ N/m^2$, sendo com frequência utilizados os seus múltiplos, kPa e MPa. Outras unidades usuais são: o bar (1 bar = 100000 Pa) e a atmosfera (1 atm = 101325 Pa).

O meio mais comum de medição resulta na determinação da diferença entre duas pressões e, neste caso, a pressão medida é dita *relativa*. A pressão relativa de uso mais comum consiste naquela determinada utilizando-se instrumentos denominados *manômetros*, os quais medem, usualmente, a diferença entre a pressão desconhecida e a atmosférica. A pressão assim medida é denominada pressão manométrica ou efetiva, e é, por definição, a diferença entre a pressão absoluta e a pressão atmosférica, ou seja:

$$p = p_m + p_{atm} \qquad (1.4)$$

onde p_m é a pressão manométrica, p é a pressão absoluta, e p_{atm} é a pressão atmosférica local. A Figura 1.1 esquematiza o relacionamento entre as pressões definido por meio da Equação (1.4).

A pressão atmosférica é medida utilizando-se um instrumento denominado *barômetro* e, por esse motivo, é frequentemente denominada pressão barométrica.

Dessa forma, a determinação da pressão absoluta, muitas vezes, se dá pela medida da pressão manométrica, à qual é adicionado o valor da pressão atmosférica local. Observamos que os manômetros e o seu uso para a medição da pressão são analisados no volume destinado ao estudo da mecânica dos fluidos.

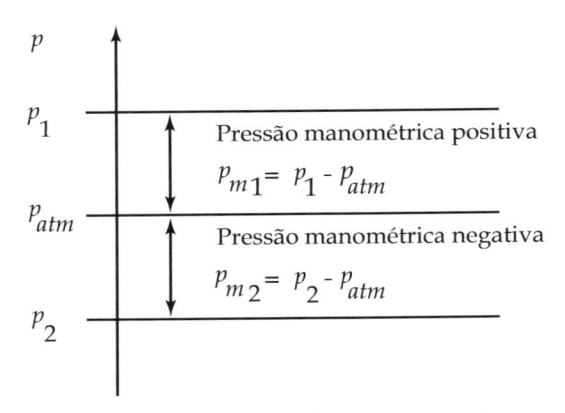

Figura 1.1 Pressão absoluta e manométrica

1.2.3 Densidade

A grandeza *densidade*, também denominada *densidade relativa* ou *gravidade específica*, é uma propriedade adimensional definida como a relação entre a massa específica de um fluido e uma de referência, podendo, assim, ser definida para líquidos e para gases ou vapores.

Para líquidos, esta propriedade é definida como sendo a razão entre a massa específica do fluido e a da água na fase líquida. Opta-se, neste texto, pelo uso de um valor de referência fixo, tendo-se para tal escolhido a massa específica da água a 4°C e 1 bar, que é igual a 1000 kg/m³, ou seja:

$$d_{r\ \text{líquidos}} = \frac{\rho}{\rho_{\text{água a 4°C e 1 bar}}} \qquad (1.5)$$

Embora pouco utilizada, esta propriedade é definida para gases ou vapores como a razão entre a massa específica do fluido e a do ar. Similarmente, opta-se pela adoção do valor de referência igual à massa específica do ar a 21°C e 1 bar, igual a 1,2 kg/m³. Ou seja:

$$d_r \text{ gases} = \frac{\rho}{\rho_{ar \text{ a } 21°C \text{ e } 1 \text{ bar}}} \qquad (1.6)$$

1.2.4 Temperatura e a Lei Zero da termodinâmica

Esta é uma propriedade que não pode ser definida sem o conhecimento das leis da termodinâmica. Por esse motivo, opta-se por aceitar, por hora, o seu conceito popular, que é o de ser uma propriedade que indica quão quente ou frio está um corpo. O grande problema dessa conceituação reside no fato de que as palavras *quente* e *frio* têm significado subjetivo. Por outro lado, a Lei Zero da Termodinâmica estabelece que *se dois corpos estão em equilíbrio térmico com um terceiro corpo, então estão em equilíbrio térmico entre si*. Essa lei permite a criação de um instrumento de medida de temperatura, conhecido por todos, denominado *termômetro*. A utilização desse instrumento de medida elimina a subjetividade, e não dizemos mais que um corpo está quente ou frio, mas que o corpo está em uma determinada temperatura.

Os termômetros, para poderem operar, são calibrados em escalas de temperatura. A mais utilizada no Brasil é a escala Celsius, que foi originalmente concebida atribuindo-se o valor *zero* à temperatura do gelo fundente e o valor *cem* à temperatura da vaporização da água, ambos à pressão de 1 atm. A unidade de medida de temperatura nessa escala é o grau Celsius, °C. A ela, associa-se uma escala absoluta denominada Kelvin, na qual a unidade de medida de temperatura é o kelvin, K. As escalas Celsius e Kelvin se correlacionam por intermédio da seguinte expressão:

$$K = °C + 273,15 \qquad (1.7)$$

1.2.5 Energia

No início de um curso sobre energia e fluidos, não é possível definir precisamente o que é energia. Entretanto, de maneira geral, o aluno tem um conceito intuitivo do que seja essa grandeza física conhecendo suas manifestações nas formas de energia cinética e de energia potencial.

A energia cinética de um sistema com massa m que esteja se movimentando com velocidade V é dada por:

$$E_c = m\frac{V^2}{2} \qquad (1.8)$$

Esse mesmo sistema posicionado em uma cota z terá sua energia potencial dada por:

$$E_p = mgz \qquad (1.9)$$

O aluno deve observar que essa energia potencial é manifestada pelo fato de o sistema ocupar uma posição em um campo gravitacional. Poderíamos, portanto, supor a existência de outros campos e tecer considerações similares; entretanto, ao longo deste texto será sempre estabelecido como hipótese que a matéria esta sujeita apenas e tão somente ao campo gravitacional.

Tanto a energia cinética quanto a potencial permitem descrever parcialmente o estado energético de um sistema quando observado do ponto de vista macroscópico. Entretanto, devemos ser capazes de perceber que elas podem se manifestar também microscopicamente. Por exemplo, por meio da agitação molecular. Se nos propusermos a visualizar a matéria do ponto de vista microscópico, perceberemos que a energia se apresentará também de outras formas, e sua variação promoverá alterações que poderão ser evidenciadas macroscopicamente. Por exemplo, pela mudança da sua temperatura, pela alteração da sua cor, pela ocorrência de mudança de fase ou de estado de agregação.

O estado energético da matéria em nível microscópico será, neste texto, descrito pela sua *energia interna*, de forma que a energia total de um sistema será a qualquer instante sempre igual à soma das suas energias interna, cinética e potencial. A energia interna será simbolizada pela letra U, e, tendo optado pelo uso do Sistema Internacional de Unidades, sua unidade será o joule ($1\ J = 1\ N.m$). Dessa forma, a energia total de um sistema, em um dado instante, será igual a:

$$E = U + E_c + E_p = U + m\frac{V^2}{2} + mgz \quad (1.10)$$

A energia também pode ser quantificada por unidade de massa e, assim, tratada como uma propriedade intensiva, utilizando-se como símbolos letras minúsculas. Assim, a energia específica total de um sistema em um dado instante será:

$$e = u + e_c + e_p = u + \frac{V^2}{2} + gz \quad (1.11)$$

1.3 PROCESSOS E CICLOS

Diz-se que uma substância está em equilíbrio termodinâmico se ela estiver, simultaneamente, em equilíbrio mecânico, químico, de fases e térmico.

Quando os valores de propriedades de um sistema mudam, entende-se que há uma mudança do estado. Ao se observar essa mudança de estado, nota-se que o sistema passa por uma série infinita de estados intermediários. Esse conjunto infinito de estados descreve um caminho percorrido pelo sistema, o qual é denominado *processo*.

Naturalmente, um processo real somente ocorre em condição de não equilíbrio termodinâmico. Entretanto, um modelo bastante simplificado é aquele no qual se pode supor que, durante o desenvolvimento de um determinado processo, os desvios do equilíbrio são mínimos e, por esse motivo, qualquer estado intermediário entre seus estados inicial e final pode ser considerado em equilíbrio. Esse processo é denominado *processo de quase equilíbrio*.

Para exemplificar, pode-se considerar a massa de ar contida no conjunto cilindro-pistão esquematizado na Figura 1.2. Considere-se que em um instante o ar esteja no estado inicial, e que a seguir o pistão comece a se mover de modo que tanto o volume quanto a temperatura do ar sejam alterados até que seja atingido um estado final. O conjunto dos infinitos estados descritos pelos pares pressão-volume registrados no diagrama $p\text{x}V$ representa o processo ao qual o ar contido no conjunto cilindro-pistão foi submetido.

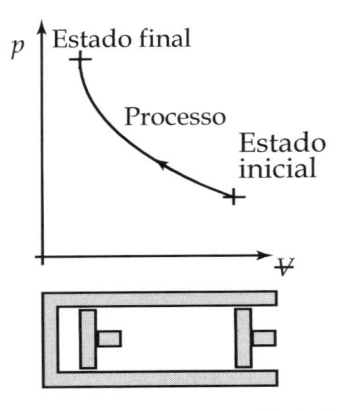

Figura 1.2 Processo termodinâmico

Considere, agora, que um sistema seja submetido continuamente a um conjunto de processos subsequentes, de forma que ao final do último processo o sistema retorne ao seu estado inicial. Neste caso dizemos que o sistema percorreu um *ciclo termodinâmico*. Na Figura 1.3, apresenta-se um diagrama $p\text{x}V$ no qual está representado um ciclo termodinâmico constituído por dois processos que ocorrem a pressão constante, e por dois processos que ocorrem a volume constante.

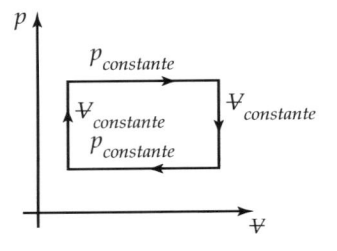

Figura 1.3 Ciclo termodinâmico

1.4 EXERCÍCIOS RESOLVIDOS

Er1.1 No conjunto cilindro-pistão da Figura Er1.1, tem-se 0,1 kg de ar. O diâmetro do pistão é igual a 0,1 m, a sua massa é igual a 20 kg e a pressão atmosférica, p_{atm}, é igual a 101,3 kPa. Determine a pressão do ar.

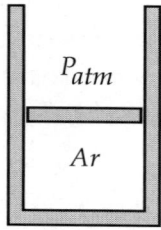

Figura Er1.1   Figura Er1.1-a

Solução

a) Dados e considerações
*   Fluido: ar.
*   Massa: $m = 0,1$ kg.
*   Diâmetro do pistão: $d = 0,1$ m.
*   Massa do pistão: $m_p = 20$ kg.
* $p_{atm} = 101,3$ kPa.
*   Aceleração da gravidade: $g = 9,81$ m/s².
*   Sistema adotado: pistão.

b) Análise e cálculos

O conjunto das forças que agem no pistão encontra-se indicado na Figura Er1.1-a. Tais forças são:

F_p = módulo da força peso do pistão.

F_{ar} = módulo da força aplicada ao pistão devida à pressão absoluta do ar presente no interior do conjunto cilindro-pistão.

F_{atm} = módulo da força, devida a p_{atm}, aplicada ao pistão.

Como o pistão encontra-se em equilíbrio, vem:

$$F_{ar} = F_p + F_{atm}$$

$$F_{ar} = p_{ar} \frac{\pi d^2}{4}, \ F_{atm} = 795,6 \text{ N e } F_p =$$

$$m_g g = 196,2 \text{ N}$$

$$F_{ar} = p_{ar} \frac{\pi d^2}{4}$$

Substituindo-se os valores calculados na equação de equilíbrio de forças, tem-se:

$$F_{ar} = 196,2 + 795,6 = 991,8 \text{ N}$$

A pressão do ar será: $p_{ar} = 126,3$ kPa

Er1.2 No conjunto cilindro-pistão da Figura Er1.2, tem-se 0,1 kg de ar. O diâmetro do pistão é igual a 0,05 m, a sua massa é igual a 80 kg e a pressão atmosférica é igual 100 kPa. Qual deve ser a pressão do ar que fará com que o pistão comece a se mover?

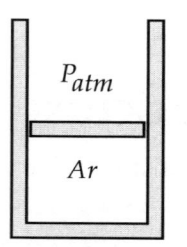

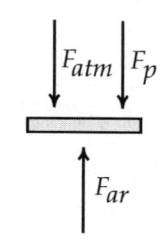

Figura Er1.2   Figura Er1.2-a

Solução

a) Dados e considerações
*   Fluido: ar.
*   Massa: $m = 0,1$ kg.
*   Diâmetro do pistão: $d = 0,05$ m.
*   Massa do pistão $= m_p = 80$ kg.
* $p_{atm} = 100$ kPa;
*   Aceleração da gravidade: $g = 9,81$ m/s².
*   Sistema adotado: pistão.

b) Análise e cálculos

O conjunto das forças que agem no pistão encontra-se indicado na Figura Er1.2-a. Tais forças são:

F_p = módulo da força peso do pistão.

F_{ar} = módulo da força aplicada ao pistão devida a p_{ar}, pressão absoluta do ar presente no interior do conjunto cilindro-pistão.

F_{atm} = módulo da força devida a p_{atm} aplicada ao pistão.

Como o pistão encontra-se em equilíbrio, vem:

$$F_{ar} = F_p + F_{atm}$$

$$F_{atm} = p_{atm}\frac{\pi d^2}{4} = 196,4 \text{ N e}$$

$$F_p = m_p g = 784,5 \text{ N}$$

$$F_{ar} = p_{ar}\frac{\pi d^2}{4}$$

Substituindo-se os valores calculados na equação de equilíbrio de forças, tem-se:

$$p_{ar}\frac{\pi d^2}{4} = 196,4 + 784,5$$

A pressão do ar será: p_{ar} = 499,6 kPa

Er1.3 Considere o conjunto cilindro-pistão mostrado na Figura Er1.3. A massa do pistão é igual a 5 kg, a sua área é igual a 0,05 m², e a pressão atmosférica local é igual a 100 kPa. Determine a pressão absoluta do ar contido no conjunto.

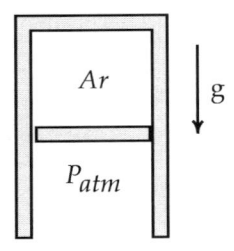

Figura Er1.3

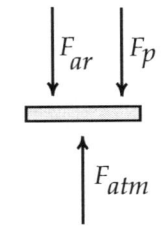

Figura Er1.3-a

Solução

a) Dados e considerações
  • Fluido: ar.
  • Área do pistão: A = 0,05 m².
  • Massa do pistão: m_p = 5 kg.
  • p_{atm} = 100 kPa, g = 9,81 m/s².

• Sistema adotado: pistão.

b) Análise e cálculos
   O conjunto das forças que agem no pistão encontra-se indicado na Figura Er1.3-a. Tais forças são:

F_p = módulo da força peso do pistão.

F_{ar} = módulo da força aplicada ao pistão devida a p_{ar}, pressão absoluta do ar presente no interior do conjunto cilindro-pistão.

F_{atm} = módulo da força devida a p_{atm} aplicada ao pistão.

Como o pistão encontra-se em equilíbrio, vem:

$$F_{ar} + F_p = F_{atm}$$

$$F_{atm} = 0,05\, p_{atm} = 0,05 \cdot 100000 =$$
$$= 5000 \text{ N}$$

$$F_p = m_p g = 49,0 \text{ N}$$

$$F_{ar} = p_{ar}\, A$$

onde p_{ar} é a pressão do ar presente no interior do conjunto cilindro-pistão.

$$F_{ar} = 0,05 p_{ar}$$

Substituindo os valores na equação inicial, tem-se que a pressão do ar será:

$$p_{ar} = 99,02 \text{ kPa}$$

Er1.4 Um conjunto cilindro-pistão é dotado de uma mola, conforme mostrado na Figura Er1.4. Quando o volume interno desse conjunto é nulo, a mola toca o pistão, mas não exerce nenhuma força sobre ele. Injeta-se ar nesse conjunto até que o seu volume atinja o valor de 0,001 m³. Considerando que a área do pistão é igual a 0,01 m², que a pressão atmosférica é igual a 100 kPa, que o peso do pistão é igual a 500 N, e que a constante elástica da mola é igual a 10000 N/m, pede-se para calcular a pressão final do ar.

Solução

a)   Dados e considerações
- Fluido: ar. Volume final: 0,001 m³.
- Área do pistão: $A = 0,01$ m². Peso do pistão: $F_p = 500$ N.
- Constante da mola: $k = 10000$ N/m; $p_{atm} = 100$ kPa.
- Sistema adotado: pistão.

b)   Análise e cálculos
- Análise de forças agindo no pistão

O conjunto das forças que agem no pistão encontra-se indicado na Figura Er1.4-a. Tais forças são:

F_m = módulo da força aplicada no pistão pela mola.

F_p = módulo da força peso do pistão.

F_{ar} = módulo da força aplicada ao pistão devida a p_{ar}, pressão absoluta do ar presente no interior do conjunto cilindro-pistão.

F_{atm} = módulo da força, devida a p_{atm}, aplicada ao pistão.

Como o pistão encontra-se em equilíbrio, vem: $F_{ar} = F_{atm} + F_p + F_m$

- Determinação de F_{atm}: $F_{atm} = A_p\, p_{atm}$ onde A_p é a área do pistão e p_{atm} é a pressão atmosférica.

$F_{atm} = 0,01 . 100000 = 1000$ N

- Determinação de F_p

Do enunciado, vem: $F_p = 500$ N

- Determinação da F_{ar}

$F_{ar} = A_p\, p_{ar}$; $F_{ar} = 0,01\, p_{ar}$

- Determinação de F_m: $F_m = kx$

onde k é a constante de elasticidade da mola e x é o deslocamento da extremidade da mola medido segundo a orientação do eixo x indicado na Figura Er1.4.

Para determinar o valor de F_m, é necessário conhecer o valor de x. O enunciado nos informa que o volume inicial é nulo e que o volume final do ar é igual a 0,001 m³. Como, quando o volume é nulo, a mola toca, mas não exerce nenhuma força sobre o pistão, temos:

$$x = \frac{V}{A_p} \Rightarrow x = 0,1 \text{ m}$$

Então: $F_m = 10000 . 0,1 = 1000$ N

c)   Cálculo da pressão do ar

Voltando ao equilíbrio de forças:

$$F_{ar} = F_{atm} + F_p + F_m$$

Substituindo os valores calculados nesta equação, tem-se que a pressão do ar será:

$$0,01\, p_{ar} = 1000 + 500 + 1000 \Rightarrow$$

$$\Rightarrow p_{ar} = 250000 \text{ Pa} = 250 \text{ kPa}$$

1.5 EXERCÍCIOS PROPOSTOS

Ep1.1 Um pistão pneumático pode ser movimentado com ar comprimido à pressão manométrica máxima de 18 bar. Se o diâmetro interno do pistão é igual a 50 mm, qual deverá ser a força máxima aplicável pelo pistão?

Resp.: 3,53 kN.

Ep1.2 Um macaco hidráulico é esquematizado na Figura Ep1.2. O diâmetro do êmbolo menor é igual a 1 cm e o diâmetro do êmbolo que suporta a carga a ser elevada é igual a 10 cm. Ao se aplicar uma força no êmbolo menor igual a 50 N, qual deverá ser a força aplicada ao êmbolo que suporta a carga?

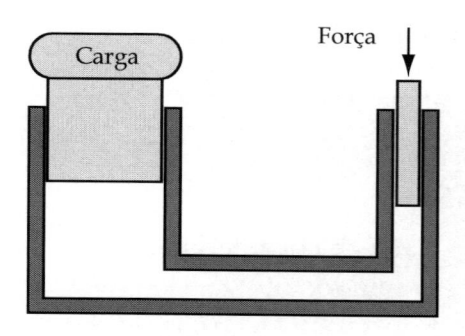

Figura Ep1.2

Resp.: 5 kN

Ep1.3 Uma caixa-d'água com diâmetro de 3 m e altura interna igual a 5 m está repleta com água a 20°C, cuja massa específica é igual a 998,2 kg/m³. Determine o peso específico da água armazenada e o seu peso total.

Resp.: 9792 N/m³; 346,1 kN.

Ep1.4 Um gás encontra-se aprisionado no dispositivo esquematizado na Figura Ep1.4. Considerando que a área do êmbolo é igual a 0,01 m² e que a sua massa é igual a 100 kg, pergunta-se: qual é a pressão do gás? Considere a pressão atmosférica local igual a 100 kPa.

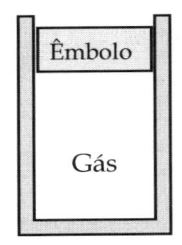

Figura Ep1.4

Resp.: 198,1 kPa.

Ep1.5 No interior de um recipiente que contém ar com pressão absoluta igual a 150 kPa, foi colocado um copo contendo 64 g de óleo, que ocupa um volume de 80 cm³, e 100 g de água, que ocupa o volume de 100 cm³. Estime a massa específica, o volume específico e a densidade relativa do óleo e da água. Sabendo que a aceleração da gravidade local é igual a 9,81 m/s², o copo é cilíndrico, a pressão atmosférica local é igual a 100 kPa e que a área do seu fundo igual a 16 cm², determine a pressão manométrica exercida pela água sobre ele.

Resp.: 800 kg/m³; 0,00125 m³/kg; 0,8; 1000 kg/m³; 0,001 m³/kg; 1; 51 kPa.

Ep1.6 Um conjunto cilindro-êmbolo é dotado de uma mola interna que se encontra tracionada conforme esquematizado na Figura Ep1.6. Esse conjunto aprisiona em seu interior vapor d'água. A força aplicada pela mola ao êmbolo é igual a 1000 N, a área do êmbolo é igual a 0,01 m², e seu peso é igual a 2000 N. Qual é o valor da pressão absoluta do vapor? Considere a pressão atmosférica local igual a 100 kPa.

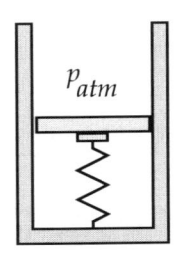

Figura Ep1.6

Resp.: 400 kPa.

Ep1.7 Um conjunto cilindro-êmbolo é dotado de uma mola interna que se encontra tracionada conforme esquematizado na Figura Ep1.7. Esse conjunto aprisiona em seu interior oxigênio, e sobre o êmbolo há acumulados 50 litros de um líquido com peso específico igual a 14 kN/m³. A força aplicada pela mola ao êmbolo é igual a 800 N, a área do êmbolo é igual a 0,01 m² e o seu peso é igual a 2500 N. Qual é o valor da pressão absoluta do oxigênio? Considere a pressão atmosférica local igual a 100 kPa.

Figura Ep1.7

Resp.: 500 kPa.

Ep1.8 Um conjunto cilindro-êmbolo é dotado de uma mola que se encontra comprimida conforme esquematizado na Figura Ep1.8. Este conjunto tem dois êmbolos que aprisionam em seu interior 0,2 kg de ar e 0,3 kg de metano. A força aplicada pela mola ao êmbolo superior é igual a 3000 N, a área dos êmbolos é igual a 0,01 m², a massa do êmbolo superior é igual a 200 kg e a do inferior é igual a 300 kg. Qual é o valor da pressão absoluta do ar e do metano? Considere a pressão atmosférica local igual a 100 kPa e a aceleração da gravidade local igual a 9,81 m/s².

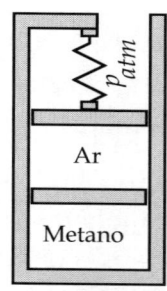

Figura Ep1.8

Resp.: 596,2 kPa; 890,7 kPa.

Ep1.9 Observe o conjunto cilindro-êmbolo suspenso por uma mola ilustrado na Figura Ep1.9, no qual o êmbolo pode deslizar sem atrito. A massa do êmbolo é igual a 5 kg e a massa do cilindro é igual a 15 kg. No espaço interno delimitado pelo conjunto tem-se armazenado nitrogênio. Sabendo que a área do êmbolo é igual a 0,05 m², que a pressão atmosférica é igual a 100 kPa e considerando que a massa do nitrogênio é, para efeito de cálculo, desprezível, determine a força aplicada pela mola ao êmbolo e a pressão manométrica do nitrogênio.

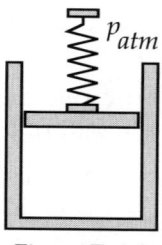

Figura Ep1.9

Resp.: 196,2 N; –2,94 kPa.

Ep1.10 Um recipiente vertical com área da sua seção transversal constante e igual a 1,2 m² contém um fluido que consiste em uma suspensão de um mineral finamente moído em água. A concentração desse mineral varia segundo a vertical, de sorte que a densidade relativa da suspensão pode ser expressa pela relação $d_r = 1,1(1+ z^2)$, onde z é a ordenada vertical medida em metros, conforme indicado na Figura Ep1.10. Se o volume de suspensão armazenado é igual a 2,4 m³, pergunta-se: qual é a massa total de material armazenado?

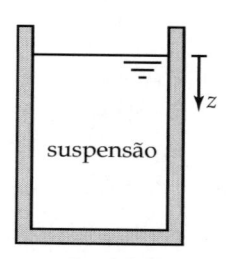

Figura Ep1.10

Resp.: 3907 kg.

Ep1.11 Resolva o exercício Ep1.7 supondo que a mola está comprimida.

Resp.: 340 kPa.

CAPÍTULO 2

DETERMINANDO AS PRIMEIRAS PROPRIEDADES

Ao analisar os fenômenos que ocorrem em um sistema, nos deparamos com a necessidade de determinar as propriedades desse sistema de forma a caracterizar, sempre que desejado, o seu estado.

Consideremos uma substância que tenha sua composição química invariável com o tempo e que seja homogênea. Essa substância é denominada *substância pura*. De maneira geral, uma substância pura pode estar sujeita a efeitos elétricos, magnéticos, de tensão superficial e outros. Denominamos *substância simples compressível* toda substância pura na qual esses efeitos tiverem magnitude tal que possam ser considerados não significativos.

As substâncias puras podem se apresentar em mais do que uma fase. Como exemplo, tem-se a água, que pode se apresentar na fase sólida, líquida e vapor. Água na fase sólida, um cubo de gelo, pode tornar-se líquida, o líquido pode ser vaporizado e, nesses processos, fases diferentes da mesma substância coexistem.

2.1 A MUDANÇA DE FASE LÍQUIDO-VAPOR

Para compreender o fenômeno de mudança de fase de uma substância pura, propomos a análise do comportamento da água em um experimento. Para tal, consideremos que dispomos de certa massa de água na fase líquida, à temperatura ambiente, contida em um recipiente constituído por um cilindro e um êmbolo que pode deslizar sem atrito, conforme indicado na Figura 2.1. Nessa condição, a pressão da água será igual à pressão atmosférica. Consideremos também que o estado inicial da água seja denominado estado 1.

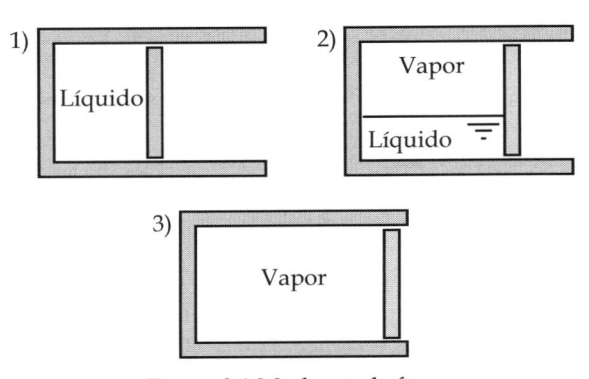

Figura 2.1 Mudança de fase

Ao se aquecer essa massa de água, ocorrerá um processo a pressão constante conforme indicado no diagrama $Tx\forall$ da Figura 2.2. Nesse processo, que será denominado processo A, a temperatura da água se elevará até que a água atinja o estado 2, quando se inicia a mudança de fase de líquido para vapor. Durante o processo de vaporização da água, a temperatura permanecerá constante enquanto houver a presença de líquido. Continuando o aquecimento, o líquido continuará seu processo de vaporização até se dispor, no interior do conjunto cilindro-êmbolo, apenas de vapor, o estado 3. A partir desse estado, a temperatura do vapor se elevará à medida que for aquecido.

Analisando esse processo, com o propósito de estabelecer um linguajar apropriado para descrever esse tipo de fenômeno, estabelecemos as seguintes definições:

- A temperatura na qual ocorre uma mudança de fase é denominada *temperatura de saturação para pressão na qual está ocorrendo a mudança de fase.*
- A pressão na qual ocorre uma mudança de fase é denominada *pressão de saturação para a temperatura na qual está ocorrendo a mudança de fase.*
- O líquido na pressão e temperatura de saturação é denominado *líquido saturado.*
- O líquido existente em uma temperatura abaixo da temperatura de saturação para a sua pressão é denominado *líquido sub-resfriado.*
- O líquido existente em uma pressão acima da pressão de saturação para a sua temperatura é denominado *líquido comprimido*; o aluno deve observar que as expressões *líquido comprimido* e líquido *sub-resfriado* descrevem situações equivalentes.
- O vapor existente na temperatura e pressão de saturação é chamado *vapor saturado.*

- O vapor existente a uma temperatura superior à temperatura de saturação para a sua pressão é denominado *vapor superaquecido.*

Considerando essas definições podemos dizer, para os estados ilustrados na Figura 2.2, que a água:

- no estado 1 é água comprimida ou sub-resfriada;
- na fase líquida presente no estado 2 é líquido saturado;
- na fase vapor presente no estado 3 é vapor saturado;
- na fase vapor no estado 4 é vapor superaquecido.

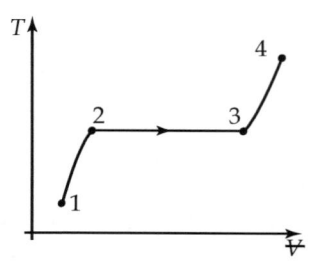

Figura 2.2 Processo à pressão constante

Consideremos agora que essa experiência possa ser repetida para diversas pressões, processos B, C, D e E, indicados no diagrama $Tx\forall$ da Figura 2.3. Para cada pressão, a mudança de fase ocorrerá em uma temperatura distinta. Esse conjunto de experiências imaginárias permite a constatação da existência de uma linha composta por todos os pontos do diagrama $Tx\forall$ nos quais a água está no estado de líquido saturado. Essa linha é denominada *linha de líquido saturado.* Similarmente, a união de todos os pontos desse diagrama nos quais a água está no estado de vapor saturado é denominada *linha de vapor saturado.*

Essas duas linhas delimitam uma região na qual, em qualquer de seus pontos interiores, a água está no estado de saturação e é constituída por uma mistura de líquido e de vapor saturados.

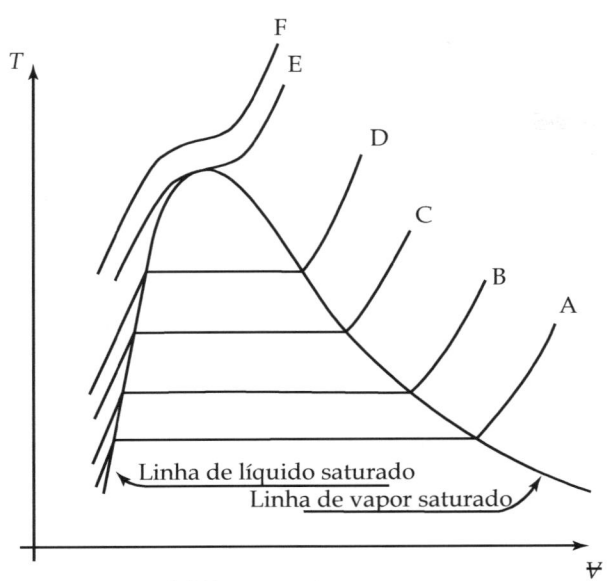

Figura 2.3 Processos à pressão constante

Essas duas linhas têm um ponto máximo comum, que representa um estado termodinâmico denominado *estado crítico*. As propriedades que descrevem esse estado são denominadas *propriedades críticas*. Dessa forma, a pressão nesse estado será *a pressão crítica*, o volume específico será o *volume específico crítico*, e assim por diante. Na Tabela 2.1 apresentamos propriedades críticas de algumas substâncias.

Tabela 2.1 Propriedades críticas de algumas substâncias

Substância	Pressão (kPa)	Temperatura (°C)	Volume específico (m³/kg)
Argônio	4863	–122,5	0,001867
Metano	4599	–82,59	0,006148
Hidrogênio	1315	–240	0,03321
Hélio	227,5	–268	0,01436
Neônio	2680	–228,7	0,002075
Nitrogênio	3398	–147	0,003194
Oxigênio	5043	–118,6	0,002293

2.2 UMA NOVA PROPRIEDADE: O TÍTULO

Ao tentar caracterizar o estado de uma substância composta por uma mistura de líquido e vapor saturados, verificamos que é importante conhecer a quantidade de cada uma dessas fases presentes na mistura. Para solucionar este problema, definimos uma nova propriedade denominada título, a saber: *título é a relação entre a massa de vapor saturado e a massa total da substância*; é um adimensional, simbolizado pela letra *x* minúscula.

Seja m a massa de uma determinada substância em um estado de saturação, sejam m_v e m_l, respectivamente, as massas de vapor saturado e líquido saturado que compõem a massa m dessa substância, assim:

$$m_v + m_l = m \qquad (2.1)$$

O título será então:

$$x = \frac{m_v}{m} = \frac{m_v}{m_v + m_l} \qquad (2.2)$$

Seja V o volume ocupado pela massa m de fluido, V_l o volume ocupado pela massa da porção líquida e V_v o volume ocupado pela massa da porção vapor. Neste caso:

$$V = V_l + V_v \qquad (2.3)$$

Seja v o volume específico da mistura líquido vapor, v_l o volume específico do líquido saturado e v_v o volume específico do vapor saturado. Podemos então escrever:

$$m_v = m_l v_l + m_v v_v \qquad (2.4)$$

Dividindo essa expressão por m:

$$v = \frac{m_l}{m} v_l + \frac{m_v}{m} v_v \qquad (2.5)$$

Sabemos que:

$$m_l = m - m_v \qquad (2.6)$$

Substituindo na expressão acima:

$$v = \frac{m - m_v}{m} v_l + \frac{m_v}{m} v_v \qquad (2.7)$$

Usando o conceito de título, a expressão acima resulta em:

$$v = (1 - x)v_l + xv_v \qquad (3.8)$$

Essa expressão permite, por exemplo, a determinação do volume específico de água saturada conhecendo-se os volumes específicos do líquido saturado, do vapor saturado e do título.

2.3 A DETERMINAÇÃO DAS PROPRIEDADES

O aspecto mais importante da conceituação de substância simples compressível é que, para definir o estado desse tipo de substância, basta conhecer duas das suas propriedades independentes, sendo possível, então, determinar as demais. Ou seja: dadas duas propriedades independentes de uma substância simples compressível, é possível determinar a terceira por intermédio de uma correlação entre três propriedades. Essa correlação é denominada *equação de estado*. De maneira geral, as equações de estado são experimentalmente desenvolvidas e podem ser matematicamente muito complexas. Diante dessa dificuldade, deparamo-nos com uma alternativa, que é usar programas computacionais de simulação que nos permitam avaliar propriedades rapidamente. Uma outra opção é o uso das *tabelas de propriedades termodinâmicas*, a partir das quais dispomos, de forma discretizada, dessas equações de estado. Essas tabelas podem ser muito extensas, assim, optamos por apresentar no Apêndice B um conjunto de tabelas reduzidas de propriedades termodinâmicas da água, do R-134a e da amônia, sendo que estas duas últimas são substâncias utilizadas como fluido de trabalho em sistemas de refrigeração.

2.4 GASES IDEAIS

O comportamento p-v-T de certos vapores pode ser descrito, em determinadas condições, pela expressão:

$$p\bar{v} = \bar{R}T \qquad (2.9)$$

onde:

- p é a pressão absoluta do vapor;
- T é a temperatura do vapor medida em uma escala absoluta;
- $\bar{v}$ é o volume específico molar do vapor; e
- $\bar{R}$ é a constante universal dos gases igual a 8314,5 J/(kmol.K).

Este modelo matemático é denominado modelo de gás ideal.

A expressão 3.9 é denominada equação de estado dos gases ideais, e também pode ser colocada na forma:

$$pv = RT \qquad (2.10)$$

Nessa expressão, R é denominado constante do gás, $R = \dfrac{\bar{R}}{M}$, sendo M a massa molecular do gás e T a temperatura do gás medida em uma escala absoluta.

A questão que se coloca é: quando um vapor superaquecido pode ser tratado como um gás ideal? Afirmamos que, de maneira geral, um vapor altamente superaquecido tem o comportamento de gás ideal. Uma forma de avaliar quantitativamente se um vapor se comporta como um gás ideal consiste na determinação do *fator de compressibilidade*:

$$Z = \frac{p\bar{v}}{\bar{R}T} = \frac{pv}{RT} \qquad (2.11)$$

Quando $Z = 1$, diz-se que o vapor superaquecido pode ser tratado utilizando-se o modelo de gás ideal; caso contrário, pode-se utilizar esse modelo utilizando-se um valor adequado para Z.

Esse fator pode ser determinado utilizando-se diagramas disponíveis na literatura que nos permitem obtê-lo em função da pressão reduzida, p_r, e da temperatura reduzida, T_r, definidas como:

$$p_r = p/p_c \qquad (2.12)$$

$$T_r = T/T_c \qquad (2.13)$$

Nessas equações, p_c é a pressão crítica e T_c é a temperatura crítica da substância, ambas avaliadas na escala kelvin.

Na Figura 2.4 apresentamos um diagrama, desenvolvido para o ar, no qual observamos o fator de compressibilidade Z em função da pressão parametrizado para algumas temperaturas.

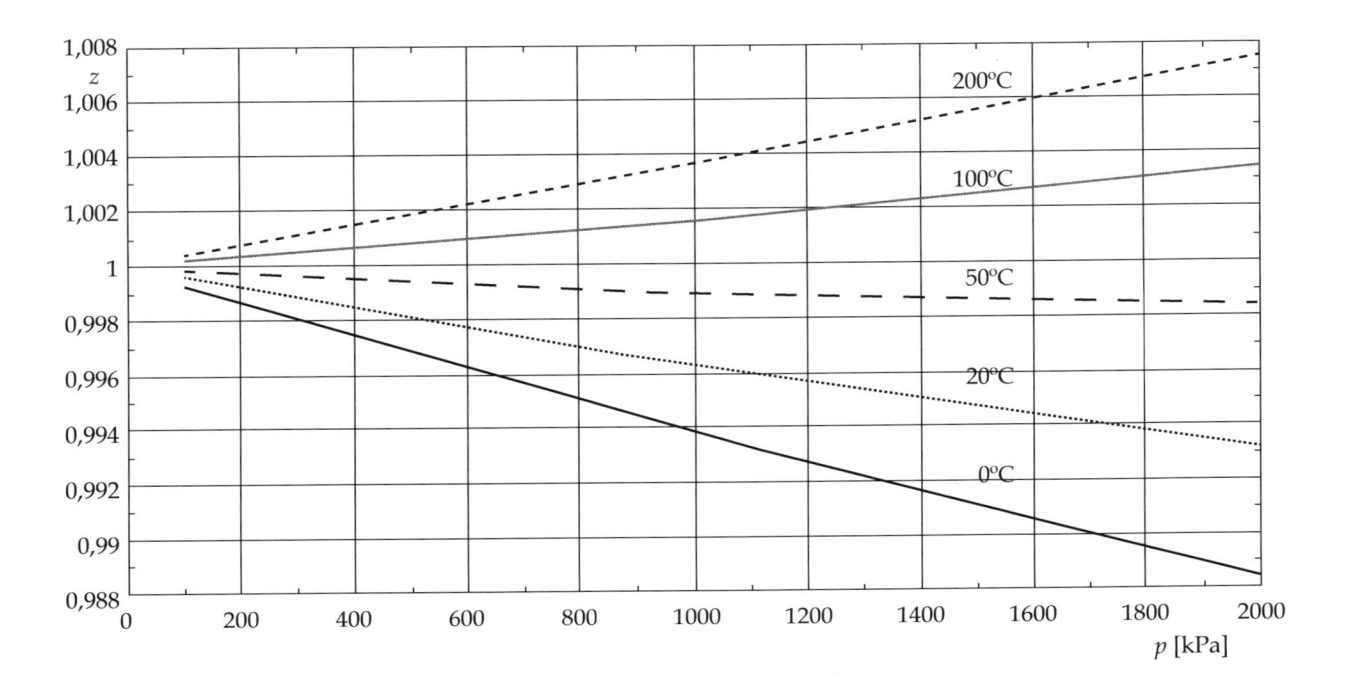

Figura 2.4 - Fator de compressibilidade do ar versus pressão

Observando a Figura 2.4, podemos concluir que, para uma grande parte das aplicações em engenharia, é razoável considerar que o fator de compressibilidade do ar é igual a 1.

Reconhecemos, entretanto, que há muitas ocasiões em que se deseja determinar, por meio de procedimentos matemáticos e/ou computacionais, propriedades de fluidos diversos.

2.5 EXERCÍCIOS RESOLVIDOS

Er2.1 Determine o título e a pressão da água a 70°C com volume específico igual a 3 m³/kg.

Solução

a) Dados e considerações
   - Fluido: água
   - $T = 70°C$
   - $v = 3$ m³/kg.

b) Análise e cálculos
   Consultando-se a tabela de propriedades termodinâmicas da água saturada, tem-se para a temperatura de 70°C as seguintes propriedades:

   $p = 31,19$ kPa; $v_l = 0,001023$ m³/kg; $v_v = 5,0396$ m³/kg.

   A pressão acima é a da água saturada a 70°C e é denominada "*pressão de saturação da água* a 70°C".

   O volume específico v_l é o da água no estado de líquido saturado, água com título igual a zero, à temperatura de 70°C.

O volume específico v_v é o da água no estado de vapor saturado, água com título igual a um, à temperatura de 70°C.

O título da água é determinado como se segue:

$$v = (1-x)v_l + x\,v_v \Rightarrow x = \frac{v-v_l}{v_v-v_l}$$

Do enunciado, sabe-se que $v = 3$ m³/kg, logo: $x = 0,5952$ ou $x = 59,52\%$.

Er2.2 Determine o volume específico da água a 1080 kPa e 400°C.

Solução

a)   Dados e considerações
  • Fluido: água
  • $T = 400$°C
  • $p = 1080$ kPa.

b)   Análise e cálculos
  Consultando-se a tabela de propriedades termodinâmicas da água, vapor d'água superaquecido, verifica-se que, para a temperatura de 400°C, tem-se o volume específico $v = 0,3066$ m³/kg para a pressão de 1 MPa, e tem-se também o volume específico $v = 0,2548$ m³/kg para a pressão de 1,2 MPa. Assim, para determinar o volume específico na pressão de 1080 kPa, é necessário se utilizar de um processo de interpolação.

  O meio mais frequentemente utilizado para fazer essa interpolação consiste em supor que o volume específico varia linearmente com a pressão. Considerando que no intervalo de 1 MPa a 1,2 MPa essa hipótese é adequada, temos:

$$\frac{v-0,3066}{0,2548-0,3066} = \frac{p-1}{1,2-1}$$

$p = 1080$ kPa $= 1,08$ MPa $\Rightarrow$

$$\Rightarrow \frac{v-0,3066}{0,2548-0,3066} = \frac{1,08-1}{1,2-1}$$

$$\Rightarrow v = 0,2859 \text{ m}^3/\text{kg}.$$

Este procedimento de avaliação de propriedades é denominado *interpolação linear*.

Er2.3 Água inicialmente com título nulo e pressão igual 100 kPa sofre um processo a pressão constante atingindo o título 0,5. Determine o volume específico da água no início e no fim do processo.

Solução

a)   Dados e considerações
  • Fluido: água.
  • Estado inicial: $p = 100$ kPa, $x = 0$.
  • Estado final: $x = 0,5$
  • Sistema: massa de água.

b)   Análise e cálculos
  • Estado inicial
  Seja o estado inicial indicado pelo índice 1; $x_1 = 0$ e $p_1 = 100$ kPa.
  • Processo
  A água sai do estado inicial e atinge o seu estado final em um processo a pressão constante. Veja o diagrama $T\mathrm{x}v$ apresentado na Figura Er2.3.

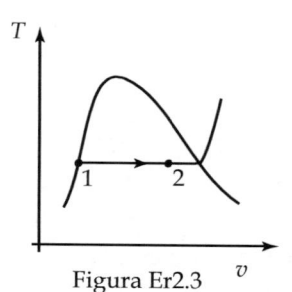

Figura Er2.3

  • Determinação do volume específico no estado inicial (v_1)
  Da tabela de propriedades termodinâmicas da água saturada, para a pressão de 100 kPa, tem-se:

$v_{l,1} = 0,001043$ m³/kg e

$v_{v,1} = 1,693$ m³/kg

Como o título no estado inicial é nulo, a água está no estado de líquido saturado. Logo: $v_1 = v_{l,1} = 0,001043$ m³/kg

- Estado final

Seja o estado final indicado pelo índice 2, logo: $x_2 = 0,5$.

Como o processo é a pressão constante: $p_2 = p_1 = 100$ kPa.

- Determinação de v_2

Como $p_2 = p_1$, os volumes específicos do líquido e do vapor saturado são iguais aos do estado inicial.

Logo: $v_2 = (1 - x_2)v_{l,2} + x_2 v_{v,2} \Rightarrow$
$\Rightarrow v_2 = 0,8475$ m³/kg.

Er2.4 Água inicialmente com título igual 0,9 e pressão igual a 1 MPa sofre um processo a volume constante até atingir a pressão de 0,5 MPa. Determine a temperatura e o volume específico da água no início do processo e a temperatura, volume específico e título da água no fim do processo.

Solução

a) Dados e considerações
- Fluido: água.
- Estado inicial: $p = 1000$ kPa, $x = 0,9$.
- Estado final: $p = 0,5$ MPa.
- Sistema: massa de água.

b) Análise e cálculos

Seja o estado inicial indicado pelo índice 1, $x_1 = 0,9$ e $p_1 = 1$ MPa.

- Processo

A água sai do estado inicial e atinge o seu estado final em um processo a volume constante. Vide diagrama Txv, Figura Er2.4.

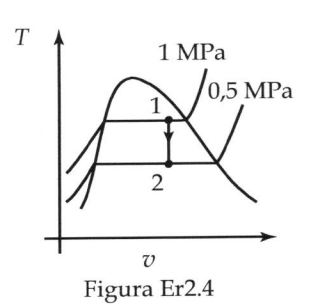

Figura Er2.4

- Determinação da temperatura (T_1) e do volume específico (v_1) no estado inicial

Da tabela de propriedades termodinâmicas da água saturada, para a pressão de 1 MPa, tem-se:

$T_1 = 179,9$°C , $v_{l,1} = 0,001127$ m³/kg e $v_{v,1} = 0,1943$ m³/kg

O título no estado inicial é igual a 0,9. Logo: $v_1 = (1 - x_1)v_{l,1} + x_1 v_{v,1}$ e $v_1 = 0,1751$ m³/kg.

- Estado final

Seja o estado final indicado pelo índice 2; $p_2 = 0,5$ MPa.

Como o processo é a volume constante: $v_2 = v_1 = 0,1751$ m³/kg.

- Determinação de x_2

Das tabelas de propriedades termodinâmicas da água saturada para a pressão $p_2 = 0,5$ MPa, tem-se:

$T_2 = 151,9$°C, $v_{l,2} = 0,001093$ m³/kg e $v_{v,2} = 0,3742$ m³/kg

Como $v_2 = (1 - x_2)v_{l,2} + x_2 v_{v,2}$ tem-se:
$0,1751 = (1 - x_2).0,001093 + x_2.0,3742$
$\Rightarrow x_2 = 0,4654$ ou $x_2 = 46,54\%$.

Er2.5 Água a 400°C e 2 MPa é submetida a um processo no qual o volume específico permanece constante até atingir título igual a 1. Qual é a pressão e qual é a temperatura da água no final do processo?

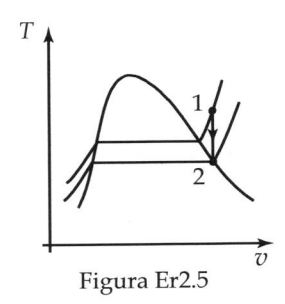

Figura Er2.5

Solução

a) Dados e considerações
- Fluido: água.
- Estado inicial: $T = 400$°C, $p = 2$ MPa.

- Estado final: $x = 1$.
- Sistema: massa de água.

b) Análise e cálculos
- Estado inicial

Seja o estado inicial indicado pelo índice 1, $T_1 = 400°C$ e $p_1 = 2$ MPa.

- Processo

A água sai do estado inicial e atinge o seu estado final em um processo a volume específico constante. Veja o diagrama Txv apresentado na Figura Er2.5.

- Determinação do volume específico (v_1) no estado inicial

Da tabela de propriedades termodinâmicas do vapor d'água superaquecido, para $T_1 = 400°C$ e $p_1 = 2$ MPa , tem-se:

$v_1 = 0,1512$ m³/kg

No estado de vapor superaquecido o título não é definido.

- Estado final

Seja o estado final indicado pelo índice 2.

$x_2 = 1$; ou seja o vapor atinge o estado de saturação.

Como o processo é a volume específico constante: $v_2 = v_1 = 0,1512$ m³/kg.

- Determinação da pressão no estado final

Analisando a tabela de propriedades termodinâmicas da água saturada, tem-se para título igual a 1, ou seja, para o estado de vapor saturado:

- $p = 1,254$ MPa: $T = 190,0°C$ e $v = 0,1564$ m³/kg
- $p = 1,40$ MPa: $T = 195,1°C$ e $v = 0,1406$ m³/kg

Notamos que o volume específico v_2 tem um valor intermediário entre os valores obtidos para as pressões de 1,254 e 1,40 MPa. Nesse caso, obtém-se a pressão e a temperatura desejadas por meio de um processo de interpolação linear.

Para obter a pressão, o processo de interpolação nos dá:

$$\frac{v_2 - 0,1564}{0,1406 - 0,1564} = \frac{p_2 - 1,254}{1,4 - 1,254}$$

Substituindo nessa expressão o valor v_2 = 0,1512 m³/kg, vem: $p_2 = 1,302$ MPa.

Para obter a temperatura, o processo de interpolação dá:

$$\frac{v_2 - 0,1564}{0,1406 - 0,1564} = \frac{T_2 - 190}{195,1 - 190}$$

Logo: $T_2 = 191,7°C$.

Er2.6 Um sistema constituído por 2 kg de água inicialmente a 5 MPa e 40°C (estado 1) sofre uma expansão isotérmica até atingir a pressão de saturação (estado 2). Então, por meio de um processo isobárico, o sistema atinge o título de 0,9 (estado 3). Para cada um dos estados, determine a pressão, o volume específico, a temperatura e, se cabível, o título.

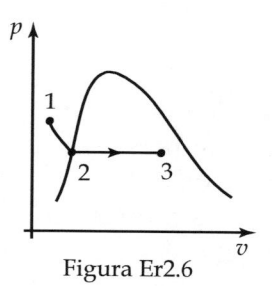

Figura Er2.6

Solução

a) Dados e considerações
- Fluido: água, $m = 2$ kg.
- Estado 1: $p = 5$ MPa, $T = 40°C$.
- Estado 3: $x = 0,9$.
- Sistema: massa de água.

b) Análise e cálculos
- Processos

Primeiro processo: a água a partir do estado 1 atinge o estado 2 por meio de um processo isotérmico, $T_2 = T_1$. Como no estado 2 a pressão é a de saturação, então o título da água será: $x_2 = 0$.

Segundo processo: partindo do estado 2, a água atinge o estado 3 por meio de um processo isobárico, $p_2 = p_3$.

• Estado 1

$T_1 = 40°C$ e $p_1 = 5$ MPa

• Determinação do volume específico (v_1) e do título (x_1) no estado 1.

Da tabela de propriedades termodinâmicas da água líquida comprimida, para $p_1 = 5,0$ MPa, e $T_1 = 40°C$, temos $v_1 = 0,001006$ m³/kg.

No estado 1 a água é um líquido comprimido, e o título não é definido para água nesse estado.

• Estado 2

Conforme já discutido:

$T_2 = T_1 = 40°C$ e $x_2 = 0$.

Como o título é nulo, o valor do volume específico no estado 2 é igual ao volume específico da água líquida saturada à temperatura T_2.

Da tabela de propriedades termodinâmicas da água saturada, para $T_2 = 40°C$, tem-se: $v_2 = 0,001008$ m³/kg.

Para a mesma temperatura nessa mesma tabela, tem-se: $p_2 = 7,385$ kPa.

• Estado 3

Do enunciado, $x_3 = 0,9$ e, conforme já discutido, $p_2 = p_3 = 7,385$ kPa.

• Determinação da temperatura T_3 e do volume específico v_3.

Como a água, nesse estado, é constituída por uma mistura de líquido saturado e vapor saturado, a temperatura T_3 é a temperatura de saturação para a pressão p_3.

Para a pressão $p_3 = 7,385$ kPa, tem-se da tabela de propriedades termodinâmicas da água saturada:

$T_3 = 40°C$; $v_{l,3} = 0,001008$ m³/kg e $v_{v,3} = 19,515$ m³/kg

O que resulta em: $v_3 = (1-x_3)v_{l,3} + x_3 v_{v,3} \Rightarrow v_3 = (1 - 0,9) . 0,001008 + 0,9 . 19,515 \Rightarrow v_3 = 17,57$ m³/kg.

Er2.7 Um recipiente com volume igual a 0,3 m³ contém 1 kg de ar seco a 24°C. Determine a pressão absoluta da massa de ar presente no interior do recipiente.

Solução

a) Dados e considerações
• Fluido: ar seco, $m = 1$ kg.
• Volume do recipiente: $V = 0,3$ m³.
• Volume do ar: igual ao do recipiente que o contém.
• Temperatura do ar: $T = 24°C$.
• Sistema: massa de ar.

b) Análise e cálculos
• Sistema

Massa de 1 kg de ar seco. Observamos que denominamos o ar seco porque no ar ambiente há umidade que aqui está sendo desconsiderada.

• Propriedades do ar

Já conhecemos: $V = 0,3$ m³; m = 1 kg; $T = 24°C = 24 + 273,15$ K = 297,15 K.

• Hipótese: o ar seco pode ser modelado como um gás ideal com constante $R = 0,287$ kJ/(kg.K).
• Aplicação da equação de estado

Como o ar será tratado como sendo um gás ideal, temos: $pV = mRT$.

Observe que, nessa equação, a temperatura do ar deverá necessariamente ser expressa em uma escala absoluta, neste caso a kelvin.

Substituindo os valores conhecidos, obtemos:

$$p = \frac{mRT}{V} =$$

$$= \frac{1 \text{ kg} \cdot 0,287 \frac{\text{kJ}}{\text{kg.K}} 297,15 \text{ K}}{0,3 \text{ m}^3} =$$

$$= 284,3 \frac{\text{kJ}}{\text{m}^3} = 284,3 \frac{\text{kN.m}}{\text{m}^3} =$$

$$= 284,3 \text{ kPa}$$

Er2.8 Um conjunto cilindro-pistão encerra 0,5 m³ de ar a 21°C. Sabe-se que a massa do pistão é igual a 30 kg, que a sua área é igual a 10 cm², que a pressão atmosférica local é igual a 95 kPa e que o pistão pode se movimentar livremente no cilindro sem atrito. Determine a pressão absoluta do ar presente no interior do conjunto e a sua massa.

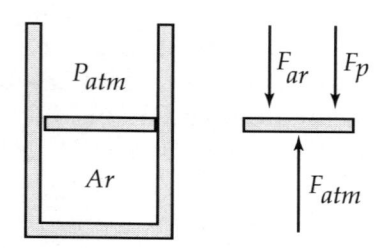

Figura Er2.8   Figura Er2.8-a

Solução

a) Dados e considerações
   - Fluido: ar.
   - Propriedades conhecidas do ar: $T = 21°C = 21 + 273,15$ K $= 294,15$ K, $V = 0,5$ m³.
   - Dados do pistão: massa $= m_p = 30$ kg; área $= A_p = 10$ cm².
   - $p_{atm} = 95$ kPa.
   - Sistema: massa de ar.

b) Análise e cálculos
   - Hipótese

O ar pode ser modelado como um gás ideal com constante $R = 0,287$ kJ/(kg.K).

   - Análise das forças aplicadas ao pistão

O conjunto das forças que agem no pistão encontra-se indicado na Figura Er2.8-a. Tais forças são:

$F_p =$ módulo da força peso do pistão.

$F_{ar} =$ módulo da força aplicada ao pistão devida a p_{ar}, pressão absoluta do ar presente no interior do conjunto cilindro-pistão.

$F_{atm} =$ módulo da força devida a p_{atm} aplicada ao pistão.

Como o pistão encontra-se em equilíbrio, vem:

$$F_{ar} = F_{atm} + F_p$$

$$F_{atm} = p_{atm} A_p = 10 \text{ cm}^2 \cdot 95 \text{ kPa} =$$

$$= 10 \cdot 10^{-4} \text{ m}^2 \cdot 95 \text{ kPa} = 95 \text{ N}$$

$$F_p = m_p g$$

onde: m_p é a massa do pistão, 30 kg, e g é a aceleração da gravidade, 9,81 m/s².

$$F_p = 294,3 \text{ N}$$

$$F_{ar} = p_{ar} A_p$$

onde A_p é a área do pistão, 10 cm², e p_{ar} é a pressão do ar presente no interior do conjunto cilindro-pistão.

$$F_{ar} = 0,001 p_{ar}$$

Substituindo os valores na equação inicial, tem-se que a pressão do ar será:

$$p_{ar} = (95 + 294,3)/0,001 = 389300 \text{ Pa}$$
$$= 389,3 \text{ kPa}$$

   - Aplicação da equação de estado

Como o ar será tratado como sendo um gás ideal, temos: $pV = mRT$.

Observe que, nessa equação, a temperatura do ar deverá ser necessariamente expressa em uma escala absoluta, neste caso a kelvin.

Substituindo os valores conhecidos, obtemos:

$$m = \frac{pV}{RT} = \frac{389,3 \text{ kPa} \cdot 0,5 \text{ m}^3}{0,287 \dfrac{\text{kJ}}{\text{kgK}} 294,15 \text{ K}} =$$

$$= 2,30 \text{ kg}$$

Er2.9 É razoável considerar que vapor d'água a 2 MPa e 400°C pode ser tratado como um gás ideal?

Solução

a) Dados e considerações
- Fluido: vapor de água.
- Estado: p = 2 MPa, T = 400°C.
- Sistema: massa de vapor de água.

b) Análise e cálculos
Uma substância pode ser tratada como um gás ideal quando a equação de estado de gás ideal, $pv = RT$, se aplica a essa substância, ou seja, quando:

$$z = \frac{pv}{RT} = 1$$

- Cálculo de z utilizando as propriedades constantes das tabelas de propriedades termodinâmicas da água

Para p = 2 MPa, T = 400°C = 673,15 K. Das tabelas de propriedades termodinâmicas da água, obtemos: v = 0,1512 m³/kg.

R = 0,4615 kJ/(kg.K)

$$z = \frac{pv}{RT} = \frac{2000 \cdot 0,1512}{0,4615 \cdot 673,15} = 0,973$$

- Análise do resultado
A decisão de tratar o vapor d'água neste estado como sendo um gás ideal provocará um erro que, dependendo do problema de engenharia a ser resolvido, poderá ser inaceitável. Assim sendo, devido à facilidade de obtenção de propriedades com maior acuracidade, não consideraremos adequado tratar o vapor d'água, neste estado, como um gás ideal.

Er2.10 Ar inicialmente a 100 kPa e 30°C é submetido a um processo isocórico até atingir a pressão de 0,5 MPa. Determine seu peso específico e a sua temperatura no final do processo.

Solução

a) Dados e considerações
- Fluido: Ar seco. Observamos que denominamos o ar seco porque

no ar ambiente há umidade que aqui está sendo desconsiderada.
- Sistema: massa de ar seco.
- Propriedades
No início do processo, temos:
T_1 = 30°C = 30 + 273,15 K = 303,15 K e p_1 = 100 kPa.
No final do processo, temos:
p_2 = 0,5 MPa.
- Hipóteses
O ar seco pode ser modelado como um gás ideal com constante
R = 0,287 kJ/(kg.K).
O processo é isocórico, ou seja: ocorre a volume constante.

b) Análise e cálculos
Como o ar será tratado como um gás ideal, temos:

$$p_1 V_1 = mRT_1 \Rightarrow \frac{p_1 V_1}{T_1} = mR$$

$$p_2 V_2 = mRT_2 \Rightarrow \frac{p_2 V_2}{T_2} = mR$$

Logo: $\frac{p_1 V_1}{T_1} = \frac{p_2 V_2}{T_2}$.

Como o volume inicial é igual ao final:

$$T_2 = \frac{p_2}{p_1} T_1 = 1516 \text{ K}.$$

O peso específico final será:.

$$p_2 V_2 = mRT_2 \Rightarrow p_2 v_2 = RT_2 \Rightarrow$$

$$\Rightarrow \rho_2 = \frac{p_2}{RT_2} \Rightarrow \gamma_2 = \rho_2 g = \frac{p_2}{RT_2} g$$

$$\gamma_2 = 11,28 \text{ N/m}^3$$

Er2.11 Ar inicialmente a 100 kPa e 30°C é submetido a um processo isobárico até atingir a temperatura de 500°C. Determine seu volume específico inicial e seu peso específico final.

Solução

a) Dados e considerações
- Fluido: ar seco. Observamos que denominamos o ar seco porque

no ar ambiente há umidade que aqui está sendo desconsiderada.

- Estado inicial:
$T_1 = 30°C = 30 + 273,15\ K = 303,15\ K$ e $p_1 = 100$ kPa.
- Estado final:
$T_2 = 500°C = 773,15\ K$.
- Sistema: massa de ar.
- Hipóteses

O ar seco pode ser modelado como um gás ideal com constante

$R = 0,287$ kJ/(kg.K).

O processo é isobárico, ou seja: a pressão é constante ao longo do processo.

b)   Análise e cálculos
- Aplicação da equação de estado
Como o ar será tratado como um gás ideal, temos:

$$p_1 V_1 = mRT_1 \Rightarrow v_1 = \frac{V_1}{m} = \frac{RT_1}{p_1} =$$

$$= 0,870\ m^3/kg$$

$$p_2 V_2 = mRT_2 \Rightarrow \frac{p_2 V_2}{T_2} = mR$$

Logo: $\dfrac{p_1 V_1}{T_1} = \dfrac{p_2 V_2}{T_2} \Rightarrow \dfrac{p_1 v_1}{T_1} = \dfrac{p_2 v_2}{T_2}$.

Como a pressão inicial é igual à final:

$$v_2 = \frac{T_2}{T_1} v_1 = 2,219\ m^3/kg.$$

O peso específico final será:

$$\gamma_2 = \rho_2 g = \frac{g}{v_2} \Rightarrow$$

$$\gamma_2 = 4,421\ N/m^3.$$

Er2.12 A massa de 2,5 kg de ar inicialmente a 100 kPa e 30°C é submetida a um processo isotérmico até atingir a pressão de 500 kPa. Qual é o seu peso específico e o seu volume no final do processo?

Solução

a)   Dados e considerações
- Fluido: ar seco.
- Estado inicial: $T_1 = 30°C = 30 + 273,15\ K = 303,15\ K$ e $p_1 = 100$ kPa.

- Estado final: $p_2 = 500$ kPa.
- Sistema: 2,5 kg de ar seco. Observamos que denominamos o ar seco porque no ar ambiente há umidade que aqui está sendo desconsiderada.
- Hipóteses

O ar seco pode ser modelado como um gás ideal com constante

$R = 0,287$ kJ/(kg.K).

O processo é isotérmico, ou seja: a temperatura do sistema é constante.

b)   Análise e cálculos

Como o ar será tratado como sendo um gás ideal, temos:

$$p_1 V_1 = mRT_1 \Rightarrow v_1 = \frac{V_1}{m} = \frac{RT_1}{p_1} =$$

$$= 0,870\ m^3/kg$$

$$p_2 V_2 = mRT_2 \Rightarrow \frac{p_2 V_2}{T_2} = mR$$

Logo: $\dfrac{p_1 V_1}{T_1} = \dfrac{p_2 V_2}{T_2} \Rightarrow \dfrac{p_1 v_1}{T_1} = \dfrac{p_2 v_2}{T_2}$.

Como a temperatura inicial é igual à final: $v_2 = \dfrac{p_1}{p_2} v_1 = 0,174\ m^3/kg.$

O volume final será:

$$V_2 = mv_2 = 0,435\ m^3.$$

O peso específico final será:

$$\gamma_2 = \rho_2 g = \frac{g}{v_2} \Rightarrow$$

$$\gamma_2 = 56,38\ N/m^3.$$

2.6   EXERCÍCIOS PROPOSTOS

Ep2.1 Determine as propriedades da água que se pede em cada um dos itens a seguir:

a) $p = 100$ kPa; $v = 0,2\ m^3/kg$; $x = ?$; $T = ?$

b) $p = 100$ kPa; $T = 200\ °C$; $v = ?$

c) $T = 50\ °C$; $p = 200$ kPa; $v = ?$

d) $p = 1$ MPa; $T = 300\ °C$; $v = ?$

e) $v = 2,5\ m^3/kg$; $T = 250\ °C$; $p = ?$

Ep2.2 Determine as propriedades da água que se pede em cada um dos itens a seguir:

a) $T = 75\ °C$; $v = 1,5\ m^3/kg$; $x = ?$; $p = ?$

b) $T = 300\ °C$; $v = 0,018\ m^3/kg$; $x = ?$; $p = ?$

c) $p = 200\ kPa$; $v = 0,7\ m^3/kg$; $x = ?$; $T = ?$

d) $p = 250\ kPa$; $v = 1\ m^3/kg$; $T = ?$

e) $p = 1\ MPa$; $T = 400\ °C$; $v = ?$

Ep2.3 Determine as propriedades da água que se pede em cada um dos itens a seguir:

a) $p = 230\ kPa$; $x = 0,90$; $v = ?$

b) $p = 158\ kPa$; $x = 0,85$; $v = ?$

c) $T = 87\ °C$; $x = 0,5$; $v = ?$

d) $T = 100\ °C$; $x = 0,1$; $v = ?$

e) $T = 50\ °C$; $p = 100\ kPa$; $v = ?$

Ep2.4 O refrigerante R-134a (1,1,1,2 – Tetrafluormetano) é um produto utilizado como fluido de trabalho em unidades de refrigeração. Determine a sua pressão e o seu título nos seguintes estados:

a) $27\ °C$ e $0,010\ m^3/kg$

b) $-32\ °C$ e $0,050\ m^3/kg$

c) $2,5\ °C$ e $0,015\ m^3/kg$

Ep2.5 Determine a pressão e o volume específico do refrigerante R-134a nos seguintes estados:

a) $20\ °C$ e título igual a $0,90$

b) $52\ °C$ e título igual a $0,95$

c) $-12\ °C$ e título igual a $0,75$

Ep2.6 Determine o volume específico do refrigerante R-134a nos seguintes estados:

a) $30\ °C$ e $220\ kPa$

b) $42\ °C$ e $265\ kPa$

c) $-15\ °C$ e $120\ kPa$

Ep2.7 É razoável considerar que a água a $100\ kPa$ e $200°C$ pode ser tratada como um gás ideal?

Resp.: sim, se aceitável o erro de $0,6\%$.

Ep2.8 Determine o volume específico do vapor d'água a $1\ MPa$ e $300°C$ usando as tabelas de propriedades termodinâmicas da água e usando o modelo de gás ideal. Comente os resultados.

Resp.: $0,2580\ m^3/kg$; $0,2648\ m^3/kg$.

Ep2.9 Coletando dados nas tabelas de vapor, faça um diagrama pxv para a água mostrando as linhas de vapor saturado e de líquido saturado.

Ep2.10 Um reservatório rígido, com volume igual a $0,2\ m^3$, contém $1\ kg$ de amônia $0°C$. Esse reservatório é dotado de uma válvula de segurança que entra em operação quando a pressão no tanque atinge $2\ MPa$. Sabendo que o refrigerante é submetido a um processo de aquecimento com o objetivo de se obtê-lo a $50°C$, pergunta-se:

a) Qual é o volume específico do fluido refrigerante no início do processo?

b) Qual é o título do fluido refrigerante no início do processo?

c) Qual é a massa de amônia, na fase líquida, inicialmente armazenada?

d) A temperatura desejada será atingida antes do início do vazamento através da válvula de segurança?

Resp.: $0,2\ m^3/kg$; 69%; $0,310\ kg$; sim.

Ep2.11 Uma panela de pressão industrial com volume igual a $100\ L$ contém água saturada a $120\ kPa$. Considere que 20% da massa da água contida na panela estão na fase líquida. Qual é o volume da fase vapor?

Resp.: $99,98\ L$.

Ep2.12 Utilizando dados das tabelas de propriedades termodinâmicas da água, determine o fator de compressibilidade do vapor d'água saturado a $120\ kPa$.

Resp.: $0,982$.

Ep2.13 Uma panela de pressão com volume igual a 5 litros contém água saturada na pressão manométrica de 100 kPa. Considere que a pressão atmosférica local é igual 100 kPa e que 10% do volume da água contida na panela está na fase líquida. Qual é a massa da fase vapor?

Resp.: 5,1 g.

Ep2.14 Refrigerante R-134a, inicialmente a 0 °C e volume específico igual a 0,0405 m³/kg, é submetido a um processo a volume específico constante até atingir o estado de vapor saturado. Determine o título no estado inicial e a temperatura final desse refrigerante.

Resp.: 58%; 16,2°C.

Ep2.15 Um recipiente rígido com volume igual a 2,0 litros contém água saturada a 200 kPa. Considere que 10% da massa da água contida no recipiente está na fase líquida. Qual é a massa da água contida no recipiente? Se a água for aquecida até atingir a pressão de 1 MPa, qual será o seu título?

Resp.: 2,51 g; título não definido, vapor superaquecido!

Ep2.16 Uma massa de 2,5 kg de água inicialmente a 1,5 bar e título 0,6 sofre um processo a temperatura constante até atingir título 0,8. A seguir é submetida a um isocórico até tornar-se vapor saturado. Determine o seu volume final.

Resp.: 2,32 m³.

Ep2.17 Determine as propriedades que se pede em cada um dos itens a seguir:

a) Fluido: ar; $V = 1,3$ m³; $p = 100$ kPa; $T = 20°C$; $v = ?$; $m = ?$

b) Fluido: ar; $V = 2,5$ m³; $p = 200$ kPa; $T = 100°C$; $v = ?$; $m = ?$

c) Fluido: oxigênio; $V = 10$ m³; $p = 1$ MPa; $T = 500°C$; $v = ?$; $m = ?$

d) Fluido: nitrogênio; $V = 0,2$ m³; $p = 10$ MPa; $T = 800°C$; $v = ?$; $m = ?$

e) Fluido: dióxido de carbono; $V = 200$ m³; $p = 2,5$ MPa; $T = 220°C$; $v = ?$; $m = ?$

Ep2.18 O reservatório de um compressor de borracharia tem o volume de 0,6 m³. Se o ar armazenado estiver à pressão manométrica de 220 kPa e se a sua temperatura for igual a 22°C, qual será a massa de ar armazenada se a pressão atmosférica local for igual a 95 kPa?

Resp.: 2,23 kg.

Ep2.19 Um homem notou que um pneu do seu carro estava com a pressão abaixo do recomendável. Foi a um posto de serviços e "calibrou" a pressão dos pneus deixando todos com 100 kPa. Aproveitando que o dia estava agradável, resolveu visitar um amigo em uma cidade próxima. No caminho parou para abastecer e, novamente, calibrar os pneus. Notou, então que eles estavam à pressão de 120 kPa. Se a pressão atmosférica é igual a 96 kPa e, quando da calibragem inicial, a temperatura ambiente era igual a 20°C, pergunta-se: qual é a nova temperatura do ar nos pneus? Quando você calibra os pneus do seu carro, a pressão é medida na escala absoluta ou na manométrica?

Resp.: 59,6°C; tradicionalmente na manométrica.

Ep2.20 O reservatório de um compressor, com volume igual a 850 litros, foi alimentado com nitrogênio e, ao final desse processo, o nitrogênio atingiu a temperatura de 50°C e a pressão manométrica de 1 MPa. Nessa condição, foi fechada a válvula de alimentação de nitrogênio. A seguir, a temperatura do nitrogênio foi reduzida até atingir a temperatura ambiente de 21°C. Sabendo que a pressão atmosférica local é igual a 100 kPa, pergunta-se: qual será a pressão absoluta do nitrogênio nessa nova temperatura? Qual é a massa de nitrogênio presente no reservatório?

Resp.: 1 MPa; 9,74 kg.

Ep2.21 Ar inicialmente a 500°C e 2 MPa é resfriado por meio de um processo isocórico até atingir a temperatura de 100°C e, a seguir, é comprimido duplicando a sua pressão em um processo isotérmico. O ar, nesse estado, é resfriado por meio de um processo isobárico até atingir a temperatura de 25°C. Monte uma tabela na qual, para cada estado do ar acima caracterizado, estejam registradas as seguintes propriedades do ar: pressão, temperatura e volume específico. Represente os processos acima mencionados em um diagrama pxv e em um diagrama Txv.

Resp.: $v_1 = 0,1109$ m³/kg; $p_2 = 965,3$ kPa; $v_3 = 0,05547$ m³/kg; $v_4 = 0,04432$ m³/kg.

Ep2.22 Refrigerante R-134a com título igual a 0,6 e à temperatura de 0°C tem volume igual a 0,4 m³. Essa substância é submetida a um processo a pressão constante até atingir título 0,8. Determine a massa de R-134a e o seu volume final.

Resp.: 9,56 kg; 0,531 m³.

Ep2.23 Um tanque de aço com volume igual 0,5 m³ armazena água a 200 kPa com título igual a 0,5. Esse tanque tem uma válvula de alívio que entra em operação a 300 kPa. Acidentalmente, calor é transferido ao tanque e a pressão da água se eleva até que a válvula de alívio começa a operar. Pede-se para estimar a massa de água, a sua temperatura e, se aplicável, o seu título no instante em que a válvula de alívio abrir.

Resp.: 1,13 kg; 133,5°C; 0,732.

Ep2.24 Um tanque de aço com volume igual 0,3 m³ armazena 3 kg de R-134a a 0°C. Acidentalmente, o tanque é aquecido até atingir a temperatura de 20°C. Pede-se para determinar a pressão e o volume específico do R-134a ao final do processo de aquecimento.

Resp.: 0,1 m³/kg; 226,9 kPa.

Ep2.25 Uma massa de 2 kg de água a 45°C e na pressão de 300 kPa é submetida a um processo isotérmico até atingir o volume de 10 m³. Determine a pressão final da água. Se no final do processo a água for saturada, determine o seu título; caso contrário, indique em que fase ela se encontra.

Resp.: 9,59 kPa; 32,8%.

Ep2.26 Determine a massa específica e o peso específico da água nos seguintes estados: $T = 20$°C e $x = 0$; $T = 20$°C e $x = 1$; $T = 100$°C e $p = 200$ kPa; $T = 400$°C e $p = 1000$ kPa.

Resp.: 998,2 kg/m³; 9792 N/m³; 0,01731 kg/m³; 0,1698 N/m³; 958,4 kg/m³; 9402 N/m³; 3,262 kg/m³; 32,00 N/m³.

Ep2.27 Água a 40°C e título igual a 0,1 é submetida a um processo isocórico até atingir a pressão de 100 kPa. Determine a temperatura final.

Resp.: 153,3°C.

Ep2.28 Água a 80°C e título 0,8 é submetida a um processo isocórico até atingir título unitário. Determine a sua temperatura final.

Resp.: 86°C.

Ep2.29 Água a 50°C e título 0,2 é submetida a um processo isotérmico até atingir a pressão de 100 kPa. Determine o volume específico inicial, o peso específico inicial e o volume específico final.

Resp.: 2,406 m³/kg; 4,077 N/m³; 0,001012 m³/kg.

Ep2.30 Água a 200 kPa e título 0,8 é submetida a um processo isotérmico até atingir o dobro do seu volume. Determine a sua pressão final.

Resp.: 126,1 kPa.

Ep2.31 Determine a massa específica e o peso específico do ar a 95 kPa e 35°C.

Resp.: 1,074 kg/m³; 10,54 N/m³.

Ep2.32 Ar inicialmente a 100 kPa e 25°C é submetido a um processo isocórico até atingir a pressão de 800 kPa. Determine seu peso específico final.

Resp.: 11,46 N/m³.

Ep2.33 Ar inicialmente a 600 kPa e 300°C é submetido a um processo isobárico até atingir a temperatura de 500°C. Determine seu peso específico final.

Resp.: 26,53 N/m³.

Ep2.34 Dois quilogramas de ar inicialmente a 300 kPa e 25°C são submetidos a um processo isotérmico até atingir a pressão de 600 kPa. Qual é o seu volume final?

Resp.: 0,285 m³.

Ep2.35 Em um equipamento industrial, ar é submetido a um processo tal que sua pressão multiplicada pelo seu volume específico elevado a 1,3 é constante. Sabendo que seu estado inicial é caracterizado pela temperatura de 300 K e pressão de 100 kPa, pede-se para determinar seu volume específico final sabendo que a sua pressão final é igual a 300 kPa.

Resp.: 0,3698 m³/kg.

Ep2.36 Em um tanque rígido, armazenam--se 100 N de ar a 30°C e 1 MPa. Uma válvula é aberta permitindo o escape de parte do ar armazenado para o meio ambiente, sendo a se-

guir fechada. Após a válvula ser fechada, observa-se que a pressão do ar no tanque foi reduzida à metade e que a sua temperatura tornou-se igual a 15°C. Pede-se para determinar o peso específico do ar mantido no tanque no início do processo e a massa de ar perdida para o meio ambiente devido à abertura da válvula.

Resp.: 112,8 N/m³; 4,83 kg.

Ep2.37 Um estudante de engenharia se propôs a conduzir em experimento laboratorial com objetivo de obter vapor d'água saturado a 10 bar. Para tal, ele colocou 1 kg de água a 100 kPa e 20°C em um recipiente e, inicialmente a pressão constante, aqueceu a água até atingir título igual a 0,5. A seguir, continuou o aquecimento mantendo o volume constante até atingir a pressão de 10 bar. Finalmente, continuando o processo de aquecimento, mantendo a pressão constante igual a 10 bar, obteve vapor saturado. Trace um diagrama pxv descrevendo todos os processos, determine o volume específico da água no início do último processo.

Resp.: 0,8476 m³/kg.

Ep2.38 Em um tanque de aço com volume igual a 50 L, tem-se oxigênio a 180 bar (pressão manométrica) e a 23°C. A válvula do tanque é aberta e ocorre o vazamento de oxigênio até que a sua pressão atinja 120 bar (pressão manométrica). Sabendo que ao final do processo a temperatura do oxigênio presente no tanque é igual a 12°C e que a pressão atmosférica local é igual a 95 kPa, pede-se para determinar:

a) o volume específico inicial do oxigênio;

b) a massa de oxigênio que escapou do tanque;

c) a massa específica final do oxigênio presente no tanque no final do processo.

Resp.: 0,004255 m³/kg; 3,593 kg; 163,1 kg/m³.

Ep2.39 Em um pequeno vaso de pressão com volume interno igual a 200 L, armazena-se água a 1 MPa. Sabe-se que 1,0% do volume da água está na fase líquida e o restante, 99%, está na fase vapor. Considere que a temperatura da água armazenada seja reduzida atingindo 100°C. Pede-se para determinar a massa de água presente no tanque, seu título inicial e o seu título final.

Resp.: 2,79 kg; 0,365; 0,0422.

Ep2.40 Em um tanque de aço com volume igual a 100 L, tem-se água a 10 bar e título igual a 0,8. Uma válvula instalada no topo do tanque é aberta e ocorre vazamento de vapor, de modo que a água remanescente no tanque atinge 100°C e título igual a 0,5. Pede-se para determinar:

a) a massa de água existente no tanque no início do processo;

b) o peso específico da água remanescente no tanque no final do processo;

c) a massa de água que escapou do tanque.

Resp.: 0,642 kg; 11,7 N/m³; 0,523 kg.

Ep2.41 Em um recipiente rígido há 5 litros de água saturada na pressão manométrica de 100 kPa. Considere que o volume da fase líquida é igual a 0,1 litros, que o volume da fase vapor é igual a 4,9 litros e que a pressão atmosférica local é igual a 100 kPa. Determine a massa de água no recipiente e o seu título.

Resp.: 99,8 g; 5,54%.

TRABALHO, POTÊNCIA E CALOR

A grandeza trabalho pode ser definida como:

$$_1W_2 = \int_1^2 (\boldsymbol{F} \cdot \boldsymbol{n})\,ds \qquad (3.1)$$

onde $\boldsymbol{F}$ é uma força e $\boldsymbol{n}$ é o versor na direção s.

Nessa expressão, o trabalho $_1W_2$ deve ser entendido como o trabalho realizado pela componente da força $\boldsymbol{F}$ na direção s, obtida pela realização do produto escalar, agindo no intervalo 1-2.

Consideremos, agora, um sistema composto por uma massa de um gás confinada por um conjunto cilindro-êmbolo como o da Figura 3.1, no qual o êmbolo pode se movimentar livremente, sem atrito.

Nesse conjunto, a massa de gás é comprimida pela força exercida por pequenos pesos depositados sobre o êmbolo. À medida que os pesos são retirados, o êmbolo se movimenta na direção vertical. Devido à ocorrência desse movimento, o sistema realiza um trabalho que pode ser determinado por:

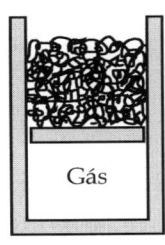

Figura 3.1 Conjunto cilindro – êmbolo

$$_1W_2 = \int_1^2 (\boldsymbol{F} \cdot \boldsymbol{n})\,ds = \int_1^2 pA\,ds \qquad (3.2)$$

onde p é a pressão absoluta do gás, e A é a área do êmbolo.

Lembrando que $A.ds$ é o diferencial de volume $d\mathcal{V}$, temos:

$$_1W_2 = \int_1^2 p\,d\mathcal{V} \qquad (3.3)$$

Essa expressão é utilizada para o cálculo do trabalho realizado por um sistema devido a um movimento de fronteira. Devemos observar que, se o volume do sistema aumenta, o sistema realiza trabalho sobre o meio, e esse trabalho será positivo. Naturalmente, se o meio realiza trabalho sobre o sistema, o volume do sistema será reduzido e o trabalho realizado será negativo.

A unidade de trabalho é igual à unidade de força multiplicada pela unidade de comprimento. No Sistema Internacional de Unidades, a unidade de trabalho é o joule, $1\,J = 1\,N.m$.

Para efetuar a integração exigida ao se realizar o cálculo do trabalho realizado por um sistema, é absolutamente essencial que se conheça a função $p = p(V)$, ou seja: para determinar o trabalho realizado em um processo 1-2 é necessário saber como a pressão variou em função do volume durante a ocorrência desse processo.

3.1 TRABALHO REALIZADO EM UM PROCESSO ISOBÁRICO

Em um processo isobárico, por definição, a pressão permanece constante enquanto as outras propriedades variam. Assim, a integração da equação 4.3 se resume a:

$$_1W_2 = \int_1^2 p\,dV = p_1(V_2 - V_1) =$$
$$= p_1 m(v_2 - v_1) \tag{3.4}$$

Esse resultado é o trabalho realizado por um sistema percorrendo um processo isobárico.

3.2 TRABALHO REALIZADO EM UM PROCESSO POLITRÓPICO

Um processo politrópico é aquele no qual a relação entre a pressão e o volume é dada por:

$$pV^n = \text{constante} = p_1V_1^n = p_2V_2^n \tag{3.5}$$

Nessa expressão, o expoente n é uma constante denominada *expoente politrópico*.

Consideremos que um sistema com massa m é submetido a um processo politrópico. Nesse caso, temos:

$$_1W_2 = \int_1^2 p\,dV = \int_1^2 \frac{constante}{V^n}dV \tag{3.6}$$

Logo:

$$_1W_2 = constante \int_1^2 \frac{dV}{V^n} \tag{3.7}$$

$$_1W_2 = constante\left(\frac{V^{-n+1}}{-n+1}\right)\Bigg|_1^2 \tag{3.8}$$

$$_1W_2 = \frac{constante}{1-n}\left(V_2^{1-n} - V_1^{1-n}\right) \tag{3.9}$$

$$_1W_2 = \frac{p_2V_2^n V_2^{1-n} - p_1V_1^n V_1^{1-n}}{1-n} \tag{3.10}$$

$$_1W_2 = \frac{p_2V_2 - p_1V_1}{1-n} = m\frac{p_2v_2 - p_1v_1}{1-n} \tag{3.11}$$

Essa expressão é válida para $n \neq 1$.

Usualmente, para poder aplicar essa correlação, precisamos determinar as propriedades do sistema no início ou no final do processo. Se o sistema for constituído por um gás ideal, teremos:

$$p_1v_1^n = p_2v_2^n \Rightarrow \frac{p_1}{p_2} = \left(\frac{v_2}{v_1}\right)^n \text{ ou}$$

$$\frac{v_2}{v_1} = \left(\frac{p_1}{p_2}\right)^{\frac{1}{n}} \tag{3.12}$$

que nos permite relacionar os volumes específicos e as pressões ao início e fim dos processos.

A relação entre volumes específicos e temperaturas é obtida como se segue:

$$p_1v_1^n = p_2v_2^n \Rightarrow p_1v_1v_1^{n-1} = p_2v_2v_2^{n-1} \tag{3.13}$$

Como $pv = RT$, temos:
$$RT_1v_1^{n-1} = RT_2v_2^{n-1} \Rightarrow$$

$$\Rightarrow \frac{T_2}{T_1} = \left(\frac{v_1}{v_2}\right)^{(n-1)} \tag{3.14}$$

A terceira relação a ser obtida é aquela que correlaciona temperaturas e pressões.

Substituindo a Equação (3.12) na 3.14, obtemos:

$$\frac{T_2}{T_1} = \left(\left(\frac{p_2}{p_1}\right)^{\frac{1}{n}}\right)^{(n-1)} \Rightarrow \frac{T_2}{T_1} = \left(\frac{p_2}{p_1}\right)^{\frac{n-1}{n}} \qquad (3.15)$$

As expressões (3.12), (3.14) e (3.15) são muito úteis na análise do comportamento de gases ideais submetidos a processos politrópicos.

O resultado expresso pela Equação (3.11) é válido apenas para valores do expoente politrópico n diferente da unidade. Para o caso em que $n = 1$, temos:

$$p\cancel{V} = constante = p_1\cancel{V}_1 = p_2\cancel{V}_2 \qquad (3.16)$$

Substituindo na Equação (3.3), vem:

$$_1W_2 = \int_1^2 p.d\cancel{V} = \int_1^2 \frac{constante}{\cancel{V}}d\cancel{V} \qquad (3.17)$$

$$_1W_2 = \int_1^2 \frac{p_1\cancel{V}_1}{\cancel{V}}d\cancel{V} = p_1\cancel{V}_1\int_1^2 \frac{d\cancel{V}}{\cancel{V}} \qquad (3.18)$$

Logo:

$$_1W_2 = p_1\cancel{V}_1\, ln\frac{\cancel{V}_2}{\cancel{V}_1} = mp_1v_1\, ln\frac{v_2}{v_1} \qquad (3.19)$$

Esse resultado representa, por exemplo, o trabalho realizado por um sistema constituído por um gás ideal ao percorrer um processo isotérmico.

3.3 POTÊNCIA

A potência desenvolvida por um sistema será a taxa de realização de trabalho, e a definimos simplificadamente como o produto escalar da força aplicada ao sistema pela sua velocidade.

$$\dot{W} = \mathbf{F} \cdot \mathbf{V} \qquad (3.20)$$

A unidade da potência no Sistema Internacional de Unidades é o watt, W. Observe que o nome da unidade deve ser grafado em letra minúscula e o símbolo em maiúscula.

3.4 COMENTÁRIOS SOBRE O TRABALHO

As determinações do trabalho apresentadas demonstram de forma inquestionável que o trabalho realizado por um sistema durante uma mudança de um estado 1 para um estado 2 depende fundamentalmente do processo por meio do qual o sistema partiu de um estado e atingiu o outro. Dessa forma, não se pode associar a grandeza trabalho a um estado, e, portanto, trabalho não é uma propriedade termodinâmica.

O fato de a determinação do trabalho depender do conhecimento do processo indica também que o diferencial do trabalho não é um diferencial exato e, por esse motivo, será representado por δW. Dessa forma, a integral do trabalho pode ser simbolizada por:

$$_1W_2 = \int_1^2 \delta W = \int_1^2 pd\cancel{V} \qquad (3.21)$$

ou

$$\delta W = pd\cancel{V} \qquad (3.22)$$

O trabalho também pode ser calculado por unidade de massa do sistema, sendo, então, denominado *trabalho específico*, sua unidade no SI é J/kg e é representado pela letra w minúscula, ou seja:

$$w = \frac{W}{m} \qquad (3.23)$$

$$_1w_2 = \int_1^2 \delta w = \int_1^2 pdv \qquad (3.24)$$

Por fim, devemos observar que a unidade em que se mede trabalho é exatamente a unidade em que se mede energia, porque os dois têm a mesma natureza. O que se dá porque trabalho é uma forma de transferência de energia que identificamos ao observar a fronteira de um sistema, ou seja: quando um sistema realiza trabalho, ou quando trabalho é realizado sobre um sistema, observamos trânsito de energia entre o sistema e o meio, que ocorre por intermédio da realização do trabalho.

3.5 CALOR

Consideremos a seguinte experiência hipotética: dois blocos metálicos, em temperaturas diferentes, são colocados em contato físico e são mantidos completamente isolados do meio que os cerca, não se permitindo que haja qualquer tipo de interação entre o meio e os blocos metálicos. Devido ao contato dessa forma estabelecido, a temperatura do bloco quente será reduzida e a temperatura do bloco frio será elevada de tal sorte que, ao cabo de um intervalo de tempo, elas se igualarão. Essa experiência mostra que houve uma interação entre os blocos, estando eles isolados do meio, que ocorreu devido única e exclusivamente à diferença de temperatura entre eles existente. Essa interação é denominada *calor*.

Devemos observar que, tratando o bloco inicialmente frio como sistema, verificamos que a energia interna do sistema aumentou e que essa alteração foi constatada pela verificação do aumento da sua temperatura. Podemos estabelecer um raciocínio análogo e concluir que houve uma redução da energia interna do bloco inicialmente quente e que essa redução provocou a redução da sua temperatura. Essa análise nos permite afirmar que a interação calor, assim como o trabalho, é uma forma de transferência de energia entre um sistema e o seu meio e é reconhecida ao se observar a fronteira do sistema; por esse motivo, podemos afirmar que:

- calor e trabalho são fenômenos de fronteira; e
- **não** existe calor em um sistema e/ou em um meio.

Como energia, calor e trabalho têm a mesma natureza, são medidos na mesma unidade, que, no Sistema Internacional de Unidades, é o joule, J.

Embora, conforme já afirmado, a interação denominada calor seja essencialmente um processo de transferência de energia, é de amplo uso o termo *transferência de calor* para indicar a sua ocorrência, ainda que o termo *transferência de energia por calor* seja mais adequado. Assim, mesmo sendo inconveniente e conceitualmente errado, já que calor não é transferido, termos tais como transferência de calor, taxa de transferência de calor, troca de calor, calor trocado etc. são utilizados com frequência na literatura e serão eventualmente usados neste texto.

Ao analisar a transferência de energia por calor, verificamos que ela pode ocorrer do sistema para o meio ou do meio para o sistema. Por esse motivo, convenciona-se que a energia transferida por calor a um sistema é positivo.

Similarmente ao trabalho, a energia transferida por calor entre um sistema e o meio, quando o sistema parte de um estado e atinge outro, também depende do processo, e, por esse motivo, o calor não pode ser associado a um estado, não sendo, assim, uma propriedade termodinâmica nem um diferencial exato. Matematicamente, essa interação é simbolizada por:

$$_1Q_2 = \int_1^2 \delta Q \qquad (3.25)$$

A energia transferida por calor entre um sistema e o meio também pode ser avaliada por unidade de massa do sistema, sendo, então, representada pela letra q minúscula:

$$_1q_2 = \int_1^2 \delta q \qquad (3.26)$$

Um processo de transferência de energia por calor se dá ao longo do tempo, nos permitindo estabelecer o conceito de taxa de transferência de energia por calor ou *taxa de calor*, que é a quantidade de energia transferida por unidade de tempo por meio de calor, a qual é simbolizada por $\dot{Q}$. Sua unidade no SI é o watt, W.

Processos de transferência de calor ocorrem por meio de três modos distintos que, embora sejam didaticamente discutidos em separado, frequentemente ocorrem simultaneamente. Estes modos são denominados: *condução*, *convecção* e *radiação*.

Condução é o processo que ocorre em uma substância devido a um gradiente de temperatura existente no seu interior, caracterizado pelo fato de que não há movimento relativo entre as partículas que constituem a substância. Esse fenômeno é governado pela *Lei de Fourier*, que, na sua forma unidimensional, é matematicamente estabelecida como:

$$\dot{Q} = -k \; A \; \frac{dT}{dx} \tag{3.27}$$

onde:

- $\dot{Q}$ é a energia transferida por calor por unidade de tempo, denominada: *taxa de calor, taxa de transferência de energia por calor ou taxa de transferência de calor*, em W = J/s;
- A é a área de troca de calor, em m²;
- T é a temperatura, em °C;
- x é a coordenada na direção da qual ocorre o processo de transferência de calor, em m;
- k é uma propriedade da substância denominada condutibilidade ou condutividade térmica, W/(m · K).

Materiais que apresentam altas condutibilidades térmicas são chamados bons condutores de calor, por exemplo, os metais; já os materiais que apresentam baixas condutibilidades térmicas são chamados isolantes térmicos, por exemplo, borracha, madeira etc.

A Lei de Fourier, na sua forma unidimensional, também pode ser expressa como:

$$\dot{Q}'' = k \frac{dT}{dx} \tag{3.28}$$

onde $\dot{Q}''$ é a energia transferida por calor por unidade de tempo e por unidade de área de transferência, denominada *fluxo de calor*, cuja unidade é W/m².

O processo de transferência de energia por calor por convecção é aquele que ocorre entre uma superfície e um fluido. Como exemplo, podemos considerar a superfície externa da parede vertical de um forno doméstico. Quando o forno está em uso, essa superfície apresenta temperatura mais elevada que a do meio externo. O ar ambiente em contato com a parede é aquecido, sua temperatura aumenta e, em consequência, seu volume específico também aumenta. Como o aumento do volume específico é equivalente à redução da sua massa específica, observamos que esse fenômeno acarreta a movimentação do ar na direção vertical, sentido ascendente, provocando a sua renovação e permitindo o contínuo aquecimento da corrente de ar assim criada. Esse processo de transferência de calor é denominado *convecção natural*. Considere-se agora que a parede do forno seja resfriada por uma corrente de ar criada por um meio não natural, por exemplo, pelo uso de um ventilador. Nesse caso, o processo de transferência de calor é denominado *convecção forçada*.

A taxa de transferência de calor por convecção, natural ou forçada, pode ser avaliada utilizando-se a *Lei do Resfriamento de Newton*:

$$\dot{Q} = hA\left(T_s - T_\infty\right) \tag{3.29}$$

onde:

- $\dot{Q}$ é a taxa de calor, W;
- h é o coeficiente de transferência de calor por convecção, também denominado *coeficiente convectivo*, W/(m².K);
- T_s é a temperatura da superfície, °C ou K; e
- T_∞ é a temperatura do fluido longe da parede sólida, °C ou K.

Essa expressão também pode ser reescrita como:

$$\dot{Q}'' = h(T_s - T_\infty) \tag{3.30}$$

O coeficiente de transferência de energia por convecção h depende de um grande número de variáveis e, muitas vezes, a sua determinação é complexa.

O terceiro modo de transferência de calor é denominado *radiação*. É um processo de transferência de energia, emitida e recebida por superfícies, que ocorre por intermédio de ondas eletromagnéticas e, por esse motivo, não exige a existência de um meio material através do qual esse processo deva ocorrer. A quantificação da energia emitida por uma superfície, devido apenas ao fato de ela estar na temperatura T, é realizada a partir da expressão:

$$\dot{Q} = \varepsilon\sigma A T^4 \tag{3.31}$$

onde:

* ε é uma propriedade da superfície emissora de energia denominada emissividade;
* σ é uma constante dimensional denominada *constante de Stefan-Boltzmann*, que, no Sistema Internacional de Unidades, é igual a $5,67.10^{-8}$ W/(m².K⁴);
* A é a área da superfície emissora; e
* T é a temperatura medida em uma escala absoluta da superfície emissora.

Observamos que os processos de transferência de calor voltarão a ser abordados no terceiro volume desta série.

3.6 EXERCÍCIOS RESOLVIDOS

Er3.1 Um conjunto cilindro-pistão, montado na vertical (veja a Figura Er3.1), contém 5 kg de água a 500 kPa e 500°C. Considere que o pistão pode se mover sem atrito. A água é resfria-

da até atingir título igual a 0,5. Determine o trabalho realizado pela água.

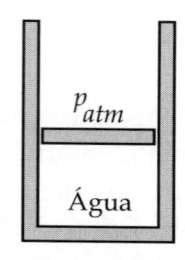

Figura Er3.1

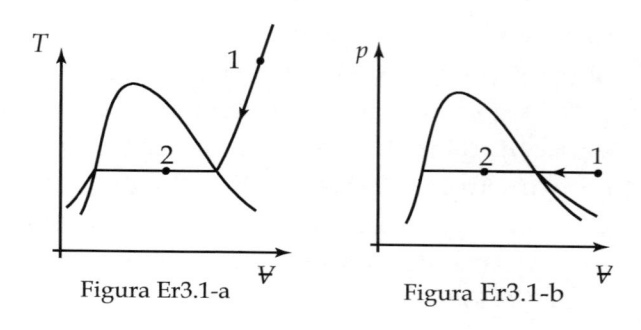

Figura Er3.1-a   Figura Er3.1-b

Solução

a)   Dados e considerações
* Sistema: água, m = 5 kg.
* Processo: isobárico. Observe a representação gráfica deste processo na Figura Er3.1-a e na Figura Er3.1-b.
* Estado inicial: p_1 = 500 kPa e T_1 = 500°C.
* Estado final: x_2 = 0,5 e $p_2 = p_1$ = = 500 kPa.

b)   Análise e cálculos
Das tabelas de propriedades termodinâmicas da água, vem:

$v_1 = 0,7109$ m³/kg; $v_{l,2} = 0,001093$ m³/kg; $v_{v,2} = 0,3742$ m³/kg

$v_2 = (1 - x_2)v_{l2} + x_2 v_{v2}$; logo:
$v_2 = 0,1866$ m³/kg.

Cálculo do trabalho:
$${}_1W_2 = \int_1^2 p\,dV = mp_1(v_2 - v_1)$$
$${}_1W_2 = -1308 \text{ kJ}$$

Er3.2 A Figura Er3.2 mostra um conjunto cilindro-pistão montado na horizontal que contém 0,1 kg de água à pressão atmosférica, 100 kPa, e 500°C.

A água é resfriada até atingir o estado de vapor saturado. Determine o trabalho realizado.

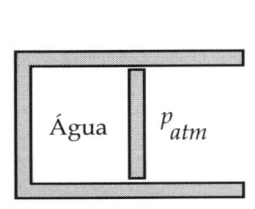
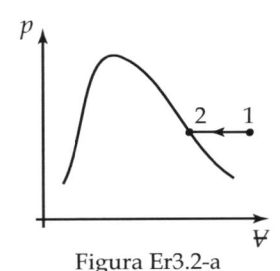

Figura Er3.2

Figura Er3.2-a

Solução

a) Dados e considerações
   - Sistema: água, $m = 0,1$ kg.
   - Processo: isobárico. Veja a Figura Er4.2-a
   - Estado inicial: $p_1 = 100$ kPa; $T_1 = 500°C$.
   - Estado final: $x_2 = 0$; $p_2 = p_1$.

b) Análise e cálculos
   Avaliação de propriedades:

   Das tabelas: $v_1 = 3,566$ m³/kg;

   $v_2 = v_{v,2} = 1,693$ m³/kg

   Cálculo do trabalho:

   $$_1W_2 = \int_1^2 pd\mathrm{V} = mp_1(v_2 - v_1) \Rightarrow$$

   $$\Rightarrow {}_1W_2 = -18,7 \text{ kJ}$$

Er3.3 Um conjunto cilindro-pistão montado na vertical contém 0,2 kg de ar a 300 K e 200 kPa. Esse conjunto é aquecido até que o volume do ar existente no seu interior dobre. Considerando que o pistão pode se mover sem atrito, determine o trabalho realizado pelo ar nesse processo.

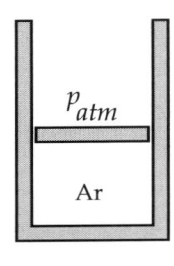
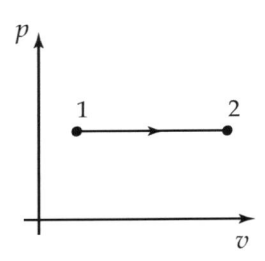

Figura Er3.3

Figura Er3.3-a

Solução

a) Dados e considerações
   - Sistema: ar seco, $m = 0,2$ kg.
   - O ar seco pode ser tratado como um gás ideal com: $R_{ar} = 0,287$ kJ/(kg.K).
   - Processo: isobárico. Veja a Figura Er3.3-a.
   - Estado inicial: $p_1 = 200$ kPa; $T_1 = 300$ K.
   - Estado final: $\mathrm{V}_2 = 2\mathrm{V}_1$ e $p_2 = p_1 = 200$ kPa.

b) Análise e cálculos

   $$_1W_2 = \int_1^2 pd\mathrm{V} = p_1(v_1 - v_2) = p_1\mathrm{V}_1$$

   e $p_1\mathrm{V}_1 = mR_{ar}T_1$

   $$_1W_2 = 17,22 \text{ kJ}$$

Er3.4 Considere a Figura Er3.4. Um conjunto cilindro-pistão montado na horizontal contém 0,2 m³ de nitrogênio a 294 K e 101,3 kPa. O pistão pode se movimentar até atingir o volume máximo de 0,30 m³, quando, então, toca os esbarros. O nitrogênio é aquecido até que se atinja a temperatura de 600 K. Qual é o volume final do nitrogênio? Determine a massa de nitrogênio e o trabalho realizado no processo.

Solução

a) Dados e considerações
   - Sistema: nitrogênio, massa desconhecida.
   - O nitrogênio pode ser tratado como um gás ideal com: $R = 0,297$ kJ/(kg.K).
   - Processo: por hipótese, considera-se o processo isobárico até o pistão tocar os esbarros, posteriormente isocórico. Veja a Figura Er3.4-a.
   - Estado inicial: $p_1 = 101,3$ kPa; $T_1 = 294$ K e $\mathrm{V}_1 = 0,2$ m³.
   - Estado intermediário (o pistão toca os esbarros): $\mathrm{V}_2 = 0,3$ m³ e $p_2 = p_1$.
   - Estado final: $\mathrm{V}_3 = \mathrm{V}_2$; $T_3 = 600$ K.

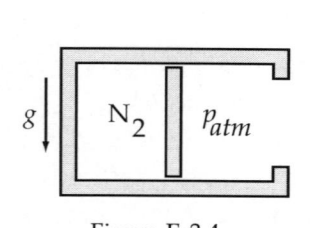

Figura Er3.4

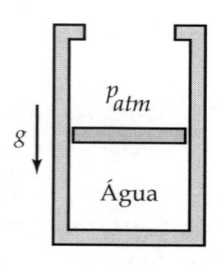

Figura Er3.4-a

b)   Análise e cálculos

$p_1 V_1 = mRT_1$; $m = 0,2322$ kg

$p_2 V_2 = mRT_2 \Rightarrow T_2 = 441$ K

$T_2 < T_3 \Rightarrow$ o pistão toca os esbarros, ou seja: a hipótese inicial é verdadeira!

Logo: $V_3 = V_2 = 0,30$ m³ e

$_1W_2 = \int_1^2 p\,dV = p_1(V_1 - V_2) = 10,13$ kJ.

Er3.5 Um conjunto cilindro-pistão montado na vertical contém 2 kg de água a 200 kPa. O volume inicial da água é igual a 1 m³. O pistão pode se movimentar até atingir o volume máximo de 2 m³, quando, então, é travado pelos esbarros. A água é aquecida até transformar-se totalmente em vapor saturado. Determine o trabalho realizado no processo.

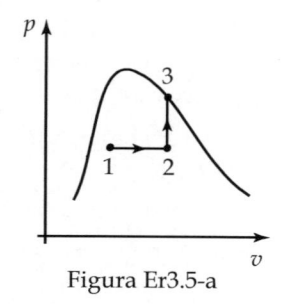

Figura Er3.5

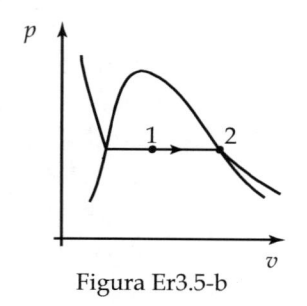

Figura Er3.5-a   Figura Er3.5-b

Solução

a)   Dados e considerações
- Sistema: água, $m = 2$ kg.
- Processo: existem duas possibilidades descritas pelos diagramas apresentados nas Figuras Er3.5-a e Er3.5-b. Na primeira, por hipótese, consideramos o processo isobárico até o pistão tocar os esbarros, posteriormente isocórico até atingir o estado final. Na segunda, consideramos que o pistão não tocará os esbarros, sendo isobárico. Adotaremos a hipótese inicial.
- Estado inicial: $p_1 = 200$ kPa; $V_1 = 1$ m³.
- Estado intermediário (o pistão toca os esbarros): $V_2 = 2$ m³ e $p_2 = p_1$.
- Estado final: $V_3 = V_2$ e $x_3 = 1$.

b)   Análise e cálculos

$v_1 = V_1/m$; $v_1 = 0,5$ m³/kg

$v_2 = V_2/m$; $v_2 = 1$ m³/kg

Da tabela de água saturada, temos que o volume específico do vapor saturado a 200 kPa é igual a 0,8861 m³/kg, menor que v_2. Logo o pistão não toca os esbarros, ou seja: a hipótese inicial é falsa!

O volume final será:

$V_2 = 0,8861 \times 2 = 1,7722$ m³.

Logo: $_1W_2 = \int_1^2 p\,dV = p_1(V_2 - V_1)$
$\Rightarrow$

$\Rightarrow {}_1W_2 = 154,4$ kJ.

Er3.6 Na Figura Er3.6, mostra-se um conjunto cilindro-pistão que contém ar a 800 K e 300 kPa. O pistão pode se movimentar sem atrito até atingir o volume mínimo de 0,3 m³, quando toca os esbarros. O volume inicial do ar é igual a 0,5 m³. O ar é resfriado até atingir a temperatura de 300 K. Determine a massa de ar e o trabalho realizado pelo ar no processo. O pistão toca os esbarros?

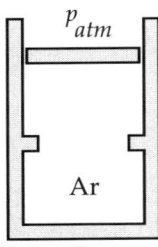 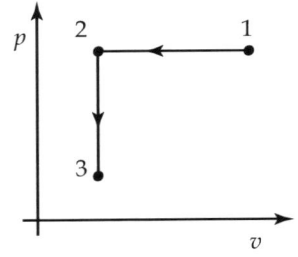

Figura Er3.6   Figura Er3.6-a

Solução

a) Dados e considerações
- Sistema: ar seco, sendo que a sua massa é desconhecida.
- O ar seco será tratado como gás ideal com constante $R_{ar} = 0,287$ kJ/(kg.K).
- Estado inicial: $p_1 = 300$ kPa; $T_1 = 800$ K e $V_1 = 0,5$ m^3.
- Processo: por hipótese, consideramos o processo isobárico até o pistão tocar os esbarros, posteriormente isocórico.
- Estado intermediário (o pistão toca os esbarros): $V_2 = 0,3$ m^3 e $p_2 = p_1$.
- Estado final: $V_3 = V_2$ e $T_3 = 300$ K.

b) Análise e cálculos
Estado final: $V_2 = V_3$;

$$p_1 V_1 = m R_{ar} T_1 \Rightarrow m = 0,653 \text{ kg}$$

$$\frac{p_1 V_1}{T_1} = \frac{p_2 V_2}{T_2} \Rightarrow T_2 = 480 \text{ K} < T_3$$

logo o pistão toca os esbarros e a hipótese inicial está comprovada.

$$_1W_2 = \int_1^2 p\,dV = p_1 \left(V_2 - V_1 \right) \Rightarrow$$

$$\Rightarrow {}_1W_2 = -60 \text{ kJ}$$

Er3.7 Ar, inicialmente a 21°C e 101,3 kPa, é comprimido em um conjunto cilindro-pistão até a pressão de 1,2 MPa. Pode-se dizer que o processo de compressão do ar pode ser representado por um processo politrópico reversível, $pV^n = constante$. Tratando o ar como um gás ideal, pede-se para calcular o trabalho realizado no processo de compressão de 4 kg de ar para os casos em que $n = 1$; $n = 1,2$; $n = 1,4$ e $n = 1,6$.

Solução

a) Dados e considerações
- Sistema: ar, $m = 4$ kg, $R_{ar} = 0,287$ kJ/(kg.K).
- Processo: caso 1: $n = 1 \Rightarrow pV = $ constante $\Rightarrow$ processo politrópico isotérmico.
- Processo: caso 2: $n = 1,2 \Rightarrow pV^{1,2} = $ constante $\Rightarrow$ processo politrópico.
- Processo: caso 3: $n = 1,4 \Rightarrow pV^{1,4} = $ constante $\Rightarrow$ processo politrópico.
- Processo: caso 4: $n = 1,6 \Rightarrow pV^{1,6} = $ constante $\Rightarrow$ processo politrópico.
- Estado inicial: $p_1 = 101,3$ kPa e $T_1 = 21 + 273,15 = 294,15$ K.
- Estado final: $p_2 = 1,2$ MPa.

b) Análise e cálculos
- Avaliação do volume inicial:

$$p_1 V_1 = m R_{ar} T_1 \Rightarrow V_1 = m R_{ar} T_1 / p_1 \Rightarrow$$

$$V_1 = 3,334 \text{ m}^3.$$

- Determinação do trabalho – caso 1:

$$_1W_2 = \int_1^2 p\,dV = p_1 V_1 \ln\frac{V_2}{V_1} \text{ e}$$

$$p_1 V_1 = p_2 V_2 \Rightarrow V_2 = 0,2814 \text{ m}^3$$

Assim: $_1W_2 = -834,8$ kJ.

- Determinação do trabalho – caso 2:

$$_1W_2 = \int_1^2 p\,dV = \frac{p_2 V_2 - p_1 V_1}{1-n} \text{ e}$$

$$p_1 V_1^{1,2} = p_2 V_2^{1,2} \Rightarrow V_2 = 0,4249 \text{ m}^3$$

Assim: $_1W_2 = -860,8$ kJ.

- Determinação do trabalho – caso 3:

$$_1W_2 = \int_1^2 p\,dV = \frac{p_2 V_2 - p_1 V_1}{1-n} \text{ e}$$

$$p_1 V_1^{1,4} = p_2 V_2^{1,4} \Rightarrow V_2 = 0,5702 \text{ m}^3$$

Logo: $_1W_2 = -866,5$ kJ.

- Determinação do trabalho – caso 4:

$$_1W_2 = \int_1^2 p\,dV = \frac{p_2 V_2 - p_1 V_1}{1-n} \text{ e}$$

$$p_1 V_1^{1,6} = p_2 V_2^{1,6} \Rightarrow V_2 = 0,7111 \text{ m}^3$$

Logo: $_1W_2 = -859,4$ kJ.

Dos resultados obtidos, verificamos que o módulo do trabalho realizado no caso 3 é o maior. Se aumentássemos o número de casos, verificaríamos que a função $|_1W_2| = f(n)$ atinge seu máximo quando $n = 1,400$, o que é válido apenas para o caso do fluido de trabalho ser o ar seco quando tratado como gás ideal.

Er3.8 O tanque A, vide Figura Er3.8, contém 1 kg de oxigênio a 2 MPa e 700 K. A válvula existente na tubulação é aberta, permitindo que o oxigênio escoe lentamente para o tanque B, inicialmente vazio, até que o equilíbrio termodinâmico seja atingido. Para movimentar o êmbolo do tanque B é necessária uma pressão interna igual a 300 kPa. Determine a massa final de oxigênio em B e o trabalho realizado para o caso em que a temperatura final de equilíbrio é igual 300 K.

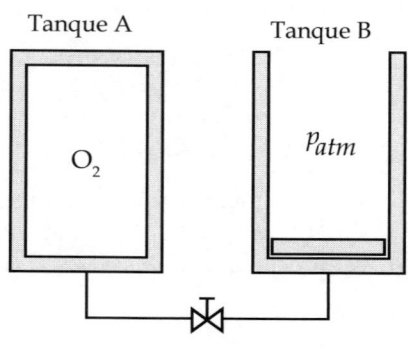

Tanque A   Tanque B

O_2 p_{atm}

Figura Er3.8

Solução

a) Dados e considerações

- Sistema: oxigênio, $m = 1$ kg, $R_{ox} = 0,260$ kJ/(kg.K).
- Processo: o volume da massa de oxigênio presente em A é invariável e a pressão do oxigênio em B será sempre igual a 300 kPa.
- Estado inicial: $p_{A,1} = 2000$ kPa; $T_{A,1} = 700$ K; $m_{A,1} = 1$ kg e $m_{B,1} = 0$ kg.
- Estado final: $V_{A,2} = V_{A,1}$; $T_{A,2} = T_{B,2} = 300$ K e $p_{A,2} = p_{B,2} = 300$ kPa.

b) Análise e cálculos

$$p_{A,1} V_{A,1} = m_{A,1} R_{ox} T_{A,1} \Rightarrow$$

$$\Rightarrow V_{A,1} = 0,091 \text{ m}^3$$

$$p_{A,2} V_{A,2} = m_{A,2} R_{ox} T_{A,2} \Rightarrow$$

$$\Rightarrow m_{A,2} = 0,350 \text{ kg}$$

$$m_{B,2} = m_{A,1} - m_{A,2} \Rightarrow m_{B,2} = 0,650 \text{ kg}$$

$$p_{B,2} V_{b,2} = m_{B,2} R_{ox} T_{B,2} \Rightarrow$$

$$\Rightarrow V_{B,2} = 0,169 \text{ m}^3$$

O trabalho realizado resume-se a:

$$_1W_2 = \int_1^2 p\,dV = p_{B,2}\left(V_{B,2} - V_{B,1}\right)$$

Como $V_{B,1} = 0$, então: $_1W_2 = 50,7$ kJ.

Er3.9 Na Figura Er3.9, mostra-se um conjunto êmbolo-pistão dotado de uma mola linear. Inicialmente a mola toca o êmbolo mas não exerce nenhuma força sobre ele. A água, inicialmente a 100ºC e título 80%, é aquecida até que a sua pressão atinja 600 kPa. Considerando que a massa de água é igual a 1,0 kg, que a pressão necessária para movimentar o êmbolo é igual a 300 kPa e que a constante da mola é igual a 100 N/cm, pede-se para calcular o trabalho realizado pela água. A área do êmbolo é igual a 0,1 m².

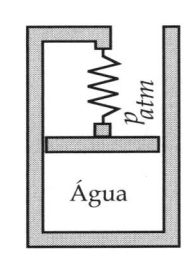

Figura Er3.9

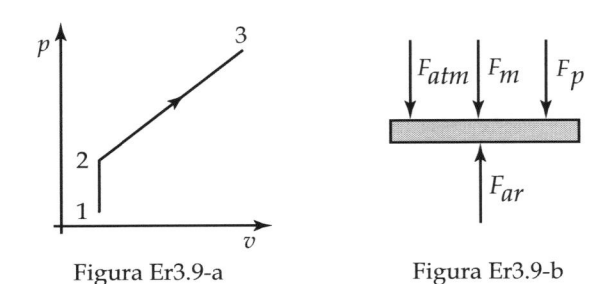

Figura Er3.9-a   Figura Er3.9-b

Solução

a)   Dados e considerações
   • Sistema: água, m = 1 kg.
   • Processo: seja o estado inicial indicado pelo índice 1.
   Nesse estado, a água é saturada a 100ºC. Consultando-se as tabelas de propriedades termodinâmicas da água, verifica-se que a sua pressão é inferior à pressão necessária para movimentar o êmbolo. Assim, o processo será isocórico até atingir a pressão de 300 kPa. Como a pressão final será igual a 600 kPa, então o êmbolo será necessariamente movimentado. Seja o estado da água no qual o êmbolo inicia o seu movimento indicado pelo índice 2, e seja o estado final indicado pelo índice 3. O processo por intermédio do qual a água deixa o estado 2 e atinge o estado 3 é tal que a qualquer instante o equilíbrio de forças é mantido.

b)   Análise e cálculos
   • Estado inicial: T_1 = 100ºC; x_1 = 0,80.
   Das tabelas de vapor, tem-se:
   $v_{l,1}$ = 0,001043 m³/kg; $v_{v,1}$ = =1,693 m³/kg
   $v_1 = (1 - x_1)v_{l,1} + x_1 v_{v,1} \Rightarrow$
   $\Rightarrow v_1 = 1,355$ m³/kg

Como a massa de água é igual a 1 kg, o volume inicial será igual a:
$V_1 = 1,355$ m³.

   • Estado intermediário (o pistão descola dos esbarros): p_2 = 300 kPa; $V_2 = V_1$.

Como $V_2 = V_1$, então:

$v_2 = v_1 = 1,355$ m³/kg.

Das tabelas de vapor, tem-se:
T_2 = 609ºC.

   • Estado final: p_3 = 600 kPa.

Para determinar mais uma propriedade no estado final é necessário analisar as forças atuantes no êmbolo.

Seja um estado qualquer entre o estado 2 e o estado final 3.

Como o processo é quase estático, para qualquer situação entre o estado intermediário e o estado final as forças atuantes no êmbolo estarão em equilíbrio.

Seja:

F_{atm} o módulo da força resultante da ação da pressão atmosférica, p_{atm}, sobre o êmbolo.

F_m o módulo da força aplicada pela mola ao êmbolo.

F_p o módulo da força peso do êmbolo.

F_{ag} a força resultante da ação da pressão interna na face inferior do êmbolo.

Neste caso: $F_{atm} + F_m + F_p = F_{ag}$.

   • Estado intermediário
Consideremos agora o caso particular em que a água está no estado intermediário, estado 2. Nesse estado a mola toca o êmbolo, mas não exerce nenhuma força sobre ele, ou seja: $F_{m,2}$ = 0. Logo:

$F_{ag,2} = F_{atm} + F_p$

Como $F_{ag,2} = p_2 A$, então: $F_{atm} + F_p = p_2 A$, onde A é a área do êmbolo.

Dessa forma, para uma posição qualquer ocupada pelo êmbolo entre o início e o final do processo 2-3, nós obtemos:

$$F_m + p_2 A = F_{ag}$$

onde:

$F_{ag} = pA$ e p é a pressão exercida pela água quando o seu volume é igual a V.

$F_m = kx$, onde k é a constante da mola e x é o módulo do deslocamento da extremidade da mola.

Substituindo na equação anterior, vem: $kx + p_2 A = pA$.

Devemos observar que o módulo do deslocamento da extremidade da mola é igual a:

$$x = \frac{V}{A} - \frac{V_2}{A} \Rightarrow x = \frac{V - V_2}{A}$$

Assim, substituindo o valor de x na equação anterior, temos:

$$k\left(\frac{V - V_2}{A}\right) + p_2 A = pA \Rightarrow$$

$$\Rightarrow p = p_2 + \frac{k}{A^2}(V - V_2) \Rightarrow$$

$$\Rightarrow p = p_2 - \frac{k}{A^2} V_2 + \frac{k}{A^2} V$$

Essa equação descreve a variação da pressão da água com o seu volume no intervalo estabelecido pelos estados 2 e 3.

* Estado final

Consideremos agora o caso particular em que a água está no estado final, estado 3.

Nesse caso, aplicando a equação acima, temos:

$$p_3 = p_2 - \frac{k}{A^2} V_2 + \frac{k}{A^2} V_3$$

A única variável desconhecida na expressão acima é o volume V_3.

Substituindo-se os valores conhecidos, e lembrando que $k = 100$ N/cm =

10 kN/m e que $V_2 = 1,355$ m^3, vem: $V_3 = 1,655$ m^3.

* Cálculo do trabalho realizado pela água

Para determinar o trabalho realizado pela água é necessário avaliar a integral:

$$_1W_3 = \int_1^3 p \, dV = \int_1^2 p \, dV + \int_2^3 p \, dV$$

Como o processo 1-2 é isocórico, tem-se:

$$_1W_3 = \int_2^3 p \, dV.$$

Lembrando que no intervalo 2-3 vale:

$$p = p_2 - \frac{k}{A^2} V_2 + \frac{k}{A^2} V.$$

Temos:

$$_1W_3 = \int_2^3 \left\{\left(p_2 - \frac{k}{A^2} V_2\right) + \frac{k}{A^2} V\right\} dV$$

$$_1W_3 = \left(p_2 - \frac{k}{A^2} V_2\right)(V_3 - V_2) +$$

$$+ \frac{1}{2}\frac{k}{A^2}\left(V_3^2 - V_2^2\right)$$

Substituindo-se os valores conhecidos nesta expressão, vem:

$$_1W_3 = 135 \ \text{kJ}$$

Er3.10 Ar é comprimido em um processo reversível onde $pV^{1,25}$ = constante. No início a temperatura e a pressão do ar são iguais a 25°C e 101,3 kPa. A pressão final é igual a 500 kPa. Determine o trabalho necessário para comprimir uma massa de ar de 5 kg, seu volume inicial e a sua temperatura final.

Solução

a)   Dados e considerações
* Sistema: ar, $m = 5$ kg, $R_{ar} = 0,287$ kJ/(kg.K).
* Processo: politrópico com $n = 1,25$.

- Estado inicial: $p_1 = 101,3$ kPa e $T_1 = 25 + 273,15 = 298,15$ K.
- Estado final: $p_2 = 500$ kPa.

b) Análise e cálculos

Como o processo é politrópico com $n = 1,25$, temos:

$$p V^{1,25} = \text{constante}$$

$$p_1 V_1 = m R_{ar} T_1 \Rightarrow V_1 = m R_{ar} T_1 / p_1 \Rightarrow$$

$$\Rightarrow V_1 = 4,224 \text{ m}^3$$

$$p_1 V_1^{1,25} = p_2 V_2^{1,25} \Rightarrow V_2 = 1,178 \text{ m}^3$$

$$_1W_2 = \int_1^2 p\, dV = \frac{p_2 V_2 - p_1 V_1}{1 - n} \Rightarrow$$

$$\Rightarrow {}_1W_2 = -643,8 \text{ kJ}$$

Er3.11 O tanque A – veja a Figura Er3.11 –, com volume igual a 1 m³, contém 2 kg de água a 300 kPa. A válvula existente na tubulação é aberta, permitindo que a água escoe lentamente para o tanque B, inicialmente vazio, até que as pressões nos tanque A e B se igualem. Considere que, ao final do processo, no tanque A exista apenas vapor saturado. Para movimentar o êmbolo do tanque B, é necessária uma pressão interna igual a 200 kPa. Determine o título da água no início do processo e o trabalho realizado considerando que, ao final do processo, o título do vapor em "B" será igual a 1.

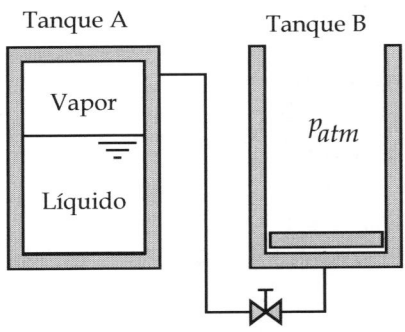

Tanque A   Tanque B

Vapor

p_{atm}

Líquido

Figura Er3.11

Solução

a) Dados e considerações
- Sistema: água, $m = 2$ kg. Essa massa será sempre igual à soma das massas de água presentes nos tanques A e B, ou seja: $m = m_A + m_B$.
- Processo: no início a água é saturada a 300 kPa. Vapor com título igual a 1 é transferido do tanque A para o tanque B. A pressão do vapor no tanque B será constante e igual a 200 kPa. O processo se encerra quando a pressão em A torna-se igual à pressão em B, 200 kPa
- Estado inicial:

Tanque A:

$$m_{A,1} = 2 \text{ kg} : V_{A,1} = 1 \text{ m}^3;$$

$$p_{A,1} = 300 \text{ kPa} \Rightarrow v_{A,1} = 0,5 \text{ m}^3/\text{kg}.$$

Tanque B:

$$V_{B,1} = 0 \text{ m}^3; \ m_{B,1} = 0 \text{ kg}.$$

- Estado final:

Tanque A: $x_{A,2} = 1; \ p_{A,2} = 200$ kPa.

Tanque B: $p_{B,2} = 200$ kPa; $x_{B,2} = 1$.

b) Análise e cálculos
- Cálculo de propriedades no estado inicial

Das tabelas de propriedades termodinâmicas, para a água em "A":

$$v_{A,1,l} = 0,00173 \text{ m}^3/\text{kg};$$

$$v_{A,1,v} = 0,6045 \text{ m}^3/\text{kg}.$$

Lembrando que: $v_{A,1} = (1 - x_{A,1}) v_{A,l,1} + x_{A,1} v_{A,v,1}$, temos: $x_{A,1} = 0,827$.

- Cálculo de propriedades no estado final

Das tabelas de propriedades termodinâmicas da água, para a água em A no estado "2", tem-se:

$$T_{A,2} = 120,2°C \text{ e } v_{A,2} = 0,8861 \text{ m}^3/\text{kg}$$

sendo que esse volume específico é igual ao volume específico do vapor saturado a 200 kPa.

Como $V_{A,2} = V_{A,1} = 1 \text{ m}^3$ então:

$$m_{A,2} = \frac{V_{A,2}}{v_{A,2}} = 1,129 \text{ kg}.$$

Sabemos que: $m = m_A + m_B$,
então: $m = m_{A,2} + m_{B,2}$.

Então: $m_{B,2} = 0,871$ kg.

Das tabelas de propriedades termodinâmicas da água, para o vapor em B ao final do processo, vem:

$$T_{B,2} = 120,2°C \text{ e } v_{B,2} = 0,8861 \text{ m}^3/\text{kg}$$

Esse volume específico é igual ao volume específico do vapor saturado a 200 kPa.

O volume final em B será:

$$V_{B,2} = m_{B,2} v_{B,2} = 0,7719 \text{ m}^3.$$

• Cálculo do trabalho realizado

$$_1W_2 = {_1W_{A,2}} + {_1W_{B,2}}$$

Como $_1W_{A,2} = 0$, porque o tanque A é rígido, então: $_1W_2 = {_1W_{B,2}} = \int_1^2 p_B dV_B$.

A pressão em B permanece constante durante o processo, logo:

$$_1W_2 = p_{B,1}\left(V_{B,2} - V_{B,1}\right)$$

O volume inicial em B é nulo, logo:

$$_1W_2 = p_{B,2}V_{B,2} = 200 \cdot 0,7719 =$$
$$= 154,4 \text{ kJ}.$$

3.7 EXERCÍCIOS PROPOSTOS

Ep3.1 Um recipiente rígido contém 2,7 kg de água a 400°C e 1 MPa. A temperatura da água é reduzida a 200°C. Determine o trabalho realizado.

Resp.: 0 kJ.

Ep3.2 Um recipiente deformável contém 0,2 kg de água a 200 kPa e 35°C. A água é aquecida a pressão constante até atingir a temperatura de 200°C. Determine o trabalho realizado.

Resp: 43,18 kJ.

Ep3.3 Um sistema constituído por 2 kg de água, inicialmente a 100 kPa e 20°C (estado 1), é submetido a um processo isobárico até atingir título igual a 0,8 (estado 2). Finalmente, sofre um processo isocórico até atingir o es-

tado de vapor saturado. Com base nas informações dadas, determine o trabalho realizado pela água e a sua temperatura final.

Resp: 270,9 kJ; 106°C.

Ep3.4 Em um conjunto cilindro-pistão montado na vertical, tem-se 0,1 kg de água a 400 kPa e título 1. Em um processo a pressão constante, calor é fornecido à água até que a sua temperatura atinja 300°C. Determine o trabalho realizado pela água.

Resp.: 7,7 kJ.

Ep3.5 Um sistema constituído por 3 kg de água inicialmente a 1 MPa e 20°C (estado 1) é submetido a um processo isobárico até que seja atingido o título de 0,5 (estado 2). A seguir, sofre um processo de resfriamento isocórico até atingir a pressão de 100 kPa (estado 3). Com base nas informações dadas, determine o trabalho realizado pela água e a sua temperatura final.

Resp.: 290,2 kJ; 99,6°C.

Ep3.6 Na Figura Ep3.6, mostra-se um arranjo cilindro-pistão que contém água. A área do pistão é igual a 0,10 m² e o volume inicial é igual a 0,05 m³. Nessa condição a mola toca o pistão mas não exerce nenhuma força sobre ele. Considere a mola linear com constante $K = 50$ kN/m. Calor é transferido à água, inicialmente a 150 kPa e título igual a 0,50, até que o volume seja duplicado. Determine a pressão final da água e o valor do trabalho realizado no processo.

Figura Ep3.6

Resp.: 400 kPa; 13,75 kJ.

Ep3.7 Em um laboratório de uma escola de engenharia, um grupo de alunos, utilizando um equipamento apropriado, submetem 2 kg de água com título 0,5 a 1,5 MPa a um processo no qual a razão entre a sua pressão e a sua massa específica é mantida constante. Considere que no estado final a pressão da água é igual a 1 MPa. Pede-se para determinar sua temperatura final, seu volume específico final e o trabalho realizado pela água no processo.

Resp.: 179,9°C; 0,09965 m³/kg; 80,8 kJ.

Ep3.8 O conjunto cilindro-pistão da Figura Ep3.8, que contém 0,2 kg de refrigerante R-134a, tem uma mola interna que não exerce nenhuma força no pistão quanto este toca os esbarros. No início a temperatura do refrigerante é igual a 0°C e o seu volume é igual a 2 litros. A constante da mola é igual a 200 N/cm, a área do êmbolo é igual a 0,02 m² e, para movimentar o êmbolo, é necessária uma pressão de 500 kPa. Considere que, nessas condições, o refrigerante sofre um processo de aquecimento tal que o seu volume duplica. Calcule:

a) o volume final;
b) a pressão final;
c) o trabalho realizado pelo refrigerante nesse processo.

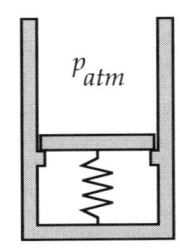

Figura Ep3.8

Resp.: 4 L; 600 kPa; 1,10 kJ.

Ep3.9 Considere o arranjo mostrado na Figura Ep3.9. No tanque rígido A, tem-se 1 kg de água a 300°C e título igual a 0,5. A válvula é aberta e vapor d'água escoa vagarosamente para o tanque B, que inicialmente está vazio. Nessa situação a pressão necessária para movimentar o êmbolo é igual a 200 kPa. A válvula é fechada quando a massa de água restante no recipiente A é igual a 0,8 kg. Durante todo o processo, a temperatura da água, tanto em A como em B, é mantida constante. Determine: o volume do recipiente A, o volume do recipiente B no final do processo, o trabalho realizado pela água e o título da água restante em A ao final do processo.

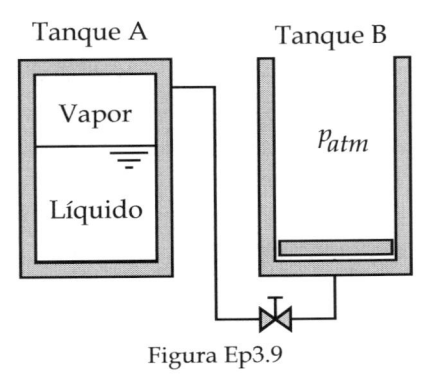

Figura Ep3.9

Ep3.10 Um recipiente deformável contém 0,2 kg de ar a 200 kPa e 35°C. O ar é aquecido a pressão constante até atingir a temperatura de 88°C. Determine o trabalho realizado pelo ar.

Resp.: 3,04 kJ.

Ep3.11 O processo que ocorre em um compressor de ar pode ser representado por um processo politrópico reversível com expoente igual a 1,3. Considerando que o ar na entrada do compressor está a 100 kPa e 27°C e que a relação de compressão (relação entre o volume inicial e o final) é igual a 20, pede-se para determinar a temperatura e a pressão do ar ao final do processo e o trabalho específico requerido pelo compressor.

Resp: 737,3 K; 4,91 MPa; –418,2 kJ/kg.

Ep3.12 Em um dispositivo mecânico, a massa de 3,5 kg de CO_2 a 100 kPa e 21°C é comprimida a temperatura constante, reduzindo seu volume para um quinto do inicial. Determine o volume inicial do dióxido de carbono, sua pressão final e o trabalho realizado no processo.

Resp.: 1,946 m³; 500 kPa; –313,2 kJ.

Ep3.13 Em um motor de combustão interna, o processo de expansão dos produtos de combustão no cilindro pode ser simulado considerando-se que o fluido em expansão é ar, o processo que ocorre é politrópico com expoente igual a 1,35 e que a pressão final do ar é igual a 100 kPa. Considerando que a temperatura do ar no início da expansão é igual a 1400°C que a sua pressão é igual a 5 MPa, avalie o trabalho realizado por quilograma de produtos de combustão e a temperatura de saída desses produtos do pistão.

Resp.: 874,4 kJ/kg; 606,8 K.

Ep3.14 Observe a Figura Ep3.6, na qual é mostrado um arranjo cilindro-pistão. Suponha que esse conjunto contenha nitrogênio. A área do pistão é igual a 0,20 m² e o volume inicial é igual a 0,02 m³. Nessa condição a mola toca o pistão mas não exerce nenhuma força sobre ele. Considere a mola linear com constante $K = 50$ kN/m. Transfere-se energia por calor para o nitrogênio, inicialmente a 200 kPa e 300 K, até que o seu volume seja duplicado. Determine a pressão final do nitrogênio e o valor do trabalho realizado no processo.

Ep3.15 Em um equipamento industrial, 1,5 kg de argônio sofre um processo de compressão no qual o seu volume multiplicado pelo dobro da sua pressão é constante. Considerando que inicialmente o argônio está a 21°C e 95 kPa e que a sua pressão final é o quíntuplo da inicial, pede-se para determinar a sua temperatura ao final do processo e o trabalho realizado pelo equipamento no processo de compressão.

Resp.: 21°C; –147,81 kJ.

Ep3.16 Para abastecer o tanque de um veículo que opera a gás natural, é necessário dispor desse gás à pressão de 20 MPa em cilindros de armazenamento rígidos com volume de 0,2 m³. Considere, por hipótese, que o gás natural seja constituído por metano puro, e que inicialmente esteja a 25°C e 100 kPa. Para transferir o metano nessas condições para os cilindros, utiliza-se um compressor de pistões nos quais ocorre um processo de compressão politrópico com expoente igual a 1,25. Pede-se para traçar os diagramas *pxv* e *Txv* mostrando o processo de compressão no conjunto cilindro-pistão do compressor até o metano atingir a pressão de 20 MPa, a temperatura e a pressão do metano ao final do processo de compressão, o trabalho específico requerido pelo processo de compressão e a massa de metano armazenada em cada um dos cilindros de armazenamento.

Ep3.17 Na Figura Ep3.17, tem-se um arranjo cilindro-pistão que contém de dióxido de carbono inicialmente a 0,8 MPa e 400°C. Sobre a face externa do êmbolo, cuja área é igual a 0,01 m², agem duas forças. A primeira, F_{atm}, é causada pela ação da pressão atmosférica local, 100 kPa, e a segunda é dada por $F = 50\ V$, sendo o volume V dado em m³ e a força em kN. Transfere-se energia por calor do CO_2 para o ambiente até que o seu volume atinja 0,01 m³. Determine o trabalho realizado nesse processo, o volume inicial e a pressão final do CO_2.

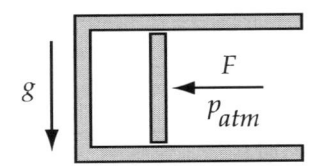

Figura Ep3.17

Resp.: –61,8 kJ; 0,14 m³; 150 kPa.

Ep3.18 Na Figura Ep3.17, mostra-se um conjunto cilindro-pistão no qual o pistão pode se mover, sem atrito. Esse pistão, com área igual a 0,1 m², está sujeito a duas forças externas: uma, F_{atm}, devida à ação da pressão atmosférica, $p_{atm} = 100$ kPa, e outra, F, que é dada pela expressão $F = 6000\ V^3$, onde a força é dada em kN e o volume em m³. Inicialmente, tem-se nesse conjunto oxigênio a 200 kPa e 300 K. O oxigênio, que pode ser tratado como um gás ideal, é aquecido até atingir a pressão de 500 kPa. Pede-se para calcular o volume inicial de oxigênio contido no conjunto, o seu volume final e o trabalho realizado no processo.

Resp.: 55,0 L; 87,4 L; 10,6 kJ.

Ep3.19 Na Figura Ep3.17, mostra-se um conjunto cilindro-pistão no qual o pistão pode se mover sem atrito. Esse pistão, com área igual a 0,1 m², está sujeito a duas forças externas: uma, F_{atm}, devida à ação da pressão atmosférica, $p_{atm} = 100$ kPa, e ou-

tra, F, que é dada pela expressão $F = 8000\ V^2$, onde a força é dada em kN e o volume em m³. Inicialmente, tem-se nesse conjunto 0,5 kg de oxigênio a 200 kPa e 300 K. O oxigênio é aquecido até atingir a pressão de 1 MPa. Considerando o oxigênio um gás ideal, calcule o volume inicial do oxigênio contido no conjunto, o volume final do oxigênio e o trabalho realizado no processo.

Ep3.20 Um conjunto cilindro-pistão, que contém nitrogênio a 100 kPa e 300 K, é dotado de uma mola, conforme indicado na Figura Ep3.20. A distância A é igual a 5 cm, a área do pistão é igual a 0,01 m² e o volume interno do conjunto é igual a 2 litros quando o pistão toca os esbarros. Considere que, para movimentar o pistão, é necessária uma pressão interna igual a 200 kPa. A constante da mola é igual a 200 N/cm. Sabendo que, por meio de um processo de aquecimento, a temperatura do nitrogênio atingirá o valor de 1200 K e que a pressão atmosférica local é igual a 100 kPa, determine o volume final do nitrogênio e o trabalho realizado no processo.

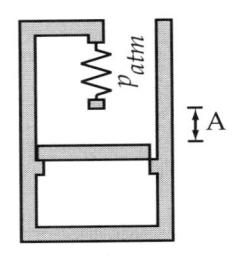

Figura Ep3.20

Resp.: 2,84 L; 192 J.

Ep3.21 Considere a Figura Ep3.21. Nela, tem-se esquematizados dois tanques A e B. O tanque A é rígido e contém 2 kg de ar a 1 MPa e 300 K. O tanque B contém 0,2 kg de ar a 300 K e 100 kPa. Inicialmente, a mola, com constante igual a 250 N/cm, toca o êmbolo mas não exerce nenhuma força sobre ele. Para movimentar o êmbolo, a pressão mínima do ar deve ser igual a 200 kPa. Nessas condições, abre-se lentamente a válvula, permitindo que haja equalização da pressão nos tanques. Considerando que a temperatura do ar se mantenha sempre igual a 300 K nos dois tanques, que a pressão atmosférica local é igual a 100 kPa e que a área do êmbolo é igual a 0,01 m², pede-se para determinar o volume inicial de ar no tanque A, o volume inicial de ar no tanque B, a massa de ar no tanque A quando o êmbolo inicia o seu movimento, a massa final de ar no tanque A, a massa final de ar no tanque B, o volume final do ar no tanque B, a pressão final do ar e o trabalho realizado pelo ar.

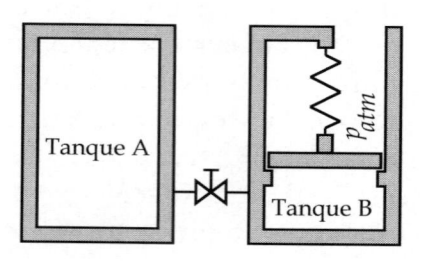

Figura Ep3.21

Ep3.22 No conjunto cilindro-pistão da Figura Ep3.22, tem-se 0,002 m³ de oxigênio a 300 K. A área do pistão é igual a 0,03 m², e a sua massa é igual a 50 kg. A mola é linear e a sua constante é $K = 200$ N/cm. A pressão atmosférica é igual a 100 kPa. Energia é fornecida ao oxigênio até que o seu volume atinja 0,006 m³. Considerando que, na ausência de oxigênio, o êmbolo toca o êmbolo, mas não exerce nenhuma força sobre ele, e que a cons-

tante do oxigênio é igual a 0,26 kJ/(kg.K), pergunta-se: qual é pressão do oxigênio no início do processo? Qual é a pressão do oxigênio no final do processo? Qual é o valor do trabalho realizado pelo oxigênio?

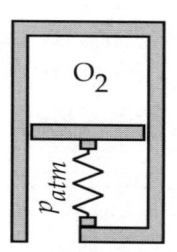

Figura Ep3.22

Resp.: 128 kPa; 217 kPa; 690 J.

Ep3.23 Nitrogênio é comprimido em um conjunto cilindro-pistão por meio de um processo no qual $pV^{1,32}$ é constante. No início do processo, tem-se 1,5 kg de nitrogênio a 90 kPa e 25°C e, no final, a sua pressão é igual a 1,0 MPa. Calcule o trabalho realizado pelo nitrogênio e a sua temperatura final.

Resp.: −328,8 kJ; 534,5 K.

Ep3.24 Na Figura Ep3.24 é mostrado um conjunto cilindro-pistão no qual o pistão pode se mover, sem atrito, de tal sorte que o volume máximo é igual ao triplo do volume mínimo. Inicialmente esse conjunto contém 0,5 kg de água a 90°C e volume específico igual a 1,08034 m³/kg. A pressão necessária para movimentar o pistão é igual a 200 kPa.

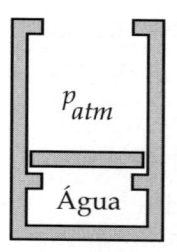

Figura Ep3.24

Energia é fornecida à água até que a sua temperatura atinja 400°C.

Pede-se o título inicial da água, o volume final da água e o trabalho realizado no processo.

Resp.: 45,8%; 0,775 m³; 46,9 kJ.

Ep3.25 No conjunto cilindro-pistão da Figura Ep3.25, que contém 0,1 kg de ar a 300 K, o êmbolo pode se mover sem atrito. A área do pistão é igual a 0,05 m². A mola é linear e toca o êmbolo apenas quando o volume do ar atinge uma vez e meia o volume inicial, sua constante é K_m = 100 N/cm e a pressão atmosférica é igual a 100 kPa. Calor é fornecido ao ar até que o seu volume triplique. Considerando o ar um gás ideal e tomando muito cuidado com as unidades, calcule: o volume inicial do ar; a temperatura do ar quando o êmbolo toca a mola; a pressão do ar no final do processo; e o valor do trabalho realizado pelo ar.

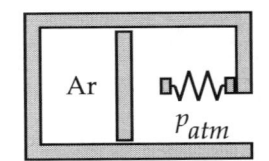

Figura Ep3.25

Resp.: 0,0861 m³; 450 K; 617 kPa; 50,6 kJ.

Ep3.26 Água, inicialmente a 100°C e com título igual a 0,3, é submetida a um processo isotérmico até atingir o estado de vapor saturado. A seguir, sofre um processo isocórico até que a sua temperatura atinja 400°C. Com base nas informações dadas, e considerando que a massa da água é igual a 2,5 kg, determine o trabalho realizado pela água e a sua pressão final.

Ep3.27 Considere o arranjo esquematizado na Figura Ep3.27. Suponha que o pistão pode se mover, sem atrito, de tal sorte que o volume máximo é igual ao dobro do volume mínimo. Inicialmente esse conjunto contém 0,5 kg de ar a 100 kPa e 300 K. Sabe-se que a pressão necessária para movimentar o pistão é igual a 200 kPa e que energia é fornecida ao ar até que a sua temperatura atinja 1500 K. Supondo que o ar pode ser tratado como um gás ideal, pede-se para calcular a pressão final e o trabalho realizado.

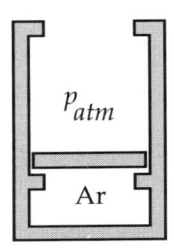

Figura Ep3.27

Resp.: 250 kPa; 86,1 kJ.

Ep3.28 Um equipamento contém 5 kg de água a 200°C e 0,2 MPa. Resfria-se o equipamento, mantendo-se a pressão da água constante, até que toda a água atinja o estado de líquido saturado. Pede-se para calcular o volume final da água e o trabalho realizado.

Resp.: 5,30 litros; –1,08 MJ.

Ep3.29 Aproximadamente 0,6 kg de vapor d'água saturado a 1 MPa é submetido a um processo isotérmico até atingir o estado de líquido saturado. Determine o trabalho realizado no processo.

Resp.: –716 kJ.

Ep3.30 Aproximadamente 0,3 kg de vapor d'água saturado a 2 MPa é submetido a um processo isobárico até atingir o estado de líquido saturado. Determine o trabalho realizado no processo.

Resp.: –59,1 kJ.

Ep3.31 Considere o arranjo mostrado na Figura Ep3.31. No tanque rígido A, com volume igual a 1 m³, tem-se ar a 300 K e 1 MPa. A válvula é aberta e o ar escoa vagarosamente para o tanque B, inicialmente em vácuo, que tem volume mínimo de 0,5 m³ e volume máximo de 1 m³. A pressão do ar necessária para movimentar o êmbolo do tanque B é igual a 200 kPa. A válvula é fechada quando a pressão em B for igual à pressão em A. Durante todo o processo, a temperatura do ar, tanto em A como em B, é mantida igual a 300 K. Calcule a pressão final do ar, o volume final do ar no tanque B, a massa de ar no tanque B no final do processo e o trabalho realizado pelo ar.

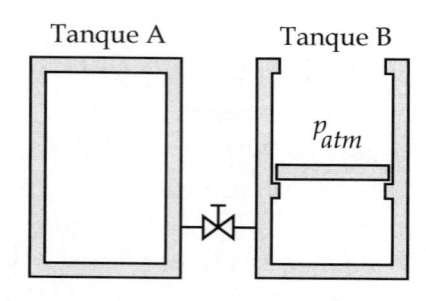

Figura Ep3.31

Resp.: 500 kPa; 1 m³; 5,81 kg; 100 kJ.

Ep3.32 Uma massa de 2,5 kg de água a 20°C e na pressão de 300 kPa é submetida a um processo isobárico até atingir o estado de vapor saturado. A seguir, transfere-se energia por calor para a água em um processo a volume constante até que a sua temperatura atinja 200°C. Calcule o trabalho realizado pela água e o seu volume final.

Resp.: 453,7 kJ; 1,515 m³.

Ep3.33 Considere o arranjo mostrado na Figura Ep3.33. No recipiente rígido A, tem-se 1 kg de água a 200°C e título igual a 0,5. A válvula é aberta e vapor saturado escoa vagarosamente para o recipiente B que está inicial-

mente vazio. Nessa situação a pressão necessária para movimentar o êmbolo é igual a 200 kPa. A válvula é fechada quando a massa de água restante no recipiente A é igual a 0,8 kg. Durante todo o processo, a temperatura da água, tanto em A como em B, é mantida igual a 200°C constante. Determine o volume do recipiente A, o volume do recipiente B no final do processo, o trabalho realizado pela água e o título da água restante no tanque A ao final do processo.

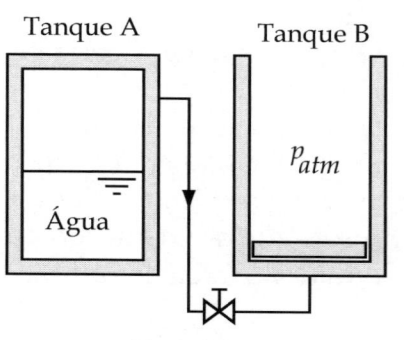

Figura Ep3.33

Resp.: 0,0642 m³; 0,0803 m³; 43,2 kJ; 62,7%.

Ep3.34 Ar na temperatura de 26°C com peso específico 10,5 N/m³ é submetido a um processo politrópico com expoente 1,2 até atingir o peso específico de 12 N/m³. Determine a temperatura final e o trabalho específico realizado.

Resp.: 307,2 K; –11,6 kJ.

Ep3.35 Ar é comprimido em um processo isotérmico a partir da pressão atmosférica, 100 kPa, e da temperatura de 21°C, atingindo a pressão de 1,2 MPa. Determine o trabalho específico realizado no processo.

Resp.: –209,8 kJ/kg.

Ep3.36 A massa de 0,3 kg de argônio sofre um processo termodinâmico de expansão. No início do processo, tem-se $p_1 = 1000$ kPa e $T_1 = 800$ K; no final do processo tem-se

p_2 = 100 kPa. Considerando que o processo é politrópico com expoente igual a 1,3 pede-se para calcular a temperatura final do argônio e o trabalho realizado no processo.

Resp.: 470,2 K; 68,6 kJ.

Ep3.37 No conjunto cilindro-pistão da Figura Ep3.37, há 0,1 m³ de ar a 200 kPa e 300 K em A, e 0,1 m³ de ar a 300 K em B. Sabe-se que a área da seção transversal do êmbolo é igual a 0,2 m² e que o seu peso é igual a 20 kN. Ar é injetado vagarosamente em B até que a sua pressão duplique. Considerando que o processo observado é isotérmico, determine:

a) a massa inicial de ar em A e em B;
b) pressão final em A;
c) o volume final de A;
d) o trabalho realizado pelo ar existente em A.

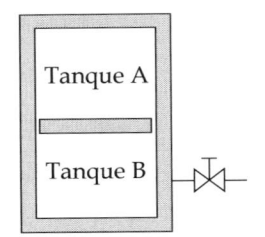

Figura Ep3.37

Resp.: 0,2323 kg; 0,3484 kg; 0,04 m³; –18,33 kJ.

Ep3.38 No conjunto cilindro-pistão da Figura Ep3.38, encontra-se dióxido de carbono a 300 K e 100 kPa. Aquece-se o dióxido de carbono, R = 0,189 kJ/(kg.K), até que esse gás ideal atinja a pressão de 500 kPa. Sabendo-se que a pressão necessária para movimentar o pistão é igual a 300 kPa, que o volume mínimo é igual a 0,6 m³ e que o máximo é igual ao quádruplo do mínimo, pede-se para determinar:

a) a massa de dióxido de carbono presente no conjunto cilindro-pistão;

b) a temperatura observada quando o pistão descola dos esbarros inferiores;
c) a temperatura observada no final do processo;
d) o trabalho realizado no processo.

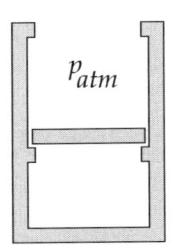

Figura Ep3.38

Ep3.39 No conjunto cilindro-pistão montado na horizontal mostrado na Figura Ep3.39, tem-se ar a 900 K e 900 kPa, o qual ocupa o volume máximo. O ar é resfriado a volume constante até atingir a pressão de 600 kPa. A seguir, é submetido a um processo de compressão isotérmico até que seu volume atinja o mínimo. Ao atingir o volume mínimo, inicia-se um processo no qual a sua temperatura é reduzida até atingir 300 K. Considerando que o volume máximo do conjunto é igual a 1,2 m³ e que o mínimo é igual à metade do máximo, pede-se para determinar:

a) a massa de ar presente no conjunto cilindro-pistão;
b) a pressão do ar no final do processo de compressão;
c) a pressão final do ar;
d) o trabalho realizado pelo ar ao longo de todo o processo.

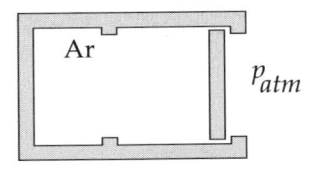

Figura Ep3.39

Resp.: 4,18 kg; 1200 kPa; 600 kPa; –499 kJ.

4 CAPÍTULO

PRIMEIRA LEI DA TERMODINÂMICA

A primeira lei da termodinâmica, assim como outras leis da física clássica, foi estabelecida a partir de constatação experimental, e é considerada válida simplesmente porque não somos capazes de identificar um fenômeno físico cuja ocorrência a invalide. Ela correlaciona quantitativamente as transferências de energia entre um sistema e o meio com a variação da energia armazenada no próprio sistema. É conhecida como *princípio da conservação da energia*, e a sua aplicação é frequentemente denominada *balanço de energia*.

4.1 A PRIMEIRA LEI DA TERMODINÂMICA PARA UM SISTEMA PERCORRENDO UM PROCESSO

A primeira lei da termodinâmica pode ser enunciada como: *A energia de um sistema acrescida à das suas imediações é constante*. Consideremos, então, um sistema percorrendo um processo qualquer partindo de um estado 1 e atingindo um estado 2. Como o processo de transferência de energia entre um sistema e o meio se dá única e exclusivamente por meio das interações calor e trabalho, podemos formular a primeira lei como:

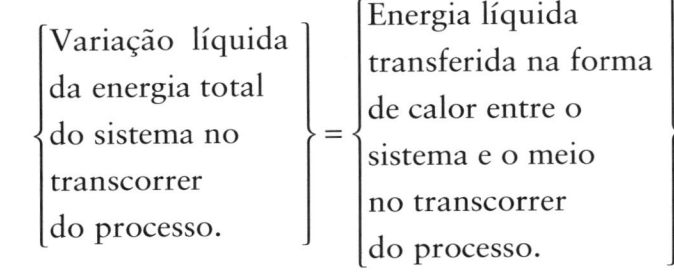

$$
\left\{
\begin{array}{l}
\text{Variação líquida} \\
\text{da energia total} \\
\text{do sistema no} \\
\text{transcorrer} \\
\text{do processo.}
\end{array}
\right\}
=
\left\{
\begin{array}{l}
\text{Energia líquida} \\
\text{transferida na forma} \\
\text{de calor entre o} \\
\text{sistema e o meio} \\
\text{no transcorrer} \\
\text{do processo.}
\end{array}
\right\}
-
\left\{
\begin{array}{l}
\text{Energia líquida} \\
\text{transferida na} \\
\text{forma de trabalho} \\
\text{entre o sistema e o} \\
\text{meio no transcorrer} \\
\text{do processo.}
\end{array}
\right\}
$$

Assim, a primeira lei da termodinâmica pode ser matematicamente expressa pela correlação:

$$dE = \delta Q - \delta W \qquad (4.1)$$

que, integrada entre o estado inicial e o final do processo, resulta em:

$$E_2 - E_1 = {_1}Q_2 - {_1}W_2 \qquad (4.2)$$

onde $E_2 - E_1$ é a variação da energia total do sistema no processo 1-2 causada pela ocorrência da transferência de energia na forma de calor ${_1}Q_2$ e da transferência de energia na forma de trabalho ${_1}W_2$.

Lembrando que a energia do sistema consiste na soma das suas energias interna, cinética e potencial, podemos reescrever a Equação (4.2), obtendo:

$$
\begin{aligned}
{_1}Q_2 - {_1}W_2 = &\left(U_2 - U_1\right) + \\
&+ \left(E_{c2} - E_{c1}\right) + \left(E_{p2} - E_{p1}\right)
\end{aligned}
\qquad (4.3)
$$

Devemos recordar que as energias cinética e potencial de um sistema podem ser expressas por:

$$E_c = m\frac{V^2}{2} \qquad (4.4)$$

$$E_p = mgz \qquad (4.5)$$

onde m é a massa do sistema, g é a aceleração local da gravidade, V é a velocidade e z é a cota do sistema, tomados em relação a um sistema de coordenadas.

Utilizando essas representações, podemos reescrever a primeira lei como:

$$
\begin{aligned}
{_1}q_2 - {_1}w_2 = &\left(u_2 - u_1\right) + \\
&+ \left(\frac{V_2^2}{2} - \frac{V_1^2}{2}\right) + \left(gz_2 - gz_1\right)
\end{aligned}
\qquad (4.6)
$$

A propriedade energia e as grandezas calor e trabalho podem ser quantificadas na forma específica. Usando letras minúsculas para simbolizar grandezas específicas, teremos:

$$
\begin{aligned}
{_1}q_2 - {_1}w_2 = &\left(u_2 - u_1\right) + \\
&+ \left(\frac{V_2^2}{2} - \frac{V_1^2}{2}\right) + \left(gz_2 - gz_1\right)
\end{aligned}
\qquad (4.7)
$$

Muitas vezes as variações de energia cinética e potencial que ocorrem em um sistema percorrendo um processo não são significativas, podendo ser desprezadas nos cálculos. Nesse caso, temos:

$$ {_1}Q_2 - {_1}W_2 = \left(U_2 - U_1\right) \qquad (4.8)$$

ou

$$ {_1}q_2 - {_1}w_2 = \left(u_2 - u_1\right) \qquad (4.9)$$

A primeira lei da termodinâmica também pode ser expressa em termos de taxa. Nesse caso, temos:

$$\dot{Q} - \dot{W} = \frac{dE}{dt} \qquad (4.10)$$

onde $\dot{Q}$ é a taxa de calor observada entre o sistema e o meio, e $\dot{W}$ é a potência desenvolvida pelo sistema.

4.2 A PROPRIEDADE ENTALPIA

A entalpia é uma propriedade termodinâmica definida como:

$$H \equiv U + p\cancel{V} \qquad (4.11)$$

A entalpia específica é dada por:

$$h = \frac{H}{m} = u + pv \qquad (4.12)$$

Essa propriedade é extremamente útil em cálculos termodinâmicos e será amplamente utilizada ao se estudar fenômenos que exijam, para a sua descrição matemática, formulações das leis da termodinâmica aplicáveis a volumes de controle.

4.3 CALORES ESPECÍFICOS

A conceituação das propriedades energia interna e entalpia permite que definamos outras duas propriedades: calores específicos a pressão e a volume constante.

O calor específico a volume constante é definido como:

$$c_v \equiv \left. \frac{\partial u}{\partial T} \right|_v \qquad (4.13)$$

e o calor específico a pressão constante é definido como:

$$c_p \equiv \left. \frac{\partial h}{\partial T} \right|_p \qquad (4.14)$$

Como tanto um como o outro são definidos em termos de propriedades termodinâmicas, tem-se que os dois calores específicos também são propriedades termodinâmicas e são particularmente úteis para a avaliação da energia interna e da entalpia.

4.4 DETERMINAÇÃO DA ENERGIA INTERNA E DA ENTALPIA

Os cálculos termodinâmicos frequentemente exigem a determinação da energia interna e/ou da entalpia de substâncias diversas. De maneira geral, essas propriedades encontram-se registradas nas *tabelas de propriedades termodinâmicas* ou podem ser obtidas pelo uso de programas computacionais diversos.

Para determinar essas propriedades quando o fluido é vapor superaquecido ou líquido comprimido utilizando-se as tabelas de propriedades termodinâmicas, deve-se selecionar a tabela adequada e, conhecendo-se duas propriedades independentes, tais como a pressão e a temperatura, realizar a leitura direta dos dados desejados, ou, se necessário, realizar um processo de interpolação linear entre valores disponíveis.

Para os estados de saturação tem-se tabelados valores da energia interna e da entalpia tanto do vapor como do líquido saturado. Dessa forma, similarmente ao processo de determinação do volume específico, essas propriedades da matéria existente em um estado de saturação são determinadas como médias ponderadas pelo título, ou seja:

$$u = (1 - x)u_l + xu_v \qquad (4.15)$$

$$h = (1 - x)h_l + xh_v \qquad (4.16)$$

Muitas vezes dispomos também de valores tabelados para as entalpias de vaporização, h_{lv}, e para as energias internas de vaporização, u_{lv}, definidas como:

$$h_{lv} = h_v - h_l \qquad (4.17)$$

$$u_{lv} = u_v - u_l \qquad (4.18)$$

4.5 DETERMINAÇÃO DA ENERGIA INTERNA E DA ENTALPIA DE UM GÁS IDEAL

Conforme já discutido anteriormente, um gás ideal apresenta equação de estado do tipo:

$$pv = RT \qquad (4.19)$$

ou:

$$p\Psi = mRT \qquad (4.20)$$

Pode ser demonstrado que, para um gás ideal, a energia interna é função somente da temperatura, ou seja:

$$u = f(T) \qquad (4.21)$$

Assim, o calor específico a volume constante para um gás ideal será dado por:

$$c_v = \left. \frac{\partial u}{\partial T} \right|_v \qquad (4.22)$$

$$c_v = \frac{du}{dT} \tag{4.23}$$

$$c_v dT = du \tag{4.24}$$

Essa equação pode ser integrada para um processo qualquer 1-2, obtendo-se:

$$\int_1^2 c_v dT = \int_1^2 du \tag{4.25}$$

Se, por hipótese, for possível considerar que o calor específico a volume constante do gás ideal não varia com a temperatura, podemos efetuar a integração, obtendo:

$$u_2 - u_1 = c_v \left(T_2 - T_1 \right) \tag{4.26}$$

ou, multiplicando pela massa m do sistema:

$$U_2 - U_1 = m c_v \left(T_2 - T_1 \right) \tag{4.27}$$

Essa expressão poderá ser utilizada para determinar a variação de energia interna de um gás ou vapor em um processo 1-2 genérico, desde que seja possível adotar como hipótese que essa substância apresenta calor específico a volume constante invariável com a temperatura.

Similarmente, podemos estabelecer uma relação entre a entalpia e a temperatura de um gás ideal.

Sabemos que:

$$h = u + pv \tag{4.28}$$

Para um gás ideal, $pv = RT$, temos:

$$h = u + RT \tag{4.29}$$

Dessa forma, como para um gás ideal a energia interna é função apenas da temperatura, podemos concluir que a entalpia também será função apenas da temperatura. Assim, similarmente, partindo da definição de calor específico a pressão constante, obtemos:

$$c_p = \frac{dh}{dT} \tag{4.30}$$

$$dh = c_p dT \tag{4.31}$$

Integrando para um processo 1-2, vem:

$$\int_1^2 dh = \int_1^2 c_p dT \tag{4.32}$$

Com frequência, ocorrem situações nas quais é admissível considerar que o calor específico a pressão constante de uma substância tratada como um gás ideal não varia com a temperatura. Nesse caso, temos:

$$h_2 - h_1 = c_p \left(T_2 - T_1 \right) \tag{4.33}$$

Para um sistema com massa m, tem-se:

$$H_2 - H_1 = m c_p \left(T_2 - T_1 \right) \tag{4.34}$$

As expressões acima poderão ser utilizadas para determinar a variação da entalpia de um gás ideal, que apresente calor específico a pressão constante invariável com a temperatura, em um processo 1-2 genérico.

Tomando a Equação (4.29) na forma diferencial, temos:

$$dh = du + R dT \tag{4.35}$$

Utilizando os resultados já obtidos, vem:

$$c_p dT = c_v dT + R dT \tag{4.36}$$

Em consequência:

$$c_p - c_v = R \tag{4.37}$$

Ou seja: para um gás ideal, a diferença entre os calores específicos é igual à constante do gás.

Devemos observar que, de fato, os calores específicos dos vapores reais variam com a temperatura e que esse fato poderá, em determinadas situações, ser ou não importante. Se, na solução de um determinado problema de engenharia, nós concluirmos que, pelo fato de admitir que um determinado calor específico não varia com a temperatura, cometeremos um erro significativo, devemos buscar uma solução alternativa. Essa solução poderá ser obtida por meio da integração das Equações (4.24) ou (4.31) utilizando expressões adequadas para representar a variação dos calores específicos com a temperatura. No Apêndice B apresentamos correlações para algumas substâncias comuns.

4.6 DETERMINAÇÃO DA ENERGIA INTERNA E DA ENTALPIA DE UM SÓLIDO OU LÍQUIDO

Os calores específicos a pressão e a volume constante de uma substância, na fase sólida ou líquida, são aproximadamente iguais. Ou seja:

$$c_p \cong c_v \qquad (4.38)$$

Se pudermos considerá-los constantes, poderemos afirmar que para um sólido ou líquido submetido a um processo 1-2 genérico:

$$U_2 - U_1 \cong H_2 - H_1 = mc_p(T_2 - T_1) \qquad (4.39)$$

4.7 A PRIMEIRA LEI DA TERMODINÂMICA PARA UM SISTEMA PERCORRENDO UM CICLO

Consideremos que um sistema seja submetido a um conjunto de n processos tais que eles constituam um ciclo conforme ilustrado na Figura 4.1. Podemos, então, avaliar a troca de calor líquida que ocorre entre o sistema e o meio quando o sistema percorre esse ciclo. Para tal, aplicamos a primeira lei da termodinâmica para cada um dos processos que compõem o ciclo. Assim procedendo, obtemos:

$$\int_1^2 \delta Q - \int_1^2 \delta W = E_2 - E_1 \qquad (4.40)$$

$$\int_2^3 \delta Q - \int_2^3 \delta W = E_3 - E_2 \qquad (4.41)$$

$$\int_3^4 \delta Q - \int_3^4 \delta W = E_4 - E_3 \qquad (4.42)$$

$$\int_n^1 \delta Q - \int_n^1 \delta W = E_1 - E_n \qquad (4.43)$$

Somando esse conjunto de equações, vem:

$$\int_1^2 \delta Q + \int_2^3 \delta Q + ... + \int_n^1 \delta Q -$$
$$-\left(\int_1^2 \delta W + \int_2^3 \delta W + ... + \int_n^1 \delta W \right) =$$
$$= E_2 - E_1 + E_3 - E_2 + E_4 -$$
$$-E_3 + ... + E_1 - E_n \qquad (4.44)$$

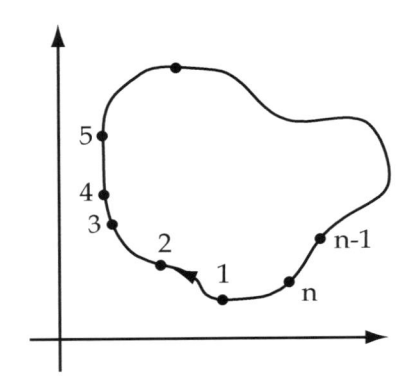

Figura 4.1 Ciclo termodinâmico arbitrário

O membro direito dessa equação corresponde à variação da energia do sistema ao percorrer um ciclo. Como, ao final de um ciclo, chega-se sempre ao estado arbitrariamente escolhido como sendo o seu estado inicial, então a energia do sistema ao início e ao final de um ciclo será sempre a mesma e o valor numérico desse termo será nulo. Ou seja: *a variação da energia total de um sistema ao percorrer um ciclo termodinâmico é nula*. Essa assertiva é matematicamente descrita por:

$$\Delta E_{ciclo} = \int_1^2 dE + \int_2^3 dE + \,.....\,+$$
$$+\int_n^1 dE = \oint dE = 0 \qquad (4.45)$$

Podemos, então, reescrever a Equação (4.44) como:

$$\int_1^2 \delta Q + \int_2^3 \delta Q + \,.....\,+ \int_n^1 \delta Q =$$
$$= \int_1^2 \delta W + \int_2^3 \delta W + \,.....\,+ \int_n^1 \delta W \qquad (4.46)$$

O membro esquerdo dessa equação é a transferência líquida de energia por calor entre o sistema e o meio no decorrer do ciclo, e, simultaneamente, o membro direito é a transferência líquida de energia entre o sistema e o meio na forma de trabalho. Essas quantidades líquidas podem ser expressas pelas integrais de linha das grandezas calor e trabalho ao longo do ciclo, ou seja:

$$Q_{líquido} = \int_1^2 \delta Q +$$
$$+\int_2^3 \delta Q + \,.....\,+ \int_n^1 \delta Q = \oint \delta Q \qquad (4.47)$$

$$W_{líquido} = \int_1^2 \delta W +$$
$$+\int_2^3 \delta W + \,.....\,+ \int_n^1 \delta W = \oint \delta W \qquad (4.48)$$

Concluímos, então, que as transferências líquidas de calor e trabalho para esse ciclo arbitrariamente escolhido são iguais, ou seja:

$$\oint \delta Q = \oint \delta W \qquad (4.49)$$

Esse resultado é a representação matemática da primeira lei da termodinâmica para um sistema percorrendo o ciclo termodinâmico analisado.

Como o ciclo foi arbitrariamente escolhido, não se fez nenhuma restrição quanto ao fluido de trabalho ou a qualquer processo em particular, e podemos expandir esse resultado para qualquer ciclo.

4.8 EXERCÍCIOS RESOLVIDOS

Er4.1 Um cilindro rígido com volume 0,5 m³ contém 0,4 kg de água a 20°C. Fornece-se calor à água até que se atinja a temperatura de 100°C. Pede-se para calcular a energia transferida por calor no processo.

Solução

a) Dados e considerações
  • Sistema: água, $m = 0,4$ kg.
  • Estado inicial: $T_1 = 20°C$;

$$\cancel{V}_1 = \cancel{V}_2 = 0,5 \text{ m}^3 \; ;$$

$$v_1 = \frac{\cancel{V}_1}{m} = 1,25 \text{ m}^3/\text{kg}$$

  • Processo: o cilindro é rígido, logo o processo é isocórico.
  • Estado final: $T_2 = 100°C$;
    $v_2 = v_1 = 1,25 \text{ m}^3/\text{kg}$.

b) Análise e cálculos
  • Aplicação da primeira lei da termodinâmica

Seja o estado inicial da água indicado pelo índice 1, e o estado final indicado pelo índice 2. Aplicando-se a primeira lei da termodinâmica para um sistema percorrendo um processo e desprezando as variações de energia cinética e potencial, temos:

$$_1Q_2 - {}_1W_2 = U_2 - U_1$$

O processo é isocórico, logo o trabalho realizado é nulo. Consequentemente:

$$_1Q_2 = U_2 - U_1 = m(u_2 - u_1)$$

  • Avaliação de propriedades no estado inicial

Da tabela de propriedades termodinâmicas da água saturada, temos $v_{l,1} = 0,001002$ m³/kg; $v_{v,1} = 57,762$ m³/kg; $u_{l,1} = 83,9$ kJ/kg; e $u_{v,1} = 2402,3$ kJ/kg.

Sabemos que $v_1 = (1 - x_1)v_{l,1} + x_1 v_{v,1}$. Substituindo os valores dos volumes específicos do líquido e do vapor saturado nessa expressão, obtemos o título: $x_1 = 0,0216$.

A energia interna u_1 é dada por:
$u_1 = (1 - x_1)u_{l,1} + x_1 u_{v,1}$.

Substituindo os valores das energias internas específicas do líquido e do vapor saturado, temos $u_1 = 134,0$ kJ/kg.

- Avaliação de propriedades no estado final

Sabemos que: $T_2 = 100°C$;
$v_2 = v_1 = 1,25$ m³/kg.

Das tabelas de propriedades termodinâmicas da água, temos:

$v_{l,2} = 0,001043$ m³/kg;

$v_{v,2} = 1,672$ m³/kg;

$u_{l,2} = 419,1$ kJ/kg; e $u_{v,2} = 2506,0$ kJ/kg

$v_2 = (1 - x_2)v_{l,2} + x_2 v_{v,2} \Rightarrow$

$\Rightarrow x_2 = \dfrac{v_2 - v_{l,2}}{v_{v,2} - v_{l,2}} \Rightarrow x_2 = 0,7475$

$u_2 = (1 - x_2)u_{l,2} + x_2 u_{v,2} \Rightarrow$

$\Rightarrow u_2 = 1979$ kJ/kg

- Cálculo da energia transferida por calor

Voltando à primeira lei: $_1Q_2 = 738$ kJ.

Er4.2 Um cilindro rígido, com volume igual a 0,5 m³, suporta a pressão máxima de 30 MPa. Abastece-se esse cilindro com metano, atingindo-se ao final do processo a temperatura de 20°C e a pressão de 25 MPa. Ao ser transportado, esse cilindro poderá ser aquecido pela ação do sol até que a temperatura do metano atinja 30°C. Qual é a massa de metano armazenada? Se a temperatura do metano atingir 30°C, o cilindro resistirá? Qual a será a quantidade de calor transferida ao metano?

Solução

a) Dados e considerações
- Sistema: metano, por hipótese é considerado gás ideal,
  $R_{met} = 0,518$ kJ/(kg.K).
- Estado inicial:
  $V_1 = 0,5$ m³ ; $p_1 = 25$ MPa
  e $T_1 = 20°C$.
- Estado final:
  $V_2 = V_1 = 0,5$ m³ e $T_2 = 30°C$.
- Processo: isocórico. Por hipótese, será considerado que a pressão final é menor do que a máxima admissível, 30 MPa.

b) Análise e cálculos
- Massa inicial
  $p_1 V_1 = m R_{met} T_1 \Rightarrow m = 82,3$ kg
- Pressão final
  $\dfrac{p_1 V_1}{T_1} = \dfrac{p_2 V_2}{T_2} \Rightarrow p_2 = 25,85$ MPa

A pressão final é menor do que a máxima admissível, 30 MPa, logo a hipótese é correta, ou seja: o cilindro resistirá.

- Energia transferida por calor

Aplicando a primeira lei da termodinâmica, vem:

$_1Q_2 - {_1W_2} = U_2 - U_1 = m(u_2 - u_1)$.

O trabalho realizado é nulo porque o processo é isocórico, logo:

$_1Q_2 = U_2 - U_1 = m(u_2 - u_1)$;

$_1Q_2 = m c_v (T_2 - T_1)$;

$c_{vmet} = 1,698$ kJ/(kg.K)

$_1Q_2 = 82,3 \cdot 1,698 (30 - 20) = 1398$ kJ

Er4.3 Um conjunto cilindro-pistão, montado na vertical, contém 10 kg de água a 1 MPa e 300°C. A água é resfriada até atingir título 0,5.

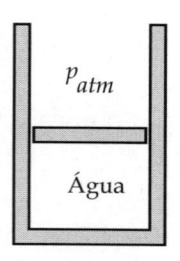

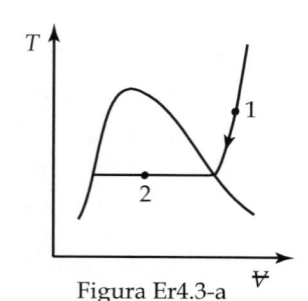

Figura Er4.3   Figura Er4.3-a

Determine o trabalho realizado e o calor trocado nesse processo.

Solução

a)   Dados e considerações
- Sistema: o sistema é constituído por água; $m = 10$ kg.
- Estado inicial: $p_1 = 1$ MPa; $T_1 = 300\,^{\circ}$C.
- Processo: isobárico, representado na Figura Er4.3-a.
- Estado final: $p_2 = 1$ MPa; $x_2 = 0,5$.

b)   Análise e cálculos
- Aplicação da primeira lei da termodinâmica

Seja o estado inicial identificado pelo índice 1 e o final pelo índice 2.

$$_1Q_2 - {}_1W_2 = U_2 - U_1 = m(u_2 - u_1)$$

- Avaliação de propriedades no estado inicial

Sabemos que: $p_1 = 1$ MPa;

$T_1 = 300\,^{\circ}$C.

Essas condições de pressão e temperatura correspondem ao estado de vapor superaquecido. Das tabelas de propriedades termodinâmicas do vapor d'água superaquecido, temos:

$v_1 = 0,2580$ m³/kg e
$u_1 = 2793,7$ kJ/kg

- Avaliação de propriedades no estado final

Sabemos que: $p_2 = 1,0$ MPa; $x_2 = 0,5$.

Nas tabelas de propriedades termodinâmicas da água saturada, obtemos:

$v_{l,2} = 0,001127$ m³/kg;

$v_{v,2} = 0,1943$ m³/kg;

$u_{l,2} = 761,5$ kJ/kg e

$u_{v,2} = 2583,6$ kJ/kg

A partir do conhecimento do título, calculamos o volume específico e a energia interna:

$$v_2 = (1 - x_2)v_{l,2} + x_2 v_{v,2};$$

$$v_2 = 0,0978 \text{ m}^3/\text{kg}$$

$$u_2 = (1 - x_2)u_{l,2} + x_2 u_{v,2};$$

$$u_2 = 1672 \text{ kJ/kg}$$

- Cálculo do trabalho realizado

$$_1W_2 = \int_1^2 p(V)dV$$

Como o processo é à pressão constante, tem-se:

$$_1W_2 = p_1(V_2 - V_1) = p_1 m(v_2 - v_1) \Rightarrow$$

$$\Rightarrow {}_1W_2 = -1602 \text{ kJ}$$

- Cálculo da energia transferida por calor

$$_1Q_2 = {}_1W_2 + m(u_2 - u_1).$$

Logo: $_1Q_2 = -12,81$ MJ.

Er4.4 A Figura Er4.4 mostra um conjunto cilindro-pistão montado na horizontal que contém 10 kg de água à pressão atmosférica, 100 kPa, e 500ºC. A água é resfriada até atingir o estado de vapor saturado. Determine o trabalho realizado e o calor trocado nesse processo.

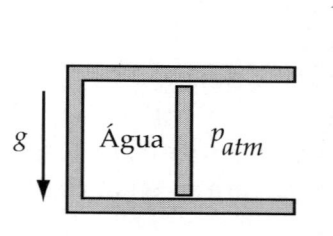

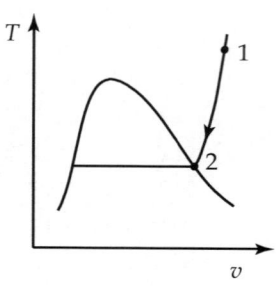

Figura Er4.4   Figura Er4.4-a

Solução

a) Dados e considerações
- Sistema: o sistema é constituído por água, $m = 10$ kg.
- Estado inicial: $p_1 = 100$ kPa; $T_1 = 500°C$.
- Processo: isobárico.
- Estado final: $p_2 = 100$ kPa e $x_2 = 1$.

b) Análise e cálculos
- Aplicação da primeira lei da termodinâmica

$$_1Q_2 - {_1W_2} = U_2 - U_1 = m(u_2 - u_1)$$

- Cálculo de propriedades no estado inicial

Sabemos que $p_1 = 100$ kPa; $T_1 = 500°C$.

Essas condições de pressão e temperatura correspondem ao estado de vapor superaquecido. Das tabelas de vapor d'água, tem-se:

$v_1 = 3,566$ m³/kg e
$u_1 = 3132,2$ kJ/kg.

- Cálculo de propriedades no estado final

Sabemos que $p_2 = 100$ kPa e $x_2 = 1$.
Pelas tabelas de água saturada, obtemos: $v_2 = 1,6928$ m³/kg e $u_2 = 2505,6$ kJ/kg.

- Cálculo do trabalho realizado

$$_1W_2 = \int_1^2 p(V)dV$$

Como o processo é à pressão constante, tem-se:

$$_1W_2 = p_1(V_2 - V_1) = p_1 m(v_2 - v_1) \Rightarrow$$

$$\Rightarrow {_1W_2} = -1873 \text{ kJ}$$

- Cálculo da energia transferida por calor

$$_1Q_2 = {_1W_2} + m(u_2 - u_1);$$

$$_1Q_2 = -8139 \text{ kJ}$$

Er4.5 Um recipiente rígido com volume igual a 5 litros contém 2 kg de água a 20°C e 100 kPa. Adiciona-se calor à água até que se atinja a pressão de 150 kPa. Pede-se para determinar a quantidade total de calor transferida à água.

Solução

a) Dados e considerações
- Sistema: o sistema é constituído por água, $m = 2$ kg.
- Estado inicial:
  $V_1 = 5$ litros $= 0,005$ m³,
  $p_1 = 100$ kPa e $T_1 = 20°C$.
- Processo: isocórico.
- Estado final:
  $p_2 = 150$ kPa; $V_2 = V_1 = 0,005$ m³.

b) Análise e cálculos
- Aplicação da primeira lei da termodinâmica

$$_1Q_2 - {_1W_2} = U_2 - U_1 = m(u_2 - u_1)$$

Como o processo é isocórico, não há movimentação de fronteira e o trabalho realizado será nulo. Assim:

$$_1Q_2 = U_2 - U_1 = m(u_2 - u_1)$$

Para determinar o calor trocado entre o sistema e o meio, será apenas necessário determinar as energias internas ao início e final do processo.

- Determinação de propriedades no estado inicial

Sabemos que
$V_1 = 5$ litros $= 0,005$ m³,
$p_1 = 100$ kPa e $T_1 = 20°C$.

Essas condições de pressão e temperatura correspondem ao estado de líquido comprimido. Assim sendo, por hipótese, será considerado que as propriedades da água nesse estado serão iguais às do líquido saturado à mesma temperatura. Das tabelas de propriedades termodinâmicas da água saturada, temos:

$u_1 = 83,9$ kJ/kg

• Determinação de propriedades no estado final

Sabemos que: $p_2 = 150$ kPa;

$V_2 = V_1 = 0,005$ m^3.

Como a massa é igual a 2 kg, o volume específico será igual a:

$v_2 = V_2 / m = 0,005 / 2 =$

$= 0,0025$ m^3/kg

Nas tabelas de água, verifica-se que, nas condições acima, a água é saturada, e:

$v_{l,2} = 0,001053$ m^3/kg;

$v_{v,2} = 1,1576$ m^3/kg

$u_{l,2} = 467,2$ kJ/kg;

$u_{v,2} = 2519,3$ kJ/kg

A partir do conhecimento dos volumes específicos, determina-se o título:

$x_2 = \dfrac{v_2 - v_{l,2}}{v_{v,2} - v_{l,2}} = 0,001251$

De posse do título, determinamos a energia interna:

$u_2 = (1 - x_2)u_{l,2} + x_2 u_{v,2} \Rightarrow$

$u_2 = 469,8$ kJ/kg

• Cálculo da energia transferida por calor

$_1Q_2 = m(u_2 - u_1) = 771,7$ kJ

Er4.6 Um recipiente rígido com volume igual a 800 litros contém 1 kg de água a 400 kPa. O recipiente é então resfriado até atingir a temperatura de 30°C. Determine o título final e inicial da água, a energia interna inicial e final da água e a quantidade total de calor transferida no processo.

Solução

a) Dados e considerações
• Sistema: o sistema é constituído por água, $m = 1$ kg.
• Estado inicial:
  $V_1 = 800$ litros $= 0,800$ m^3 e $p_1 = 400$ kPa.
• Processo: isocórico.
• Estado final: $T_2 = 30°C$.

b) Análise e cálculos
• Aplicação da primeira lei da termodinâmica

$_1Q_2 - {}_1W_2 = U_2 - U_1 = m(u_2 - u_1)$

Como o processo é isocórico, não há movimento de fronteira e o trabalho realizado é nulo. Assim sendo, temos:

$_1Q_2 = U_2 - U_1 = m(u_2 - u_1).$

Para determinar o calor trocado entre o sistema e o meio, será necessário apenas determinar as energias internas ao início e final do processo.

• Determinação de propriedades no estado inicial

Sabemos que
$V_1 = 800$ litros $= 0,800$ m^3 e $p_1 = 400$ kPa.

Como a massa é igual a 1 kg, o volume específico será: $v_1 = 0,800$ m^3/kg.

Usando as tabelas de propriedades termodinâmicas da água, vapor superaquecido, e promovendo um processo de interpolação, temos:

$u_1 = 3002,9$ kJ/kg

• Determinação de propriedades no estado final

A temperatura final é $T_2 = 30°C$ e, como o recipiente é rígido, temos:

$V_2 = V_1 = 0,800 \text{ m}^3$ e

$v_2 = v_1 = 0,800 \text{ m}^3/\text{kg}.$

Usando as tabelas de propriedades termodinâmicas da água, verificamos que, nas condições acima, a água é saturada, e:

$v_{l,2} = 0,001004 \text{ m}^3/\text{kg};$

$u_{l,2} = 125,7 \text{ kJ/kg};$

$v_{v,2} = 32,879 \text{ m}^3/\text{kg};$

$u_{v,2} = 2415,9 \text{ kJ/kg}.$

A partir do conhecimento dos volumes específicos, determinamos o título:

$$x_2 = \frac{v_2 - v_{l,2}}{v_{v,2} - v_{l,2}} = 0,02430$$

De posse do título, determinamos a energia interna:

$$u_2 = (1 - x_2)u_{l,2} + x_2 u_{v,2} \Rightarrow$$

$$\Rightarrow u_2 = 181,4 \text{ kJ/kg}$$

• Cálculo da energia transferida por calor

$$_1Q_2 = m(u_2 - u_1) = -2822 \text{ kJ}$$

Er4.7 O conjunto cilindro-pistão da Figura Er4.7, montado na vertical, contém 0,2 kg de ar a 300 K e 200 kPa. Esse conjunto é aquecido até que o volume do ar existente no seu interior dobre. Determine o trabalho realizado e o calor trocado nesse processo.

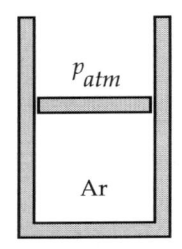

Figura Er4.7

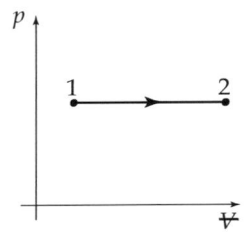

Figura Er4.7-a

Solução

a) Dados e considerações
   • Sistema: massa de ar contida no conjunto cilindro-pistão; $m = 0,2$ kg.
   • O ar é considerado um gás ideal:
     $R_{ar} = 0,287$ kJ/(kg.K);
     $c_v = 0,717$ kJ/(kg.K) e
     $c_p = 1,004$ kJ/(kg.K).
   • Estado inicial: $T_1 = 300$ K e $p_1 = 200$ kPa.
   • Processo: como a massa do pistão e a pressão atmosférica permanecem constantes, a pressão do ar contido no conjunto cilindro-pistão também permanecerá constante; ou seja: o processo é isobárico.
   • Estado final: $p_2 = p_1 = 200$ kPa e $V_2 = 2V_1 = 0,1722 \text{ m}^3/\text{kg}.$

b) Análise e cálculos
   • Aplicação da primeira lei da termodinâmica

$$_1Q_2 = {}_1W_2 + m(u_2 - u_1)$$

   • Determinação do volume inicial

$T_1 = 300$ K e $p_1 = 200$ kPa. Logo:

$$p_1 V_1 = m R_{ar} T_1 \Rightarrow$$

$$\Rightarrow V_1 = 0,0861 \text{ m}^3/\text{kg}.$$

   • Determinação da temperatura final

$p_2 = p_1 = 200$ kPa e

$V_2 = 2V_1 = 0,1722 \text{ m}^3/\text{kg}.$ Logo:

$$p_2 V_2 = m R_{ar} T_2 \Rightarrow T_2 = 600 \text{ K}.$$

   • Trabalho realizado pelo ar

$$_1W_2 = \int_1^2 p\,dV = p_1(V_2 - V_1) \Rightarrow$$

$$\Rightarrow {}_1W_2 = 17,2 \text{ kJ}.$$

   • Energia transferida por calor
   Aplicando a primeira lei, temos:

$$_1Q_2 = {}_1W_2 + m(u_2 - u_1)$$

Como o ar está sendo tratado como um gás ideal com calor específico a volume constante invariável com a temperatura, temos:

$$_1Q_2 = {}_1W_2 + mc_v\left(T_2 - T_1\right) \Rightarrow$$

$$\Rightarrow {}_1Q_2 = 60,2 \text{ kJ}$$

Er4.8 Considere a Figura Er4.8. Um conjunto cilindro-pistão montado na horizontal contém 0,1 m³ de nitrogênio a 300 K e 100 kPa. O pistão pode se movimentar sem atrito até atingir o volume máximo de 0,15 m³, quando, então, toca os esbarros. O nitrogênio é aquecido até que se atinja a temperatura de 600 K. Qual é o volume final do nitrogênio? Determine o trabalho realizado e o calor trocado no processo.

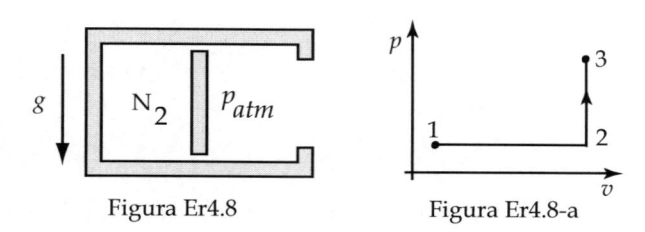

Figura Er4.8   Figura Er4.8-a

Solução

a) Dados e considerações
   • Sistema: massa de nitrogênio contida no conjunto cilindro-pistão. O nitrogênio será considerado como gás ideal com:
     $R_n = 0,297$ kJ/(kg.K);
     $c_v = 0,740$ kJ/(kg.K);
     $c_p = 1,037$ kJ/(kg.K).
     Estado inicial: $V_1 = 0,1$ m³; $T_1 = 300$ K; $p_1 = 100$ kPa.
   • Processo: considere-se, por hipótese, que o nitrogênio atingirá a temperatura de 600 K somente após o pistão tocar os esbarros. Nesse caso o nitrogênio sofrerá um processo isobárico até atingir seu volume máximo; a seguir sofrerá um processo isocórico até

atingir a temperatura de 600 K.
   • Estado intermediário:
     $V_2 = 0,15$ m³ (volume máximo!) e $p_2 = p_1 = 100$ kPa.
   • Estado final: $T_3 = 600$ K.

b) Análise e cálculos
   • Aplicação da primeira lei da termodinâmica
   Seja o estado inicial indicado pelo índice 1. Seja o estado intermediário, estado do nitrogênio quando o pistão toca os esbarros, indicado pelo índice 2. Seja o estado final do nitrogênio indicado pelo índice 3. Nesse caso, temos:

$$_1Q_2 = {}_1W_2 + m(u_2 - u_1); \; {}_2Q_3 =$$

$$= {}_2W_3 + m(u_3 - u_2) \text{ e } {}_1Q_3 =$$

$$= {}_1W_3 + m(u_3 - u_1)$$

   • Determinação de propriedades no estado inicial
   Sabemos que: $V_1 = 0,1$ m³; $T_1 = 300$ K; $p_1 = 100$ kPa.
   Logo: $p_1 V_1 = mR_n T_1 \Rightarrow$
   $\Rightarrow m = 0,1122$ kg.

   • Determinação de propriedades no estado intermediário
   Sabemos que: $V_2 = 0,15$ m³ (volume máximo!) e $p_2 = p_1 = 100$ kPa.

$$\frac{p_1 V_1}{T_1} = \frac{p_2 V_2}{T_2}$$

   Logo: $T_2 = 450$ K.
   Como a temperatura T_2 é menor do que a temperatura final do nitrogênio, 600 K, está confirmado que o pistão toca os esbarros.

   • Determinação de propriedades no estado final
   O volume final do nitrogênio será:
   $V_3 = V_2 = 0,15$ m³ e $T_3 = 600$ K.

$$\frac{p_3 \cancel{V}_3}{T_3} = \frac{p_2 \cancel{V}_2}{T_2} \Rightarrow p_3 = \frac{T_3 p_2}{T_2} = 133,3 \text{ kPa}$$

- Determinação do trabalho realizado
$_1W_3 = {}_1W_2 + {}_1W_3$; $_1W_3 = 0$, porque o processo 2-3 é isocórico.

Logo:

$$_1W_3 = {}_1W_2 = \int_1^2 p\,dV = p_1\left(\cancel{V}_2 - \cancel{V}_1\right) \Rightarrow$$

$$\Rightarrow {}_1W_3 = 5 \text{ kJ}$$

- Determinação da energia transferida por calor

$$_1Q_3 = {}_1W_3 + m(u_3 - u_1) =$$

$$= {}_1W_3 + mc_v(T_3 - T_1); \quad {}_1Q_3 = 29,9 \text{ kJ}$$

Er4.9 Na Figura Er4.9, mostra-se um conjunto cilindro-pistão montado na vertical que contém 0,1 kg de água a 200 kPa. O volume inicial da água é igual a 50 litros. O pistão pode se movimentar até atingir o volume máximo de 70 litros, quando, então, é travado pelos esbarros. A água é aquecida até transformar-se totalmente em vapor saturado. Determine o trabalho realizado e o calor trocado no processo.

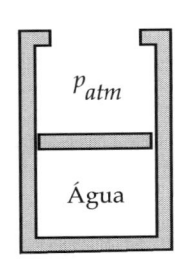

Figura Er4.9

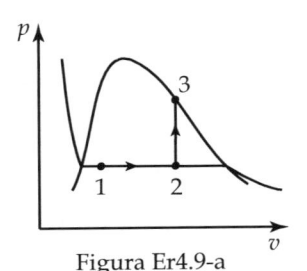

Figura Er4.9-a

Solução

a) Dados e considerações
  - Sistema: 0,1 kg de água.
  - Estado inicial: $p_1 = 200$ kPa e $\cancel{V}_1 = 50$ litros $= 0,05$ m³.
  - Processo: por hipótese, será considerado que a partir do estado inicial, estado 1, a água sofre um processo isobárico até que o pistão toque os esbarros, estado 2. A partir desse estado, a água sofrerá um processo isocórico até atingir o estado final, estado 3. Assim sendo: $p_1 = p_2$ e $v_2 = v_3$.
  - Estado intermediário: $\cancel{V}_2 = 70$ litros $= 0,07$ m³.
  - Estado final: $x_3 = 1,0$ (vapor saturado).

b) Análise e cálculos
  - Aplicação da primeira lei da termodinâmica

$$_1Q_2 = {}_1W_2 + m(u_2 - u_1); \quad {}_1Q_3 = {}_1W_3 +$$

$$+ m(u_3 - u_2) \text{ e } {}_1Q_3 = {}_1W_3 + m(u_3 - u_1)$$

Para utilizar essas expressões, determinaremos as propriedades nos estados 1, 2 e 3.

  - Determinação das propriedades no estado 1

Do enunciado, vem: $m = 0,1$ kg;

$p_1 = 200$ kPa e

$\cancel{V}_1 = 50$ litros $= 0,05$ m³.

Logo:

$$v_1 = \frac{\cancel{V}_1}{m} = 0,5 \text{ m}^3/\text{kg}.$$

Consultando as tabelas de propriedades termodinâmicas da água, água saturada, para a pressão $p_1 = 200$ kPa, temos:

$T_1 = 120,2^\circ$C; $v_{l,1} = 0,001061$ m³/kg;

$v_{v,1} = 0,8861$ m³/kg;

$u_{l,1} = 504,5$ kJ/kg

e $u_{v,1} = 2529,1$ kJ/kg

Como $v_{l,1} < v_1 < v_{v,1}$, temos que determinar, em primeiro lugar, o título da água nesse estado.

$$v_1 = (1 - x_1)v_{l,1} + x_1 v_{v,1} \Rightarrow$$

$$\Rightarrow x_1 = \frac{v_1 - v_{l,1}}{v_{v,1} - v_{l,1}} \Rightarrow x_1 = 0,5637$$

Determinamos, então, a energia interna específica no estado 1:

$$u_1 = (1-x_1)u_{l,1} + x_1 u_{v,1} \Rightarrow$$

$$\Rightarrow u_1 = 1645,9 \text{ kJ/kg}$$

• Determinação das propriedades da água no estado 2

Do enunciado, temos:

$V_2 = 70$ litros $= 0,07$ m³.

Como $m = 0,1$ kg, então:

$v_2 = 0,70$ m³/kg.

Da análise do processo, sabemos que: $p_2 = p_1 = 200$ kPa. Utilizando as tabelas de propriedades termodinâmicas da água, obtemos para essa pressão:

$T_2 = 120,2$°C;

$v_{l,2} = 0,001061 \text{ m}^3/\text{kg}$;

$v_{v,2} = 0,8861 \text{ m}^3/\text{kg}$;

$u_{l,2} = 504,5 \text{ kJ/kg}$

e $u_{v,2} = 2529,1 \text{ kJ/kg}$

Como $v_{l,2} < v_2 < v_{v,2}$, é necessário determinar, em primeiro lugar, o título da água nesse estado.

$$v_2 = (1-x_2)v_{l,2} + x_2 v_{v,2} \Rightarrow$$

$$\Rightarrow x_2 = \frac{v_2 - v_{l,2}}{v_{v,2} - v_{l,2}} \Rightarrow x_2 = 0,7897$$

Determina-se, então, a energia interna no estado 2:

$$u_2 = (1-x_2)u_{l,2} + x_2 u_{v,2} \Rightarrow$$

$$\Rightarrow u_2 = 2103,4 \text{ kJ/kg}$$

• Determinação das propriedades da água no estado 3

Do enunciado, tem-se: $x_3 = 1$ (vapor saturado).

Da análise do processo, sabe-se que:
$V_3 = V_2 = 70$ litros $= 0,07$ m³.

Como $m = 0,1$ kg, então:

$v_3 = v_2 = 0,70$ m³/kg.

Como o título é igual a 1, então as propriedades nesse estado serão iguais às propriedades do vapor saturado em uma pressão de saturação na qual o volume específico do vapor saturado for igual a $v_3 = 0,70$ m³/kg.

Consultando-se as tabelas de propriedades termodinâmicas da água, verificamos que podemos obter a energia interna e a temperatura no estado 3 por meio de interpolação linear. Assim, obtemos: $T_3 = 128,4$°C e $u_3 = 2538,0$ kJ/kg.

• Determinação do trabalho realizado no processo 1-3

$$_1W_3 = {}_1W_2 + {}_2W_3$$

Como o processo 1-2 é isobárico, tem-se que: $_1W_2 = \int_1^2 pdV = p_1(V_2 - V_1)$. Como o processo 2-3 é isocórico, tem-se que: $_2W_3 = 0$.

Então:

$$_1W_3 = {}_1W_2 = p_1(V_2 - V_1) =$$
$$= 200(0,07 - 0,05) \Rightarrow {}_1W_3 = 4 \text{ kJ}.$$

• Determinação da energia transferida por calor no processo 1-3

Lembrando que: $_1Q_3 = {}_1W_3 + m(u_3 - u_1)$, e substituindo-se os valores já determinados, vem:

$$_1Q_3 = 4 + 0,1(2538,0 - 1645,9) \Rightarrow$$
$$\Rightarrow {}_1Q_3 = 93,2 \text{ kJ}.$$

Er4.10 Dois tanques rígidos, tendo cada um o volume de 0,5 m³, são conectados por uma tubulação na qual há uma válvula. Um dos tanques contém ar a 200°C e 500 kPa, e o outro contém ar a 600°C e 200 kPa. A válvula é aberta, permitindo que o ar escoe lentamente, e somente é fechada quando o equilíbrio termodinâmico é atingido. Considerando que a temperatura final do ar será igual à ambiente, 25°C, pede-se para determinar o calor trocado durante o processo.

Tanque A   Tanque B

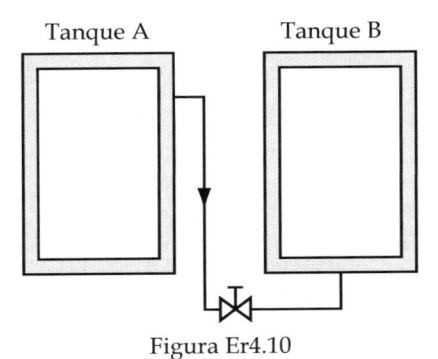

Figura Er4.10

Solução

a) Dados e considerações
- Seja 1 o índice a designar o estado inicial, 2 o índice a designar o estado final do ar; sejam A e B os índices que designam as propriedades do ar nos tanques A e B.
- Sistema: massa total de ar contido nos dois tanques. O ar será considerado um gás ideal com $R_{ar} = 0,287$ kJ/(kg.K); $c_v = 0,717$ kJ/(kg.K); $c_p = 1,004$ kJ/(kg.K).
- Estado inicial:

Em A:

$T_{A,1} = 200°C = 473,15$ K;

$p_{A,1} = 500$ kPa e $V_{A,1} = 0,5$ m^3.

Em B:

$T_{B,1} = 600°C = 873,15$ K;

$p_{B,1} = 200$ kPa e $V_{B,1} = 0,5$ m^3.

- Processo: como os tanques são rígidos, o processo será isocórico.
- Estado final:

$V_2 = V_A + V_B = 1$ m^3.

b) Análise e cálculos
- Aplicação da primeira lei da termodinâmica

$$_1Q_2 = {}_1W_2 + m(u_2 - u_1) =$$
$$= {}_1W_2 + mu_2 - mu_1$$

onde:

$$m = m_A + m_B = m_{A,1} + m_{B,1} =$$
$$= m_{A,2} + m_{B,2}.$$

$$mu_1 = m_{A,1}u_{A,1} + m_{B,1}u_{B,1} \text{ e}$$

$$mu_2 = m_{A,2}u_{A,2} + m_{B,2}u_{B,2}$$

Como ao final do processo ocorre o equilíbrio termodinâmico, tem-se: $u_2 = u_{A,2} = u_{B,2}$.

- Determinação das massas iniciais

Sabemos que em A:

$T_{A,1} = 200°C = 473,15$ K;

$p_{A,1} = 500$ kPa e $V_{A,1} = 0,5$ m^3.

$$m_{A,1} = \frac{p_{A,1}V_{A,1}}{R_{ar}T_{A,1}} = 1,841 \text{ kg}$$

Sabemos que em B:

$T_{B,1} = 600°C = 873,15$ K;

$p_{B,1} = 200$ kPa e $V_{B,1} = 0,5$ m^3.

$$m_{B,1} = \frac{p_{B,1}V_{B,1}}{R_{ar}T_{B,1}} = 0,399 \text{ kg}$$

- Volume, massa e temperatura finais

$V_2 = V_A + V_B = 1$ m^3;
$m = m_{A,1} + m_{B,1} = 2,240$ kg;

$T_2 = 25°C = 298,15$ K

- Determinação da energia transferida por calor

Como os tanques são rígidos, o trabalho realizado é nulo, logo, da primeira lei da termodinâmica, vem:

$$_1Q_2 = mu_2 - m_{A,1}u_{A,1} - m_{B,1}u_{B,1}$$

$$_1Q_2 = mc_vT_2 - m_{A,1}c_vT_{A,1} - m_{B,1}c_vT_{B,1}$$

$$\Rightarrow {}_1Q_2 = -395,5 \text{ kJ}$$

Er4.11 Na Figura Er4.11, mostra-se um conjunto cilindro-pistão que contém ar a 800 K e 300 kPa. O pistão pode se movimentar sem atrito até atingir o volume mínimo de 0,1 m³, quando toca os esbarros. O volume inicial do ar é igual a 0,5 m³. O ar é resfriado até atingir a temperatura de 300 K. Determine o trabalho realizado e o calor trocado no processo. O pistão toca os esbarros?

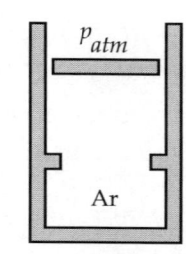

Figura Er4.11

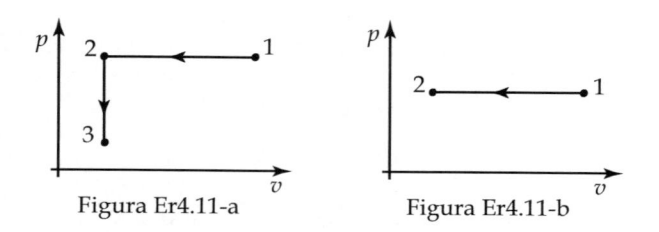

Figura Er4.11-a   Figura Er4.11-b

Solução

a)   Dados e considerações
- Sistema: massa total de ar contida no conjunto cilindro-pistão. O ar será considerado um gás ideal com:
  $R_{ar} = 0,287$ kJ/(kg.K);
  $c_v = 0,717$ kJ/(kg.K);
  $c_p = 1,004$ kJ/(kg.K).
- Estado inicial: $T_1 = 800$ K; $p_1 = 300$ kPa; $V_1 = 0,5$ m³.
- Processo: por hipótese, será considerado que a partir do estado inicial, estado 1, o ar sofrerá um processo isobárico até que o pistão atinja os esbarros, estado 2. Esse processo é isobárico,

porque tanto a massa do pistão quanto a pressão atmosférica permanecem constantes, fazendo com que a pressão do ar também permaneça constante. A partir do estado 2, como o pistão estará apoiado nos esbarros, o processo será isocórico até que o estado final, estado 3, seja atendido. Esses processos são representados no diagrama da Figura Er4.11-a. Assim sendo, temos: $p_1 = p_2$ e $v_2 = v_3$. O fato de o diagrama estar correto depende da exatidão das hipóteses inicialmente adotadas, as quais deverão ser verificadas no decorrer da solução do exercício.
- Estado final: analisado na solução.

b)   Análise e cálculos
- Aplicação da primeira lei da termodinâmica

$$_1Q_2 = {}_1W_2 + m(u_2 - u_1);$$

$$_2Q_3 = {}_2W_3 + m(u_3 - u_2) \text{ e}$$

$$_1Q_3 = {}_1W_3 + m(u_3 - u_1)$$

Para aplicar essas expressões, é necessário conhecer os estados 1, 2 e 3.
- Determinação da massa de ar
Do enunciado, vem: $T_1 = 800$ K; $p_1 = 300$ kPa; $V_1 = 0,5$ m³.
Podemos, então, calcular:
$p_1 V_1 = m R_{ar} T_1 \Rightarrow m = 0,6533$ kg.
- Determinação da temperatura no estado 2
Do enunciado, vem: $p_2 = p_1 = 300$ kPa; $V_2 = 0,1$ m³.
Podemos, então, calcular:
$p_2 V_2 = m R_{ar} T_2 \Rightarrow T_2 = 160$ K.
Como o valor obtido para T_2 é menor do que o valor da temperatura final do ar definida no enunciado, a qual é 300 K, verifica-se que a hipó-

tese inicial não é válida e que o pistão não tocará os esbarros. Assim, o diagrama inicialmente proposto não é válido. Apresentamos na Figura Er4.11-b o diagrama correto.

Nessa nova situação, o estado final, agora denominado estado 2, será caracterizado por: $p_2 = p_1$ e $T_2 = 300$ K. O volume V_2 será calculado por: $p_2 V_2 = mR_{ar}T_2 \Rightarrow V_2 = 0,1875$ m³.

• Trabalho realizado pelo ar

$$_1W_2 = \int_1^2 pdV = p_1(V_2 - V_1) \Rightarrow$$

$$\Rightarrow 1W2 = -93,8 \text{ kJ}$$

• Energia transferida por calor

$$_1Q_2 = {}_1W_2 + m(u_2 - u_1)$$

Como o ar está sendo tratado como um gás ideal com calor específico a volume constante invariável com a temperatura, tem-se que:

$$_1Q_2 = {}_1W_2 + mc_v(T_2 - T_1) \Rightarrow$$

$$\Rightarrow {}_1Q_2 = -328,0 \text{ kJ}$$

Er4.12 Ar, inicialmente a 21°C e 101,3 kPa, é comprimido em um compressor do tipo cilindro-pistão até a pressão de 1,2 MPa. Pode-se dizer que o processo de compressão do ar é representável por um processo politrópico reversível. Tratando o ar como um gás ideal, pede-se para calcular o trabalho realizado e o calor transferido no processo de compressão de 4 kg de ar para os casos em que o expoente politrópico for igual a 1 e a 1,2.

Solução

a) Dados e considerações
• Sistema: massa total de ar contida no conjunto cilindro-pistão, $m = 4$ kg. O ar será considerado um gás ideal com:

$R_{ar} = 0,287$ kJ/(kg.K);
$c_v = 0,717$ kJ/(kg.K);
$c_p = 1,004$ kJ/(kg.K).
• Estado inicial: $T_1 = 800$ K; $p_1 = 300$ kPa; $V_1 = 0,5$ m³.
• Processo:
caso 1: n = 1 $\Rightarrow pV$ = constante $\Rightarrow$ processo politrópico isotérmico.
caso 2: n = 1,2 $\Rightarrow pV^{1,2}$ = constante $\Rightarrow$ processo politrópico.
• Estado inicial:
$p_1 = 101,3$ kPa e
$T_1 = 21°C = 294,15$ K.
• Estado final:
$p_2 = 1,2$ MPa = 1200 kPa.

b) Análise e cálculos
• Cálculo do volume inicial

$$p_1 V_1 = mR_{ar}T_1 \Rightarrow V_1 = 3,334 \text{ m}^3.$$

• Determinação do trabalho – caso 1

$$_1W_2 = \int_1^2 pdV = p_1 V_1 ln\frac{V_2}{V_1};$$

$$p_1 V_1 = p_2 V_2 \Rightarrow V_2 = 0,2815 \text{ m}^3 \Rightarrow$$

$$\Rightarrow {}_1W_2 = -834,9 \text{ kJ}$$

• Determinação do calor trocado – caso 1
Aplicando-se a primeira lei da termodinâmica para o processo 1-2:

$$_1Q_2 - {}_1W_2 = U_2 - U_1 \Rightarrow$$

$$\Rightarrow {}_1Q_2 - {}_1W_2 = m(u_2 - u_1) \Rightarrow$$

$$\Rightarrow {}_1Q_2 - {}_1W_2 = mc_v(T_2 - T_1)$$

Como nesse caso o processo é isotérmico, então:

$$_1Q_2 = {}_1W_2 \Rightarrow {}_1Q_2 = -834,9 \text{ kJ}.$$

• Determinação do trabalho – caso 2

$$_1W_2 = \int_1^2 pdV = \frac{p_2 V_2 - p_1 V_1}{1 - n};$$

$$p_1 V_1^{1,2} = p_2 V_2^{1,2} \Rightarrow V_2 = 0,4249 \text{ m}^3$$

Logo:

$_1W_2 = -860,9$ kJ.

• Determinação do calor trocado – caso 2

Aplicando-se a primeira lei da termodinâmica para o processo 1-2:

$$_1Q_2 - {_1W_2} = U_2 - U_1;$$

$$_1Q_2 - {_1W_2} = m\left(u_2 - u_1\right);$$

$$_1Q_2 - {_1W_2} = mc_v\left(T_2 - T_1\right)$$

Como conhecemos o trabalho realizado e a temperatura inicial T_1, precisamos determinar a temperatura do ar ao final do processo.

Sabemos que, para um gás ideal percorrendo um processo politrópico, aplicam-se as correlações:

$$\frac{p_1}{p_2} = \left(\frac{v_2}{v_1}\right)^n ; \frac{T_1}{T_2} = \left(\frac{v_2}{v_1}\right)^{(n-1)} \text{ e}$$

$$\frac{T_1}{T_2} = \left(\frac{p_1}{p_2}\right)^{\frac{n-1}{n}}$$

Para relembrá-las, veja o item 3.2 deste texto.

A temperatura final será dada por:

$$T_2 = \frac{T_1}{\left(\dfrac{p_1}{p_2}\right)^{\frac{n-1}{n}}} = T_1\left(\frac{p_1}{p_2}\right)^{\frac{1-n}{n}} = 444,1 \text{ K}.$$

Podemos, agora, determinar o calor trocado no processo:

$$_1Q_2 - {_1W_2} = mc_v\left(T_2 - T_1\right) \Rightarrow$$

$$\Rightarrow {_1Q_2} = -860,9 + 4 \cdot 0,717 \cdot$$

$$\cdot (444,1 - 294,15) = -430,7 \text{ kJ}$$

Er4.13 Observe a Figura Er4.13. O tanque A contém 10 kg de ar a 2,5 MPa e 600 K. A válvula existente na tubulação é aberta, permitindo que o ar escoe lentamente para o tanque B, inicialmente vazio, até que o equilíbrio termodinâmico seja atingido. Para movimentar o êmbolo do tanque B, é necessária uma pressão interna igual a 300 kPa. Determine o trabalho realizado e o calor trocado para o caso em que a temperatura final de equilíbrio é igual 300 K.

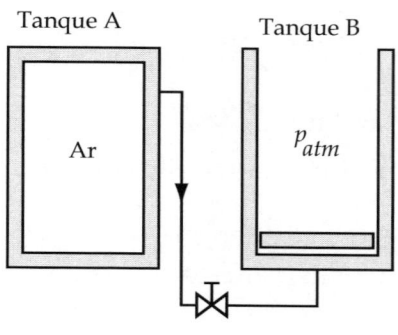

Figura Er4.13

Solução

a) Dados e considerações
• Seja 1 o índice a designar o estado inicial, 2 o índice a designar o estado final do ar; sejam A e B os índices que designam as propriedades do ar nos tanques A e B.
• Sistema: massa total de ar inicialmente contida no tanque A, $m = m_{A1} = 10$ kg. O tanque B encontra-se inicialmente vazio. O ar será considerado um gás ideal com: $R_{ar} = 0,287$ kJ/(kg.K); $c_v = 0,717$ kJ/(kg.K); $c_p = 1,004$ kJ/(kg.K).
• Estado inicial:
• Processo: o tanque A é rígido e, por esse motivo, seu volume permanecerá constante, e a pressão do ar aí presente variará de 2,5 MPa até atingir 300 kPa. No tanque B a pressão do ar será sempre constante e igual a 300 kPa. Ao final do processo ocorre o equilíbrio termodinâmico.

- Estado inicial: $T_{A,1} = 600$ K; $p_{A,1} = 2500$ kPa; $m_{A1} = 10$ kg; $m_{B1} = 0$.
- Estado final:
$p_{A,2} = p_{B,2} = 300$ kPa; $T_{A,2} = T_{B,2} = 300$ K; $V_{A,2} = V_{A,1}$.

b) Análise e cálculos
- Aplicação da primeira lei da termodinâmica

Seja 1 o índice que designa o estado inicial, 2 o índice que designa o estado final do ar; sejam A e B os índices que designam as propriedades do ar nos tanques A e B. Nesse caso, desprezando as variações de energia cinética e potencial, teremos:

$$_1Q_2 = {}_1W_2 + m(u_2 - u_1) =$$
$$= {}_1W_2 + mu_2 - mu_1$$

onde:

$$m = m_A + m_B = m_{A,1} + m_{B,1} =$$
$$= m_{A,2} + m_{B,2}.$$

$$mu_1 = m_{A,1}u_{A,1} + m_{B,1}u_{B,1};$$
$$mu_2 = m_{A,2}u_{A,2} + m_{B,2}u_{B,2}$$

Como ao final do processo ocorre o equilíbrio termodinâmico, temos: $u_2 = u_{A,2} = u_{B,2}$.

- Estado inicial

Em A: $T_{A,1} = 600$ K; $p_{A,1} = 2500$ kPa.

Logo: $V_{A,1} = \dfrac{mR_{ar}T_{A,1}}{p_{A,1}} \Rightarrow$

$$\Rightarrow V_{A,1} = 0{,}6888 \text{ kg}.$$

Em B: a massa inicial em B é nula.

- Estado final: $p_{A,2} = p_{B,2} = 300$ kPa; $T_{A,2} = T_{B,2} = 300$ K; $V_{A,2} = V_{A,1}$.

A massa final em A será:

$$m_{A,2} = \frac{p_{A,2}V_{A,2}}{R_{ar}T_{A,2}} \Rightarrow m_{A,2} = 2{,}4 \text{ kg}.$$

A massa final em B será: $m = m_{A,2} + m_{B,2} = 10$ kg $\Rightarrow m_{B,2} = 7{,}6$ kg.

O volume final será igual a:

$$V_{B,2} = \frac{m_{B,2}R_{ar}T_{B,2}}{p_{B,2}} \Rightarrow$$

$$V_{B,2} = 2{,}181 \text{ m}^3.$$

- Trabalho realizado:

$$_1W_2 = {}_1W_{A,2} + {}_1W_{B,2}.$$

Porém:

$$_1W_{A,2} = 0 \Rightarrow$$

$$_1W_2 = {}_1W_{B,2} =$$

$$= \int_1^2 p_B dV_B = p_B(V_{B,2} - V_{B,1})$$

Como:

$$V_{B,1} = 0; \quad V_{B,2} = 2{,}181 \text{ m}^3;$$

e $p_B = p_{B,2} = p_{B,1} = 300$ kPa, então:

$$_1W_2 = 654{,}4 \text{ kJ}.$$

- Energia transferida por calor

$$_1Q_2 - {}_1W_2 = U_2 - U_1 = m(u_2 - u_1)$$

$$\Rightarrow {}_1Q_2 - {}_1W_2 = m_{A,2}u_{A,2} +$$
$$+ m_{B,2}u_{B,2} - m_{A,1}u_{A,1} - m_{B,1}u_{B,1}$$

Como: $m_{B,1} = 0{,}0$; então:

$$_1Q_2 = {}_1W_2 + m_{A,2}c_v T_{A,2} +$$
$$+ m_{B,2}c_v T_{B,2} - m_{A,1}c_v T_{A,1}.$$

Então: $_1Q_2 = -1497$ kJ.

Er4.14 Na Figura Er4.14 mostramos um conjunto cilindro-pistão dotado de uma mola linear. Inicialmente, a mola toca o êmbolo, mas não exerce nenhuma força sobre ele. Calor é transferido à água, inicialmente a 120°C e título 60%, até que a sua temperatura atinja 400°C. Considerando que a massa de água é igual a 1 kg, que a pressão necessária para movimentar o êmbolo é igual a 300 kPa, que a área do êmbolo é igual a 0,1 m² e que a constante da mola é igual a

100 N/cm, pede-se para calcular o trabalho realizado pela água e a energia transferida por calor entre a água e o meio no decorrer do processo.

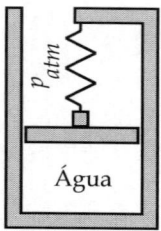

Figura Er4.14

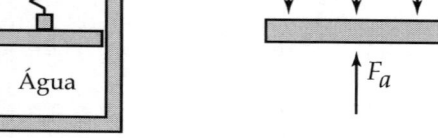

Figura Er4.14-a

Solução

a)   Dados e considerações
  • Sistema: água, $m = 1$ kg.
  • Mola: linear com constante $k = 100$ N/cm.
  • Êmbolo: requer a pressão de 300 kPa para ser movimentado.
  • Estado inicial: seja o estado inicial indicado pelo índice 1, $T_1 = 120$°C e $x_1 = 0,6$.
  • Processo: no estado inicial a água é saturada a 120°C. Consultando-se as tabelas de propriedades termodinâmicas da água, verifica-se que a sua pressão é inferior à pressão necessária para movimentar o êmbolo. Assim sendo, o processo será isocórico até atingir a pressão de 300 kPa. A seguir, por hipótese, o êmbolo iniciará seu movimento. Seja o estado da água no qual o êmbolo inicia o seu movimento indicado pelo índice 2, e seja o estado final indicado pelo índice 3. O processo pelo qual a água sai do estado 2 e atinge o estado 3 é tal que a qualquer instante o equilíbrio de forças é mantido.
  • Estado final: $T = 400$°C.
b)   Análise e cálculos
  • Avaliação de propriedades no estado inicial

Sabemos que: $T_1 = 120$°C e $x_1 = 0,6$.

Das tabelas de vapor, temos: $v_{l,1} = 0,001060$ m³/kg; $v_{v,1} = 0,8913$ m³/kg; $u_{l,1} = 503,6$ kJ/kg; e $u_{v,1} = 2528,9$ kJ/kg.

$$v_1 = (1 - x_1)v_{l,1} + x_1 v_{v,1} \Rightarrow$$
$$\Rightarrow v_1 = 0,5352 \text{ m}^3/\text{kg}$$

$$u_1 = (1 - x_1)u_{l,1} + x_1 u_{v,1} \Rightarrow$$
$$\Rightarrow u_1 = 1718,8 \text{ kJ/kg}$$

  • Avaliação de propriedades no estado intermediário

Neste estado o pistão descola dos esbarros: $p_2 = 300$ kPa; $V_2 = V_1$. Como $V_2 = V_1$, então $v_2 = 0,5352$ m/kg.

Das tabelas de propriedades termodinâmicas da água, temos:

$T_2 = 133,6$°C.

Como essa temperatura é menor do que a temperatura final, 400°C, então o êmbolo se movimentará, confirmando a hipótese inicial. Da mesma tabela temos também:

$v_{l,2} = 0,001073$ m³/kg e
$v_{v,2} = 0,6059$ m³/kg

$$v_2 = (1 - x_2)v_{l,2} + x_2 v_{v,2} \Rightarrow$$

$$x_2 = \frac{v_2 - v_{l,2}}{v_{v,2} - v_{l,2}} \Rightarrow x_2 = 0,8852$$

  • Avaliação de propriedade no estado final

Sabemos que $T_3 = 400$°C.

Para determinar mais uma propriedade no estado final, é necessário analisar as forças atuantes no êmbolo.

Seja um estado qualquer entre o estado 2 e o estado final 3.

Como o processo é quase estático, para qualquer situação entre o estado intermediário e o estado final, as forças atuantes no êmbolo estarão em equilíbrio.

Considere a Figura Er4.14-a.

Seja:

F_{atm} o módulo da força resultante da ação da pressão atmosférica sobre o êmbolo.

F_m o módulo da força aplicada pela mola ao êmbolo.

F_p o módulo da força peso do êmbolo.

F_a a força resultante da ação da pressão interna na face inferior do êmbolo.

Nesse caso: $F_{atm} + F_m + F_p = F_a$.

Consideremos agora o caso particular em que a água está no estado intermediário, estado 2. Nesse estado a mola toca o êmbolo, mas não exerce nenhuma força sobre ele. Assim:

$F_a = F_{atm} + F_p$; como $F_a = p_2 A$,

então $p_2 A = F_{atm} + F_p$,

onde A é a área do êmbolo.

Dessa forma, para qualquer posição do êmbolo entre os estados 2 e 3, temos:

$F_m + p_2 A = F_a$

onde:

$F_a = pA$ e p é a pressão exercida pela água quando o seu volume é igual ao volume V.

$F_m = kx$, onde k é a constante da mola e x é o módulo do deslocamento da extremidade da mola.

Substituindo na equação anterior, vem:

$kx + p_2 A = pA$

O módulo do deslocamento da extremidade da mola é igual a:

$x = \dfrac{V}{A} - \dfrac{V_2}{A} \quad \Rightarrow \quad x = \dfrac{V - V_2}{A}$.

Assim, substituindo o valor de x na equação anterior, temos:

$k\left(\dfrac{V - V_2}{A}\right) + p_2 A = pA \quad \Rightarrow$

$p = p_2 + \dfrac{k}{A^2}\left(V - V_2\right)$

Essa equação descreve a variação da pressão da água com o seu volume no intervalo estabelecido pelos estados 2 e 3.

• Determinação do estado 3

Estamos, agora, aptos para determinar o estado 3 calculando o seu volume e a sua pressão.

Temos no estado 3 duas incógnitas a serem determinadas e duas equações.

A primeira equação é:

$p_3 = p_2 - \dfrac{k}{A^2} V_2 + \dfrac{k}{A^2} V_3$.

A segunda equação é a equação de estado da água, que é representada de forma discretizada pelas tabelas de propriedades termodinâmicas da água. Como essa equação tem a forma de tabela, torna-se necessário realizar um processo de cálculo iterativo para o qual sugerimos o seguinte procedimento:

Escolher um valor inicial para a pressão p_3.

Determinar o volume V_3 utilizando-se a expressão acima.

Determinar o volume V_3 a partir das tabelas de propriedades termodinâmicas da água utilizando a pressão p_3 inicialmente escolhida e a temperatura $T_3 = 400°C$.

Comparar os dois valores obtidos para V_3. Se os dois valores forem iguais ou se forem suficientemente próximos para serem considerados iguais, esse valor é o buscado. Caso contrário, reiniciamos o cálculo escolhendo-se um novo valor para p_3.

Assim procedendo, obtemos:

$V_3 = 0,686 \ m^3$; $p_3 = 450,5 \ kPa$; e $u_3 = 2964,3 \ kJ/kg$.

• Cálculo do trabalho realizado

O processo 1-2 é isocórico e, em consequência, o trabalho realizado

Volume 1 – Termodinâmica

nesse processo é nulo. Assim, resta apenas avaliar o trabalho realizado no processo 2-3. Nesse caso a pressão varia linearmente com o volume e o valor da integral $\int_2^3 pd\bcancel{V}$ é igual à área sob a curva da função $p = p(\bcancel{V})$ em um diagrama px$\bcancel{V}$. Assim, temos:

$$_1W_3 = \int_2^3 pd\bcancel{V} = \frac{p_3 + p_2}{2}\left(\bcancel{V}_3 - \bcancel{V}_2\right);$$

$$_1W_3 = 56,5 \text{ kJ}$$

- Cálculo da energia transferida por calor

Aplicando a primeira lei da termodinâmica para um sistema percorrendo um processo e desprezando as variações de energia cinética e potencial, temos:

$$_1Q_3 - _1W_3 = m\left(u_3 - u_1\right)$$

O que resulta em: $_1Q_3 = 1,30 \text{ MJ}$.

4.9 EXERCÍCIOS PROPOSTOS

Ep4.1 Determine as propriedades faltantes da água:

a) $p = 90$ kPa; $v = 0,3$ m³/kg; $x = ?$; $T = ?$; $u = ?$; $h = ?$

b) $p = 100$ kPa; $T = 250°C$; $v = ?$; $u = ?$; $h = ?$

c) $T = 50°C$; $p = 250$ kPa; $v = ?$; $u = ?$; $h = ?$

d) $p = 1$ MPa; $T = 300°C$; $v = ?$; $u = ?$; $h = ?$

e) $v = 2,5$ m³/kg; $T = 250°C$; $p = ?$; $u = ?$; $h = ?$

Ep4.2 Determine as propriedades faltantes da água:

a) $T = 75°C$; $v = 1,4$ m³/kg; $x = ?$; $p = ?$; $u = ?$; $h = ?$

b) $T = 300°C$; $v = 0,018$ m³/kg; $x = ?$; $p = ?$; $u = ?$; $h = ?$

c) $p = 250$ kPa; $v = 0,6$ m³/kg;

d) $x = $; $T = ?$; $u = ?$; $h = ?$

e) $p = 300$ kPa; $v = 1$ m³/kg; $T = ?$; $u = ?$; $h = ?$

f) $p = 1$ MPa; $T = 350°C$; $v = ?$; $u = ?$; $h = ?$

Ep4.3 Determine as propriedades faltantes da água:

a) $p = 230$ kPa; $x = 0,90$; $v = ?$; $u = ?$; $h = ?$

b) $p = 158$ kPa; $x = 0,85$; $v = ?$; $u = ?$; $h = ?$

c) $T = 87°C$; $x = 0,5$; $v = ?$; $u = ?$; $h = ?$

d) $T = 100°C$; $x = 0,1$; $v = ?$; $u = ?$; $h = ?$

e) $T = 50°C$; $p = 100$ kPa; $v = ?$; $u = ?$; $h = ?$

Ep4.4 Determine a energia interna da amônia nos seguintes estados:

a) $T = 7°C$ e $x = 0,8$

b) $T = 70°C$ e $x = 0,9$

Ep4.5 Um recipiente rígido contém 2,7 kg de água a 400°C e 1 MPa. A temperatura da água é reduzida a 200°C. Determine o calor trocado.

Resp.: –869,5 kJ.

Ep4.6 Um recipiente deformável contém 0,2 kg de água a 200 kPa e 35°C. A água é aquecida a pressão constante até atingir a temperatura de 200°C. Determine o trabalho realizado e a energia transferida por calor no processo.

Resp.: 43,2 kJ; 544,8 kJ.

Ep4.7 Um equipamento contém 50 kg de água a 200°C e 0,2 MPa. Resfria-se o equipamento, mantendo-se a pressão da água constante, até que toda a água atinja o estado de líquido saturado. Pede-se para calcular o trabalho realizado e a energia transferida por calor no processo.

Resp.: –10,79 MJ; –118,3 MJ.

Ep4.8 Refaça o exercício Ep4.7 considerando que a água será resfriada à pressão constante até atingir a temperatura de 50°C.

Resp.: −10,8 MJ; −133,1 MJ.

Ep4.9 Uma massa de 5 kg de água a 30°C e na pressão de 200 kPa é submetida a um processo isobárico até atingir o estado de vapor saturado. Ao terminar esse processo, troca-se calor com a água em um processo a volume constante até que a sua temperatura atinja 50°C. Calcule o trabalho realizado pela água e o calor trocado em todo o processo.

Resp.: 885 kJ; 2124 kJ.

Ep4.10 Uma caneca com volume igual a 200 cm³ contém água a 90°C. Deixando-a sobre uma mesa, verificamos que, com o passar do tempo, a temperatura da água atinge o valor da temperatura ambiente, 20°C. Considerando que a pressão atmosférica é igual a 100 kPa, determine a transferência de energia por calor da água para o meio ambiente. É razoável desprezar o trabalho realizado pela pressão atmosférica sobre a água durante esse processo?

Resp.: −56,6 kJ; trabalho realizado: ≈ 0,1 J, desprezível frente a outras variações de energia.

Ep4.11 Um conjunto cilindro-pistão montado na vertical, no qual o pistão pode se mover sem atrito, tem diâmetro igual a 0,4 m e encerra 1,5 kg de água a 20°C e 160 kPa. Transfere-se calor à água até que ela se torne vapor saturado. Determine a variação da energia interna e da energia potencial da água. Compare as duas.

Resp.: 3656 kJ; 0,0958 kJ, desprezível frente à variação da energia interna.

Ep4.12 Um sistema constituído por 3 kg de água inicialmente a 1 MPa e 20°C

(estado 1) é submetido a um processo isobárico até que seja atingido o título de 0,5 (estado 2). A seguir, sofre um processo de resfriamento isocórico até atingir a pressão de 100 kPa (estado 3). Com base nas informações dadas, determine o trabalho realizado pela água e o calor trocado em cada um desses processos.

Resp.: 290,3 kJ; 5,06 MJ; 0 kJ; −3,41 MJ.

Ep4.13 A Figura Ep4.13 mostra um conjunto cilindro-pistão montado com seu eixo de simetria na horizontal que contém 0,1 kg de água à pressão atmosférica, 100 kPa, e 400°C. A água é resfriada até atingir o estado de vapor saturado. Determine o trabalho realizado pela água e o calor trocado entre a água e o meio.

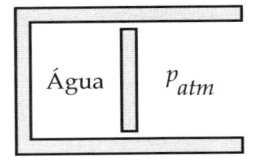

Figura Ep4.13

Resp.: −14,1 kJ; −60,3 kJ.

Ep4.14 Considere o arranjo cilindro-pistão mostrado na Figura Ep4.14. Nesse arranjo, o pistão pode deslizar livremente e sem atrito entre os esbarros variando o volume da câmara. O volume mínimo da câmara é igual a 1 m³, o volume máximo da câmara é igual a 2,0 m³, e a pressão atmosférica é igual a 101,3 kPa. No início do processo, tem-se na câmara 20,08 kg de refrigerante R-134a na temperatura de −30°C. Calor é fornecido até que todo o refrigerante atinja o estado de vapor saturado. Pede-se para determinar o trabalho realizado pelo R-134a e o calor fornecido no processo.

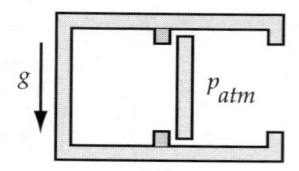

Figura Ep4.14

Resp.: 101,3 kJ; 3480 kJ.

Ep4.15 Um conjunto cilindro-pistão contém 120 g de refrigerante R-134a na temperatura de 0°C e volume de 2 litros. O conjunto tem uma mola interna que não exerce nenhuma força no pistão na condição inicial. A constante da mola é igual a 200 N/cm e a área do êmbolo é igual a 0,02 m². Sabe-se que a mola está fixa ao pistão e à base do cilindro de forma que, quando o volume do refrigerante aumenta, a mola se distende. A partir da condição inicial, transfere-se calor para o refrigerante até que o seu volume seja duplicado. Calcule o trabalho realizado e o calor trocado no processo.

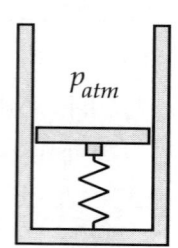

Figura Ep4.15

Resp.: 786 J; 14,15 kJ.

Ep4.16 O conjunto cilindro-pistão ilustrado na Figura Ep4.16 contém 0,8 kg de água a 200 kPa. O volume inicial da água é igual a 0,5 m³. O pistão pode se movimentar até atingir o volume máximo de 1 m³, quando, então, é travado pelos esbarros. A água é aquecida até atingir 300 kPa. Pede-se a temperatura final da água, o trabalho realizado e o calor trocado entre a água e o meio.

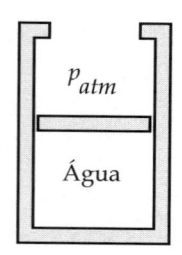

Figura Ep4.16

Resp.: 540,9°C; 100 kJ; 1114 kJ.

Ep4.17 Considere a Figura Ep4.17. Um conjunto cilindro-pistão montado na horizontal contém 0,2 kg de amônia a 100 kPa ocupando um volume de 0,05 m³. O pistão pode se movimentar até atingir o volume máximo de 0,10 m³, quando, então, toca os esbarros. Calor é transferido à amônia até a sua temperatura atingir −15°C. Determine o volume final da amônia, sua pressão final, o trabalho realizado pela amônia no processo e o calor trocado entre a amônia e o meio.

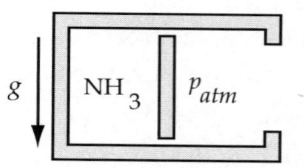

Figura Ep4.17

Ep4.18 Na Figura Ep4.18, tem-se um arranjo cilindro-pistão que contém água. A área do pistão é igual a 0,10 m² e o volume inicial é igual a 0,05 m³. Nessa condição, a mola toca o pistão mas não exerce nenhuma força sobre ele. Considere a mola linear com constante $K = 50$ kN/m. Calor é fornecido à água, inicialmente a 150 kPa e título igual a 0,50, até que o volume seja duplicado. Determine a pressão final da água, o trabalho realizado e o calor trocado no processo.

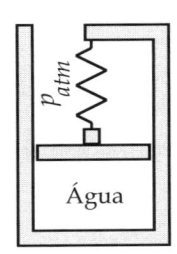

Figura Ep4.18

Resp.: 400 kPa; 13,8 kJ; 190 kJ.

Ep4.19 Veja a Figura Ep4.19. Esse conjunto cilindro-pistão encerra amônia que, inicialmente, está a –20°C e título 0,9. Calor é transferido à amônia até que a sua pressão atinja 250 kPa. Considere que a área do pistão é igual a 0,08 m², que seu volume inicial é igual a 40 litros, que a pressão atmosférica é igual a 100 kPa e que a mola é linear com constante igual a 40 kN/m. Determine seu volume final, o calor trocado e o trabalho realizado no processo.

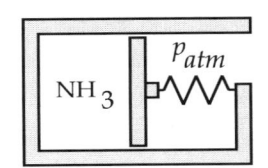

Figura Ep4.19

Resp.: 0,0496 m³; 2,11 kJ; 23,67 kJ.

Ep4.20 Considere o arranjo mostrado na Figura Ep4.20. No tanque rígido A, tem-se 2 kg de água a 300°C e título igual a 0,5. A válvula é aberta e o vapor d'água escoa vagarosamente para o tanque B, que está inicialmente vazio. Nessa situação, a pressão necessária para movimentar o êmbolo é igual a 250 kPa. A válvula é fechada quando a massa de água restante no recipiente A é igual a 1,5 kg. Durante todo o processo, a temperatura da água, tanto em A como em B, é mantida constante. Determine o volume do recipiente A, o volume do recipiente B no final do processo, o trabalho re-

alizado pela água, o título da água restante em A ao final do processo e o calor trocado.

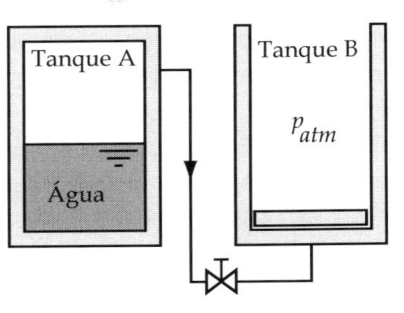

Figura Ep4.20

Resp.: 23,02 L; 525,9 L; 131,5 kJ; 0,6898; 911,7 kJ.

Ep4.21 Considere que ar seco inicialmente a 30°C é aquecido até atingir a temperatura de 100°C. Supondo que essa substância pode ser tratada como um gás ideal com calores específicos constantes, determine a variação da sua energia interna específica e da sua entalpia específica.

Resp.: 50,2 kJ/kg; 70,3 kJ/kg.

Ep4.22 Considere que 0,5 m³ de ar seco inicialmente a 90 kPa e 20°C são aquecidos a volume constante, atingindo a temperatura de 200°C. Supondo que essa substância pode ser tratada como um gás ideal com calores específicos constantes, determine a variação da energia interna específica do ar, a variação da entalpia específica do ar, o trabalho realizado e o calor trocado no processo.

Resp.: 129,1 kJ/kg; 180,7 kJ/kg; 0 kJ; 69,0 kJ.

Ep4.23 Um recipiente deformável contém 0,2 kg de ar a 300 kPa e 25°C. O ar é aquecido a pressão constante até atingir a temperatura de 100°C. Considerando que o ar pode ser tratado como um gás ideal com calores específicos constantes, determine o trabalho realizado pelo ar e a energia transferida por calor no processo.

Resp.: 4,31 kJ; 15,1 kJ.

Ep4.24 Um cilindro de aço com volume 0,06 m³ contém nitrogênio a 27°C e 500 kPa que pode ser tratado como um gás ideal com calores específicos constantes. Esse recipiente tem uma válvula de segurança que abre quando a sua pressão interna atinge 1,5 MPa. Se o cilindro for aquecido acidentalmente, qual será o montante de energia transferida por calor até o instante em que a válvula abre? Qual será a temperatura do nitrogênio nesse instante?

Resp.: 149,5 kJ; 900,5 K.

Ep4.25 Em um processo industrial, 5 kg de nitrogênio é aquecido a partir de 28°C e 1 bar, atingindo a temperatura de 273°C. Supondo que essa substância pode ser tratada como um gás ideal com calores específicos constantes, determine a variação de energia interna e de entalpia do nitrogênio nesse processo.

Resp.: 906,5 kJ; 1270 kJ.

Ep4.26 O processo que ocorre em um pistão de um compressor de ar pode ser representado por um processo politrópico reversível com expoente igual a 1,35. Considere que o ar pode ser tratado como um gás ideal com calores específicos constantes, que o ar na entrada do compressor está a 95 kPa e 21°C e que a relação de compressão (relação entre o volume inicial e o final) no pistão é igual a 10. Pede-se para determinar a energia transferida por unidade de massa por calor entre o ar e o compressor e o trabalho realizado por unidade de massa pelo compressor.

Resp.: –37,5 kJ/kg; –299 kJ/kg.

Ep4.27 Em um dispositivo mecânico, a massa de 2,7 kg de CO_2 a 130 kPa e 24°C é comprimida à temperatura constante, reduzindo seu volume para um quarto do inicial. Supondo que o dióxido de carbono pode ser tratado como um gás ideal com calores específicos constantes, determine o trabalho realizado e a energia transferida por calor no processo.

Resp.: –210,2 kJ; –210,2 kJ.

Ep4.28 Considere que, em um motor de combustão interna, o processo de expansão dos produtos de combustão no cilindro pode ser simulado considerando-se que o fluido em expansão é ar, o processo que ocorre é politrópico com expoente igual a 1,32 e que a pressão final do ar é igual a 100 kPa. Supondo que a temperatura do ar no início da expansão é igual a 1350°C e que a sua pressão é igual a 4,5 MPa, avalie a temperatura de saída desses produtos do pistão, o trabalho específico e a energia específica transferida por calor no processo. Considere que o ar é um gás ideal com calores específicos constantes.

Resp.: 372 K; 877 kJ/kg; 175 kJ/kg.

Ep4.29 Uma criança, sem o acompanhamento adequado dos pais, lança em uma fogueira a embalagem de um *spray* contendo um propelente que pode ser tratado como um gás ideal com $R = 0,28$ kJ/(kg.K) e $c_p = 1,77$ kJ/(kg.K). Sabe-se que seu volume interno é igual a 300 cm³, que a pressão interna é igual a 300 kPa e que o conjunto propelente mais embalagem está, inicialmente, a 20°C. Pergunta-se: em qual temperatura a embalagem explodirá se a sua pressão máxima admissível é 1 MPa? Considere que a massa da embalagem é igual a 50 g e que seu calor específico é igual a 0,43 kJ/(kg.K). Qual terá sido a quantidade total de energia transferida por calor ao sistema constituído pela embalagem e pelo gás durante o processo?

Ep4.30 Na Figura Ep4.30 temos um arranjo cilindro-pistão que contém dióxido de carbono inicialmente a 200 kPa e 20°C. Sobre a face externa do êmbolo, cuja área é igual a 0,01 m², agem duas forças. A primeira, F_{atm}, é causada pela ação da pressão atmosférica local, 100 kPa, e a segunda é dada por: $F = 50V$, sendo o volume V dado em m³ e a força em kN. Transfere-se calor para o CO_2 até que a sua pressão atinja 400 kPa. Determine o trabalho realizado e o calor trocado nesse processo, sabendo que o calor específico a pressão constante desse fluido é 0,850 kJ/(kg.K) e a sua constante é igual a 0,189 kJ/(kg.K).

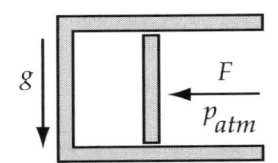

Figura Ep4.30

Resp.: 20 kJ; 89,95 kJ.

Ep4.31 Em um equipamento industrial, 1,5 kg de argônio sofre um processo de compressão no qual o seu volume multiplicado pelo dobro da sua pressão é constante. Considerando que inicialmente o argônio está a 21°C e 95 kPa e que a sua pressão final é o triplo da inicial, pede-se para determinar a sua temperatura ao final do processo, o trabalho realizado pelo equipamento e o calor trocado no processo de compressão.

Resp.: 294,2 K; –100,8 kJ; –100,8 kJ.

Ep4.32 Na Figura Ep4.32, mostra-se um conjunto cilindro-pistão no qual o pistão pode se mover sem atrito. Esse pistão, com área igual a 0,1 m², está sujeito a duas forças externas: uma, F_m, devida à ação da pressão atmosférica, $p_{atm} = 100$ kPa, e outra, F, que é dada pela expressão $F = 6000 \ V^3$, onde a força é dada em kN e o volume em m³. Inicialmente, tem-se nesse conjunto oxigênio a 200 kPa e 300 K. O oxigênio, que pode ser tratado como um gás ideal, é aquecido até atingir a pressão de 500 kPa. Pede-se para calcular o trabalho realizado e a energia transferida por calor no processo.

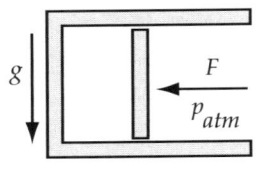

Figura Ep4.32

Resp.: 22,8 kJ; 217 kJ.

Ep4.33 Um conjunto cilindro-pistão que contém ar (veja a Figura Ep4.33) tem uma mola interna que, por estar tracionada, exerce uma força no pistão, forçando-o a se manter em equilíbrio mecânico. No início, a pressão do ar é igual a 1 MPa, sua temperatura é igual a 400 K e o seu volume é igual a 20 litros. A área do pistão é igual a 0,04 m², o seu peso é igual a 5 N, a pressão atmosférica é igual a 100 kPa e a constante da mola é igual a 20 kN/m. Considere que o ar seja resfriado lentamente até atingir o volume de 15 litros. Determine, para esse processo, a temperatura final do ar, o calor trocado e o trabalho realizado.

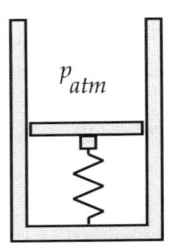

Figura Ep4.33

Ep4.34 Um conjunto cilindro-pistão é dotado de uma mola com constante igual a 20 N/cm e de um pistão com área igual a 0,01 m² (veja a Figura Ep4.34). Quando o pistão encontra-se apoiado nos esbarros, o volume delimitado é igual a 20 litros, a mola toca o pistão, mas não exerce nenhuma força sobre ele, e é necessária uma pressão interna igual a 200 kPa para movimentá-lo. Esse conjunto contém, inicialmente, nitrogênio a 100 kPa e 300 K. Considere que o nitrogênio pode ser tratado como um gás ideal com calores específicos constantes e iguais a $c_p = 1,037$ kJ/(kg.K) e $c_v = 0,740$ kJ/kg e que, por intermédio de um processo de aquecimento, a temperatura do nitrogênio atinge o valor de 900 K. Determine o volume final do nitrogênio, o trabalho realizado no processo e a energia transferida por calor no processo.

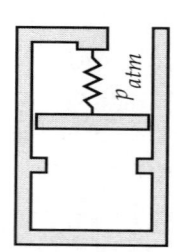

Figura Ep4.34

Resp.: 6 litros; 2,4 kJ; 12,4 kJ.

Ep4.35 Um conjunto cilindro-pistão montado na vertical contém 0,2 kg de ar a 400 K e 300 kPa. Esse conjunto é aquecido até que o volume do ar existente no seu interior dobre. Considerando que o pistão possa se mover livremente e sem atrito e que o ar pode ser tratado como um gás ideal com calores específicos constantes, determine o trabalho realizado pelo ar nesse processo, o calor trocado entre o ar e o meio e a temperatura final.

Resp.: 23 kJ; 80,3 kJ; 800 K.

Ep4.36 O tanque A da Figura Ep4.36 contém 2 kg de ar a 2,0 MPa e 800 K. A válvula existente na tubulação é aberta, permitindo que o ar escoe lentamente para o tanque B, inicialmente vazio, até que o equilíbrio termodinâmico seja atingido. Considere que, ao final do processo, a temperatura do ar será igual a 300 K, e que para movimentar o êmbolo do tanque B é necessária uma pressão interna igual a 400 kPa. Nessas condições, determine a massa final de ar em A, a massa final de ar em B, o trabalho realizado e o calor trocado.

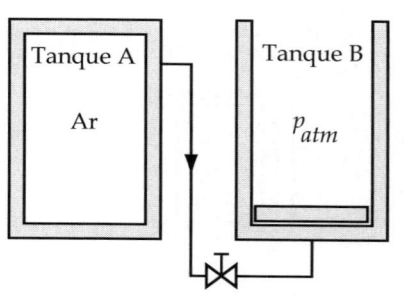

Figura Ep4.36

Resp.: 1,07 kg; 0,933 kg; 80,4 kJ; –636 kJ.

Ep4.37 Apresenta-se na Figura Ep4.37 um tanque rígido internamente dividido por um êmbolo que pode se movimentar sem atrito. As paredes do tanque são termicamente isoladas, podendo-se supor que não haja troca de calor e o êmbolo é perfeitamente condutor, permitindo a transferência de energia por calor entre as substâncias presentes nas cavidades do tanque. Tem-se, inicialmente, em uma das cavidades, 0,30 m³ de ar a 100 kPa e 300 K e, na outra cavidade, tem-se 0,21 m³ de hélio também a 300 K. O ar é aquecido muito lentamente por uma resistência elétrica interna até atingir a temperatura de 400 K. Pede-se para determinar o trabalho realizado pelo ar, as pressões finais do hélio e do ar e a quantidade de energia transferida ao ar pela resistência elétrica. Considere o hélio e o ar gases ideais com calores específicos constantes.

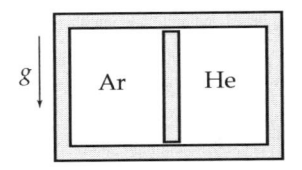

Figura Ep4.37

Resp.: 0,0 kJ; 133,3 kPa; 130,3 kJ.

Ep4.38 Considere a Figura Ep4.38. Nela, tem-se esquematizado dois tanques A e B. O tanque A é rígido e contém 2 kg de ar a 1,5 MPa e 300 K. O tanque B contém 0,2 kg de ar a 300 K e 100 kPa. Inicialmente, a mola, com constante igual a 5 kN/m, toca o êmbolo, mas não exerce nenhuma força sobre ele. Considere que, para movimentar o êmbolo, a pressão mínima do ar deve ser igual a 200 kPa. Nessas condições, abre-se lentamente a válvula, permitindo que haja equalização da pressão nos tanques. Considerando que a temperatura do ar se mantém sempre igual a 300 K nos dois tanques, que a pressão atmosférica local é igual a 100 kPa e que a área do pistão é igual a 0,05 m², pede-se para determinar o calor trocado e o trabalho realizado no processo.

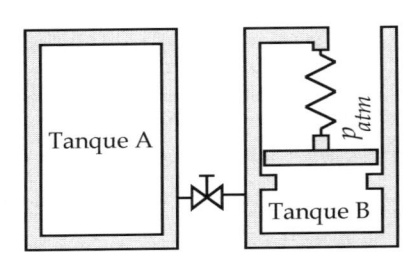

Figura Ep4.38

Ep4.39 No conjunto cilindro-pistão da Figura Ep4.39, tem-se 0,002 m³ de oxigênio a 300 K. A área do pistão é igual a 0,03 m² e a sua massa é igual a 50 kg. A mola é linear, sua constante é $K = 20$ kN/m e a pressão atmosférica é igual a 100 kPa. Calor é transferido ao oxigênio até que o seu volume atinja 0,004 m³. Considerando que, na ausência de oxigênio, o êmbolo toca a parte superior do cilindro, mas não exerce nenhuma força sobre ele, pede-se para calcular o calor trocado e o trabalho realizado no processo.

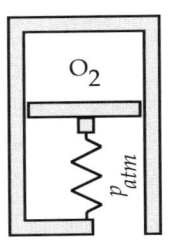

Figura Ep4.39

Ep4.40 Na Figura Ep4.40 temos, inicialmente, água a 100 kPa e título igual a 0,4 no tanque A e oxigênio a 200 kPa e 200°C no tanque B. A válvula é aberta e transfere-se calor à água até que ela atinja o estado de vapor saturado. Simultaneamente, o oxigênio troca calor com o meio, mantendo a sua temperatura igual a 200°C.

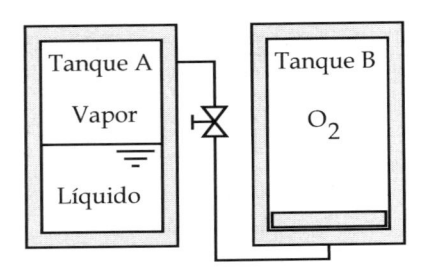

Figura Ep4.40

Considerando que não há transferência de calor através do êmbolo, que os tanques A e B são rígidos com seus volumes iguais a 0,5 m³, que a massa do êmbolo é desprezível e que a constante do oxigênio é igual a 0,260 kJ/((kg.K)), pede-se para calcular o calor trocado entre o oxigênio e o meio.

Resp.: –13,6 kJ.

Ep4.41 Na Figura Ep4.32 mostramos um conjunto cilindro-pistão no qual o pistão pode se mover sem atrito. Esse pistão, com área igual a 0,1 m², está sujeito a duas forças externas: uma, F_{atm}, devida à ação da pressão atmosférica, $p_{atm} = 100$ kPa, e outra, F, que é dada pela expressão $F = 16000\ V^{-2}$, onde a força é dada em kN e o volume em m³. Inicialmente, tem-se nesse conjunto água a 200 kPa e título 0,5. A água é aquecida até atingir a pressão de 500 kPa. Pede-se para determinar o volume inicial e o final da água contida no conjunto, a energia transferida por calor e o trabalho realizado no processo.

Resp.: 0,025 m³; 0,050 m³; 117,8 kJ; 8,33 kJ.

Ep4.42 Um sistema constituído por 2,5 m³ de ar a 100 kPa e 600 K, estado 1, é submetido a um processo isobárico até que o seu volume seja reduzido a metade do inicial, estado 2. A seguir, é submetido a um processo isocórico até que a sua pressão seja triplicada, estado 3. A partir do estado 3, o sistema é submetido a um processo no qual a sua pressão varia linearmente com o volume, retornando ao estado inicial. Pede-se para determinar o trabalho líquido realizado e o calor líquido trocado por ciclo.

Resp.: 125 kJ; 125 kJ.

Ep4.43 Um sistema constituído por 0,1 kg de ar é submetido a quatro processos consecutivos, formando um ciclo. Considere que, inicialmente, o ar a 94 kPa e 21°C seja comprimido por um processo politrópico com expoente igual a 1,3, até que seu volume seja reduzido a 1/10 do inicial. O segundo processo é isocórico e, nele, a pressão do ar é triplicada. O terceiro processo é de expansão politrópica com expoente 1,3, até que o volume do ar atinja o valor inicial, e o quarto processo é isocórico. Determine o calor trocado e o trabalho realizado em cada processo, o calor líquido trocado e o trabalho líquido realizado no ciclo.

Resp.: –6,987 kJ; –28,01 kJ; 84,28 kJ; 0 kJ; 20,96 kJ; 84,02 kJ; –42,24 kJ; 0 kJ; 56,01 kJ; 56,01 kJ.

Ep4.44 Em um equipamento industrial, 2 kg de uma substância que pode ser simulada como um gás ideal com constante igual a 0,1889 kJ/(kg.K), $c_v = 0,4818$ kJ/(kg.K) e $c_p = 0,6529$ kJ/(kg.K) sofre um processo no qual a razão entre a sua pressão e o seu volume pode ser considerada constante. Supondo que, no estado inicial, essa substância está a 600 K e 600 kPa e que, no estado final, sua temperatura é igual a 300 K, pede-se para determinar sua pressão final, o trabalho realizado e o calor trocado no processo.

Resp.: 424,3 kPa; –56,67 kJ; –345,8 kJ.

Ep4.45 Em um laboratório de uma escola de engenharia, um grupo de alunos, utilizando um equipamento apropriado, submete 2 kg de água com título 0,5 a 1,5 MPa a um processo no qual a razão entre a sua pressão e a sua massa específica é mantida constante. Considere que, no estado final, a pressão da água é igual a 1 MPa. Pede-se para determinar sua temperatura final, o trabalho realizado pela substância e o calor trocado no processo.

Resp.: 179,9°C; 80,8 kJ; 24,6 kJ.

Ep4.46 Considere a Figura Ep4.46, na qual há dois tanques rígidos, tendo o tanque A volume igual a 1 m³, e o tanque B, volume igual a 3 m³. No início, tem-se vácuo no tanque B e tem-se ar no tanque A a 900 kPa e a 300 K. A válvula é aberta, e o ar escoa vagarosamente para o tanque B até que as pressões se equalizem. Durante o processo, calor é trocado de forma que no final a temperatura do ar atinja 400 K. Determine a pressão final do ar, o trabalho realizado e o calor trocado entre o ar e o meio.

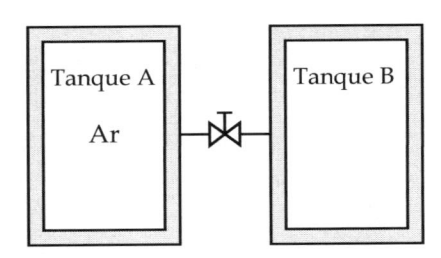

Figura Ep4.46

Resp.: 300 kPa; 0; 749 kJ.

Ep4.47 Em um equipamento industrial, 2 kg de uma substância que pode ser simulada como um gás ideal com calores específicos dados por $c_p = 0,80$ kJ/(kg.K) e $c_v = 0,60$ kJ/(kg.K) sofre um processo de expansão no qual a razão entre a sua pressão e o seu volume pode ser considerada constante. Supondo que, no estado inicial, essa substância está a 600 K e 600 kPa e que, no estado final, sua pressão é igual a 450 kPa, pede-se para determinar sua temperatura final, o trabalho realizado pela substância no processo de expansão e o calor trocado no processo.

Resp.: 416,7 K; −36,7 kJ; −256,7 kJ.

Ep4.48 Um conjunto cilindro-pistão contém 3,2 kg de vapor d'água saturado a 120°C. A água, inicialmente nesse estado, é submetida a um processo isotérmico que finda quando o seu título atinge zero. Observando que durante esse processo ocorre transferência de calor da água para o meio, que permanece a 20°C, pede-se para determinar o calor trocado e o trabalho realizado no processo.

Resp.: −7047 kJ; −566 kJ.

Ep4.49 Em um conjunto cilindro-pistão, tem-se 2 kg de ar a $T_1 = 20$°C e $p_1 = 0,5$ MPa. O ar é submetido a um processo isocórico até atingir um estado 2, no qual $p_2 = 1,5$ MPa. A seguir, sofre uma expansão isotérmica até atingir um estado 3, no qual $V_3 = 3V_1$. Considerando o ar um gás ideal com calores específicos constantes com a temperatura, determine o trabalho realizado no processo 1-2; o trabalho realizado no processo 2-3; e o calor trocado no processo 2-3.

Resp.: 0 kJ; 554,6 kJ; 554,6 kJ.

Ep4.50 A massa de 0,3 kg de argônio sofre um processo termodinâmico. No início do processo, tem-se: $p_1 = 1000$ kPa e $T_1 = 800$ K; no final do processo, tem-se $p_2 = 100$ kPa. Considerando que o processo é politrópico com expoente igual a 1,3, pede-se para calcular o trabalho realizado pelo argônio e o calor trocado entre o argônio e meio.

Resp.: 68,6 kJ; 37,6 kJ.

Ep4.51 O processo que ocorre em um compressor de ar pode ser representado por um processo politrópico reversível com expoente igual a 1,3. Considerando que na entrada do compressor o ar está a 100 kPa e 300 K, e que a relação de compressão (relação entre o volume inicial e o final) é igual a 20, pede-se a temperatura e a pressão do ar ao final do processo, o trabalho realizado por unidade de massa pelo compressor e o calor trocado por unidade de massa entre o ar e o meio.

Resp.: 4913 kPa; 736,9 K; –418,0 kJ/kg; –104,7 kJ/kg.

Ep4.52 Em um conjunto cilindro-pistão montado na vertical, tem-se 0,1 kg de vapor saturado de fluido refrigerante R-134a a 2 bar. Em um processo isobárico, calor é transferido até que a sua temperatura atinja 50°C. Determine o trabalho realizado e o calor trocado no processo.

Ep4.53 Ar é submetido a um processo no qual pV = constante. No início do processo, tem-se 2 kg de ar a 95 kPa e 300 K e, no final, a sua pressão é igual a 1 MPa. Considerando que o ar é um gás ideal com $R = 0,287$ kJ/(kg.K), $c_v = 0,717$ kJ/kg/K e $c_p = 1,004$ kJ/(kg.K), calcule o volume do ar no final do processo, o trabalho realizado pelo ar e o calor trocado no processo.

Resp.: 0,1722 m³; –405,3 kJ; –405,3 kJ.

Ep4.54 A massa de 2 kg de dióxido de carbono é submetida a um processo no qual $pV^{1,3}$ é constante. Sabe-se que, no início do processo, o dióxido de carbono está a 1 MPa e 350°C e, no final, a sua pressão é igual a 100 kPa. Calcule o trabalho realizado pelo CO_2 e o calor trocado no processo.

Resp.: 323,5 kJ; –11,9 kJ.

Ep4.55 Um recipiente rígido com volume igual a 2 litros contém vapor saturado de água a 200 kPa. Considere que ocorre transferência de calor do recipiente para o meio ambiente até que o título da água atinja o valor de 80%. Qual é a massa da água contida no recipiente? Avalie o calor trocado no processo.

Resp.: 2,26 g; –942,3 J.

Ep4.56 Em uma manhã fria, $T = 5$°C, a pressão manométrica do pneu do automóvel do seu professor de termodinâmica está a 140 kPa. Após andar alguns quilômetros, a temperatura do ar no pneu atinge 40°C. Considerando que o volume interno do pneu é invariável e que a pressão atmosférica é igual a 100 kPa, avalie a pressão manométrica final do ar no pneu e o calor transferido por quilograma de ar presente no pneu no processo.

Resp.: 170,2 kPa; 25,1 kJ/kg.

Ep4.57 Um tanque de aço com volume igual 0,2 m³ armazena 15 kg de fluido refrigerante R-134a a 20°C. Esse tanque tem uma válvula de alívio que entra em operação a 2 MPa. Acidentalmente, calor é transferido ao tanque, e a pressão do fluido refrigerante existente no seu interior se eleva até que a válvula de alívio comece a operar. Pede-se para estimar a energia interna do fluido de trabalho no início do processo e o calor acidentalmente transferido para o R-134a até que a válvula inicie sua operação.

Ep4.58 Ar é comprimido através de um processo politrópico com expoente 1,2. No início do processo, tem-se 1,0 kg de ar a 100 kPa e 300 K e, no final, a sua pressão é igual a 800 kPa. Calcule: a temperatura final do processo, o trabalho realizado pelo ar e o calor trocado no processo, supondo que o trabalho realizado é igual a –180 kJ.

Resp.: 424,3 K; –178,3 kJ; –89,2 kJ.

Ep4.59 Nitrogênio é submetido a um processo politrópico com expoente 1,3. No início, tem-se 2 kg de nitrogênio a 95 kPa e 20°C e, no final, a sua pressão é igual a 1 MPa. Determine a temperatura final do nitrogênio, o trabalho realizado e a energia transferida por calor no processo.

Resp.: 504,7 K; –418,5 kJ; –103,4 kJ.

Ep4.60 Considere os recipientes rígidos A e B ligados por válvula e tubulação indicados na Figura Ep4.60. Inicialmente o tanque A, com volume igual a 0,05 m³, contém 1,668 kg de água a 250°C, enquanto o tanque B, com volume igual a 1,9 m³, encontra-se evacuado. A válvula é aberta e vapor d'água é lentamente transferido para o tanque B até que haja equalização das pressões. Considerando que o processo ocorre a temperatura constante, determine o título da água no início do processo, o volume específico final da água, a pressão final da água e a energia transferida por calor entre a água e o meio ambiente.

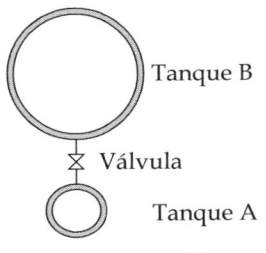

Figura Ep4.60

Resp.: 58,8%; 1,169 m³/kg; 205 kPa; 1261 kJ.

Ep4.61 Um equipamento contém 5 kg de água a 200°C e 0,2 MPa. Resfria-se o equipamento, mantendo-se a pressão da água constante, até que toda a água atinja o estado de líquido saturado. Pede-se para calcular o volume final da água, o trabalho realizado e a energia transferida por calor entre a água e o meio.

Resp.: 5,30 litros; –1,08 MJ; –11,8 MJ.

Ep4.62 Aproximadamente 0,6 kg de vapor d'água superaquecido a 1,0 MPa e 200°C é submetido a um processo isobárico até atingir o estado de líquido saturado. Determine sua entalpia final e o trabalho realizado no processo.

Ep4.63 Na Figura Ep4.32, mostra-se um conjunto cilindro-pistão no qual o pistão pode se mover sem atrito. Esse pistão, com área igual a 0,1 m², está sujeito a duas forças externas: uma, F_{atm}, devida à ação da pressão atmosférica, p_{atm} = 100 kPa, e outra, F, que é dada pela expressão $F = 10000 \, V$, onde a força é dada em kN, e o volume em m³. Inicialmente, tem-se nesse conjunto 1 litro de água a 200 kPa e 50°C. A água é aquecida até atingir o volume de 8 litros. Pede-se para calcular a pressão final da água, o trabalho realizado e a energia transferida por calor no processo.

Resp.: 900 kPa; 3,85 kJ; 588,9 kJ.

Ep4.64 Água a 50°C e título 0,3 é aquecida até tornar-se vapor saturado em um processo isobárico. Sabendo que a massa de água é igual a 2,3 kg, pede-se para calcular o trabalho realizado e a energia transferida por calor no processo.

Resp.: 239,2 kJ; 3,84 MJ.

Ep4.65 Considere o arranjo cilindro-pistão mostrado na Figura Ep4.65. Nesse arranjo, o pistão pode deslizar livremente e sem atrito entre os esbarros variando o volume da câmara. O volume mínimo da câmara é igual a 1 m³, o volume máximo da câmara é igual a 2 m³ e a pressão atmosférica é igual a 100 kPa. No início do processo, tem-se na câmara 0,9292 kg de ar seco na temperatura de 300 K. Transfere-se energia por calor para o ar até que sua temperatura atinja 900 K. Pede-se para determinar o trabalho realizado pelo ar e a energia transferida por calor no processo.

Resp.: 120 kPa; 100 kJ; 500 kJ.

Ep4.66 Veja a Figura Ep4.66. Esse conjunto cilindro-pistão, dotado de mola linear, contém água que, inicialmente, tem volume de 50 L e está a 100 kPa e título 0,2. Ocorre um processo de transferência de calor, de modo que a água atinge 300 kPa e 200°C. Determine seu volume final, o calor trocado e o trabalho realizado no processo.

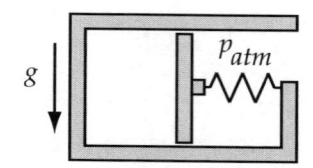

Figura Ep4.66

Resp.: 105,5 L; 278,4 kJ; 11,1 kJ.

Ep4.67 Veja a Figura Ep4.66. Esse conjunto cilindro-pistão, dotado de mola linear, contém ar que, inicialmente, tem volume de 50 L, está a 100 kPa e 300 K. Ocorre um processo de transferência de calor de modo que o ar atinge 200 kPa e 900 K. Considerando que, neste caso, o ar pode ser tratado como um gás ideal com $c_p = 1,005$ kJ/(kg.K) e $c_v = 0,718$ kJ/(kg.K), determine seu volume final, o calor trocado e o trabalho realizado no processo.

Resp.: 75 L; 28,8 kJ; 3,75 kJ.

Ep4.68 Considere o arranjo cilindro-pistão mostrado na Figura Ep4.65, que contém água. Nesse arranjo, o pistão pode deslizar livremente e sem atrito entre os esbarros variando o volume da câmara. O volume mínimo da câmara é igual a 1 m³, o volume máximo da câmara é igual a 1,48 m³ e a pressão atmosférica é igual

a 100 kPa. No início do processo, tem-se na câmara água a 50°C e título igual a 0,1. Transfere-se calor à água até que a pressão de 200 kPa seja atingida. Pede-se para determinar a temperatura final da água, o trabalho realizado pela água e o calor transferido à água durante o processo de aquecimento.

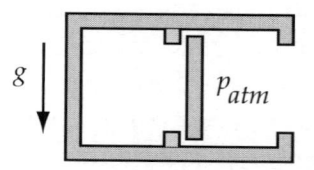

Figura Ep4.68

Resp.: 500°C; 48 kJ; 2290 kJ.

Ep4.69 Considere o arranjo cilindro-pistão mostrado na Figura Ep4.69. Nesse arranjo, o pistão pode deslizar livremente e sem atrito entre os esbarros variando o volume da câmara. Esse conjunto contém 0,8 kg de água a 100°C e título igual a 0,1. Sabe-se que a pressão necessária para movimentar o êmbolo é igual a 5 bar e que o volume máximo desse conjunto cilindro-pistão é igual ao dobro do seu volume mínimo. Transfere-se calor à água até que a sua pressão atinja 1 MPa.

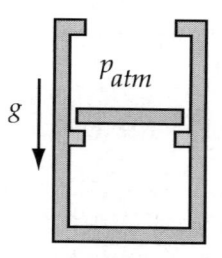

Figura Ep4.69

Pede-se para determinar o volume final da água, a temperatura final da água, o trabalho realizado pela água e o calor transferido à água durante o processo de aquecimento.

Resp.: 0,269 m³; 462,3°C; 67,25 kJ; 2014 kJ.

Ep4.70 A massa de 5 kg de vapor d'água superaquecido, inicialmente a 10 bar e 600°C, expande até atingir a pressão de 2 bar. Durante o processo de expansão, a pressão varia com o volume segundo a correlação: $p = a/V^2$. Determine:

a) o volume final;
b) a temperatura final;
c) o trabalho realizado;
d) o calor transferido no processo.
Resp: 4,449 m³; 124,6°C; 1109 kJ; –2697 kJ.

Ep4.71 No conjunto cilindro-pistão mostrado na Figura Ep4.71, tem-se, inicialmente, vapor d'água superaquecido a 400°C e 1 MPa. O volume máximo do conjunto cilindro-pistão é igual a 1,2 m³ e a área da sua seção transversal é igual a 0,8 m². A pressão interna necessária para equilibrar o pistão é igual a 200 kPa. O vapor d'água é resfriado até atingir título igual a 0,8. Determine o trabalho realizado pelo vapor e o calor rejeitado para o meio.

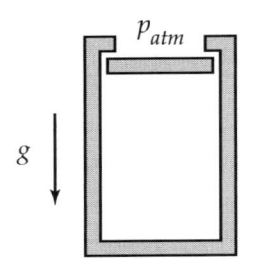

Figura Ep4.71

Resp.: 1574 kJ; –1689 kJ.

SEGUNDA LEI DA TERMODINÂMICA

Devemos iniciar a apresentação da segunda lei da termodinâmica lembrando que, para um processo, a primeira lei pode ser escrita como:

$$_1Q_2 - {_1}W_2 = E_2 - E_1 \qquad (5.1)$$

Observando essa formulação, verificamos que ela pode ser aplicada a um fenômeno que, de fato, não pode acontecer naturalmente. Por exemplo: considere que um copo com uma massa m de água gelada seja deixado sobre uma mesa. Com o passar do tempo, o sistema constituído pela massa de água entrará em equilíbrio com o meio ambiente e será perfeitamente viável aplicar a primeira lei. Para tal, consideremos que os estados 1 e 2 sejam os estados inicial e final da água. Nesse caso, desprezando as variações de energia cinética e potencial, e considerando que esse processo ocorre à pressão atmosférica constante, temos:

$$\begin{aligned} _1Q_2 &= {_1}W_2 + U_2 - U_1 = \\ &= m(p_2 v_2 - p_1 v_1 + u_2 - u_1) = \\ &= m(h_2 - h_1) \end{aligned} \qquad (5.2)$$

Vamos considerar agora o processo inverso, ou seja, o copo de água na temperatura ambiente é resfriado até atingir a temperatura inicial. Sabemos da nossa experiência do dia a dia que ele não poderá ocorrer naturalmente. Entretanto, podemos imaginar que ele ocorra virtualmente e, então, aplicar a primeira lei da termodinâmica. Essa ação resultará na quantificação de um processo de transferência de energia naturalmente inviável. Esse raciocínio nos permite verificar que há processos que podem acontecer naturalmente e há processos que não podem, embora sejam compatíveis com o princípio da conservação da energia. Além disso, podemos identificar processos impossíveis e que são compatíveis com a primeira lei. Ou seja: a aplicação da primeira lei da termodinâmica não nos informa se o processo é factível ou não. Quando nos deparamos com a descrição de um processo simples, é fácil, com a nossa experiência, avaliar a possibilidade da sua real existência; entretanto, em situações complexas, precisamos de uma ferramenta que nos auxilie na realização das nossas análises, e essa ferramenta é a segunda lei da termodinâmica.

5.1 ENUNCIADOS DA SEGUNDA LEI

A segunda lei pode ser enunciada segundo duas abordagens distintas. Na primeira, considera-se a necessidade de um sistema ser refrigerado e, na segunda, considera-se a necessidade de realização de trabalho. No primeiro caso, nos deparamos com o enunciado de Clausius e, no segundo, com o de Kelvin-Plank.

5.1.1 Enunciado de Clausius

O enunciado de Clausius da segunda lei da termodinâmica é: *"É impossível ocorrer naturalmente transferência de calor de um corpo frio para um quente"*.

A palavra-chave nesse enunciado é *naturalmente*, porque entendemos que ocorrência natural da transferência de calor é um processo que acontece sem que haja qualquer tipo de influência do meio externo, ou seja: um fenômeno de ocorrência natural é aquele que ocorre espontaneamente.

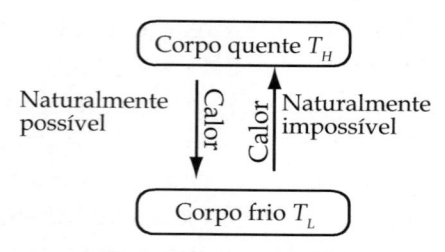

Figura 5.1 Segunda Lei
Enunciado de Clausius

5.1.2 Enunciado de Kelvin–Planck

Consideremos, inicialmente, um sistema que seja capaz de manter a sua temperatura constante enquanto troca calor, recebendo ou cedendo energia, com outro sistema ou com o meio. Um sistema com essa característica é denominado *reservatório térmico*.

Usando esse conceito, o enunciado de Kelvin–Planck da segunda lei da termodinâmica é assim estabelecido: *"É impossível a um dispositivo que opere segundo um ciclo termodinâmico transferir energia na forma de trabalho para a sua vizinhança trocando calor com um único reservatório térmico"*.

Dizer que um dispositivo opera segundo um ciclo termodinâmico significa dizer que esse dispositivo mecânico encerra um fluido, chamado *fluido de trabalho*, que durante a operação do dispositivo é submetido a um conjunto de processos termodinâmicos que, reunidos, constituem um ciclo.

A consequência imediatamente observável é que, dada a impossibilidade estabelecida pela segunda lei, o sistema em análise poderá operar segundo um ciclo termodinâmico, fornecendo trabalho para o meio se *parte* da energia recebida do reservatório térmico quente (reservatório na temperatura T_H) puder ser transferida a um reservatório frio (reservatório na temperatura T_L), conforme indicado na Figura 5.3. Como os processos de transferência de calor deverão acontecer naturalmente, a temperatura do reservatório que fornece energia, T_H, deverá ser maior que a temperatura do reservatório que recebe energia, T_L, e o dispositivo deverá operar nesse intervalo de temperaturas.

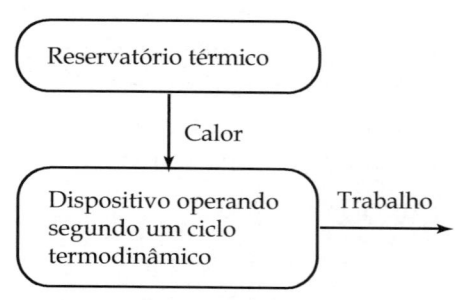

Figura 5.2 Segunda Lei - operação impossível

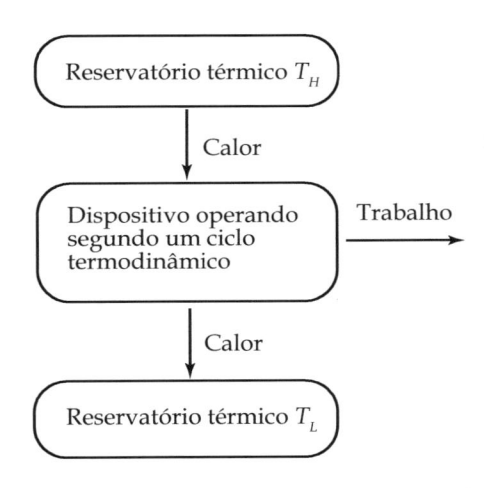

Figura 5.3 Segunda Lei - operação possível

O fato de que nem toda a energia recebida na forma de calor do reservatório térmico a alta temperatura, T_H, pode ser convertida em trabalho suscita questões como: *qual é o percentual da energia recebida que é convertida em trabalho? Há algum limite superior para esse percentual?* Essas questões serão respondidas por meio da aplicação da segunda lei da termodinâmica, e o primeiro passo a ser dado nessa direção será compreender melhor os dispositivos que operam segundo ciclos termodinâmicos.

5.2 MÁQUINAS TÉRMICAS

Um dispositivo que opera segundo um ciclo termodinâmico trocando calor com um reservatório térmico a alta temperatura, com um reservatório a baixa temperatura e interagindo com o meio na forma de trabalho, é denominado *máquina térmica*. As máquinas térmicas podem operar como motores térmicos, como refrigeradores ou bombas de calor. Ao operar, uma máquina térmica troca, por ciclo percorrido, uma quantidade de calor Q_H com o reservatório a alta temperatura, uma quantidade de calor Q_L com um reservatório em baixa temperatura e interage com o meio promovendo a realização de trabalho W. Optamos neste momento por, ao analisar máquinas térmicas, considerar as taxas de transferência de calor e de trabalho entre os equipamentos e o meio como sendo iguais aos módulos dos valores obtidos ao aplicar a primeira lei da termodinâmica para avaliá-los. Ou seja, a partir deste momento, nos afastaremos da convenção de sinais anteriormente adotada, e as transferências de energia por calor e trabalho entre máquinas térmicas e o meio, especificamente, serão consideradas positivas. Entretanto, ao se aplicar a primeira lei da termodinâmica, a convenção original de sinais deverá ser sempre respeitada.

5.2.1 Motores térmicos

Máquinas térmicas que operam recebendo energia na forma de calor de um reservatório térmico em alta temperatura, Q_H, transferindo energia na forma de calor para um segundo reservatório térmico em baixa temperatura, Q_L, e disponibilizando trabalho para o meio, W, são denominadas *motores térmicos*. Veja a Figura 5.4.

À medida que um motor térmico permanece em operação, seu fluido de trabalho percorre continuamente ciclos termodinâmicos, requerendo uma taxa de calor com o reservatório quente, $\dot{Q}_H$, uma taxa de calor com o reservatório frio, $\dot{Q}_L$, e disponibilizando para o meio a potência mecânica $\dot{W}$.

Já que um motor térmico não é capaz de converter toda a energia recebida em trabalho, consideramos que, quanto maior for essa capacidade de conversão, melhor será o motor do ponto de vista energético. Assim sendo, é necessária a criação de uma figura de mérito que quantifique essa qualidade. Essa figura de mérito é denominada *eficiência térmica* ou *rendimento térmico*, η, e é definida por meio da seguinte correlação:

$$\eta \equiv \frac{W}{Q_H} \tag{5.3}$$

Nessa expressão, W é o trabalho líquido fornecido ao meio pelo motor por ciclo termodinâmico percorrido e Q_H é a energia transferida por calor do reservatório em alta temperatura para o motor térmico, também por ciclo termodinâmico percorrido. O rendimento térmico de um motor é expresso por:

$$\eta = \frac{\dot{W}}{\dot{Q}_H} \qquad (5.4)$$

Aplicando-se ao motor térmico a primeira lei da termodinâmica para um sistema percorrendo um ciclo, obtém-se:

$$Q_H - Q_L = W \qquad (5.5)$$

Utilizando esse resultado, vemos que:

$$\eta = \frac{W}{Q_H} = \frac{Q_H - Q_L}{Q_H} = 1 - \frac{Q_L}{Q_H} \qquad (5.6)$$

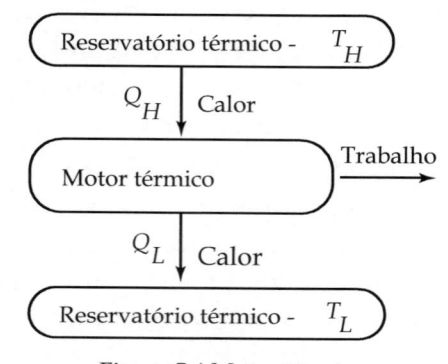

Figura 5.4 Motor térmico

Estudaremos, em futuros capítulos, algumas máquinas térmicas e, a título de exemplo, podemos mencionar desde já uma delas: a usina termoelétrica que é representada de forma esquemática na Figura 5.5. Essa máquina é basicamente composta por quatro equipamentos principais: uma caldeira, uma turbina a vapor, um condensador e uma bomba centrífuga. A água na fase líquida é bombeada pela bomba centrífuga, atingindo uma pressão elevada, e é conduzida à caldeira na qual atinge a fase vapor. A energia necessária à mudança de fase na caldeira é disponibilizada pela queima de um combustível, por exemplo, gás natural, e essa transferência

de energia que se dá na forma de calor pode ser entendida como sendo a transferência de calor entre a água e um reservatório térmico em alta temperatura. O vapor assim produzido expande-se através da turbina, realizando trabalho que é disponibilizado no seu eixo, ao qual se acopla um gerador elétrico. Na saída da turbina, a água, quase que totalmente na fase vapor, retorna à fase líquida ao escoar através do condensador, que é um equipamento no qual se dá a transferência de calor da água sendo condensada para certa vazão de água de refrigeração proveniente, por exemplo, de um rio. Essa transferência de calor corresponde àquela para um reservatório térmico em baixa temperatura.

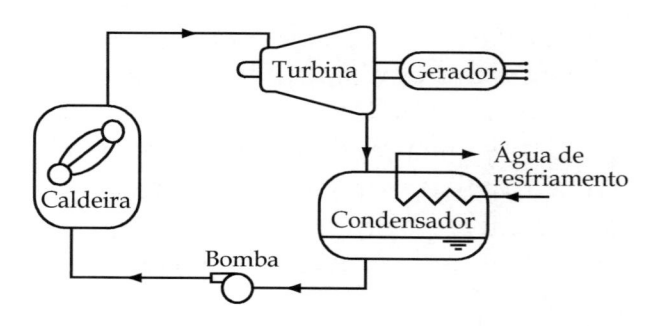

Figura 5.5 Usina termoelétrica

Devemos observar que nenhum dos equipamentos mencionados opera segundo um ciclo termodinâmico e, entretanto, a água, fluido de trabalho, é submetida a processos que ocorrem nos equipamentos de forma que ela percorre um ciclo termodinâmico. Finalmente, devemos notar que a soma algébrica do trabalho requerido pela bomba centrífuga com o trabalho disponibilizado pela turbina a vapor para o gerador de energia elétrica é o trabalho líquido produzido pela central.

5.2.2 Refrigeradores e bombas de calor

Refrigeradores são máquinas térmicas concebidas com o propósito de manter um determinado ambiente refrigerado e que operam segundo um ciclo termodinâmico recebendo energia na forma de calor, Q_L, de um reservatório térmico em baixa temperatura, transferindo energia na forma de calor, Q_H, para um segundo reservatório térmico em alta temperatura, e, para tal, recebendo trabalho do meio, W. Veja a Figura 5.5. Naturalmente, como essa máquina foi concebida com o objetivo de refrigerar, espera-se que com uma quantidade mínima de trabalho fornecido, W, seja possível transferir a quantidade máxima de calor Q_L. Para quantificar essa expectativa, define-se o *coeficiente de desempenho ou coeficiente de eficácia de um refrigerador*, β_R, como:

$$\beta_R \equiv \frac{Q_L}{W} \tag{5.7}$$

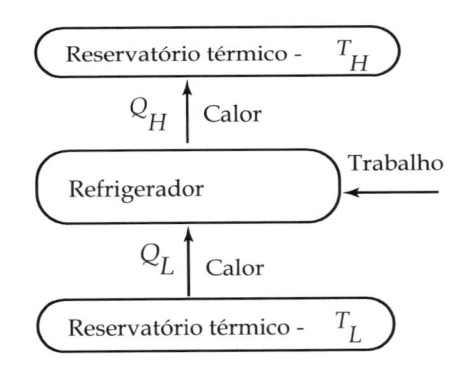

Figura 5.6 Refrigerador

A partir dessa definição, verificamos que quanto maior o coeficiente de desempenho de um refrigerador, melhor ele é do ponto de vista de eficiência energética.

Aplicando a primeira lei da termodinâmica para o refrigerador, obtemos:

$$Q_H - Q_L = W \tag{5.8}$$

Utilizando esse resultado, vem:

$$\beta_R = \frac{Q_L}{Q_H - Q_L} \tag{5.9}$$

Para exemplificar, podemos observar que, em uma geladeira de uso doméstico,

há um conjunto de dispositivos que constitui a máquina térmica denominada refrigerador e é responsável pela transferência de calor de um ambiente refrigerado, interior da geladeira, para um ambiente a alta temperatura, que é a vizinhança externa desse eletrodoméstico.

Em muitas aplicações, podemos conceber um equipamento similar, projetado com o objetivo de manter um determinado ambiente aquecido, que, operando segundo um ciclo termodinâmico, receba energia na forma de calor, Q_L, de um reservatório térmico em baixa temperatura, transferindo energia na forma de calor, Q_H, para um segundo reservatório térmico em alta temperatura, e, para tal, recebendo trabalho do meio, W. Um equipamento ou dispositivo assim concebido, que também pode ser ilustrado por meio da Figura 5.5, é denominado *bomba de calor*. Como, neste caso, estamos interessados em ter uma troca de calor adequada com a fonte quente, o coeficiente de desempenho da bomba de calor é definido como:

$$\beta_{BC} \equiv \frac{Q_H}{W} \tag{5.10}$$

Aplicando a primeira lei da termodinâmica para a bomba de calor, obtemos:

$$Q_H - Q_L = W \tag{5.11}$$

Utilizando esse resultado, vem:

$$\beta_{BC} = \frac{Q_H}{Q_H - Q_L} \tag{5.12}$$

Muitas vezes encontramos esse coeficiente denotado pela sigla *cop*, originada do termo em inglês *coefficient of performance*.

Uma aplicação bastante frequente das bombas de calor ocorre em clubes para promover o aquecimento de piscinas. Nesse caso, o equipamento transfere calor do ar ambiente para a água da piscina, requerendo trabalho para a sua operação.

Podemos efetuar uma subtração entre os coeficientes de desempenho de um refrigerador e de uma bomba de calor operando entre os mesmos reservatórios térmicos e promovendo transferências de calor, Q_H e Q_L, iguais. O resultado obtido será:

$$\beta_{BC} - \beta_R = \frac{Q_H}{Q_H - Q_L} - \frac{Q_L}{Q_H - Q_L} = 1 \quad (5.13)$$

Por fim, cabe ainda a seguinte observação: o conceito de coeficiente de desempenho pode ser aplicado única e exclusivamente para quantificar o desempenho de refrigeradores e de bombas de calor, não sendo aplicável a motores térmicos. Por outro lado, o conceito de rendimento térmico somente se aplica a motores.

5.3 PROCESSOS REVERSÍVEIS E IRREVERSÍVEIS

Os processos termodinâmicos com os quais nos defrontamos no nosso dia a dia são reais e diferem daqueles que idealizamos porque os processos reais são *irreversíveis*. Processos irreversíveis são aqueles que, tendo ocorrido, não podem ser revertidos de modo que tanto o sistema quanto o seu meio voltem exatamente aos seus estados iniciais. Os fenômenos que tornam um processo irreversível são chamados *irreversibilidades*. Vamos considerar que permitimos o contato entre uma quantidade de sal de cozinha com água na fase líquida. Em decorrência, veremos que o sal será diluído pela água. Perguntamos então: podemos voltar a obter tanto o sal quanto a água separados e nos seus estados iniciais? A resposta é: sim, entretanto não é possível fazê-lo sem que o meio tenha o seu estado alterado! Ou seja, a mistura de substâncias é uma irreversibilidade, e a sua ocorrência torna irreversível qualquer processo que a envolva. As irreversibilidades mais comuns com as quais nos defrontamos no nosso dia a dia são:

- Transferência de calor devido a uma diferença finita de temperaturas.
- Atrito.
- Mistura de substâncias diferentes.
- Passagem de corrente elétrica por um resistor.
- Expansão não resistida de gases ou vapores.

Em contraposição, dizemos que um processo *reversível* é aquele que não apresenta nenhuma irreversibilidade. Os processos reversíveis são idealizados e, por esse motivo, muitas vezes estão bastante distantes da realidade.

Ao analisar as irreversibilidades identificadas no decorrer de um processo, podemos verificar que elas ocorrem no sistema, no meio ou em ambos. Quando as irreversibilidades ocorrem apenas externamente ao sistema, dizemos que o sistema percorre um processo *internamente reversível*. Usualmente, dizemos que um processo real é internamente reversível quando as irreversibilidades internamente identificadas puderem ser desprezadas frente à magnitude das externas.

5.4 O CICLO DE CARNOT

Lembremos: uma máquina térmica opera segundo um ciclo termodinâmico. É de se supor, então, que a eficiência dessa máquina dependerá do ciclo percorrido pela sua substância de trabalho e será tão maior quanto menos significativas forem as irreversibilidades apresentadas pelos processos que compuserem o ciclo. Assim, uma máquina térmica que operasse segundo um *ciclo reversível*, que é aquele composto apenas e tão somente por processos reversíveis, apresentará eficiência máxima. Como, para poder operar, o fluido de trabalho de uma máquina térmica necessita trocar calor com um reservatório quente e com um frio, verificamos que uma irreversibilidade de fundamental importância é a causada pela transferência de calor por uma diferença finita de temperaturas. Podemos dizer, apoiados na lógica, que um processo somente pode ocorrer, com ou sem transferência de calor, não havendo uma situação intermediária. Por esse motivo, podemos supor que um ciclo reversível deverá ser composto por processos reversíveis nos quais haverá transferência de calor e por aqueles nos quais esse fenômeno não ocorre, chamados processos *adiabáticos*.

Analisemos primeiramente os processos adiabáticos. Não havendo transferência de calor, está eliminada uma irreversibilidade importantíssima. Se outras irreversibilidades, como o atrito, puderem ser desprezadas, poderemos afirmar que esses processos são reversíveis.

Analisemos agora os processos com transferência de calor. Se a transferência de calor ocorrer devido a uma diferença finita de temperaturas, o processo será irreversível. Entretanto, se pudermos supor que essa transferência ocorre devido a uma diferença infinitesimal de temperaturas, e se outras eventuais irreversibilidades puderem ser desprezadas, poderemos dizer que esse processo é reversível. Devemos observar que ele somente poderá ocorrer se a temperatura do fluido de trabalho se mantiver constante durante o processo, já que qualquer variação dessa propriedade promoverá o aparecimento de uma diferença finita de temperaturas.

Concluímos, assim, que os únicos processos reversíveis que uma substância pura pode percorrer são os adiabáticos reversíveis e os isotérmicos reversíveis.

Consideremos um ciclo composto por quatro processos reversíveis, sendo dois adiabáticos e dois isotérmicos. Esse é o ciclo de Carnot. Se o fluido de trabalho utilizado por uma máquina operando segundo esse ciclo fosse a água, o teríamos representado conforme ilustrado na Figu-

ra 5.7. Nessa figura, não estão indicados os sentidos segundo os quais os processos ocorrerão porque, já que o ciclo é composto por processos reversíveis, ele é reversível e os dois sentidos são possíveis, ou seja: a máquina pode trabalhar como um motor térmico ou como um refrigerador ou bomba de calor.

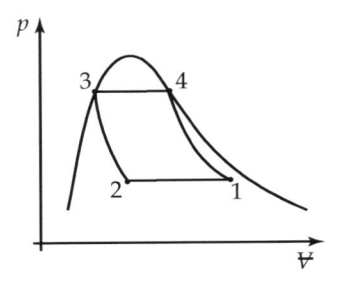

Figura 5.7 Ciclo de Carnot

No caso de operação como motor, temos:

- Processo 1-2: processo isotérmico reversível de rejeição de calor para o reservatório frio.
- Processo 2-3: processo de compressão adiabática reversível, o qual, para ocorrer, requer o recebimento de energia na forma de trabalho do meio.
- Processo 3-4: processo isotérmico reversível de transferência de calor do reservatório térmico quente para a máquina.
- Processo 4-1: processo de expansão adiabática reversível promovendo a transferência de energia na forma de trabalho para o meio.

No caso de operação como refrigerador ou bomba de calor, temos:

- Processo 2-1: processo isotérmico reversível de transferência de calor do reservatório frio para a máquina.
- Processo 1-4: processo de compressão adiabática reversível, o qual, para ocorrer, requer o recebimento de energia na forma de trabalho do meio.
- Processo 4-3: processo isotérmico reversível de rejeição de calor para o reservatório térmico quente.
- Processo 3-2: processo de expansão adiabática reversível promovendo a

transferência de energia na forma de trabalho para o meio.

Frequentemente, denominamos *máquina de Carnot* uma máquina térmica que trabalhe segundo o ciclo de Carnot que poderá, conforme discutido, ser um *motor de Carnot* ou um *refrigerador ou bomba de calor de Carnot*.

5.5 TEOREMAS DE CARNOT

Podemos aplicar os conceitos de rendimento térmico e de coeficiente de desempenho a uma máquina que opere segundo o ciclo de Carnot, e esse procedimento conduzirá à quantificação da sua eficiência. Podemos, então, apresentar as seguintes assertivas denominadas teoremas de Carnot.

- "A eficiência térmica de uma máquina de Carnot é maior do que a eficiência térmica de qualquer outra máquina irreversível, estando ambas operando entre os mesmos reservatórios térmicos."
- "Todas as máquinas de Carnot que operam entre os mesmos reservatórios térmicos têm a mesma eficiência."

Sugerimos ao aluno demonstrar esses teoremas por absurdo, ou seja: considerando que há uma situação na qual eles não são válidos e, por essa razão, chegando a uma situação absurda.

5.6 ESCALAS DE TEMPERATURA

O fato de que *todas as máquinas de Carnot que operam entre os mesmos reservatórios térmicos têm a mesma eficiência* sugere que essa eficiência depende somente das características dos reservatórios térmicos entre os quais elas operam. Como os reservatórios térmicos são caracterizados apenas por suas temperaturas, depreende-se que essa eficiência depende apenas dessas grandezas. Assim, para um motor de Carnot, teremos:

$$\eta = \eta(T_H, T_L) \tag{5.14}$$

onde T_H e T_L são as temperaturas do reservatório quente e do frio medidas em uma escala adequada.

Usando a definição de rendimento, obtemos:

$$\eta = \eta(T_H, T_L) = 1 - \frac{Q_L}{Q_H} \tag{5.15}$$

Esse resultado nos indica que, para um motor de Carnot, a razão entre Q_L e Q_H é uma função das temperaturas T_H e T_L, ou seja:

$$\frac{Q_L}{Q_H} = f(T_H, T_L) \tag{5.16}$$

Naturalmente, existe um número infinito de funções que satisfazem essa igualdade. Como, para um motor de Carnot operando entre dois reservatórios térmicos nas temperaturas T_H e T_L, a razão entre Q_L e Q_H não dependerá da escala de temperaturas utilizada para medi-las, podemos concluir que cada função $f(T_H, T_L)$ definirá uma escala de temperaturas que tornará a equação 5.16 verdadeira. Concluindo: a escolha de uma função f conduzirá à criação de uma escala de temperaturas. Lord Kelvin sugeriu a utilização da seguinte correlação:

$$\frac{Q_L}{Q_H} = \frac{T_L}{T_H} \tag{5.17}$$

que permitiu estabelecer a escala de temperaturas na unidade kelvin.

Utilizando como referência o ponto triplo da água e atribuindo a esse estado a temperatura de 273,16 K, podemos imaginar um motor de Carnot operando entre essa temperatura e uma temperatura T inferior. Nesse caso, temos:

$$\frac{Q}{Q_{273,16}} = \frac{T}{273,16} \tag{5.18}$$

Nessa expressão, Q e $Q_{273,16}$ são os calores trocados entre o motor de Carnot e os reservatórios, respectivamente, nas temperaturas T e 273,16 K. Como optamos por considerar as transferências e energia por calor entre os reservatórios e as máquinas térmicas sempre positivas, a temperatura T será sempre positiva. Se o calor Q tender a zero, a temperatura T tenderá, também, a zero. Esse valor é denominado zero absoluto e é a menor temperatura imaginável, já que a temperatura T jamais será negativa.

5.7 EFICIÊNCIA DE UMA MÁQUINA DE CARNOT

A correlação proposta por Lord Kelvin, equação 5.17, permite a quantificação da eficiência de uma máquina de Carnot. Consideremos, inicialmente, um motor. Seu rendimento definido pela equação 5.15 será dado por:

$$\eta_{Carnot} = 1 - \frac{Q_L}{Q_H} = 1 - \frac{T_L}{T_H} \qquad (5.19)$$

Similarmente, para refrigeradores e bombas de calor, teremos:

$$\beta_{R\ Carnot} = \frac{Q_L}{Q_H - Q_L} = \frac{1}{\dfrac{Q_H}{Q_L} - 1} =$$

$$= \frac{1}{\dfrac{T_H}{T_L} - 1} = \frac{T_L}{T_H - T_L} \qquad (5.20)$$

$$\beta_{BC\ Carnot} = \frac{Q_H}{Q_H - Q_L} = \frac{1}{1 - \dfrac{Q_L}{Q_H}} =$$

$$= \frac{1}{1 - \dfrac{T_L}{T_H}} = \frac{T_H}{T_H - T_L} \qquad (5.21)$$

Como essas eficiências constituem-se nos limites máximos teóricos, certamente todas as máquinas térmicas reais terão eficiências inferiores às de Carnot, as quais dependerão de fatores diversos, como, por exemplo, do ciclo termodinâmico segundo os quais elas operam e das características dos fluidos de trabalho utilizados.

5.8 EXERCÍCIOS RESOLVIDOS

Er5.1 Um motor térmico realiza, por ciclo, o trabalho líquido de 50 kJ. Para tal, recebe energia por calor de um reservatório quente 80 kJ. Qual é o seu rendimento? Qual é a quantidade de calor rejeitada para o reservatório frio?

Solução

a) Dados e considerações
- $W_{líquido}$ = 50 kJ
- Q_H = 80 kJ
- Sistema: fluido de trabalho existente no motor.

b) Análise de cálculos
- Cálculo do rendimento

$$\eta = \frac{W_{líquido}}{Q_H} = \frac{50}{80} = 0,625 = 62,5\%$$

- Cálculo do calor rejeitado

Aplicando a primeira lei para o sistema percorrendo um ciclo termodinâmico, temos:

$$\oint \delta Q = \oint \delta W \Rightarrow Q_H - Q_L = W_{líquido} \Rightarrow$$
$$\Rightarrow Q_L = 30 \text{ kJ}$$

Er5.2 Um motor térmico opera, utilizando ar como fluido de trabalho, segundo um ciclo termodinâmico composto por três processos. Inicialmente a massa de 200 g de ar a 250°C e 95 kPa é comprimida isotermicamente, reduzindo seu volume a ¼ do inicial. A seguir, o ar é submetido a um processo isocórico, atingindo ao final a temperatura de 1000°C. Considerando que o último processo é politrópico, determine o rendimento térmico do motor.

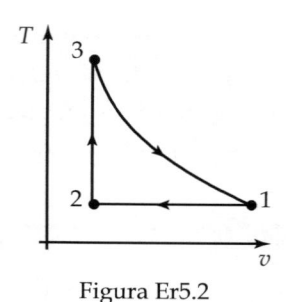

Figura Er5.2

Solução

a) Dados e considerações

- Sistema: 200 g de ar tomado como um gás ideal com calores específicos constantes com a temperatura, $R = 0{,}287$ kJ/(kg.K), $c_p = 1{,}004$ kJ/(kg.K) e $c_v = 0{,}717$ kJ/(kg.K).
- Processos
  1-2: isotérmico;
  2-3: isocórico; e
  3-1: politrópico.
- Estado 1: $T_1 = 250°C = 523{,}15$ K ; $p_1 = 95$ kPa ; $m = 0{,}2$ kg.

b) Análise de cálculos

- Análise do processo 1-2

$T_1 = 250°C = 523{,}15$ K;
$p_1 = 95$ kPa; $m = 0{,}2$ kg

$$p_1 V_1 = mRT_1 \Rightarrow V_1 = 0{,}316 \text{ m}^3$$

$$T_2 = T_1 = 523{,}15 \text{ K} ;$$

$$V_2 = \frac{V_1}{4} \Rightarrow V_2 = 0{,}079 \text{ m}^3$$

$$\frac{p_1 V_1}{T_1} = \frac{p_2 V_2}{T_2} \Rightarrow p_2 = 380 \text{ kPa}$$

Aplicando a primeira lei para o sistema em estudo e desprezando as variações de energia cinética e potencial, temos: $_1Q_2 - {_1W_2} = U_2 - U_1$.

Como o processo 1-2 é isotérmico e o ar está sendo tratado como um gás ideal, a variação de energia interna

do sistema ao percorrê-lo será nula, logo:

$$_1Q_2 = {_1W_2} = \int_1^2 p\,dV =$$

$$= p_1 V_1 \, ln \frac{V_2}{V_1} = -41{,}6 \text{ kJ}$$

Como o sinal do valor obtido para $_1Q_2$ é negativo, depreendemos que, nesse processo, calor é rejeitado para o reservatório frio. Similarmente, podemos concluir também que o meio realiza, nesse processo, trabalho sobre o sistema.

- Análise do processo 2-3

$V_3 = V_2 = 0{,}079 \text{ m}^3$;

$T_3 = 1000°C = 1273{,}16$ K ;

$$\frac{p_3 V_3}{T_3} = \frac{p_2 V_2}{T_2} \Rightarrow p_3 = 924{,}8 \text{ kPa}$$

Aplicando a primeira lei para o sistema em estudo e desprezando as variações de energia cinética e potencial, temos:

$$_2Q_3 - {_2W_3} = U_3 - U_2$$

Como o processo é isocórico, o trabalho realizado será nulo. Logo:

$$_2Q_3 = mc_v \left(T_3 - T_2 \right) = 107{,}6 \text{ kJ}$$

Como o sinal do valor obtido para $_2Q_3$ é positivo, depreendemos que, nesse processo, calor é transferido do reservatório quente para o sistema.

- Análise do processo 3-1
Este processo é politrópico. Sabemos, então, que nesse caso:

$pV^n = $ constante;

$$p_1 V_1^n = p_3 V_3^n; \quad \frac{p_1}{p_3} = \left(\frac{V_3}{V_1} \right)^n ;$$

$$\frac{T_1}{T_3} = \left(\frac{p_1}{p_3} \right)^{\frac{n-1}{n}} \text{ e } \quad \frac{T_1}{T_3} = \left(\frac{V_3}{V_1} \right)^{(n-1)}$$

Se $n \neq 1$, o trabalho poderá ser calculado como:

$$_3W_1 = \frac{p_1 V_1 - p_3 V_3}{1-n} =$$

$$= m\frac{p_1 v_1 - p_3 v_3}{1-n} = mR\frac{T_1 - T_3}{1-n}$$

E se $n = 1$, o trabalho poderá ser calculado como:

$$_3W_1 = p_1 V_1\, ln\,\frac{V_1}{V_3} = mp_1 v_1\, ln\,\frac{v_1}{v_3}.$$

Os estados 1 e 3 são conhecidos, mas o expoente politrópico n não o é. Vamos determiná-lo.

$$\frac{T_1}{T_3} = \left(\frac{V_3}{V_1}\right)^{(n-1)} \Rightarrow \frac{T_1}{T_3} = 0,25^{(n-1)} \Rightarrow$$

$$\Rightarrow ln\left(\frac{T_1}{T_3}\right) = (n-1)ln\,0,25$$

$$\Rightarrow n = \frac{ln\left(\dfrac{T_1}{T_3}\right)}{ln\,0,25} + 1 = 1,6415$$

Como o valor obtido é diferente da unidade, temos:

$$_3W_1 = mR\frac{T_1 - T_3}{1-n} = 67,1\ kJ$$

Como o sinal do valor obtido para $W_{3,1}$ é positivo, depreendemos que, nesse processo, o sistema realiza trabalho sobre o meio.

Aplicando a primeira lei para o sistema em estudo e desprezando as variações de energia cinética e potencial, temos:

$$_3Q_1 - {_3W_1} = U_3 - U_1$$

Podemos, então, calcular o calor trocado:

$$_3Q_1 = {_3W_1} + mc_v\left(T_3 - T_1\right) = -40,45\ kJ$$

Como o sinal do valor obtido para $_3Q_1$ é negativo, depreendemos que, nesse processo, calor é rejeitado para o reservatório frio.

- Cálculo do rendimento térmico do motor.

A partir da definição de rendimento térmico, temos: $\eta = \dfrac{W_{líquido}}{Q_H}$, onde:

$$W_{líquido} = {_1W_2} + {_2W_3} + {_3W_1} = -41,6 + 0 +$$
$$+ 67,1 = 25,5\ kJ$$

$$Q_H = {_2Q_3} = 107,5\ kJ. \text{ Logo:}$$

$$\eta = \frac{25,5}{107,5} = 0,237 = 23,7\%.$$

Podemos, também, calcular o calor líquido trocado por ciclo:

$$Q_{líquido} = {_1Q_2} + {_2Q_3} + {_3Q_1} =$$
$$= -41,6 + 107,5 - 40,4 = 25,5\ kJ$$

que é o resultado esperado, porque $W_{líquido} = \oint\delta W = \oint\delta Q = Q_{líquido}$.

Para complementar a nossa solução, podemos determinar o rendimento de um motor de Carnot que opere entre reservatórios térmicos com temperaturas iguais a T_1 e T_3, que são as temperaturas mínima e máxima do ciclo estudado.

$$\eta_{Carnot} = 1 - \frac{T_L}{T_H} = 1 - \frac{T_1}{T_3} =$$
$$= 0,589 = 58,9\%$$

Esse padrão de resultado também era esperado, porque $\eta_{Carnot} > \eta$.

5.9 EXERCÍCIOS PROPOSTOS

Ep5.1 Um inventor oferece a você o projeto de um refrigerador que apresenta coeficiente de desempenho igual a 5,87 quando transferindo calor de um ambiente a 0°C para o meio a 50°C. Você compraria o projeto? Justifique.

Resp.: Não.

Ep5.2 Um *freezer* mantém em seu interior a temperatura de –18°C. A temperatura do ambiente no qual está o *freezer* é igual a 30ºC. Qual é o máximo coeficiente de desempenho possível dessa máquina térmica? Se a potência requerida pelo *freezer* é igual a 1 kW, qual é a potência térmica máxima por ele rejeitada para o ambiente externo?

Resp.: 5,31; 6,31 kW.

Ep5.3 Um motor de combustão interna tem rendimento igual a 50% do rendimento de um motor de Carnot operando entre reservatórios térmicos a 950ºC e 21ºC. Qual é o rendimento do motor?

Resp.: 38%.

Ep5.4 Um motor de combustão interna tem rendimento igual a 50% do rendimento de um motor de Carnot operando entre reservatórios térmicos a 1400ºC e 50ºC. Se a sua potência é igual a 40 kW, qual é a taxa de transferência de calor para o reservatório frio?

Resp.: 59,2 kW.

Ep5.5 Um motor de combustão interna tem rendimento igual a 45% do rendimento de um motor de Carnot operando entre reservatórios térmicos a 1350ºC e 40ºC. Se ele utiliza um combustível que em seu processo de libera 40 MJ/kg, qual deve ser o consumo em kg/h de combustível se ele estiver operando com potência de 40 kW?

Resp.: 9,9 kg/h.

Ep5.6 O sistema de ar-condicionado de um veículo deve manter a temperatura interna desse veículo igual a 21ºC, rejeitando calor para o meio externo a 35ºC. Se a potência desse sistema é igual a 0,5 kW, qual é a taxa máxima teórica de transferência de calor para a fonte quente? Qual é o coeficiente

de desempenho máximo desse sistema de refrigeração?

Resp.: 11 kW; 21.

Ep5.7 Em uma região muito quente, o sistema de ar-condicionado de um veículo deve manter a temperatura interna deste veículo igual a 21ºC, rejeitando calor para o meio externo a 50ºC. Se a taxa de transferência de calor entre o ambiente refrigerado e o sistema de condicionamento de ar for igual a 1,5 kW, qual deverá ser a potência mínima teórica requerida por esse sistema? Qual é o coeficiente de desempenho máximo teórico desse sistema de refrigeração?

Resp.: 10,1; 148 W.

Ep5.8 O sistema de condicionamento de ar de um veículo requer para a sua operação a potência de 0,8 kW. Considere que essa potência é fornecida pelo motor do veículo, que tem rendimento igual a 2/3 do rendimento de um motor de Carnot que opera entre as temperaturas de 1600 K e 400 K. Se no processo de combustão são liberados 40 MJ por quilograma de combustível queimado e se o custo do combustível é igual a $ 1,60/kg, pergunta-se: qual é o custo horário de operação do sistema de ar condicionado?

Resp.: $ 0,23.

Ep5.9 Um motor térmico opera segundo um ciclo termodinâmico desconhecido entre dois reservatórios térmicos que estão a 527ºC e 127ºC. Estime o seu rendimento térmico considerando que ele é igual a 3/4 do rendimento de um motor de Carnot que opere entre os mesmos reservatórios térmicos.

Resp.: 37,5%.

Ep5.10 O motor de um automóvel tem rendimento igual a 40% quando opera trocando calor com duas fontes térmicas, uma a 1400°C e outra a 100°C. Se a potência do motor é igual a 50 kW, qual deve ser a taxa de transferência de calor com a fonte quente? Qual é o máximo rendimento teórico desse motor?

Resp.: 125 kW; 77,7%.

Ep5.11 Um inventor requereu patente de um sistema de refrigeração. Na documentação apresentada, ele afirma que o refrigerador opera segundo um ciclo termodinâmico e com um fluido refrigerante tradicional não especificado. Informa também que, em condições normais de utilização, o equipamento é capaz de refrigerar uma câmara frigorífica a −12°C, transferindo 2,3 kW para o meio ambiente a 40°C e requerendo, para tal, a potência de 0,3 kW. Você aprovaria o pedido de patente?

Resp.: Não.

Ep5.12 Um aparelho de ar condicionado foi dimensionado para transferir a potência térmica de 3 kW de um ambiente a 21°C para o meio externo a 34°C, quando em funcionamento ininterrupto. Considere que esse equipamento tem coeficiente de desempenho igual a ¼ do coeficiente de desempenho apresentado por uma máquina de Carnot operando entre reservatórios térmicos com as mesmas temperaturas. Determine a taxa de transferência de calor para o meio externo e a potência requerida por esse aparelho.

Resp.: 3,53 kW; 0,53 kW.

Ep5.13 Uma bomba de calor que opera segundo um ciclo de Carnot é utilizada para o aquecimento da água de uma piscina que deve ter a sua temperatura mantida a 20°C quando a temperatura ambiente é igual a

12°C. Nessa condição, necessita-se fornecer à água da piscina a potência térmica de 0,5 kW. O trabalho requerido por essa bomba de calor é fornecido por um motor térmico que opera com rendimento igual a 35%. Determine as taxas de transferência de energia por calor entre a bomba de calor e o seu reservatório frio e entre o motor e seu reservatório quente.

Resp.: 486 W; 39 W.

Ep5.14 Deseja-se instalar uma bomba de calor para aquecimento de uma piscina que armazena 100 m³ de água. O comprador exige que a bomba de calor, funcionando ininterruptamente durante 24 h, seja capaz de promover o aquecimento da piscina aumentando a temperatura da água de 15°C para 25°C. Considere que a bomba de calor opera de modo que a temperatura do fluido refrigerante no seu evaporador é igual a 5°C, que a temperatura de mudança de fase do fluido refrigerante no condensador é igual a 30°C e que o seu coeficiente de desempenho é igual à metade do coeficiente de desempenho de uma bomba de Carnot que opere nas mesmas condições. Determine a potência requerida por esse equipamento.

Ep5.15 Deseja-se manter aquecida a água de uma piscina a 20°C quando a temperatura ambiente é igual a 10°C. Nessa condição, para manter a água da piscina aquecida, necessita-se fornecer a ela a potência térmica de 8 kW. Para resolver esse problema, um engenheiro sugere o uso de uma bomba de calor que tem coeficiente de desempenho igual à metade daquele de uma bomba de calor que opere segundo um ciclo de Carnot entre as mesmas temperaturas. O trabalho requerido por essa bomba de calor é fornecido por um motor térmico que opera com rendimento igual a 35%. Determine a taxa de transferência de calor entre a bomba de calor e o seu reservatório frio e a taxa de transferência de calor entre o motor e o seu reservatório quente.

Resp.: 7,45 kW; 1,56 kW.

Ep5.16 Um engenheiro propõe o uso de uma bomba de calor para aquecer uma matéria-prima utilizada em um reator químico. O processo de aquecimento requer a taxa de transferência de calor igual a 5,3 kW. Considere que a bomba de calor operará entre as temperaturas de 20°C e 120°C e que ela tem coeficiente de desempenho igual a 55% daquele de uma bomba de Carnot operando entre as mesmas temperaturas. Determine a potência requerida pela bomba.

Resp.: 2,45 kW.

Ep5.17 Um motor térmico real opera trocando calor com um reservatório térmico quente a 1500 K e rejeita calor para o ambiente a 300 K. Seu rendimento é igual à metade do rendimento de um motor de Carnot ao operar trocando calor com o mesmo reservatório térmico. Metade da potência disponível no eixo desse motor é utilizada para acionar um refrigerador de calor de Carnot que deve manter a temperatura de um espaço refrigerado igual a 260 K rejeitando calor para o ambiente. Determine a relação entre a taxa de transferência de calor do motor com a sua fonte quente e a taxa de transferência de calor do refrigerador com a sua fonte fria.

Resp.: 0,123.

Ep5.18 Uma bomba de calor de Carnot, destinada ao aquecimento de água, opera entre as temperaturas de 13°C e 123°C utilizando como fluido de trabalho o nitrogênio, que pode ser tratado como um gás ideal com calores específicos constantes (c_p = 1,039 kJ/(kg.K) e c_v = 0,743 kJ/(kg.K)). Considere que o calor transferido por unidade de massa de nitrogênio para a água seja igual a 1,2 kJ/kg. Determine o coeficiente de desempenho do ciclo e o trabalho líquido específico requerido por ciclo.

Ep5.19 Uma máquina térmica opera segundo o ciclo termodinâmico ilustrado na Figura Ep5.19. Sabe-se que T_1 = 20°C e que p_1 = 95 kPa. Considere que o fluido de trabalho é ar, que ele pode ser tratado como um gás ideal com calores específicos constantes, T_3 = $4T_1$, (v_1/v_2) = 10, que o processo de compressão 1-2 é politrópico com expoente igual a 1,32 e que, durante o processo 2-3, a pressão varia linearmente com o volume. Pede-se para avaliar o calor transferido por unidade de massa no processo 1-2, o trabalho específico líquido realizado por ciclo e o rendimento térmico dessa máquina.

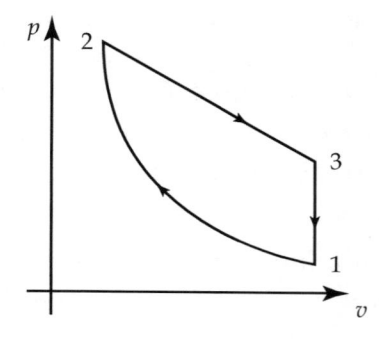

Figura Ep5.19

Resp.: −515,4 kJ/kg; 656,1 kJ/kg; 56%.

Ep5.20 Um sistema de refrigeração real tem coeficiente de desempenho igual a 70% daquele apresentado por um sistema que opera segundo um ciclo de Carnot nas mesmas condições. Este sistema mantém a temperatura de uma câmara frigorífica igual a –20°C e para tal seu evaporador opera a –30°C enquanto que o seu condensador opera a +50°C. Considerando que a taxa de transferência de calor entre o evaporador e o ambiente refrigerado é igual 5 kW, pede-se para calcular o coeficiente de desempenho do sistema de refrigeração, a taxa de transferência de calor entre o sistema de refrigeração e o meio ambiente e a potência requerida pelo sistema de refrigeração.

Resp.: 2,13; 7,35 kW; 2,35 kW.

Ep5.21 Deseja-se instalar uma bomba de calor para aquecimento de uma piscina que armazena 100 m³ de água. O comprador exige que a bomba de calor, funcionando ininterruptamente durante 48 h, seja capaz de promover o aquecimento da piscina aumentando a temperatura da água de 15°C para 25°C. Considere que a bomba de calor opera de modo que a temperatura de mudança de fase do fluido refrigerante no seu evaporador é igual a 5°C, que a temperatura de mudança de fase do fluido refrigerante no seu condensador é igual a 30°C e que o seu coeficiente de desempenho é igual a metade do coeficiente de desempenho de uma bomba de Carnot que opere no mesmo intervalo de temperaturas. Se durante o processo, em média, 10% do calor transferido pela bomba à água é rejeitado pela água para o meio ambiente, determine o coeficiente

de desempenho da bomba de calor, a taxa de transferência de calor no condensador da bomba de calor e a potência requerida pelo compressor.

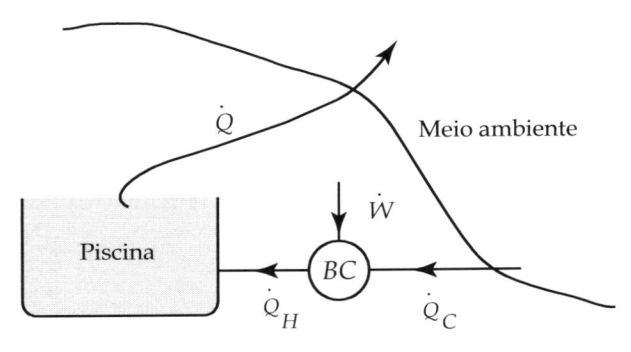

Figura Ep5.21

Resp.: 6,06; 26,9 kW; 4,43 kW.

Ep5.22 Duas toneladas de suco de maçã são colocadas no interior de uma câmara frigorífica cujo sistema de refrigeração tem coeficiente de desempenho igual a 75% daquele apresentado por um sistema que opera segundo um ciclo de Carnot no mesmo intervalo de temperaturas. O suco deve ter sua temperatura reduzida da temperatura ambiente, 25°C, até atingir –16°C em 6 horas. Considere que o condensador do sistema de refrigeração opera a 40°C e que o seu evaporador opera a –20°C. Observando que suco de maçã é constituído por aproximadamente 98% de água, determine o coeficiente de desempenho do sistema de refrigeração e avalie a potência requerida pelo sistema de refrigeração para refrigerar o suco.

Ep5.23 Um motor térmico real tem rendimento igual a 32%. Metade da potência disponível no eixo desse motor é utilizada para acionar um refrigerador que deve manter a temperatura de um espaço refrigerado igual a –20°C rejeitando calor para o ambiente a 40°C. Considere que o coeficiente de desempenho desse refrigerador é igual à metade do coeficiente de desempenho de um refrigerador de Carnot que opera nas mesmas condições.

a) Determine a razão entre as taxas de calor com a fonte fria e a quente observadas no motor.

b) Determine a relação entre as taxas de calor com a fonte quente e com a fria observadas no refrigerador.

Ep5.24 Um motor veicular opera segundo um ciclo termodinâmico cujo rendimento térmico é igual a 65% daquele de um motor de Carnot operando entre os mesmos reservatórios térmicos. Sabe-se que a temperatura máxima no motor é igual a 1500°C, que a mínima é igual a 500°C e que a sua potência é igual a 60 kW. Considerando que o combustível utilizado libera, no processo de combustão, 40 MJ/kg, pergunta-se: qual é o consumo em kg/h de combustível e qual é a taxa de transferência de energia por calor para o reservatório em baixa temperatura?

Resp.: 14,7 kg/h; 103,7 kW.

Ep5.25 Um motor térmico real tem rendimento igual a 28%. Um terço da potência disponível no eixo desse motor é utilizada para acionar um refrigerador que deve manter a temperatura de um espaço refrigerado igual a −23°C rejeitando calor para o ambiente a 42°C. Considere que o coeficiente de desempenho desse refrigerador é igual à metade do coeficiente de desempenho de um refrigerador de Carnot que opera nas mesmas condições e que a sua capacidade de refrigeração é igual a 2 kW. Determine:

a) O coeficiente de desempenho do refrigerador.

b) A taxa de calor que o refrigerador rejeita para o meio ambiente.

c) A taxa de calor que o motor rejeita para o meio ambiente.

Resp.: 1,92; 3,04 kW; 8,03 kW.

Ep5.26 Deseja-se instalar uma bomba de calor para aquecimento de uma piscina que deverá ser mantida na temperatura de 24°C, em que, para tal, o compressor da bomba de calor terá um motor com potência de 1,25 kW. Veja a Figura Ep5.21. Sabe-se que as perdas térmicas da piscina são iguais a, no máximo, 8 kW. Sabendo que a bomba de calor tem coeficiente de eficácia igual a 40% do coeficiente de eficácia de uma bomba de calor de Carnot operando no mesmo intervalo de temperaturas, pede-se para determinar:

a) O coeficiente de eficácia da bomba de calor utilizada.

b) A temperatura mínima aceitável para que esta bomba de calor opere adequadamente.

ENTROPIA

O estudo da segunda lei da termodinâmica foi direcionado a ciclos, permitindo a apresentação do ciclo de Carnot. Entretanto, em muitas situações, necessitamos aplicá-la a sistemas percorrendo processos e sentimos então a falta de uma ferramenta adequada, que será proporcionada pela definição de uma nova propriedade termodinâmica que denominaremos entropia.

6.1 A DESIGUALDADE DE CLAUSIUS

A desigualdade de Clausius estabelece que para um sistema percorrendo um ciclo termodinâmico:

$$\oint \frac{\delta Q}{T} \leq 0 \qquad (6.1)$$

Nessa expressão, T é a temperatura, medida em uma escala absoluta, da superfície do sistema na qual observamos a transferência de energia por calor.

Essa expressão permite estabelecer três assertivas. A primeira corresponde à sua aplicação a um sistema que percorre um ciclo reversível. Nesse caso a igualdade é obtida:

$$\oint \frac{\delta Q}{T}\bigg|_{rev} = 0 \qquad (6.2)$$

A segunda é aquela na qual o sistema percorre um ciclo irreversível. Temos, então:

$$\oint \frac{\delta Q}{T}\bigg|_{irrev} < 0 \qquad (6.3)$$

Finalmente, temos a terceira assertiva, não menos importante do que as demais, que estabelece claramente a impossibilidade declarada na segunda lei da termodinâmica:

$$\oint \frac{\delta Q}{T} > 0 \text{ é impossível!}$$

A desigualdade de Clausius é uma consequência, ou corolário, da segunda lei da termodinâmica e pode ser demonstrada.

6.2 DEFININDO A ENTROPIA

A definição de entropia nasce da avaliação da expressão 6.2 em ciclos reversíveis. Consideremos a Figura 6.1.

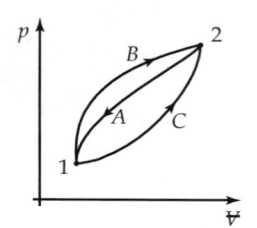

Figura 6.1 Ciclos reversíveis

Nela podemos identificar dois ciclos termodinâmicos compostos por processos reversíveis. O primeiro é o percorrido pelo sistema que, ao sair do estado 1, atinge o estado 2 por meio do processo B e retorna ao estado 1 por meio do processo A. O segundo é o percorrido pelo sistema que, ao sair do estado 1, atinge o estado 2 por meio do processo C e retorna ao estado 1 por meio do processo A. Aplicando a equação 6.2 a esses ciclos, obtemos:

$$\int_1^2 \frac{\delta Q}{T}\bigg|_B + \int_2^1 \frac{\delta Q}{T}\bigg|_A = \oint_{ciclo1B2A1} \frac{\delta Q}{T} = 0 \qquad (6.4)$$

$$\int_1^2 \frac{\delta Q}{T}\bigg|_C + \int_2^1 \frac{\delta Q}{T}\bigg|_A = \oint_{ciclo1C2A1} \frac{\delta Q}{T} = 0 \qquad (6.5)$$

Podemos igualar os membros dessas equações e obter:

$$\int_1^2 \frac{\delta Q}{T}\bigg|_B + \int_2^1 \frac{\delta Q}{T}\bigg|_A = \int_1^2 \frac{\delta Q}{T}\bigg|_C + \int_2^1 \frac{\delta Q}{T}\bigg|_A \quad (6.6)$$

Consequentemente:

$$\int_1^2 \frac{\delta Q}{T}\bigg|_B = \int_1^2 \frac{\delta Q}{T}\bigg|_C \qquad (6.7)$$

Esse resultado tem um significado especial. Como os processos B e C foram arbitrariamente escolhidos, podemos concluir que $\int \frac{\delta Q}{T}$ adquire um valor constante qualquer que seja o caminho reversível entre os estados 1 e 2; por esse motivo, podemos concluir que ela é uma propriedade

que denominamos entropia e a simbolizamos pela letra S. Podemos, então, escrever:

$$dS = \frac{\delta Q}{T}\bigg|_{rev} \qquad (6.8)$$

Assim, a variação da propriedade entropia de um sistema quando ele percorre um processo 1-2 poderá ser obtida por:

$$S_2 - S_1 = \int_1^2 \frac{\delta Q}{T}\bigg|_{rev} \qquad (6.9)$$

Essa propriedade, tal qual apresentada, é extensiva, devendo ser entendida como a entropia total de um sistema e, no SI, sua unidade é kJ/K. Pode ser também expressa na sua forma específica, entropia por unidade de massa, tendo a unidade kJ/(kg.K).

Cabe comentar que algumas propriedades, por exemplo, a pressão, têm claro significado físico, enquanto outras, como a entropia, não o têm. Assim, cabe a nós compreender a sua importância pelo seu uso derivado da amplitude de processos que requerem o conhecimento do comportamento dessa propriedade para a sua descrição.

6.3 AVALIANDO A ENTROPIA DE UMA SUBSTÂNCIA PURA

No capítulo 2, vimos como determinar propriedades tais como a energia interna e entalpia de uma substância pura, sendo que as que nos interessam de imediato são a água e os refrigerantes R-134a e amônia. Dois caminhos foram indicados; o primeiro consiste no uso de programas computacionais, e o segundo é o uso das tabelas de propriedades termodinâmicas.

O método de determinação da entropia específica utilizando as tabelas de propriedades termodinâmicas é similar ao utilizado para determinar a energia interna, entalpia e volume específico. Para determinar entropia em estados nos quais o fluido encontra-se saturado, utilizamos a propriedade título:

$$s = (1-x)s_l + xs_v \qquad (6.10)$$

No caso de ser necessário determinar essa propriedade para um líquido comprimido, devemos considerar que uma boa aproximação é adotar o valor da entropia do líquido comprimido como sendo igual à do líquido saturado na mesma temperatura.

Devemos ressaltar, ainda, que a equação 6.9 estabelece a capacidade de se determinar a variação da entropia específica de uma substância em um determinado processo reversível 1-2. Naturalmente, a substância pode, a partir do estado 1, atingir o estado 2 por meio de inúmeros processos reais que, de fato, são irreversíveis. Entretanto, como a entropia é uma propriedade termodinâmica, a sua variação independe do processo, o que nos permite calculá-la a partir da identificação de um processo reversível 1-2, sendo o resultado válido para qualquer outro processo irreversível por meio do qual a substância, a partir do estado 1, atinja o estado 2.

O fato de se trabalhar com variações de entropia sugere a definição de um estado de referência para o qual convencionamos que a sua entropia é nula ou que adquire um valor não nulo previamente especificado. Para a água, optou-se por atribuir valor zero à entropia específica da sua fase líquida no seu ponto triplo. De fato, a partir da terceira lei da termodinâmica, não discutida neste texto, é possível estabelecer um zero absoluto para a entropia de substâncias, o que é necessário para se realizar análises que envolvam reações químicas.

6.4 O DIAGRAMA *Txs*

Um terceiro procedimento para a determinação de propriedades termodinâmicas até agora não mencionado é a utilização de diagramas. Embora atualmente de pouca utilidade para a avaliação de propriedades, o diagrama *temperatura versus entropia* é extremamente útil para representar qualitativamente de forma gráfica os ciclos e processos termodinâmicos, proporcionando ao engenheiro uma visualização muito interessante dos fenômenos em estudo. Veja a Figura 6.2; nela podemos identificar linhas que caracterizam processos específicos, por exemplo: processos isobáricos, isocóricos etc.

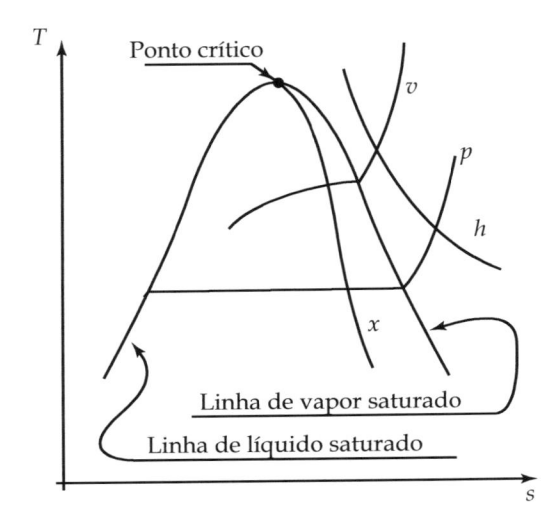

Figura 6.2 Diagrama *Txs*

6.5 AS EQUAÇÕES DE GIBBS

As equações de Gibbs, também chamadas equações *Tds*, ferramentas muito úteis em análises termodinâmicas, são a seguir apresentadas.

Consideremos um sistema percorrendo um processo internamente reversível. Aplicando a primeira lei da termodinâmica, obtemos:

$$\delta Q = dU + \delta W \qquad (6.11)$$

Devido ao fato de que o processo é internamente reversível, são válidas as relações:

$$\delta Q = TdS \qquad (6.12)$$

$$\delta W = pd V \qquad (6.13)$$

Substituindo essas duas relações na equação 6.11, obtemos:

$$TdS = dU + pd\cancel{V} \qquad (6.14)$$

A equação 6.14 é a primeira das equações Tds. A segunda é estabelecida a partir da definição de entalpia:

$$H = U + p\cancel{V} \qquad (6.15)$$

$$dH = dU + pd\cancel{V} + \cancel{V}dp \qquad (6.16)$$

Substituindo a equação 6.16 na 6.14, obtemos:

$$TdS = dH - \cancel{V}dp \qquad (6.17)$$

que é a segunda equação Tds.

Essas equações também podem ser apresentadas utilizando-se as propriedades específicas, por unidade de massa, ou em base molar:

$$Tds = du + pdv \qquad (6.18)$$

$$Tds = dh - vdp \qquad (6.19)$$

$$Td\overline{s} = d\overline{u} + pd\overline{v} \qquad (6.20)$$

$$Td\overline{s} = d\overline{h} - \overline{v}dp \qquad (6.21)$$

Observamos que uma utilidade particular dessas correlações é permitir a avaliação de propriedades termodinâmicas, em particular da entropia.

6.6 A DETERMINAÇÃO DA ENTROPIA DE GASES IDEAIS

A variação da entropia de um gás ideal ao percorrer um processo internamente reversível pode ser avaliada a partir da utilização das equações de Gibbs.

Seja:

$$Tds = du + pdv \qquad (6.22)$$

Sabemos que para um gás ideal são válidas as correlações:

$$du = c_v(T)dT \qquad (6.23)$$

$$\frac{p}{T} = \frac{R}{v} \qquad (6.24)$$

Substituindo as equações 6.23 e 6.24 na equação 6.22, obtemos:

$$Tds = c_v(T)dT + \frac{RT}{v}dv \qquad (6.25)$$

$$ds = c_v(T)\frac{dT}{T} + R\frac{dv}{v} \qquad (6.26)$$

Integrando essa equação, resulta:

$$s_2 - s_1 = \int_1^2 c_v(T)\frac{dT}{T} + R\,ln\frac{v_2}{v_1} \qquad (6.27)$$

Analogamente, a partir da equação 6.19, podemos obter:

$$s_2 - s_1 = \int_1^2 c_p(T)\frac{dT}{T} - R\,ln\frac{p_2}{p_1} \qquad (6.28)$$

As expressões 6.27 e 6.28 permitem determinar a variação da entropia de um gás ideal no decorrer de um processo desde que saibamos como expressar a variação dos calores específicos com a temperatura. Para conduzir essa determinação, podemos sugerir três possibilidades. A primeira é considerar por hipótese que os calores específicos não variam com a temperatura durante o decorrer do processo, o que resulta nas correlações:

$$s_2 - s_1 = c_v\,ln\left(\frac{T_2}{T_1}\right) + R\,ln\frac{v_2}{v_1} \qquad (6.29)$$

$$s_2 - s_1 = c_p\,ln\left(\frac{T_2}{T_1}\right) - R\,ln\frac{p_2}{p_1} \qquad (6.30)$$

A segunda possibilidade é utilizar equações que quantifiquem os calores específicos em função da temperatura. Na Tabela B.3 do Apêndice B apresentamos algumas equações que podem ser úteis.

A terceira opção é utilizar as tabelas de propriedades termodinâmicas dos gases ideais disponíveis na literatura que foram desenvolvidas considerando-se as variações dos calores específicos desses gases com a temperatura.

6.7 VARIAÇÃO DE ENTROPIA DE SÓLIDOS E LÍQUIDOS

Considerando que os sólidos e líquidos são substâncias incompressíveis e que os seus calores específicos a pressão constante e a volume constante se confundem, observamos que a aplicação da equação 6.18 resultará em:

$$\int_1^2 ds = \int_1^2 \frac{du}{T} + \int_1^2 \frac{p}{T} dv =$$
$$= \int_1^2 \frac{du}{T} = \int_1^2 c \frac{dT}{T} \qquad (6.31)$$

onde c é o calor específico da substância.

Se pudermos considerar que o calor específico é constante com a temperatura, teremos:

$$s_2 - s_1 = c \ln \frac{T_2}{T_1} \qquad (6.32)$$

6.8 VARIAÇÃO DE ENTROPIA EM PROCESSOS REVERSÍVEIS

Ao estudar o ciclo de Carnot, item 6.4, identificamos dois processos reversíveis, um isotérmico e um adiabático. Consideremos inicialmente o processo isotérmico.

Para um processo reversível, temos:

$$S_2 - S_1 = \int_1^2 \frac{\delta Q}{T}\bigg|_{rev} \qquad (6.33)$$

Para a análise do processo isotérmico reversível, consideremos a transferência de calor de um reservatório para ou de um sistema em um processo 1-2. Nesse caso a integração da equação 6.33 nos dá:

$$S_2 - S_1 = \int_1^2 \frac{\delta Q}{T}\bigg|_{rev} = \frac{1}{T}\int_1^2 \delta Q = \frac{{}_1Q_2}{T} \qquad (6.34)$$

Esse resultado nos permite afirmar que, nesse tipo de processo, obtemos um aumento de entropia ao fornecer energia na forma de calor ao sistema e, similarmente, obtemos uma redução de entropia quando o sistema rejeita calor para o meio.

O outro processo importante é o adiabático. Sendo também reversível, a integração da equação 6.33 nos dá um valor nulo, ou seja: *um processo adiabático e reversível é isentrópico*. Esse resultado é de grande aplicabilidade. No caso de uma substância pura que tenha suas propriedades termodinâmicas tabeladas, usar do fato de que em um processo a entropia se mantém constante nos permite navegar pelas tabelas determinando com facilidade outras propriedades de interesse.

Um processo isentrópico de particular de interesse é aquele no qual a substância que constitui o sistema é um gás ideal cujos calores específicos possam ser considerados constantes. Nesse caso, temos:

$$T ds = du + p dv = c_v dT + p dv = 0 \qquad (6.35)$$

A equação de estado dos gases ideais nos dá:

$$pv = RT \Rightarrow R dT = p dv + v dp \Rightarrow$$
$$\Rightarrow dT = \frac{1}{R}(p dv + v dp) \qquad (6.36)$$

Unindo as equações 6.36 e 6.35, temos:

$$\frac{c_v}{R}(p dv + v dp) + p dv = 0 \Rightarrow$$
$$\Rightarrow c_v p dv + c_v v dp + R p dv = 0 \qquad (6.37)$$

Lembrando que, para um gás ideal $c_p - c_v = R$, temos:

$$c_v p dv + c_v v dp + c_p p dv - c_v p dv = \\ = c_v v dp + c_p p dv = 0 \tag{6.38}$$

Ou seja:

$$v dp + \frac{c_p}{c_v} p dv = 0 \tag{6.39}$$

Simbolizando a relação entre calores específicos pela letra k, temos:

$$k = \frac{c_p}{c_v} \Rightarrow v dp + \gamma p dv = 0 \Rightarrow$$
$$\Rightarrow \frac{dp}{p} = -k \frac{dv}{v} \tag{6.40}$$

Integrando a equação 6.40, obtemos o seguinte resultado:

$$ln \ p = -k \ ln \ v + ln \ constante$$

$$ln \ p + ln \ v^k = ln \ pv^k = ln \ constante$$

$$pv^k = constante \tag{6.41}$$

Esse resultado nos mostra que um sistema constituído por um gás ideal com calores específicos constantes, ao percorrer um processo isentrópico, tem suas propriedades relacionadas pela expressão 6.41, o que, por sua vez, nos permite concluir que esse é um caso particular de processo politrópico no qual o expoente é igual a k. Assim, as correlações já vistas no item 3.2 aplicadas a um processo isentrópico 1-2 resultarão em:

$$\frac{p_1}{p_2} = \left(\frac{v_2}{v_1}\right)^k ; \frac{T_1}{T_2} = \left(\frac{v_2}{v_1}\right)^{(k-1)}$$
$$\tag{6.41a}$$
$$e \ \frac{T_1}{T_2} = \left(\frac{p_1}{p_2}\right)^{\frac{k-1}{k}}$$

$$\frac{p_2}{p_1} = \left(\frac{v_1}{v_2}\right)^k ; \frac{T_2}{T_1} = \left(\frac{v_1}{v_2}\right)^{(k-1)}$$
$$\tag{6.41b}$$
$$e \ \frac{T_2}{T_1} = \left(\frac{p_2}{p_1}\right)^{\frac{k-1}{k}}$$

E o trabalho realizado nesse processo será dado por:

$$_1W_2 = \frac{p_2 V_2 - p_1 V_1}{1 - k} = \\ = m \frac{p_2 v_2 - p_1 v_1}{1 - k} = mR \frac{T_2 - T_1}{1 - k} \tag{6.42}$$

6.9 O PRINCÍPIO DO AUMENTO DE ENTROPIA

Consideremos que um sistema constituído por uma substância pura – veja a Figura 6.3 – seja submetido a um ciclo termodinâmico irreversível composto por dois processos, sendo um deles o processo 2-A-1, reversível.

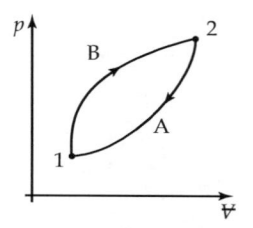

Figura 6.3 Ciclo irreversível

Podemos aplicar a desigualdade de Clausius, o que resultará em:

$$\oint \frac{\delta Q}{T} \leq 0 \tag{6.43}$$

A integral cíclica pode ser desmembrada em duas, sendo uma para cada um dos processos que compõem o ciclo.

$$\int_1^2 \frac{\delta Q}{T}\bigg|_I + \int_2^1 \frac{\delta Q}{T}\bigg|_R \leq 0 \tag{6.44}$$

Nessa equação, os índices I e R indicam que um processo é irreversível e o outro reversível. Assim sendo, temos:

$$\int_2^1 \frac{\delta Q}{T}\bigg|_R = S_1 - S_2 \tag{6.45}$$

Observamos que $S_2 - S_1$ é a variação de entropia entre os estados 1 e 2 independentemente do processo por intermédio do qual se parte de um deles e se chega ao outro. Substituindo esse valor na equação 6.44, temos:

$$S_1 - S_2 + \int_1^2 \frac{\delta Q}{T}\bigg|_I \leq 0 \qquad (6.46)$$

$$S_2 - S_1 \geq \int_1^2 \frac{\delta Q}{T}\bigg|_I \qquad (6.47)$$

onde o sinal de igualdade é aplicável a um processo reversível.

Na forma diferencial, abandonando o índice I, temos:

$$dS \geq \frac{\delta Q}{T} \qquad (6.48)$$

que é aplicável a um processo qualquer e que, também, representa matematicamente a segunda lei da termodinâmica.

A expressão 6.47 mostra que, para um processo irreversível, a variação de entropia é maior que o resultado da integração no processo de $\delta Q/T$, o que conduz ao entendimento de que em um processo irreversível ocorre a produção de entropia. Assim, poderemos transformar a desigualdade 6.47 em uma igualdade incluindo o termo de produção de entropia, σ, obtendo:

$$S_2 - S_1 = \int_1^2 \frac{\delta Q}{T} + \sigma \qquad (6.49)$$

Nessa equação, σ é a produção de entropia que será positiva se o processo for irreversível ou nula se o processo for reversível. Note que a expressão 6.49 foi estabelecida para um processo qualquer e, por esse motivo, é de aplicação geral.

Consideremos, agora, um caso particular: um processo adiabático. Nesse caso, a integral de $\delta Q/T$ resultará em um valor nulo e concluiremos que poderá haver, mesmo assim, variação da entropia do sistema devido à ocorrência de irreversibilidades, por exemplo, atrito.

Consideremos um sistema percorrendo um processo, conforme ilustrado na Figura

6.4. Usando o índice 1 e o 2 para indicar, respectivamente o estado inicial e o final desse processo, veremos que a variação de entropia do sistema, $\Delta S_{sistema}$, será dada por:

$$\Delta S_{sistema} = S_2 - S_1 = \int_1^2 \frac{\delta Q}{T} + \sigma \qquad (6.50)$$

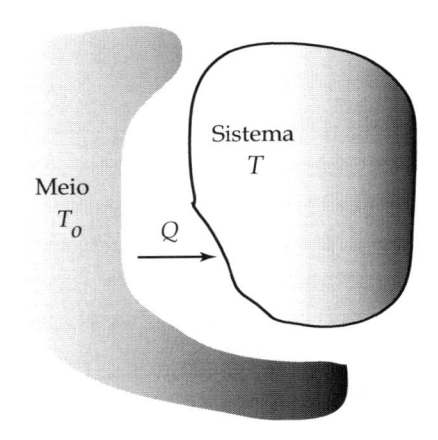

Figura 6.4 Sistema e meio

Simultaneamente, à medida que o processo ocorre, a entropia do meio também varia. Considerando que a temperatura do meio, T_o, permanece constante, a variação da sua entropia será dada por:

$$\Delta S_{meio} = \int_1^2 \frac{\delta Q_{meio}}{T_o} =$$
$$= \frac{1}{T_o}\int_1^2 \delta Q_{meio} = \frac{Q_{meio}}{T_o} \qquad (6.51)$$

Como $Q_{meio} = -Q$, obteremos:

$$\Delta S_{meio} = -\frac{Q}{T_o} \qquad (6.52)$$

Consideremos, agora, a variação líquida de entropia entendida como sendo igual à soma das variações das entropias do meio e do sistema.

$$\Delta S_{líquida} = \Delta S_{sistema} + \Delta S_{meio} \qquad (6.53)$$

$$\Delta S_{líquida} = \int_1^2 \frac{\delta Q}{T} + \sigma + \int_1^2 \frac{\delta Q_{meio}}{T_o} =$$
$$= \int_1^2 \delta Q\left(\frac{1}{T} - \frac{1}{T_o}\right) + \sigma \qquad (6.54)$$

Neste momento, devemos observar que, como o meio está transferindo calor para o sistema, sua temperatura sempre será maior do que a do sistema, $T_o > T$, então o valor da integral presente na equação 6.53 sempre será positivo. Como $\sigma \geq 0$, então:

$$\Delta S_{líquida} \geq 0 \qquad (6.55)$$

Esse resultado foi obtido considerando um processo no qual o meio transfere calor para o sistema. A análise do processo inverso resulta no mesmo resultado, o que permite afirmar: *a variação líquida de entropia, soma das variações das entropias do meio e do sistema, será sempre maior ou igual a zero*, que é o princípio do aumento de entropia.

6.10 EXERCÍCIOS RESOLVIDOS

Er6.1 Água a 120°C e título 0,6 é submetida a um processo isobárico atingindo título 0,8. Determine a variação da entropia específica da água nesse processo.

Solução

a)   Dados e considerações
- Sistema: massa desconhecida de água.
- Processo: isobárico. Utilizemos o índice 1 para denominar o estado inicial e o índice 2 para denominar o final. Observe a Figura Er6.1. Como a água está em estado de saturação o processo será, também, isotérmico. Note, também, que as propriedades do líquido saturado e do vapor saturado nos estados 1 e 2 são iguais.

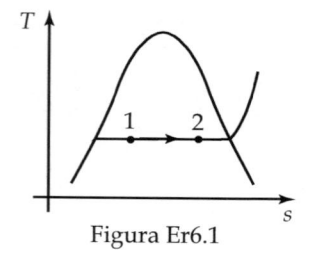

Figura Er6.1

- Estado inicial: $T_1 = 120°C$ e $x_1 = 0,6$.
- Estado final: $T_1 = 120°C$ e $x_1 = 0,8$.

b)   Análise e cálculos
- Determinação da entropia no estado inicial

$T_1 = 120°C$ e $x_1 = 0,6$

Das tabelas de propriedades termodinâmicas da água, temos:

$s_{l1} = 1,5279$ kJ/(kg.K) e

$s_{v1} = 7,1292$ kJ/(kg.K)

Determinamos a entropia inicial a partir do conhecimento do título e das entropias de líquido e de vapor saturado.

$s_1 = (1 - x_1)s_{l1} + x_1 s_{v1} \Rightarrow$

$\Rightarrow s_1 = 4,889$ kJ/(kg.K)

- Determinação da entropia no estado final

$T_1 = 120°C$ e $x_1 = 0,8$

Das tabelas de propriedades termodinâmicas da água, temos:

$s_l = 1,5279$ kJ/(kg.K) e

$s_v = 7,1296$ kJ/(kg.K)

Determinamos a entropia final a partir do conhecimento do título e das entropias de líquido e de vapor saturado.

$s_2 = (1 - x_2)s_{l2} + x_2 s_{v2} \Rightarrow$

$\Rightarrow s_2 = 6,009$ kJ/(kg.K)

- Determinação da variação da entropia específica

$\Delta s = s_2 - s_1 = 1,120$ kJ/(kg.K)

Er6.2 Determine, a partir do conhecimento da entalpia de vaporização, a variação de entropia no processo de mudança do estado de líquido saturado para o estado de vapor saturado da água à pressão de 1 MPa.

Solução

a)   Dados e considerações
  • Sistema: massa desconhecida de água.
  • Processo: utilizemos o índice 1 para denominar o estado inicial e o índice 2 para denominar o final. Observe a Figura Er6.2; o processo é isobárico e isotérmico havendo transferência de energia por calor.

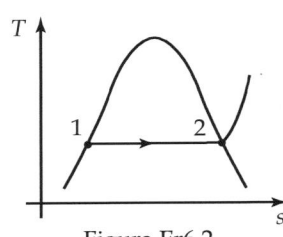

Figura Er6.2

  • Estado inicial: $p_1 = 1$ MPa, $x_1 = 0$ e $T_1 = 179,9°C$.
  • Estado final: $p_2 = 1$ MPa, $x_2 = 1$ e $T_2 = T_1 = 179,9°C$.

b)   Análise e cálculos
  • Aplicação da primeira lei da termodinâmica:

$$_1Q_2 = {_1W_2} + m\left(u_2 - u_1\right)$$

Como o processo é isobárico, temos:
$_1W_2 = m\left(p_2 v_2 - p_1 v_1\right)$.
Logo:

$$_1Q_2 = m\left(u_2 - u_1 + p_2 v_2 - p_1 v_1\right) =$$
$$= m\left(h_2 - h_1\right) = m h_{lv}.$$

  • Usando o conceito de entropia
Para um processo internamente reversível: $\delta Q = TdS = mTds$.

Integrando para o processo em análise, vem: $_1Q_2 = mT\left(s_2 - s_1\right) = mT\Delta s$.

Igualando os resultados da aplicação da primeira lei e do conceito de entropia, resulta:

$$m\left(h_2 - h_1\right) = m h_{lv} = mT\Delta s$$

Consequentemente: $\Delta s = \dfrac{h_{lv}}{T}$.
  • Determinação de propriedades no estado inicial
Sabemos que $p_1 = 1$ MPa, $x_1 = 0$ e $T_1 = 179,9°C$.
Das tabelas de propriedades termodinâmicas da água, temos:
$h_1 = 762,6$ kJ/(kg.K).
  • Determinação de propriedades no estado final
Sabemos que: $p_2 = 1$ MPa, $x_2 = 1$ e $T_2 = T_1 = 179,9°C$.
Das tabelas de propriedades termodinâmicas da água, temos:
$h_2 = 2777,1$ kJ/kg.
  • Cálculo da variação de entropia
Logo:
$$\Delta s = \left(s_2 - s_1\right) = \frac{h_{lv}}{T} = 4,447 \text{ kJ/(kg.K)}.$$
Devemos comentar que valores assim obtidos são utilizados para construir as tabelas de propriedades termodinâmicas, e, sem dúvida, esse resultado poderia ser obtido diretamente dessas tabelas pela leitura dos valores de s_2 e s_1.

Er6.3 Em um dispositivo mecânico, a massa de 1,8 kg de ar, inicialmente a 20°C e 100 kPa, é submetida a um processo termodinâmico atingindo 160°C e 120 kPa. Determine a sua variação de entropia.

Solução

a)   Dados e considerações
  • Sistema: 1,8 kg de ar que será considerado um gás ideal com calores específicos constantes, $c_p = 1,004$ kJ/(kg.K) e $R = 0,287$ kJ/(kg.K).
  • Processo: desconhecido. O enunciado apenas nos dá informações sobre as propriedades do ar no seu início e no seu final, as quais identificamos, respectivamente, pelos índices 1 e 2.

- Estado inicial: $p_1 = 100$ kPa; $T_1 = 20°C = 293,15$ K.
- Estado final: $p_2 = 120$ kPa e $T_2 = 160°C = 433,15$ K.

b) Análise e cálculos

Como o ar será tratado como um gás ideal com calores específicos constantes com a temperatura, a equação 6.30 se aplica.

$$s_2 - s_1 = c_p \, ln\left(\frac{T_2}{T_1}\right) - R \, ln\frac{p_2}{p_1}$$

Do enunciado, vem: $p_1 = 100$ kPa; $T_1 = 20°C = 293,15$ K; $p_2 = 120$ kPa; e $T_2 = 160°C = 433,15$ K.

Substituindo esses valores na equação acima, obtemos: $s_2 - s_1 = 0,3396$ kJ/(kg.K).

Como a massa de ar é igual a 1,8 kg, temos:

$$\Delta S = S_2 - S_1 = m\left(s_2 - s_1\right) =$$
$$= 0,6113 \text{ kJ/K}.$$

Er6.4 Considere que uma caneca com 200 mL de café, inicialmente a 45°C, seja deixada sobre uma mesa durante o tempo necessário para entrar em equilíbrio térmico com a ambiente a 15°C. Determine a variação de entropia do café, do meio e a variação de entropia líquida do processo.

Solução

a) Dados e considerações
- Sistema: 200 ml de café.
- Hipótese simplificadora inicial: consideraremos que as propriedades termodinâmicas do café podem ser aproximadas pelas da água saturada na mesma temperatura.
- Processo: o café percorre um processo isobárico rejeitando calor para o meio. Denotaremos as propriedades nos estados inicial e

final, respectivamente, pelos índices 1 e 2.
- Estado inicial: $T_1 = 45°C$.
- Estado final: $T_2 = 15°C$.

b) Análise e cálculos
- Determinação das propriedades no início e final do processo

Consultando as tabelas de propriedades termodinâmicas da água, obtemos: $h_1 = 188,45$ kJ/kg; $s_1 = 0,6386$ kJ/(kg.K); $v_1 = 0,001010$ m³/kg; $h_2 = 63$ kJ/kg; e $s_2 = 0,2245$ kJ/(kg.K).

- Aplicação da primeira lei da termodinâmica

$$_1Q_2 = _1W_2 + m\left(u_2 - u_1\right)$$

Como o processo é isobárico:

$$_1W_2 = \int_1^2 p \, dV = m\left(p_2 v_2 - p_1 v_1\right); \text{ logo:}$$

$$_1Q_2 = m\left(u_2 - u_1 + p_2 v_2 - p_1 v_1\right) =$$
$$= m\left(h_2 - h_1\right)$$
$$m = \frac{V_1}{v_1} = 0,198 \text{ kg, o que resulta em:}$$

$$_1Q_2 = -24,83 \text{ kJ.}$$

- Determinação da variação da entropia do café

$$\Delta S_{café} = m\left(s_2 - s_1\right) = -0,0820 \text{ kJ/K}$$

- Determinação da variação da entropia do meio

Usando a equação 6.49, e lembrando que $Q_{meio} = -_1Q_2$, temos:

$$\Delta S_{meio} = \int_1^2 \frac{\delta Q_{meio}}{T_o} =$$
$$= \frac{1}{T_o}\int_1^2 \delta Q_{meio} = \frac{Q_{meio}}{T_o}$$
$$\Delta S_{meio} = \frac{-_1Q_2}{T_o} = \frac{24,84}{273,15 + 15} =$$
$$= 0,0862 \text{ kJ/K}$$

- Determinação da variação líquida de entropia

$$\Delta S_{líq} = \Delta S_{sist} + \Delta S_{meio} = 0,0042 \text{ kJ/K}$$

E observamos que a variação líquida da entropia é positiva, o que está em conformidade com o princípio de aumento da entropia.

Er6.5 A Figura Er6.5 mostra um conjunto cilindro-pistão montado com seu eixo de simetria na horizontal que contém 0,3 kg de água na pressão de 500 kPa e a 200°C. A água é resfriada à pressão constante até atingir o estado de vapor saturado. Determine a variação da entropia da água, o trabalho realizado e a energia transferida por calor no processo.

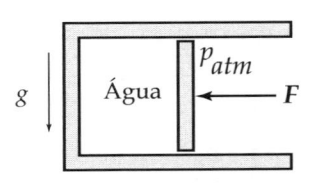

Figura Er6.5

Solução

a) Dados e considerações
- Sistema: 0,3 kg de água.
- Processo: isobárico.
- Estado inicial: $T_1 = 200°C$, $p_1 = 500$ kPa.
- Estado final: $x_2 = 1$.

b) Análise e cálculos
- Determinação das propriedades no início do processo

Das tabelas de propriedades termodinâmicas da água, temos:

$u_1 = 2643,3$ kJ/kg; $s_1 = 7,0610$ kJ/(kg.K); e $v_1 = 0,4250$ m³/kg

- Determinação das propriedades no final do processo

Das tabelas de propriedades termodinâmicas da água, temos:

$u_2 = 2560,8$ kJ/kg; $s_2 = 6,8201$ kJ/(kg.K); e $v_2 = 0,3742$ m³/kg

- Cálculo do trabalho realizado

Como o processo é isobárico:

$${}_1W_2 = \int_1^2 p\,dV = mp_1(v_2 - v_1) = -7,62 \text{ kJ}$$

- Cálculo da energia transferida por calor

Aplicando a primeira lei da termodinâmica, resulta:

$${}_1Q_2 = {}_1W_2 + m(u_2 - u_1) = -32,37 \text{ kJ}$$

- Determinação da variação da entropia da água

$$\Delta S = m(s_2 - s_1) = -0,07227 \text{ kJ/K}$$

E observamos que a variação da entropia é negativa porque ocorre a transferência de energia por calor do sistema para o meio.

Er6.6 A Figura Er6.6 mostra um conjunto cilindro-pistão montado com seu eixo de simetria na horizontal que contém 0,3 kg de água na pressão de 500 kPa e 200°C. Transfere-se energia por calor da água para o meio mantendo-se a sua temperatura constante até atingir o estado de vapor saturado. Determine a variação da entropia da água, o trabalho realizado e a energia transferida por calor no processo.

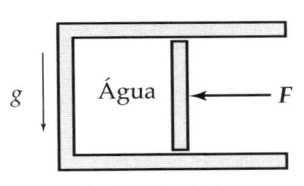

Figura Er6.6

Solução

a) Dados e considerações
- Sistema: 0,3 kg de água.
- Processo: isotérmico.
- Estado inicial: $T_1 = 200°C$, $p_1 = 500$ kPa.
- Estado final: $x_2 = 1$, $T_2 = 200°C$.

b) Análise e cálculos
- Determinação das propriedades no início do processo

Das tabelas de propriedades termodinâmicas da água, temos:

$u_1 = 2643,3$ kJ/kg; $s_1 = 7,0610$ kJ/(kg.K); e $v_1 = 0,4250$ m³/kg

- Determinação das propriedades no final do processo

Das tabelas de propriedades termodinâmicas da água, temos:

u_2 = 2594,2 kJ/kg; s_2 = 6,4302 kJ/(kg.K); e v_2 = 0,1272 m³/kg

- Cálculo da energia transferida por calor

O processo é isotérmico e desconhecemos a forma segundo a qual a pressão da água varia com o volume específico ao longo da sua evolução. Por esse motivo, não somos capazes de determinar o trabalho utilizando a equação:

$$_1W_2 = \int_1^2 pd\cancel{V}$$

Por esse motivo, não podemos calcular a energia transferida por calor a partir da primeira lei da termodinâmica. Entretanto, sabemos que:

$$_1Q_2 = \int_1^2 TdS = m\int_1^2 Tds$$

Como a temperatura é constante, temos:

$$_1Q_2 = m\int_1^2 Tds = mT_1\left(s_2 - s_1\right) =$$
$$= -89,54 \text{ kJ}$$

Note que, para utilizar a expressão acima, necessitamos tomar a temperatura na escala absoluta.

- Cálculo do trabalho realizado

Aplicando a primeira lei da termodinâmica, obtemos:

$$_1W_2 = {}_1Q_2 - m\left(u_2 - u_1\right)$$

Substituindo os valores conhecidos, obtemos:

$$_1W_2 = -74,81 \text{ kJ}$$

- Determinação da variação da entropia da água

$$\Delta S = m\left(s_2 - s_1\right) = -0,1892 \text{ kJ/K}$$

E observamos que a variação da entropia é negativa porque ocorre a transferência de energia por calor do sistema para o meio.

6.11 EXERCÍCIOS PROPOSTOS

Ep6.1 Determine a entropia específica da água nos estados definidos pelas propriedades abaixo relacionadas:

a) 40°C e 0,5 m³/kg
b) 70°C e 0,8 m³/kg
c) 300°C e 200 kPa
d) 400°C e 420 kPa

Ep6.2 Determine a entalpia específica da água conhecendo a sua entropia específica e a sua pressão ou temperatura para os seguintes casos:

a) 7,6180 kJ/(kg.K) e 30°C
b) 6,9556 kJ/(kg.K) e 50°C
c) 7,6180 kJ/(kg.K) e 20 kPa
d) 6,9556 kJ/(kg.K) e 100 kPa

Ep6.3 Determine a entropia específica da água nos estados definidos pelas propriedades abaixo relacionadas:

a) 20°C e 100 kPa
b) 100°C e 200 kPa
c) 400°C e 380 kPa

Ep6.4 Avalie a variação de entropia de um copo de leite, 200 ml, quando a sua temperatura varia de 3°C a 18°C.

Resp.: 44,4 J/K.

Ep6.5 O conjunto cilindro-pistão da Figura Ep6.5 contém 0,1 kg de água a 300 kPa e 20°C. Considere que o pistão pode se mover sem atrito e que o conjunto seja perfeitamente isolado.

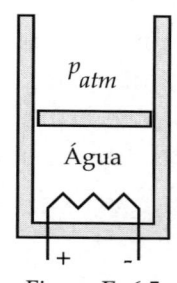

Figura Ep6.5

Por meio de uma resistência elétrica interna, transfere-se energia à água até que o título da água seja igual a 0,6. Determine o trabalho de fronteira realizado pela água e a sua variação de entropia.

Resp.: 10,9 kJ; 457 J/K.

Ep6.6 Água contida em um conjunto cilindro-pistão, inicialmente no estado de vapor saturado a 800 kPa, é submetida a um processo isentrópico até atingir a pressão de 100 kPa. Determine o título da água no final do processo e o trabalho específico realizado.

Resp.: 88,5%; −311 kJ/kg.

Ep6.7 Em um equipamento industrial, água a 300 kPa e 300°C é submetida a um processo isentrópico até atingir a pressão de 20 kPa. Considerando que a massa de água é igual a 2,3 kg, determine a variação da sua entalpia, da sua energia interna e o trabalho realizado.

Resp.: −1215 kJ; −953,2 kJ; 953,2 kJ.

Ep6.8 Em um copo, misturamos 100 ml de água a 20°C com 150 ml de água a 80°C. Determine a variação de entropia da água no processo. Considere que, neste processo, não há transferência de calor entre a água e o meio e que o trabalho realizado é nulo.

Resp.: 4,24 J/K.

Ep6.9 A Figura Ep6.9 mostra um conjunto cilindro-pistão montado com seu eixo de simetria na horizontal que contém 0,2 kg de água à pressão atmosférica, 100 kPa e 500°C.

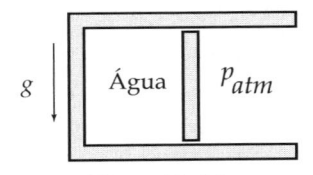

Figura Ep6.9

A água é resfriada a pressão constante até atingir o estado de vapor satura-

do. Determine a variação da entropia da água, o trabalho realizado e o calor trocado no processo.

Resp.: −0,295 kJ/K; −37,4 kJ; −162,8 kJ.

Ep6.10 Um conjunto cilindro-pistão que contém 0,2 kg de refrigerante R-134a tem uma mola interna que não exerce nenhuma força no pistão quando ele toca os esbarros. No início a temperatura do refrigerante é igual a −5°C e o seu volume é igual a 2 litros. A constante da mola é igual a 200 N/cm, a área do êmbolo é igual a 0,02 m² e, para movimentar o êmbolo, é necessária uma pressão de 200 kPa. Considere que, nessas condições, calor é fornecido ao refrigerante até que o seu volume seja duplicado. Calcule o trabalho realizado, o calor trocado no processo e a variação da entropia do refrigerante no processo.

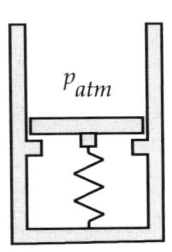

Figura Ep6.10

Ep6.11 Observe o arranjo cilindro-pistão mostrado na Figura Ep6.11. Nesse arranjo, o pistão pode deslizar livremente e sem atrito entre os esbarros variando o volume da câmara. O volume mínimo da câmara é igual a 1 m³, o volume máximo da câmara é igual a 2 m³, e a pressão atmosférica é igual a 101,3 kPa. No início do processo, tem-se na câmara 2 kg de água na temperatura ambiente de 30°C. Calor é fornecido até que toda a água atinja o estado de vapor saturado. Pede-se para determinar o trabalho realizado, a energia transferida por calor e a variação líquida de entropia no processo.

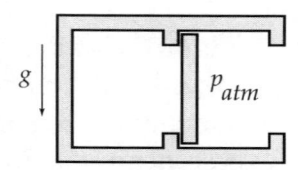

Figura Ep6.11

Ep6.12 Considere a Figura Ep6.10. Esse conjunto cilindro-pistão é provido de uma mola linear, tem volume mínimo igual a 0,2 m³, encerra 0,8 kg de amônia inicialmente a –10°C. A pressão mínima para movimentar o êmbolo é igual a 250 kPa. Transfere-se calor à amônia até que o seu volume atinja 0,3 m³ e 500 kPa. Determine a energia transferida por calor entre a amônia e o meio, o trabalho realizado e a variação da entropia da amônia.

Ep6.13 Considere que 0,5 m³ de ar seco inicialmente a 100 kPa e 20°C seja aquecido a volume constante atingindo a temperatura de 200°C. Supondo que os calores específicos do ar sejam constantes, determine a sua variação da energia interna, de entalpia, de entropia, o trabalho realizado e o calor trocado no processo.

Resp.: 76,7 kJ; 107,4 kJ; 0,204 kJ/K; 0; 76,7 kJ.

Ep6.14 Considere que 0,5 m³ de ar seco inicialmente a 200 kPa e 20°C seja submetido a um processo isotérmico reduzindo seu volume à metade. Determine a sua variação da energia interna, de entalpia, de entropia, o trabalho realizado e o calor trocado no processo.

Resp.: 0; 0; –0,2365 kJ/K; –69,3 kJ; –69,3 kJ.

Ep6.15 Considere que 0,5 m³ de ar seco inicialmente a 100 kPa e 20°C seja submetido a um processo isentrópico reduzindo seu volume à metade. Determine a sua variação da energia interna, de entalpia, e o trabalho realizado no processo.

Resp.: 39,9 kJ; 55,9 kJ; –39,9 kJ.

Ep6.16 Considere que 0,5 m³ de ar seco inicialmente a 2000 kPa e 1200°C seja submetido a um processo de expansão isentrópica até atingir a temperatura de 300°C. Considerando que os calores específicos do ar possam ser considerados constantes, determine o seu volume final e o trabalho realizado no processo.

Resp.: 5,29 m³; 1,53 MJ.

Ep6.17 Nitrogênio a 100 kPa e 50°C é submetido a um processo adiabático e reversível até que a sua pressão atinja 1000 kPa. Qual é a temperatura final do nitrogênio? Dá para imaginar que esse processo seja isotérmico? Qual é a relação entre a massa específica final e a inicial?

Resp.: 624,9 K; 5,16.

Ep6.18 Um conjunto cilindro-pistão contém 0,2 kg de ar a 100 kPa e 20°C. O ar é comprimido até atingir a pressão de 1 MPa. Considerando que o ar é um gás ideal com calores específicos constantes, determine o trabalho realizado e a energia transferida por calor considerando que o processo é reversível e que ele pode ser adiabático ou isotérmico.

Resp.: –39,2 kJ; 0; –38,8 kJ; –38,8 kJ.

Ep6.19 Ar é comprimido por meio de um processo reversível e adiabático em um conjunto cilindro-pistão de uma pressão de 100 kPa e de uma temperatura de 300 K atingindo uma pressão de 8 MPa. Sabendo-se que o ar pode ser tratado como um gás ideal com calores específicos constantes, pergunta-se: qual é a temperatura após a compressão? Qual é a razão entre a massa específica final a inicial do ar? Quanto trabalho é necessário para comprimir 4 kg de ar?

Resp.: 1050 K; 22,9; –2151 kJ.

Ep6.20 O tanque da Figura Ep6.20, com volume igual a 1 m³, contém argônio a 10 MPa e a 400°C e é ligado, por meio de uma tubulação dotada de uma válvula, a um conjunto cilindro-pistão inicialmente vazio e que pode atingir o volume máximo de 1 m³. Considere que o tanque seja perfeitamente isolado e que a pressão necessária para movimentar o pistão seja igual a 1 MPa. Nessas condições, a válvula é aberta e o argônio escoa lentamente do tanque para o conjunto cilindro-pistão, movimentando-o. A válvula é fechada quando a pressão no tanque atinge 5 MPa.

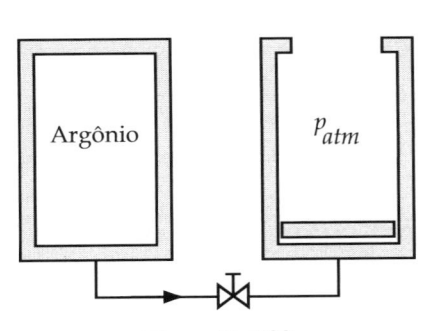

Figura Ep6.20

Considerando que o processo que ocorre no tanque pode ser considerado isentrópico e que a temperatura final no conjunto cilindro-pistão é igual a 400°C, pede-se para calcular: a massa remanescente de argônio no tanque, a temperatura final do argônio no tanque, a pressão final do argônio no conjunto cilindro-pistão, o trabalho realizado e o calor transferido.

Resp.: 47,09 kg; 510,2 K; 3,40 MPa;

1 MJ; –3,40 MJ.

Ep6.21 Na Figura Ep6.21, mostra-se um conjunto cilindro-pistão no qual o pistão pode se mover sem atrito. Esse pistão, com área igual a 0,1 m², está sujeito a duas forças externas: uma, F_{atm}, devida à ação da pressão atmosférica, $p_{atm} = 100$ kPa, e outra, Fe, que é dada pela expressão $Fe = 5000\ V^{-3}$, na qual a força é dada em kN e o volume em m³. Inicialmente, tem-se nesse conjunto oxigênio a 200 kPa e 300 K. O oxigênio, que pode ser tratado como um gás ideal com calores específicos constantes, é aquecido até atingir a pressão de 500 kPa. Pede-se para calcular a energia transferida por calor no processo, o trabalho realizado, a variação de entropia do oxigênio e a variação de entropia do meio supondo que o meio esteja a 300 K.

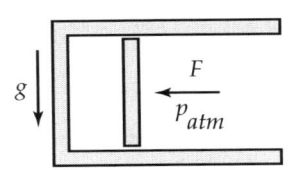

Figura Ep6.21

Ep6.22 Observe o conjunto cilindro-pistão da Figura Ep6.21. Consideremos que o material constituinte desse conjunto seja isolante térmico e que, por esse motivo, a taxa de calor através das suas paredes seja desprezível. Inicialmente, o conjunto encerra 2,5 kg de ar a 2,5 MPa e 500°C. Permite-se que o êmbolo se movimente realizando trabalho até que a temperatura do ar atinja 100°C. Qual será a pressão final do ar? Determine o trabalho realizado.

Resp.: 195,5 kPa; 717 kJ.

Ep6.23 Na Figura Ep6.23 temos, inicialmente, ar a 1 MPa no tanque A e nitrogênio a 100 kPa no tanque B. Considere que essas substâncias estão inicialmente na temperatura ambiente, o tanque B tem paredes adiabáticas, o êmbolo é adiabático, os dois tanques são rígidos e que o tanque A não tem paredes adiabáticas. A válvula é aberta, não sendo mais fechada. O ar escoa lentamente através dela, permitindo-se que as pressões em A e em B se igualem.

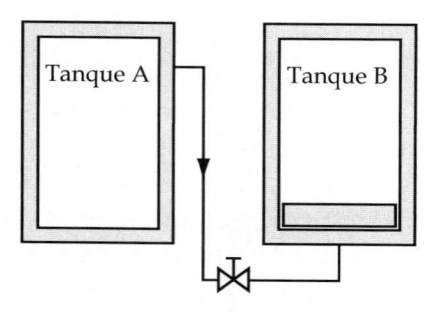

Figura Ep6.23

Energia é transferida por calor ao ar de forma que ao final do processo a sua temperatura seja igual à ambiente, 21°C. Considerando que os dois tanques têm volumes iguais a 1 m³, determine a pressão fina, a temperatura final em B e o trabalho realizado pelo ar.

Ep6.24 Considere que um motor de Carnot opere utilizando água como fluido de trabalho. Considere, também, que a temperatura máxima do ciclo seja igual a 300°C e que a mínima seja igual a 50°C. Suponha que, no início do processo de transferência de calor do reservatório quente, a água esteja no estado de líquido saturado e que, no final desse processo, a água esteja no estado de vapor saturado. Determine o título da água no início e no fim do processo de rejeição de calor para o reservatório frio, e o trabalho específico líquido realizado por ciclo.

Resp.: 67,9%; 34,6%; 488,2 kJ/kg.

Ep6.25 O processo que ocorre em um compressor de ar pode ser representado por um processo politrópico reversível, $pv^{1,3}$ = constante. Considere que, na entrada do compressor, o ar está a 100 kPa e 27°C, e que a relação de compressão (relação entre o volume inicial e o final) é igual a 20. Supondo que a compressão ocorre em um conjunto cilindro-pistão comprimindo-se uma massa m de ar por ciclo mecânico, pede-se para determinar a temperatura do ar ao final do processo, a pressão final e a inicial do ar e o trabalho realizado por unidade de massa em cada processo ocorrido no conjunto cilindro-pistão do compressor.

Resp.: 737,3 K; 4913 kPa; –418,2 kJ/kg.

Ep6.26 Um conjunto cilindro-pistão contém 0,5 kg de ar a 300 K e 100 kPa. O ar contido no conjunto sofre um processo politrópico, no qual $pv^{1,3}$ = constante, que se encerra quando a sua pressão atinge 1 MPa. Determine: o trabalho realizado pelo ar; a temperatura final do ar; o calor trocado e a variação da entropia do ar no processo.

Resp.: –101 kJ; 510 K; –25,2 kJ; –0,0637 kJ/K.

Ep6.27 Um conjunto cilindro-pistão contém 0,3 kg de metano a 290 K e 95 kPa. O metano contido no conjunto é comprimido reversivelmente, de forma que, durante o processo, a sua pressão e o seu volume específico obedeçam à relação: $pv^{1,28}$ = constante. Considerando que o processo encerra quando a pressão do gás atinge 700 kPa, determine o trabalho realizado pelo metano; a temperatura final do metano; o calor trocado; e a variação da entropia do metano no processo.

Resp.: −88,2 kJ; 449 K; −7,25 kJ; −0,0199 kJ/K.

Ep28 Um conjunto cilindro-pistão contém 0,2 kg de ar inicialmente a 100 kPa e 20°C. O ar é comprimido até reduzir seu volume a um décimo do inicial, segundo um processo politrópico cujo expoente é igual a 1,1. Sabendo que a temperatura do meio permanece igual a 15°C, determine o trabalho realizado pelo ar, o calor trocado pelo ar no processo e a variação total de entropia desse processo.

Resp.: −43,7 kJ; −32,7 kJ; 0,0143 kJ/K.

Ep6.29 Na Figura Ep6.29, mostra-se um conjunto cilindro-pistão que contém 0,6 m³ de ar a 300 K e 200 kPa. O pistão pode se movimentar sem atrito até atingir o volume mínimo de 0,3 m³, quando toca os esbarros podendo ser fixado nesta posição por travas laterais conforme ilustrado na Figura Ep6.29. Inicialmente, o ar é submetido a um processo de compressão isentrópica até atingir o volume mínimo; a seguir trava-se o pistão e promove-se um processo de transferência de calor do ar para o meio ambiente até que o ar volte a sua temperatura inicial, 300 K. Considere que os calores específicos do ar são constantes e iguais a c_v = 0,717 kJ/(kg.K); c_p = 1,004 kJ/(kg.K).

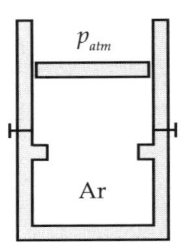

Figura Ep6.29

Determine a temperatura do ar ao final do processo de compressão; o trabalho realizado pelo ar e o calor rejeitado para o meio.

Resp.: 395,9 K; −95,85 kJ; −95,85 kJ.

Ep6.30 Um engenheiro dispõe de um conjunto cilindro-pistão que contém 2 kg de água a 200°C e 200 kPa. Pretendendo converter a energia presente na água em trabalho mecânico, ele se propõe a submeter a água a um processo adiabático e internamente reversível reduzindo a sua temperatura. Se a água atingir a temperatura de 50°C, qual será o título da água ao final do processo? Qual será o trabalho realizado?

Resp.: 92,27%; 767,2 kJ.

Ep6.31 Em um dispositivo de uso laboratorial, 1,5 kg de fluido refrigerante R-134a, inicialmente na pressão de 10,0 bar e na temperatura de 60°C, é submetido a um processo isotérmico até atingir título igual a 1. Determine o calor transferido, o trabalho realizado pelo R-134a e a variação da entropia do R-134a.

Resp.: −39,1 kJ; −22,5 kJ; −0,117 kJ/K.

Ep6.32 Uma massa de 3,5 kg de dióxido de enxofre, inicialmente a 300 kPa e 600 K, é submetida a um processo politrópico atingindo ao seu final a temperatura de 400 K e 100 kPa. Considerando que o SO_2 pode ser tratado como um gás ideal com calores específicos a pressão constante e a volume constante, respectivamente, iguais a 0,624 kJ/(kg.K) e 0,494 kJ/(kg.K), pede-se para determinar o expoente politrópico, o trabalho realizado pelo SO_2 durante o processo, a energia transferida por calor entre o SO_2 e o meio e a variação da entropia específica do SO_2 no decorrer do processo.

Resp.: 1,59; 156 kJ; –190 kJ; –0,110 kJ/(kg.K)

Ep6.33 Um conjunto cilindro-pistão contém 20 kg de vapor d'água saturado a 200°C. A água, inicialmente nesse estado, é submetida a um processo isotérmico no qual ocorre transferência de calor reversível para o meio que permanece a 20°C. Considerando que essa transferência de calor reversível ocorre por intermédio do uso de um motor térmico de Carnot e que, ao final do processo, o título da água é nulo, pede-se para determinar o volume final de água contida no conjunto, o módulo da energia transferida por calor da água para o motor, o trabalho realizado pela água e a entropia gerada no processo.

Resp.: 0,0231 m³; 38,8 MJ; –3,92 MJ; 0 kJ/K.

Ep6.34 Um conjunto cilindro-pistão contém 2,5 kg de vapor d'água saturado a 200°C. A água, inicialmente nesse estado, é submetida a um processo isotérmico que finda quando o seu título atinge o valor 0,0. Observando que durante esse processo ocorre transferência de calor da água para o meio, que permanece a 20°C, pede-se para determinar o volume final de água contida no conjunto, a energia transferida por calor da água para o meio, o trabalho realizado e a entropia gerada no processo.

Resp.: 2,9 litros; –4,85 MJ; –490 kJ; 6,30 kJ/K.

Ep6.35 Uma massa de 5 kg de etano, inicialmente a 450 kPa e 500 K, é submetida a um processo politrópico, atingindo ao seu final a temperatura de 400 K e 150 kPa. Considerando que o etano pode ser tratado como um gás ideal com calores específicos constantes (c_p = 1,766 kJ/(kg.K) e c_v = 1,490 kJ/(kg.K)), pede-se para determinar: o expoente politrópico, o trabalho realizado pelo etano; a energia transferida por calor entre o etano e o meio; e a variação da entropia específica do etano no processo.

Resp.: 1,255; 541,4 kJ; –203,6 kJ; –0,0909 kJ/(kg.K).

Ep6.36 Um conjunto cilindro-pistão contém 20 kg de vapor d'água a 1 MPa e 200°C. A água, inicialmente nesse estado, é submetida a um processo isotérmico até atingir título nulo. Ao longo desse processo ocorre transferência de calor reversível para o meio, que permanece a 20°C. Considerando que essa transferência de calor reversível ocorra por intermédio do uso de um motor térmico, pede-se para determinar o módulo da energia transferida por calor entre a água e o motor térmico, o trabalho realizado pela água, o módulo do calor rejeitado pelo motor térmico para o meio ambiente e o trabalho realizado pelo motor térmico.

Resp.: 41,3 MJ; –5,87 MJ; 25,6 MJ; 15,7 MJ.

Ep6.37 Em um conjunto cilindro-pistão, 2,3 kg de água a 300 kPa e 200°C são submetidos a um processo isotérmico internamente reversível até atingir título igual a 1. Determine a energia transferida por calor entre a água e o meio.

Resp.: –960,9 kJ.

Ep6.38 Dois quilogramas de ar, inicialmente a 500 K e 500 kPa, são submetidos a um processo politrópico com expoente igual a 1,2. Ao final do processo o volume do ar é igual ao quíntuplo do inicial. Suponha que o ar tenha calores específicos constantes, c_p = 1,004 kJ/(kg.K) e c_v = 0,717 kJ/(kg.K), e que a temperatura do meio seja igual a 300 K. Determine a temperatura e a pressão do ar no final do processo, a variação da entropia do ar e a variação de entropia do meio.

Resp.: 362,4 K; 72,5 kPa; 0,463 kJ/K; 0,659 kJ/K.

Ep6.39 Na Figura Ep6.23 temos, inicialmente, ar a 900 kPa no tanque A e nitrogênio a 100 kPa no tanque B. Considere que essas substâncias estão inicialmente na temperatura ambiente, 25°C. Sabe-se que os dois tanques são rígidos e que as suas paredes são metálicas, permitindo a transferência de calor entre os gases e o meio. A válvula é parcialmente aberta e o ar escoa lentamente do tanque A para o B até que o volume do nitrogênio seja reduzido à metade do inicial, e então a válvula é fechada. Considere que o processo percorrido pelo nitrogênio seja isotérmico, que o percorrido pelo ar seja desconhecido, mas que a sua temperatura final seja igual à ambiente. Sabendo que os dois tanques têm volumes iguais a 1 m³, determine a pressão e o volume do ar e do nitrogênio ao final do processo, os calores trocados, a variação de entropia de cada um dos gases e o trabalho realizado pelo nitrogênio.

Ep6.40 A massa de 1,4 kg de água, inicialmente a 1 bar e 200°C, é submetida a um processo isotérmico, atingindo título igual a 0,2. Determine o trabalho realizado no processo e o calor transferido.

Resp.: −1061 kJ; −3103 kJ.

Ep6.41 Uma máquina térmica opera segundo o ciclo termodinâmico ilustrado na Figura Ep6.41. Sabe-se que T_1 = 20°C, que p_1 = 95 kPa e que o processo 2 − 3 é isocórico. Considerando que o fluido de trabalho é uma massa fixa de ar, que ele pode ser tratado como um gás ideal com calores específicos constantes, c_p = 1,004 kJ/(kg.K) e c_v = 0,717 kJ/(kg.K), e que (p_2/p_1) = 10, pede-se para avaliar a temperatura máxima do ciclo, o trabalho específico líquido realizado por ciclo e o rendimento térmico dessa máquina.

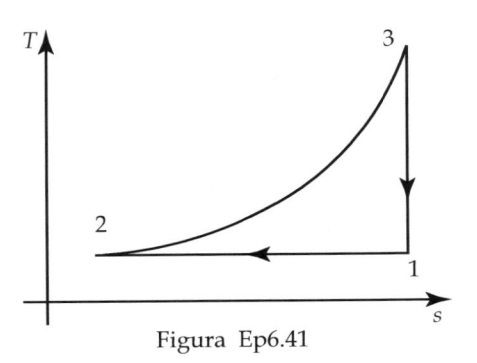

Figura Ep6.41

Resp.: 736,8 K; 124,4 kJ/kg; 39,1%.

Ep6.42 Em um experimento laboratorial, um estudante submete a massa de 0,1 kg de R-134a, inicialmente a 4 bar e 20°C, a um processo isotérmico, atingindo título igual a 0,5. A seguir, essa substância é submetida a um processo adiabático reversível até atingir o estado de vapor saturado. Pede-se para determinar:

a) o trabalho realizado no processo;
b) o calor transferido;
c) a temperatura final.

Resp.: 0,595 kJ; −9,02 kJ; 91,9°C.

Ep6.43 A massa de 2,5 kg de ar, inicialmente a 500 K e 500 kPa, é submetida a um processo politrópico com expoente igual a 1,25 até que o seu volume final seja igual ao quádruplo do inicial. Suponha que o ar tenha calores específicos constantes, $c_p = 1,004$ kJ/(kg.K) e $c_v = 0,717$ kJ/(kg.K), e que a temperatura do meio seja igual a 300 K. Determine a temperatura e a pressão do ar no final do processo, o trabalho realizado, o calor transferido, a variação da entropia do ar e a variação de entropia do meio.

Resp.: 2,83 MPa; 707 K; –194 kJ; –157 kJ; –0,0622 kJ/K; 0,523 kJ/K.

Ep6.44 Um conjunto cilindro-pistão contém 0,6 m³ de vapor de água a 100 kPa e título igual a 0,9. Considere que o pistão pode se movimentar sem atrito e que, quando necessário, pode ser fixado por travas laterais, conforme ilustrado na Figura Ep6.44. Inicialmente, o vapor d'água é submetido a um processo de compressão isentrópica até triplicar a sua pressão; a seguir, trava-se o pistão e promove-se um processo de transferência de calor da água para o meio ambiente até que a água volte à sua pressão inicial, 100 kPa. Determine:

a) a temperatura do vapor no final do processo de compressão;

b) o trabalho realizado;

c) o calor transferido para o meio.

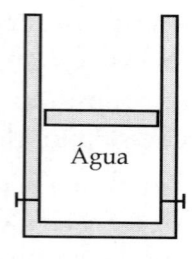

Figura Ep6.44

Resp.: 99,6°C; –62,0 kJ; –521,2 kJ.

Ep6.45 Dois recipientes rígidos A e B, com volumes iguais a, respectivamente, 1 m³ e 1,4 m³, são perfeitamente isolados termicamente e interligados por tubulação com válvula. Veja a Figura Ep6.45. O recipiente A contém ar a 2 bar e 900 K, e o recipiente B contém ar a 8 bar e 300 K. Nessa situação, a válvula é ligeiramente aberta, de forma a permitir que o ar escoe lentamente entre os recipientes até que as pressões e temperaturas se equalizem. Considerando que o processo seja internamente reversível, pede-se para calcular ao final do processo a temperatura e a pressão final do ar, bem como a massa final de ar em A e em B.

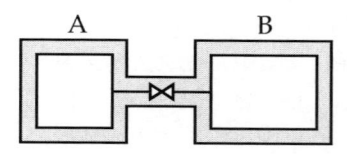

Figura Ep6.45

Ep6.46 Dois recipientes rígidos A e B, com volumes iguais a, respectivamente, 0,6 m³ e 0,8 m³, são perfeitamente isolados termicamente e interligados por tubulação com válvula. Veja a Figura Ep6.45. O recipiente A contém água a 2 bar e título igual a 0,8, e o B contém água a 10 bar e 400°C. Nessa condição inicial, a válvula é ligeiramente aberta, de forma a permitir que a água escoe lentamente entre os recipientes até que as pressões e temperaturas se equalizem. Considerando que o processo seja internamente reversível, pede-se para calcular ao final do processo a pressão e a massa final de água em A e em B.

Ep6.47 Um conjunto cilindro-pistão contém 0,12 m³ de um gás ideal a 230 kPa e 320 K. Considere que o pistão pode se movimentar sem atrito e que o gás é submetido a um processo no qual o produto da sua pressão pelo seu volume permanece constante.

Sabendo que a pressão final do gás é igual ao triplo da inicial, que esse gás tem calor específico a pressão constante igual a 1,03 kJ/(kg.K) e que a sua constante é igual a 0,41 kJ/(kg.K), pede-se para determinar:

a) a variação da entropia do gás;

b) o trabalho realizado pelo gás;

c) o calor transferido para o meio.

Resp.: –0,09476 kJ/K; –30,32 kJ; –30,32 kJ.

Ep6.48 Um conjunto cilindro-pistão contém 0,2 m³ de um gás ideal a 190 kPa e 320 K. Considere que o pistão pode se movimentar sem atrito e que, quando necessário, pode ser fixado por travas laterais, conforme ilustrado na Figura Ep6.44. Inicialmente, o gás é submetido a um processo de compressão isentrópica até triplicar a sua pressão; a seguir, trava-se o pistão e promove-se um processo de transferência de calor do gás para o meio ambiente, que está a 300 K, até que o gás volte à sua temperatura inicial, 320 k. Sabendo que esse gás tem calor específico a pressão constante igual a 1,03 kJ(kg.K) e que a sua constante é igual a 0,41 kJ/(kg.K), determine:

a) a pressão do gás no final do processo de transferência de calor;

b) a variação da entropia do gás;

c) o trabalho realizado pelo gás;

d) o calor transferido para o meio.

Resp.: 368,1 kPa; –0,07853 kJ/K; –31,52 kJ; –31,52 kJ.

Ep6.49 Em um experimento laboratorial, um estudante submete a massa de 0,1 kg de água, inicialmente a 1 bar e título nulo, a um processo isotérmico, atingindo título igual a 0,9. A seguir, essa substância é submetida a um processo adiabático reversível até atingir a temperatura de 150°C. Pede-se para determinar:

a) o trabalho realizado no processo;

b) o calor transferido;

c) a pressão final;

d) a variação da entropia da água.

Resp.: –7,76 kJ; 203,2 kJ; 476,2 kPa; 0,5451 kJ/K.

Ep6.50 Um conjunto cilindro-pistão contém 0,10 m³ de um gás ideal a 120 kPa e 300 K. Considere que o pistão pode se movimentar sem atrito e que o gás é submetido a um processo no qual a sua temperatura permanece constante. Sabendo que a pressão final do gás é igual ao triplo da inicial, que esse gás tem calor específico a pressão constante igual a 1,03 kJ/(kg.K) e que a sua constante é igual a 0,41 kJ/(kg.K), pede-se para determinar a variação da entropia do gás, o trabalho realizado pelo gás e o calor transferido para o meio.

Resp.: –0,4394 kJ/K; –131,8 kJ; –131,8 kJ.

Ep6.51 Nitrogênio a 1000 kPa e 800 K é submetido a um processo adiabático e reversível até que a sua pressão atingir 500 kPa. A seguir, o nitrogênio é aquecido a pressão constante até atingir 900 K. Determine:

a) o trabalho específico realizado pelo nitrogênio.

b) o calor trocado por unidade de massa entre o nitrogênio e o meio.

Ep6.52 A massa de 1,3 kg de nitrogênio a 500 K e 400 kPa é submetida a um processo isobárico até atingir a temperatura de 800 K. A seguir sofre uma expansão adiabática e internamente reversível até atingir a pressão de 200 kPa. Determine:

a) o trabalho realizado pelo nitrogênio.

b) o calor trocado entre o nitrogênio e o meio.

Resp.: 254,4 kJ; 404,4 kJ.

Ep6.53 Ar é comprimido segundo um processo adiabático e reversível até reduzir seu volume a 1/10. A seguir, é submetido a um processo isocórico até duplicar a sua pressão. Considerando que a massa de ar é igual a 0,1 kg e que, inicialmente, a sua pressão e temperatura são iguais, respectivamente, a 100 kPa e 300 K, pede-se para determinar:

a) o trabalho realizado pelo ar;
b) a pressão final do ar;
c) o calor transferido ao ar.

Ep6.54 A massa de 0,05 kg de ar, inicialmente a 1500 K e 6 MPa, expande segundo um processo adiabático e reversível até que o seu volume inicial seja decuplicado. A seguir, o ar é submetido a um processo isocórico até atingir a pressão de 150 kPa. Pede-se para determinar:

a) o trabalho realizado pelo ar;
b) a pressão final do ar;
c) o calor transferido ao ar.

CONSERVAÇÃO DA MASSA EM VOLUMES DE CONTROLE

Inicialmente, devemos nos lembrar de que sistema é uma determinada quantidade fixa de massa, previamente escolhida e perfeitamente identificada, que é objeto da atenção do observador. Devido a essa definição, podemos dizer que o princípio da conservação da massa é matematicamente estabelecido para um sistema por:

$$\frac{dm}{dt} = 0 \qquad (7.1)$$

Nessa expressão, m é a massa do sistema e t é a variável tempo.

Entretanto, ocorrem situações nas quais desejamos realizar a análise dos fenômenos utilizando o conceito de volume de controle, que é um espaço, previamente escolhido, objeto de atenção do observador e delimitado por uma superfície denominada *superfície de controle*, através da qual se pode identificar a passagem de massa. Nesse caso, a formulação matemática do princípio da conservação da massa estabelecida para sistemas não se aplica. Torna-se, então, necessário o desenvolvimento de uma formulação adequada a volumes de controle.

7.1 VELOCIDADE E VAZÕES

Tendo em vista que buscamos uma formulação para o princípio da conservação da massa aplicável a volumes de controle, e como, nesse caso, necessariamente identificaremos passagem de massa através da superfície de controle, precisaremos buscar meios de quantificar esse efeito.

Naturalmente, podemos tratar a matéria como estando fixa ou em movimento em relação a um sistema de coordenadas e, nesse caso, a velocidade é uma das suas propriedades intensivas. No caso de um fluido em movimento, observamos que usualmente a posição relativa das partículas que o compõem altera-se no decorrer do tempo, fazendo com que em cada ponto do escoamento ocorram velocidades diferentes. Denominamos *campo de velocidade* a função $V = V(x, y, z, t)$ que descreve como a velocidade de um fluido varia em função das ordenadas x, y, z e t. Essa função, por ser usualmente vetorial, é representada por meio das componentes da velocidade nas direções das ordenadas utilizadas:

$$V(x,y,z,t) = V_x(x,y,z,t)\boldsymbol{i} + \\ +V_y(x,y,z,t)\boldsymbol{j} + V_z(x,y,z,t)\boldsymbol{k} \quad (7.2)$$

Observamos que as componentes V_x, V_y e V_z da velocidade $V = V(x,y,z,t)$ são grandezas escalares.

Ao estudar um fluido em movimento, identificamos superfícies através das quais ele escoa e superfícies que limitam o seu escoamento. Por exemplo, na Figura 7.1 observamos um fluido escoando no interior de um tubo. Observações experimentais nos permitem afirmar que o fluido em contato com uma parede sólida adquire a velocidade da parede. Essa afirmação é conhecida como *princípio da aderência* ou *condição de não deslizamento*. Essa condição faz com que, em uma seção transversal de um duto onde ocorre um escoamento, seja identificada uma variação de velocidade do fluido em função da posição. Chamamos *perfil de velocidades em uma determinada seção* à *distribuição das velocidades nesta seção*, que é descrita, muitas vezes, por uma função matemática. No caso ilustrado na Figura 7.1, o perfil de velocidade na seção A é descrito pela função $V = V(r,x,\theta,t)$.

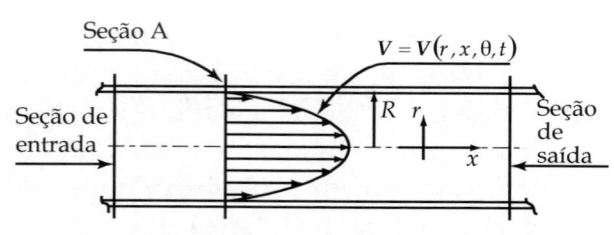

Figura 7.1 - Perfil de velocidades na seção A

Como, muitas vezes, identificaremos a passagem de massa através de uma superfície, necessitamos, preliminarmente, compreender o significado dos termos *vazão volumétrica*, $\dot{V}$, e *vazão mássica*, $\dot{m}$.

Consideremos, inicialmente, uma superfície imaginária com área A, através da qual escoa um fluido com velocidade V, conforme indicado na Figura 7.2. Nessa superfície identificamos um elemento de área dA caracterizado pelo versor $\boldsymbol{n}$. A *vazão volumétrica através da área A é o volume de fluido que escoa através dessa área por unidade de tempo*. É muito frequente denominar-se a vazão volumétrica simplesmente como vazão. Se considerarmos apenas o elemento de área dA, o volume de fluido que escoa através dele no intervalo infinitesimal de tempo dt será:

$$d\bcancel{V} = V\ dt\ dA\cos\theta = \boldsymbol{V}.\boldsymbol{n}\ dt\ dA \quad (7.3)$$

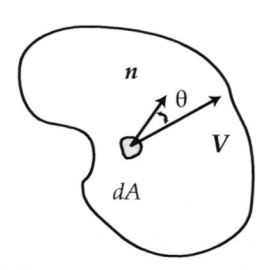

Figura 7.2 Escoamento através de superfície

Como a velocidade poderá variar ao longo da superfície A, para obter a vazão do fluido escoando através da área A, devemos realizar a integração dessa expressão. Assim, obtemos:

$$\dot{\bcancel{V}} = \int_A (\boldsymbol{V}.\boldsymbol{n})\ dA \quad (7.4)$$

A unidade de vazão volumétrica no Sistema Internacional de Unidades é m³/s.

Como a velocidade pode variar ponto a ponto em uma superfície, é muitas vezes conveniente utilizar a velocidade média do fluido através dessa área, V. Nós a definimos como:

$$V = \frac{\dot{\bcancel{V}}}{A} = \frac{1}{A}\int_A (\boldsymbol{V}.\boldsymbol{n})dA \quad (7.5)$$

Devido a essa definição, podemos afirmar que, se conhecemos a velocidade média V do escoamento através da área A, a vazão observada nessa área é igual ao produto da velocidade média pela área de escoamento. Ou seja:

$$\dot{V} = V \cdot A \qquad (7.6)$$

Note que a unidade de vazão no Sistema Internacional de Unidades é m³/s.

Devemos observar, ainda, que o uso do produto escalar **V.n** é muito útil porque atribui sinal positivo à vazão quando a componente da velocidade na direção do versor tem o mesmo sentido do versor, e atribui sinal negativo à vazão quando essa componente apresenta sentido contrário ao do versor. Como, por convenção, o versor de uma superfície de controle é sempre positivamente orientado para *fora* dele, concluímos que vazões de fluido entrando no volume são negativas e de fluido saindo são positivas.

Consideremos agora o transporte de massa do fluido através da superfície *A*. *A vazão mássica através dessa área é a massa de fluido que escoa através dela por unidade de tempo*. Como a massa específica pode variar ao longo da superfície, devemos promover um processo de integração.

$$d\dot{m} = \rho d\dot{V} = \rho V dA \cos\theta = \rho V.n dA \qquad (7.7)$$

$$\dot{m} = \int_A d\dot{m} = \int_A \rho d\dot{V} = \int_A \rho (V.n)\, dA \qquad (7.8)$$

No caso de um escoamento caracterizado por ter a massa específica do fluido constante, obtemos:

$$\dot{m} = \rho \int_A (V.n)\, dA \qquad (7.9)$$

Usando o conceito de vazão, podemos afirmar que:

$$\dot{m} = \rho \dot{V} = \rho A V \qquad (7.10)$$

Não podemos esquecer que a velocidade na equação 7.10 é a velocidade média do escoamento na área *A*.

Novamente relembramos a utilidade do uso do produto escalar devido ao fato de atribuir sinais às vazões mássicas. Similarmente às vazões volumétricas, as mássicas apresentam sinal negativo quando se referem à entrada e positivo quando se referem à saída de fluido do volume de controle.

A unidade de vazão mássica no Sistema Internacional de Unidades é kg/s.

7.2 CONSERVAÇÃO DA MASSA EM UM VOLUME DE CONTROLE

A essência do princípio da conservação da massa está no fato de que a matéria, nos limites da física clássica, é indestrutível, e a forma matemática de fazer essa afirmação depende, por exemplo, de estarmos fazendo uma análise integral ou diferencial. Assim, nos dedicaremos a seguir a apresentar matematicamente esse princípio por intermédio de análise integral e, para tanto, consideraremos um volume de controle em um espaço cartesiano no qual se encontra em um meio fluido em movimento, conforme ilustrado na Figura 7.3.

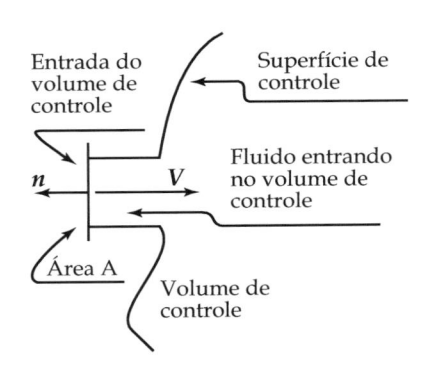

Figura 7.3 Entrada de um volume de controle

Para esse volume de controle, podemos enunciar o princípio da conservação da massa da seguinte forma: *"A soma algébrica da taxa de variação da massa presente no interior do volume de controle com a taxa líquida de transferência de massa atra-*

vés da superfície desse volume de controle é nula".

Observe que:

- $\dfrac{\partial m_{VC}}{\partial t}$ = taxa de variação da massa presente no interior do volume de controle;

- $-\int_{SC}\rho V \cdot n dA$ = taxa líquida de transferência de massa através da superfície de controle.

Observe que o sinal negativo da taxa líquida de transferência de massa está relacionado com o produto escalar da velocidade pelo versor normal. Se o produto é positivo, massa está saindo do volume de controle e a taxa de variação de massa deve ser negativa. Similarmente, se o produto for negativo, massa deve estar entrando no volume de controle e a taxa de variação deve ser positiva.

Podemos, então, afirmar que:

$$\frac{\partial m_{VC}}{\partial t} = -\int_{SC}\rho V \cdot n dA \qquad (7.11)$$

Relembrando, nessa equação:

- ρ é a massa específica do fluido;
- $V = V_x i + V_y j + V_z k$ é a velocidade do fluido, grandeza vetorial, ao se movimentar através da superfície do volume de controle;
- n é o versor normal ao elemento de área da superfície de controle dA; e
- $V \cdot n$ é o produto escalar do vetor velocidade pelo versor normal.

Observando que $\int_{VC}\rho dV = m_{vc}$, substituindo essa expressão na equação 7.11 e reordenando, obtemos:

$$\frac{\partial}{\partial t}\int_{VC}\rho dV + \int_{SC}\rho V \cdot n \, dA = 0 \qquad (7.12)$$

A equação 7.12 representa matematicamente, na forma integral, o princípio da conservação da massa para um volume de controle.

Os termos da equação 7.12 têm os seguintes significados:

$$\frac{\partial}{\partial t}\int_{VC}\rho dV = \frac{\partial m_{vc}}{\partial t} = \begin{bmatrix} \text{Taxa de variação} \\ \text{da massa presente} \\ \text{no interior do} \\ \text{volume de controle} \end{bmatrix};$$

$$\int_{SC}\rho V \cdot n \, dA = \begin{bmatrix} \text{Taxa líquida de} \\ \text{transferência de massa} \\ \text{através da superfície} \\ \text{de controle} \end{bmatrix}.$$

7.3 SIMPLIFICAÇÃO PARA UM NÚMERO FINITO DE ENTRADAS E DE SAÍDAS

Para a aplicação da equação 7.12, utilizamos frequentemente hipóteses simplificadoras.

A primeira se refere às regiões da superfície de controle nas quais ocorre escoamento e consiste em considerar que *uma superfície de controle tem um número finito de seções através das quais ocorre transferência de massa*, denominadas *seções de entrada* ou *de saída* e nas quais as suas propriedades e as do fluido serão identificadas, respectivamente, pelos índices *e* e *s*.

Consideremos a seção de entrada com área A_e mostrada na Figura 7.3. Como o versor n é sempre positivamente orientado para o exterior do volume de controle, o produto escalar do vetor representativo da velocidade pelo versor será negativo nas seções de entrada e positivo nas de saída.

Lembrando que a vazão mássica de uma substância através de uma área A é dada por:

$$\dot{m} = \int_A \rho V \cdot n \, dA \qquad (7.13)$$

podemos reescrever a equação 7.12 como:

$$\frac{\partial m_{VC}}{\partial t} - \sum \dot{m}_e + \sum \dot{m}_s = 0 \qquad (7.14)$$

que é uma forma bastante útil de apresentação da equação integral da conservação da massa para um volume de controle.

7.4 USANDO O CONCEITO DE ESCOAMENTO UNIFORME

Nos problemas tradicionais de engenharia, frequentemente se tem ou são desejadas informações referentes aos valores médios das propriedades do escoamento nas seções onde ele ocorre. Assim, em certas circunstâncias, para simplificar o estudo do escoamento de um fluido em uma determinada seção, poderemos adotar a hipótese de escoamento uniforme. Um escoamento é dito *uniforme se todas as propriedades do fluido são uniformes (iguais ponto a ponto) na seção de escoamento*. Entretanto, deve ser considerado que essas propriedades, embora iguais ponto a ponto, podem variar com o tempo. Usualmente denominamos *seção uniforme* aquela na qual consideramos o escoamento uniforme.

Dessa forma, tratar um escoamento como sendo uniforme significa imaginar que o escoamento real foi substituído por um virtual cujas propriedades nas seções de interesse são uniformes e iguais à média daquelas do escoamento original nas mesmas seções. Como esse conceito é adequado para a representação de uma gama bastante ampla de fenômenos, ele é frequentemente aplicado na solução de problemas de engenharia.

Avaliemos a integral de superfície $\int_{SC} \rho V \cdot n \, dA$ em seções uniformes de superfícies de controle nas quais o vetor velocidade tem a mesma direção do versor normal que representa a superfície na qual ocorre o escoamento. Como a hipótese de escoamento uniforme garante que tanto a massa específica quanto a velocidade não variam com a posição ao longo da superfície, teremos para uma seção de entrada:

$$\int_A \rho V \cdot n \, dA = -\rho_e V_e A_e \qquad (7.15)$$

O sinal negativo da equação 7.15 deriva do fato de que, como massa está entrando no volume de controle, o produto escalar $V \cdot n$ apresenta sinal negativo.

Similarmente, para uma seção de saída, teremos:

$$\int_A \rho V \cdot n \, dA = -\rho_s V_s A_s \qquad (7.16)$$

Devemos observar que as equações 7.15 e 7.16 estão em conformidade com a equação 7.10.

Utilizando esses resultados, e imaginando que o volume de controle tem um número finito de entradas e de saídas, simplificamos a equação 7.14, obtendo:

$$\frac{\partial m_{vc}}{\partial t} - \sum \rho_e V_e A_e + \sum \rho_s V_s A_s = 0 \qquad (7.17)$$

Essa equação pode ser apresentada em termos de vazões volumétricas. Lembrando que a vazão volumétrica em uma seção é dada por:

$$\dot{V} = \int_A V \cdot n \, dA \qquad (7.18)$$

teremos para as condições de escoamento uniforme:

$$\frac{\partial m_{vc}}{\partial t} - \sum \rho_e \dot{V}_e + \sum \rho_s \dot{V}_s = 0 \qquad (7.19)$$

7.5 O PROCESSO EM REGIME PERMANENTE

Dizemos que uma substância é submetida a um fenômeno em regime permanente quando suas propriedades intensivas não variam com o tempo. Assim, lembrando que a massa presente no interior do volume de controle é uma das propriedades da substância, impor que um processo ocorre em regime permanente resulta em:

$$\frac{\partial m_{VC}}{\partial t} = 0 \qquad (7.20)$$

Logo, a equação integral da conservação da massa, equação 7.14, para condições de regime permanente é reduzida a:

$$-\sum \dot{m}_e + \sum \dot{m}_s = 0 \Rightarrow \sum \dot{m}_s = \sum \dot{m}_e \quad (7.21)$$

Se a hipótese de escoamento uniforme for aplicável às seções de entrada e de saída, obtemos:

$$\sum \rho_s V_s A_s = \sum \rho_e A_e V_e \qquad (7.22)$$

Cabe, ainda, considerar a possibilidade de o fluido poder ser tratado como incompressível. Nesse caso, como a sua massa específica não variará, podemos afirmar que:

$$\sum \dot{V}_s = \sum \dot{V}_e \qquad (7.23)$$

Por fim, cabe comentar que a aplicação da equação integral da conservação da massa é frequentemente denominada *balanço de massa*.

7.6   EXERCÍCIOS RESOLVIDOS

Er7.1 Um secador de cabelo capta do ambiente 0,001 kg/s de ar a 20°C. Essa vazão é aquecida até atingir a temperatura de 65°C. Se a pressão atmosférica é igual a 100 kPa e se a área da seção de saída do ar do secador é igual a 9 cm², qual é a velocidade de saída do ar quente do secador?

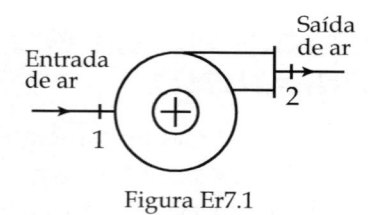

Figura Er7.1

Solução

a)   Dados e considerações
  • Escolha do volume de controle
Tendo em vista que ocorre escoamento através do secador, adotaremos um volume de controle delimitado pela sua superfície interna e pelas seções de entrada e de saída 1 e 2, conforme indicado na Figura Er7.1.

• Fluido: ar.
• Vazão mássica de entrada no VC: 0,001 kg/s.
• Temperatura de entrada: 20°C.
• Temperatura de descarga: 65°C.
• Pressão atmosférica local: 100 kPa.
• Área da seção de descarga do secador: 9 cm².
• Hipóteses
Consideraremos que:
• o escoamento é uniforme nas seções 1 e 2;
• o escoamento ocorre em regime permanente;
• o ar pode ser modelado como um gás ideal com $R = 0,287$ kJ/(kg.K).

b)   Análise e cálculos
A equação da conservação da massa para volume de controle com entradas e saídas uniformes é:

$$\frac{\partial m_{vc}}{\partial t} - \sum \rho_e V_e A_e + \sum \rho_s V_s A_s = 0$$

Como o escoamento se dá em regime permanente e o volume de controle tem somente uma entrada e uma saída, temos:

$$\dot{m} = \rho_1 A_1 V_1 = \rho_2 A_2 V_2 \Rightarrow V_2 = \frac{\dot{m}}{\rho_2 A_2}$$

Observe que a massa específica na seção de descarga do secador é desconhecida e que, para determiná-la, utilizaremos a equação de estado dos gases ideais. Seu uso nos dá:

$$p_2 v_2 = RT_2 \Rightarrow \rho_2 = \frac{p_2}{RT_2} = 1,03 \text{ kg/m}^3$$

Podemos, agora, determinar a velocidade desejada:

$$V_2 = \frac{\dot{m}RT_2}{p_2 A_2} \Rightarrow$$

$$\Rightarrow V_2 = \frac{0,001 \cdot 0,287 \cdot (65 + 273,15)}{100 \cdot 9 \cdot 10^{-4}} =$$

$$= 1,08 \text{ m/s}$$

Er7.2 Em um equipamento industrial com volume interno constante, mistura-se 1 m³/s de nitrogênio admitido a 10°C e 100 kPa, com 0,5 m³/s de argônio admitido a 40°C e 150 kPa. Pede-se para calcular a vazão mássica da mistura de nitrogênio e argônio produzida pelo equipamento. Dados: R_{arg} = 0,208 kJ/(kg.K); R_N = 0,297 kJ/(kg.K).

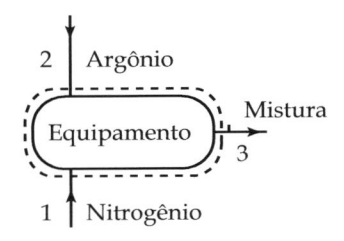

Figura Er7.2

Solução

a) Dados e considerações
• Escolha do volume de controle
Tendo em vista que ocorre escoamento através do equipamento, adotaremos um volume de controle delimitado pela sua superfície e pelas seções de entrada e saída 1, 2 e 3, conforme indicado na Figura Er7.2.
• Fluidos: nitrogênio e argônio.
• Propriedades na seção 1:
  $\dot{V}_1$ = 1 m³/s; T_1 = 10°C = 283,15 K; p_1 = 100 kPa.
• Propriedades na seção 2: $\dot{V}_2$ = 0,5 m³/s; T_1 = 40°C = 313,15 K; p_2 = 150 kPa.
• Hipóteses
Consideraremos que:
o escoamento é uniforme nas seções 1, 2 e 3;
o escoamento ocorre em regime permanente;
o argônio e o nitrogênio podem ser modelados como gases ideais.
• Constantes dos gases:
  R_{arg} = 0,208 kJ/(kg.K);
  R_N = 0,297 kJ/(kg.K).

b) Análise e cálculos
A equação da conservação da massa para volume de controle com entradas e saídas uniformes é:

$$\frac{\partial m_{vc}}{\partial t} - \sum \rho_e V_e A_e + \sum \rho_s V_s A_s = 0$$

Considerando que o escoamento ocorre em regime permanente e particularizando essa equação para o volume de controle em estudo, temos:

$$\rho_1 \dot{V}_1 + \rho_2 \dot{V}_2 = \dot{m}_3$$

Da equação de estado dos gases ideais, temos:

$$\rho_1 = \frac{p_1}{R_N T_1} = \frac{100}{0,297(10 + 273,15)} =$$
$$= 1,189 \text{ kg/m}^3$$

$$\rho_2 = \frac{p_2}{R_{arg} T_2} = \frac{150}{0,208(40 + 273,15)} =$$
$$= 2,303 \text{ m}^3/\text{kg}$$

$$\dot{m}_3 = 1,189 \cdot 1 + 2,303 \cdot 0,5 =$$
$$= 2,34 \text{ kg/s}$$

Er7.3 Água a 20°C e 1 bar escoa em um canal formado por placas paralelas. Na entrada do canal, o perfil de velocidades é uniforme e, na sua saída, é parabólico. Sabendo que a velocidade na seção de entrada é igual a 4 m/s, determine a velocidade máxima da água na seção de saída.

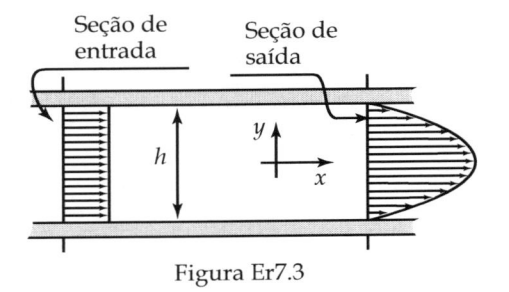

Figura Er7.3

Solução

a)   Dados e considerações

• Escolha do volume de controle

Adotamos um volume de controle delimitado pela sua superfície interna das placas e pelas seções de entrada e de saída 1 e 2, conforme indicado na Figura Er7.3.

• Fluido: água a 20°C e 1 bar.
• Perfil de velocidades na seção de entrada: uniforme.
• Velocidade na seção de entrada: 4 m/s.
• Perfil de velocidades na seção de saída: parabólico.
• Hipóteses

Consideraremos que:

• o escoamento é uniforme na seção 1 e, na seção 2, o perfil de velocidades é parabólico;
• o escoamento ocorre em regime permanente;
• a água é um fluido incompressível.

b)   Análise e cálculos

• Determinação do perfil de velocidades na seção de saída

Como o perfil é parabólico, a velocidade será descrita por uma expressão do tipo:

$V = V(y)\mathbf{i}$ onde: $V(y) = ay^2 + by + c$

Esse perfil de velocidades deverá satisfazer as seguintes condições de contorno:

• Condição I: $V = 0$ quando $y = +h/2$.
• Condição II: $V = 0$ quando $y = -h/2$.
• Condição III: $V = V_{max}$ quando $y = 0$.

Devemos determinar, agora, as constantes a, b e c de forma que $V = V(y)$ satisfaça essas condições de contorno.

A condição III exige que:

$V_{max} = c$. Logo, teremos:

$V = ay^2 + by + V_{max}$.

A condição II exige que:

$$a\frac{h^2}{4} - b\frac{h}{2} + V_{max} = 0.$$

A condição I exige que:

$$a\frac{h^2}{4} + b\frac{h}{2} + V_{max} = 0.$$

Logo: $b = 0$ e $a = -4\dfrac{V_{max}}{h^2}$.

Assim, o perfil de velocidades será dado por: $V(y) = V_{max}\left[1 - 4\left(\dfrac{y}{h}\right)^2\right]$.

• Aplicação da equação de conservação da massa

A formulação da equação da conservação da massa para volume de controle mais adequada é:

$$\frac{\partial}{\partial t}\int_{VC}\rho\, d\mathcal{V} + \int_{SC}\rho V \cdot \mathbf{n}\, dA = 0$$

Como o escoamento se dá em regime permanente e o volume de controle somente tem uma entrada e uma saída, temos:

$$\int_{SC}\rho V \cdot \mathbf{n}\, dA = 0$$

Como somente há escoamento nas seções 1 e 2, temos:

$$\int_{1}\rho V \cdot \mathbf{n}\, dA + \int_{2}\rho V \cdot \mathbf{n}\, dA = 0$$

Como o escoamento é uniforme na seção de entrada, temos:

$$\int_{1}\rho V \cdot \mathbf{n}\, dA = -\rho_1 A_1 V_1 \Rightarrow$$

$$\Rightarrow -\rho_1 A_1 V_1 + \int_{2}\rho V \cdot \mathbf{n}\, dA = 0$$

Na seção de saída, o produto escalar da velocidade pelo versor será dado por:

$$V \cdot \mathbf{n} = V(y) = V_{max}\left[1 - 4\left(\frac{y}{h}\right)^2\right];$$

utilizando esse resultado, obtemos:

$$\rho_1 A_1 V_1 = \int_{2}\rho\, V_{max}\left[1 - 4\left(\frac{y}{h}\right)^2\right]dA$$

Consideremos uma largura arbitrária do canal igual a w. Nesse caso, temos:

$A_1 = wh$, $dA = wdy$ e os extremos de integração são $+h/2$ e $-h/2$. Logo:

$$\rho_1 wh V_1 = \int_{-h/2}^{+h/2} \rho V_{max} \left[1 - 4\left(\frac{y}{h}\right)^2 \right] wdy$$

Resolvendo essa integral e realizando as simplificações, temos: $V_{max} = 3V_1/2$.

Logo, a velocidade máxima de saída será igual a 6 m/s.

Er7.4 Um componente de uma máquina admite 3,4 kg/s de óleo hidráulico através da sua seção de admissão 1 e o distribui através de quatro seções, conforme indicado na Figura Er7.4. Sabe-se que: a vazão volumétrica de descarga na seção 2 é 2,4 m³/h; o diâmetro interno da seção 3 é 2 cm; nessa seção a velocidade média é 1 m/s; e que a seção 4 é quadrada com lado igual a 40 mm e, nela, a velocidade do óleo é igual a 0,8 m/s. Sabendo que a densidade relativa do óleo é igual a 0,82 e que a área da seção 5 é igual a 15 cm², determine a velocidade do óleo hidráulico na seção 5.

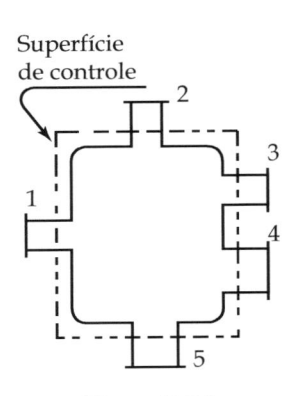

Superfície de controle

Figura Er7.4

Solução

a)　Dados e considerações
　　• Escolha do volume de controle
Adotaremos um volume de controle definido pela sua superfície de controle esquematizada na Figura Er7.4. Nele identificamos uma seção de entrada e quatro de saída.

- Fluido: óleo hidráulico, $d_r = 0,82$.
- Seção 1: $\dot{m}_1 = 3,4$ kg.
- Seção 2: $\dot{V}_2 = 2,4$ m³/h.
- Seção 3: $d = 2$ cm, $V_3 = 1$ m/s.
- Seção 4: quadrada com lado L = 40 mm; $V_4 = 0,8$ m/s.
- Seção 5: $A_5 = 15$ cm².
- Hipóteses

Consideraremos que:

- o escoamento é uniforme em todas as seções;
- ocorre em regime permanente; e
- o óleo é um fluido incompressível, assim a sua massa específica em qualquer seção de escoamento será sempre a mesma.

b)　Análise e cálculos
- Determinação da massa específica do fluido

$$\rho = d_r \cdot \rho_{\text{água a 4°C}} \; ; \; d_r = 0,82 \; ;$$

$$\rho_{\text{água a 4°C}} = 1000 \; \text{kg/m}^3.$$

Logo: $\rho = 820$ kg/m³.

- Aplicação da equação de conservação da massa

A equação da conservação da massa para volume de controle com entradas e saídas uniformes é:

$$\frac{\partial m_{\text{VC}}}{\partial t} - \sum \rho_e V_e A_e + \sum \rho_s V_s A_s = 0$$

Como o escoamento se dá em regime permanente, temos:

$$\sum \rho_e V_e A_e + \sum \rho_s V_s A_s = 0 \; .$$

Logo:

$$\rho A_1 V_1 = \rho A_2 V_2 + \rho A_3 V_3 + {}+ \rho A_4 V_4 + \rho A_5 V_5 \; .$$

Sabemos que:

$\rho A_1 V_1 = 3,4$ kg/s

$\rho A_2 V_2 = 820 \cdot 2,4 / 3600 = 0,547$ kg/s

$$\rho A_3 V_3 = 820 \cdot \frac{\pi \cdot 0,02^2}{4} \cdot 1 = 0,258 \text{ kg/s}$$

$$\rho A_4 V_4 = 820 \cdot 0,04^2 \cdot 0,8 = 1,050 \text{ kg/s}$$

$$\rho A_5 V_5 = 820 \cdot 0,0015 \cdot V_5$$

Assim, teremos: $V_5 = 1,256$ m/s

Er5 Um reservatório cilíndrico vertical, com diâmetro interno $D = 2,5$ m, é alimentado à razão de 25 m³/h com um fluido cuja densidade relativa é igual a 0,76. Veja a Figura Er7.5. Esse reservatório tem uma seção de descarga cujo diâmetro interno é $d = 4$ cm e tem altura interna $H = 4$ m. A velocidade média na seção de descarga depende do nível de água no tanque e pode ser aproximada por $V_s = \sqrt{2gh}$, onde g é a aceleração da gravidade e h é a cota do nível de água no tanque medido, conforme indicado na Figura Er7.5. Pergunta-se: qual é a velocidade com a qual a superfície do reservatório se movimenta quando $h = 1$ m? O reservatório transbordará?

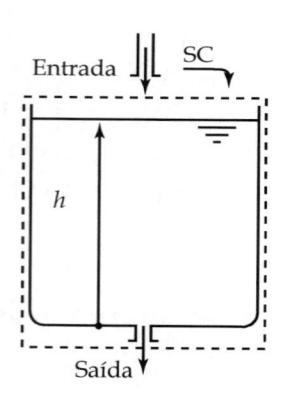

Figura Er7.5

Solução

a) Dados e considerações
    • Escolha do volume de controle
    Adotaremos um volume de controle definido pela sua superfície de controle esquematizada na Figura Er7.5.

Nele identificamos uma seção de entrada e uma de saída.
• Fluido: desconhecido, $d_r = 0,76$.
• $D = 2,5$ m, $H = 4$ m.
• Entrada: $\dot{V}_e = 25$ m³/h.
• Saída: d = 4 cm; $V_s = \sqrt{2gh}$.
• Hipóteses
Consideraremos que:
• o escoamento é uniforme em todas as seções; e
• o fluido é incompressível, assim a sua massa específica em qualquer seção de escoamento será sempre a mesma.

b) Análise e cálculos
    • Determinação da massa específica do fluido

$$\rho = d_r \cdot \rho_{\text{água a 4°C}}; \quad d_r = 0,76;$$

$$\rho_{\text{água a 4°C}} = 1000 \text{ kg/m}^3.$$

Logo: $\rho = 760$ kg/m³.
    • Aplicação da equação de conservação da massa
A equação da conservação da massa para volume de controle com entradas e saídas uniformes é:

$$\frac{\partial m_{vc}}{\partial t} - \sum \rho_e V_e A_e + \sum \rho_s V_s A_s = 0$$

Particularizando essa expressão para o volume de controle escolhido, temos:

$$\frac{\partial \rho \frac{\pi D^2}{4} h}{\partial t} - \rho_e V_e A_e + \rho_s V_s A_s = 0$$

Como o fluido é incompressível, podemos simplificar essa expressão, obtendo:

$$\frac{\partial \frac{\pi D^2}{4} h}{\partial t} - V_e A_e + V_s A_s = 0$$

$$V_e A_e = \dot{V}_e = \frac{25}{3600} \text{ m}^3/\text{s}.$$

Logo: $V_s A_s = \sqrt{2gh} \frac{\pi d^2}{4}$.

Como a altura h depende apenas da variável tempo, podemos utilizar derivadas ordinárias. Assim sendo, temos:

$$\frac{\pi D^2}{4}\frac{dh}{dt} = \dot{V}_e - \frac{\pi d^2}{4}\sqrt{2gh}$$

Logo: $\dfrac{dh}{dt} = \dfrac{4}{\pi D^2}\left[\dot{V}_e - \dfrac{\pi d^2}{4}\sqrt{2gh}\right].$

Sabemos que, quando $\dfrac{dh}{dt} = 0$, o nível de fluido no tanque estará estabilizado. Podemos, então, impor essa condição para determinar para qual h isso ocorrerá. Dessa forma, teremos:

$$\frac{dh}{dt} = \frac{4}{\pi D^2}\left[\dot{V}_e - \frac{\pi d^2}{4}\sqrt{2gh}\right] = 0 \Rightarrow$$

$$\Rightarrow \left[\dot{V}_e - \frac{\pi d^2}{4}\sqrt{2gh}\right] = 0 \Rightarrow$$

$$\Rightarrow h = \frac{1}{2g}\left(\frac{4}{\pi d^2}\dot{V}_e\right)^2 \Rightarrow$$

$$\Rightarrow h = \frac{1}{2\cdot 9,81}\left(\frac{4}{\pi \cdot 0,04^2}\cdot\frac{25}{3600}\right)^2 \Rightarrow$$

$$\Rightarrow h = 1,557 \text{ m}$$

Observamos que:

$h = 1,557 \text{ m} < H = 4 \text{ m}.$

Logo, o tanque não transbordará!

Para $h = 1$ m, a velocidade de movimentação do nível do tanque, $\dfrac{dh}{dt}$, será dada por:

$$\frac{dh}{dt} = \frac{4}{\pi D^2}\left[\dot{V}_e - \frac{\pi d^2}{4}\sqrt{2g}\right].$$

Logo:

$$\frac{dh}{dt} = 0,000281 \text{ m/s} = 1,01 \text{ m/h}.$$

7.7 EXERCÍCIOS PROPOSTOS

Ep7.1 Uma caixa-d'água cilíndrica vertical tem altura útil e diâmetro interno iguais a, respectivamente, 4 m e 2

m. Ela é cheia com água em 1 h. Sabendo que a tubulação que alimenta a caixa-d'água tem diâmetro interno igual a 62,7 mm, pergunta-se: qual é a velocidade média da água no tubo?

Resp.: 1,13 m/s.

Ep7.2 Água na fase líquida escoa sobre um plano inclinado formando um filme. Veja a Figura Ep7.2. Considere que o perfil de velocidade da água pode ser aproximado por uma parábola e que a velocidade máxima ocorre na superfície do escoamento. Desenvolva uma expressão algébrica para o perfil de velocidades $V = f(y)$ considerando que a espessura do filme é igual a h, que a velocidade máxima é igual a V_0 e que $du/dy = 0$ quando $y = h$.

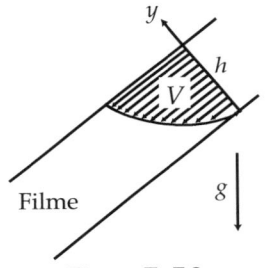

Figura Ep7.2

Resp.: $V = V_0\left[-(y/h)^2 + 2(y/h)\right].$

Ep7.3 Utilizando a expressão desenvolvida no exercício Ep7.2, determine a vazão volumétrica da água em uma seção na qual a espessura do filme é igual a 4 mm e a velocidade máxima do escoamento é igual 0,4 m/s. Considere que a largura do plano inclinado é igual a 20 cm.

Resp.: 0,213 litros/s.

Ep7.4 Ar escoa em um duto com diâmetro interno igual a 300 mm. O escoamento ocorre em condição tal que o perfil de velocidades é dado por: $V = V_0\left[1 - (r/R)\right]^{1/7}$, onde V é a velocidade do escoamento na posição definida pelo raio r, R é o raio interno do duto e V_0 é a velocidade máxima do escoamento que ocorre na linha de centro do duto. Sabendo que V_0 é igual a 20 m/s e que a massa específica do ar é igual a 1,05 kg/m³, determine a velocidade média e a vazão mássica do ar no duto.

Resp.: 16,33 m/s; 1,21 kg/s.

Ep7.5 Sob certas condições, o escoamento de um fluido entre duas placas planas paralelas estáticas apresenta um perfil de velocidades parabólico. Veja a Figura Ep7.5. Adotando o sistema de ordenadas sugerido na figura, determine, para esse escoamento, uma expressão para o perfil de velocidades em função da velocidade máxima V_0 e da distância h entre as placas.

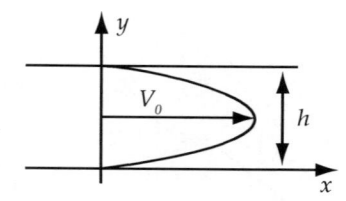

Figura Ep7.5

Resp.: $V = 4V_0\left[-\left(\dfrac{y}{h}\right)^2 + \left(\dfrac{y}{h}\right) \right]$.

Ep7.6 Utilizando o resultado obtido na solução do exercício Ep7.5 e sabendo que entre as placas escoa um fluido com densidade relativa igual a 0,92, a distância entre as placas é igual a 5 mm, a largura das placas é igual a 50 cm e que a velocidade máxima do escoamento é igual a 0,45 m/s, determine a velocidade média, a vazão mássica e a volumétrica do fluido.

Resp.: 0,3 m/s; 7,5 E-4 m³/s; 0,69 kg/s.

Ep7.7 Óleo combustível, com densidade relativa igual a 0,81, escoa através de um tubo cujo diâmetro interno é igual a 26,6 mm. O perfil de velocidade é dado por: $u = U_0\left(1 - (r/R)^2\right)$, onde u é a velocidade do fluido na posição

definida pelo raio r, R é o raio interno do tubo e U_0 é a velocidade máxima do fluido, 2 m/s, a qual ocorre na linha de centro do tubo. Determine a velocidade média do fluido e as suas vazões mássica e volumétrica.

Resp.: 1 m/s; 0,45 kg/s; 2 m³/h.

Ep7.8 Um fluido incompressível entra em um trecho de tubulação na seção 1 – vide Figura Ep7.8 – e sai nas seções 2 e 3. A vazão mássica na seção 2 é um quinto da vazão na seção 1; o diâmetro da tubulação na seção 3 é igual à metade do diâmetro da tubulação na seção 1. Determine a razão entre a velocidade média na seção 3 e a velocidade média na seção 1. Sabendo que a vazão mássica na seção 1 é igual a 5 kg/s, determine a vazão mássica na seção 3.

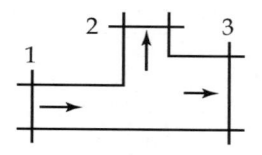

Figura Ep7.8

Resp.: 3,2; 4 kg/s.

Ep7.9 Em uma tubulação industrial, água na fase líquida a 20°C é descarregada em regime permanente para a atmosfera através de uma curva de redução a 45°. O diâmetro de entrada da curva é igual a 50 mm e o de saída é igual a 25 mm. Considerando que na entrada a pressão manométrica da água é igual a 200 kPa e que a sua velocidade média é igual a 5 m/s, pede-se para determinar a velocidade média da água ao ser lançada à atmosfera.

Resp.: 20 m/s.

Ep7.10 Água na fase líquida a 50°C escoa através de um dispositivo, com volume interno constante, que tem duas seções de entrada e uma seção de saída. Considere que, em uma seção de entrada, a velocidade é igual a 5 m/s e a área de escoamento é igual a 0,1 m²; que, na outra seção de entrada, a área de escoamento é igual a 0,2 m² e a velocidade é igual a 3 m/s; e que a área da seção de saída é igual a 0,1 m². Qual é a velocidade de saída?

Resp.: 11 m/s.

Ep7.11 Em um misturador contínuo doméstico, mistura-se duas vazões de água, sendo uma de 0,01 kg/s a 100 kPa e 50°C e outra de 0,015 kg/s a 100 kPa e 20°C. Qual é vazão mássica de saída?

Resp.: 0,025 kg/s.

Ep7.12 Um aquecedor de mistura é um equipamento termicamente bem isolado utilizado em centrais termoelétricas no qual água na fase líquida é aquecida pela sua mistura com vapor. Considere que um aquecedor recebe 10 kg/s de água a 20°C e 100 kPa que escoa através de um tubo com diâmetro interno igual a 77,9 mm. Suponha que a água seja aquecida com 0,1 kg/s de vapor saturado a 100 kPa, o qual escoa em um tubo com a mesma dimensão nominal. Determine a velocidade média de escoamento do vapor e a da água na fase líquida em suas tubulações de transporte.

Resp.: 35,6 m/s; 2,1 m/s.

Ep7.13 Uma caixa-d'água com diâmetro interno igual a 2,5 m e altura interna igual a 9 m recebe 10,8 m³/h de água a 20°C. Essa caixa apresenta uma saída pela qual escoa 1,2 kg/s. O nível de água na caixa está subindo ou descendo? Considerando que a massa específica da água é igual a 1000 kg/m³, determine a velocidade de movimentação desse nível.

Ep7.14 Um tubo com diâmetro interno igual a 52,5 mm é alimentado com vapor d'água saturado a 1 MPa e com velocidade média igual a 10 m/s. Ao longo da tubulação, transfere-se calor ao vapor e sua temperatura eleva-se, atingindo 300°C. Qual é a vazão mássica de vapor no tubo? Qual é a velocidade média do vapor no tubo quando a sua temperatura atinge 300°C?

Resp.: 0,111 kg/s; 13,3 m/s.

Ep7.15 A boca de descarga de um ventilador é retangular com dimensões 7 cm por 12 cm. O ar que escoa nessa boca de descarga tem velocidade média de 30 m/s, está a 28°C e na pressão manométrica de 15,0 kPa. O ventilador está conectado a um filtro através do qual capta ar do meio ambiente a 95 kPa e 27°C. Qual é a vazão em massa de ar através do ventilador? Se se desejar captar o ar com velocidade de 1,2 m/s, qual deverá ser a área da seção de entrada do filtro?

Resp.: 0,321 kg/s; 0,242 m².

Ep7.16 Um equipamento de ar-condicionado recebe 0,5 m³/s de ar do ambiente externo de uma residência a 28°C, reduz a sua temperatura a 15°C e o lança no ambiente interno da residência. Qual deve ser a área da seção de saída do ar do aparelho se a velocidade desejada é igual a 5 m/s?

Resp.: 9,57 E-2 m².

Ep7.17 Ar é aquecido à medida que escoa em regime permanente através de um bocal convergente. O diâmetro da seção de entrada do bocal é igual a 5 cm e o diâmetro da seção de saída é igual a 2 cm. Na entrada do bocal, a velocidade média do ar é igual a 10 m/s, sua pressão absoluta é 120 kPa e a sua temperatura é igual a 21°C. Sabendo que na seção de descarga a velocidade média é igual a 100 m/s e a pressão absoluta é igual a 100 kPa, pergunta-se: qual é a sua temperatura na seção de descarga do bocal?

Resp.: 119°C.

Ep7.18 Duas correntes de ar são admitidas em uma unidade de ar-condicionado. No interior desse equipamento, elas são misturadas e resfriadas, dando origem a uma corrente de saída. Em uma das entradas, o ar está a 35°C e 100 kPa e a sua vazão volumétrica é igual a 5 m³/s. Na outra entrada, o ar está a 100 kPa e 30°C e a sua vazão volumétrica é igual a 7 m³/s. Considere que na saída do aparelho o ar está a 20°C e 95 kPa. Determine a massa específica do ar e a sua vazão mássica na saída do equipamento.

Resp.: 1,129 kg/m³; 13,7 kg/s.

Ep7.19 Um equipamento industrial, com volume interno constante, recebe 1 m³/s de nitrogênio a 10°C e 100 kPa. Através de outra seção de admissão, esse equipamento recebe 0,5 m³/s de argônio a 20°C e 120 kPa. Sabendo que os dois fluidos são misturados no interior do equipamento, pede-se para calcular a vazão mássica da mistura de nitrogênio e argônio produzida pelo equipamento.

Resp.: 2,17 kg/s.

Ep7.20 Ar na pressão de 250 kPa entra em um duto, de diâmetro constante, a 20°C com velocidade de 12 m/s. Em seu percurso no duto, o ar é aquecido até atingir a temperatura de 120°C. Considerando que a perda de pressão ao longo do escoamento é desprezível, estime a velocidade média do ar na saída do duto.

Ep7.21 Um filme, constituído por um líquido com massa específica igual a 1,2 kg/m³, escoa em regime permanente sobre um plano inclinado 30° com a horizontal. Veja a Figura Ep7.21. O perfil de velocidades do escoamento é parabólico, a velocidade máxima do óleo ocorre na superfície do filme e é igual a 0,5 m/s na seção na qual a altura do filme é igual a 8,0 mm. Devido à aceleração do escoamento causada pelas forças gravitacionais, a altura do filme é reduzida à medida que o fluido atinge cotas inferiores. Determine a velocidade média do escoamento e a vazão volumétrica por metro de largura de plano inclinado. Determine também a velocidade do fluido na superfície do filme quando a sua espessura for reduzida a 5 mm.

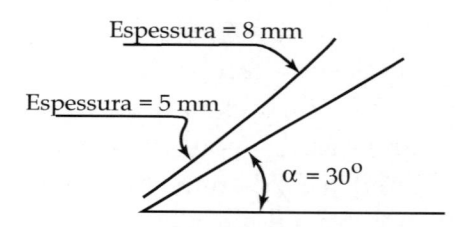

Figura Ep7.21

Resp.: 0,33 m/s; 2,67 E-3 m²/s; 0,8 m/s.

Ep7.22 Fluidos escoando em tubos de seção transversal circular com diâmetro constante podem apresentar perfis de velocidade parabólicos que são usualmente representados pela expressão $V = V_0 \left(1 - (r/R)^2\right)$, onde: u é a velocidade do fluido na posição definida pelo raio r; R é o raio interno do tubo; e V_0 é a velocidade máxima do fluido que ocorre na linha de centro do tubo. Determine a velocidade média do fluido em função da velocidade máxima.

Resp.: $V = V_0/2$.

Ep7.23 Considere a caixa-d'água ilustrada na Figura Ep7.23, cuja seção transversal tem área igual a 0,54 m². Suponha que a velocidade na seção 1 é igual a 5 m/s e que a área dessa seção é igual a 5 cm², que a vazão volumétrica na seção 2 é igual a 3,6 m³/h e que a vazão mássica na seção 3 é igual a 0,8 kg/s. Considerando que a massa específica da água é igual a 1000 kg/m³, determine a taxa de variação da altura h ao longo do tempo. Mantidas as vazões nas seções 1 e 2, determine a vazão mássica na seção 3 para que o nível h seja mantido estável.

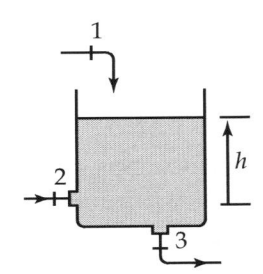

Figura Ep7.23

Resp.: 5 mm/s; 3,5 kg/s.

Ep7.24 A vazão mássica de água na fase líquida, com massa específica igual a 1000 kg/m³, na seção de entrada de uma bomba centrífuga é igual a 30600 kg/h. O diâmetro da seção de saída da bomba é igual a 52,5 mm. Qual é a velocidade média de saída da água da bomba?

Resp.: 3,93 m/s.

Ep7.25 Um fluido incompressível escoa através de um equipamento rígido que tem uma seção de entrada quadrada com lado A e uma saída com seção circular cujo diâmetro é igual a 1,5A. A velocidade média de entrada é igual a 5 m/s. Determine a velocidade média de saída. O resultado obtido depende da massa específica do fluido?

Ep7.26 Um fluido incompressível escoa através de um equipamento rígido que tem uma seção de entrada quadrada com lado A e uma saída com seção circular cujo diâmetro é igual a 1,5A. A velocidade média de entrada é igual a 6 m/s. Considere que o perfil de velocidades de saída seja parabólico. Determine a velocidade máxima na seção de saída.

Resp.: 3,40 m/s.

Ep7.27 Um reservatório de líquidos de uma empresa, dotado de uma entrada e duas saídas, recebe 25200 kg/h de um fluido com densidade relativa constante e igual a 0,9. O processo produtivo exige que através de uma saída sejam descarregados 9 m³/h dessa substância. Sabendo que através da outra saída com diâmetro igual a 50 mm o fluido é descarregado com a velocidade média de 1 m/s e que o reservatório é cilíndrico vertical com diâmetro igual a 3 m, pergunta-se: o nível da caixa está subindo ou descendo? Com qual velocidade?

Resp.: subindo; 0,47 mm/s.

Ep7.28 Vapor d'água saturado a 400 kPa escoa através de um tubo com diâmetro interno de 62,7 mm com velocidade igual a 10 m/s. À medida que escoa, sua temperatura é elevada devido a um processo de transferência de calor. Supondo que sua pressão é mantida constante ao longo do escoamento, pergunta-se: qual é a velocidade média do vapor superaquecido a 350°C?

Ep7.29 Um fluido incompressível escoa em um tubo com seção circular de raio $r_0 = 5$ cm. O perfil de velocidades do escoamento é parabólico. Se a velocidade máxima do fluido é igual a 5 m/s, qual é a sua velocidade média?

Resp.: 2,5 m/s.

Ep7.30 Em um equipamento industrial, ocorre a combustão de 1 kg/s de óleo diesel em regime permanente. Para promover a combustão, é utilizada a vazão volumétrica de 55000 m³/h de ar a 20°C. Considerando que o processo ocorre a 100 kPa, pede-se para calcular a vazão mássica de produtos de combustão.

Resp.: 19,2 kg/s.

Ep7.31 Uma caixa-d'água, com área de sua seção transversal igual a 2 m², é alimentada à razão de 15 kg/s, e descarregada através de um orifício no seu fundo com área igual a 0,0015 m². A velocidade de saída da água depende do nível da água acima do orifício (h) de acordo com a expressão: $V = \sqrt{2gh}$. Em um determinado instante, o nível da caixa-d'água é igual a 1 m. Para esse instante determine a vazão de descarga da caixa e a taxa de variação do nível da caixa. Se a altura da caixa for igual a 10 m, ela poderá transbordar? Prove!

Ep7.32 Considere a caixa-d'água cilíndrica vertical ilustrada na Figura Ep7.23, cujo diâmetro é 2,5 m. Considere que a velocidade na seção 1 é igual a 8 m/s e que a área dessa seção é igual a 5 cm², que a vazão volumétrica na seção 2 é igual a 14,4 m³/h e que a vazão mássica na seção 3 é igual a 1 kg/s. Supondo que a massa específica da água é igual a 1000 kg/m³, determine a taxa de variação da altura h ao longo do tempo. Mantidas as vazões nas seções 1 e 2, determine a vazão mássica na seção 3 para que o nível h seja mantido estável.

Resp.: 1,43 mm/s; 8,0 kg/s.

Ep7.33 Uma forma bastante interessante para bombear um fluido é uma bomba de jato. Nesse tipo de bomba, o fluido é bombeado pela ação de um jato, conforme esquematiza-

do na Figura Ep7.33. Seja a velocidade média de entrada do fluido a ser bombeado $V_e = 1$ m/s e a velocidade média do jato $V_j = 20$ m/s. Sabendo-se que se deseja bombear água a 20°C e que os diâmetros são dados por $d = 2$ cm e $D = 10$ cm, pede-se para determinar a vazão mássica de descarga da bomba, considerando-se que esta opera em regime permanente e que o fluido é incompressível.

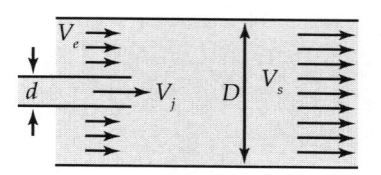

Figura Ep7.33

Resp.: 13,8 kg/s.

Ep7.34 Um tanque com tubulação de descarga conforme esquematizado na Figura Ep7.34 recebe 0,5 E-3 m³/s de água a 20°C. Na tubulação com diâmetro interno de 10 mm existe uma válvula de controle que mantém a vazão de descarga constante, de forma que o perfil de velocidade seja parabólico com velocidade máxima igual a 2 m/s. Sabendo-se que o diâmetro do tanque é igual a 20 cm, pede-se para determinar a vazão de descarga e a taxa temporal de variação do nível da água no tanque.

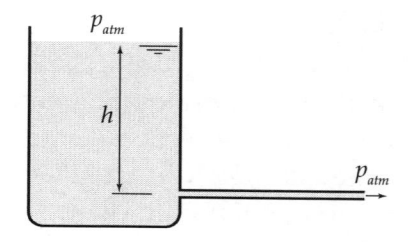

Figura Ep7.34

Resp.: 7,85 E-5 m³/s; 1,34 mm/s.

Ep7.35 O escoamento que ocorre no tubo de descarga da montagem ilustrada na Figura Ep7.35 apresenta perfil de velocidades parabólico, e o diâmetro interno do tubo é 1,2 mm.

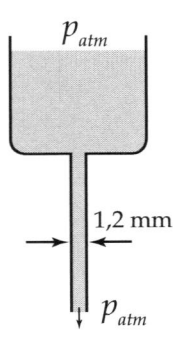

Figura Ep7.35

Sabendo que a velocidade média do escoamento é igual a 0,5 m/s, pede-se para determinar a velocidade do fluido a 0,2 mm da superfície interna do tubo.

Resp.: 0,556 m/s.

Ep7.36 O tê mostrado na Figura Ep7.36 é abastecido com água a 20°C a uma taxa de 80 kg/s. As tubulações das ramificações 2 e 3 têm, respectivamente, diâmetro de 50 e 75 mm. Se a velocidade média no ramo de saída com diâmetro menor é 20 m/s, pede-se para calcular a vazão em volume no ramo de diâmetro maior.

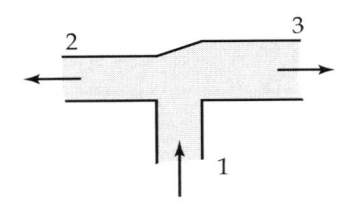

Figura Ep7.36

Ep7.37 Uma tubulação alimenta com água a 20°C um tanque com vazão constante e igual a 12,2 m³/s. Ao mesmo tempo, observa-se uma descarga de 2,2 m³/s por uma tubulação de drenagem. Sabendo que o tanque possui uma superfície livre com área aproximada de 100 m², pede-se:

a) Evidenciar, em um desenho esquemático, um volume de controle adequado para a solução de problemas envolvendo o sistema hidráulico em questão.

b) Utilizando o princípio da conservação da massa expresso na sua forma integral, estime a elevação de cota da superfície livre da represa no decorrer de 24 horas. Relacione as hipóteses simplificadoras utilizadas.

Ep7.38 Em um equipamento industrial, ocorre a combustão de 1,0 kg/s de um óleo combustível em regime permanente. Para promover a combustão, é utilizada a vazão volumétrica de 7000 m³/h de ar a 200°C. Considerando que o processo de combustão ocorre a 1,2 MPa, pede-se para calcular a vazão mássica de produtos de combustão.

Resp.: 18,2 kg/s.

Ep7.39 Um filme, constituído por um líquido com massa específica igual a 1,17 kg/m³, escoa em regime permanente sobre um plano inclinado 28° com a horizontal. Veja a Figura Ep7.39.

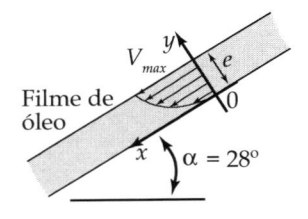

Figura Ep7.39

O perfil de velocidades do escoamento é parabólico, a velocidade máxima do óleo ocorre na superfície do filme e é igual a 0,7 m/s na seção na qual a altura do filme é igual a 10 mm. Para essa seção, determine a velocidade média do escoamento e a vazão volumétrica por metro de largura de plano inclinado.

Resp.: 0,47 m/s; 4,67 L/(m.s).

Ep7.40 No nosso folclore também há questões que envolvem engenharia. Assim, seu professor escolheu uma delas para apresentar para vocês. Ei-la: *A torneira A enche um tanque em 3 horas, e a torneira B, em 4 horas. Um sifão esvazia o tanque em 6 horas. Funcionando os três juntos, e o tanque estando inicialmente vazio, qual o tempo necessário para enchê-lo?* A solução popular dessa questão é estabelecida considerando-se que a vazão através do sifão é constante ao longo do tempo. Responda essa questão utilizando o raciocínio popular. O raciocínio popular é correto?

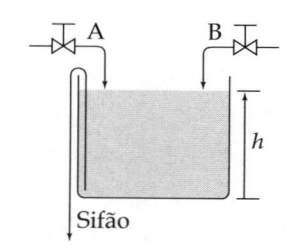

Figura Ep7.40

Resp.: 2,4 h.

Ep7.41 Em tanque cilíndrico com diâmetro interno igual a 600 mm, encontra-se armazenado um óleo que é descarregado através de uma tubulação com diâmetro interno igual a 30 mm. Veja a Figura Ep7.41. O escoamento do óleo na tubulação é laminar, e o perfil de velocidades observado é parabólico com velocidade máxima igual a 2 m/s. Sabendo que a densidade relativa do óleo é

igual a 0,82, pede-se para determinar a velocidade de movimentação da superfície livre do óleo no tanque.

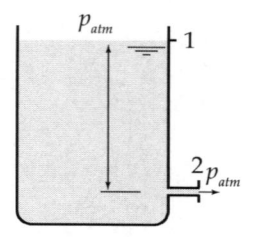

Figura Ep7.41

Resp.: 2,5 mm/s.

Ep7.42 Um tanque cilíndrico com diâmetro interno igual a 800 mm armazena um óleo que é descarregado através de uma tubulação com diâmetro interno igual a 25 mm, ao mesmo tempo que recebe óleo de outras duas tubulações. Veja a Figura Ep7.42. O escoamento do óleo na tubulação de descarga é laminar, e o perfil de velocidades observado é parabólico com velocidade máxima igual a 1 m/s. Em uma das tubulações de alimentação, observa-se a vazão de 1,73 m³/h e, na outra, 0,30 kg/s. Sabendo que a densidade relativa do óleo é igual a 0,82, pede-se para determinar a velocidade de movimentação da superfície livre do óleo no tanque.

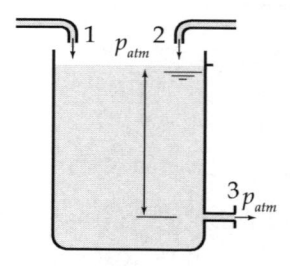

Figura Ep7.42

PRIMEIRA LEI DA TERMODINÂMICA – VOLUMES DE CONTROLE

A primeira lei da termodinâmica foi inicialmente apresentada para um sistema e, na forma de taxa, essa lei é matematicamente descrita por:

$$\dot{Q} - \dot{W} = \frac{\partial E}{\partial t} \tag{8.1}$$

Nessa expressão:

- $\dot{Q}$ é a taxa de calor observada entre o sistema e o meio;
- $\dot{W}$ é a potência desenvolvida ou requerida pelo sistema;
- $\frac{\partial E}{\partial t}$ é a taxa de variação da energia do sistema.

Essa formulação, certamente, não se presta à realização de análises termodinâmicas de volumes de controle. Por esse motivo, desenvolveremos a seguir uma formulação adequada a essa aplicação.

8.1 A PRIMEIRA LEI DA TERMODINÂMICA PARA VOLUMES DE CONTROLE

Um caminho bastante intuitivo para equacionar a primeira lei para volumes de controle consiste em verificar que, ao analisar os fenômenos que ocorrem na superfície de controle, usualmente observamos a ocorrência de transferência de massa, a qual é responsável por transferir energia. Assim sendo, verificamos que é razoável considerar que simplesmente podemos adicionar à equação 8.1 termos destinados a quantificar a energia transferida do volume de controle para o meio e do meio para o volume de controle.

Consideremos, inicialmente, um volume de controle com uma entrada e uma saída, sendo ambas uniformes. Veja a Figura 8.1.

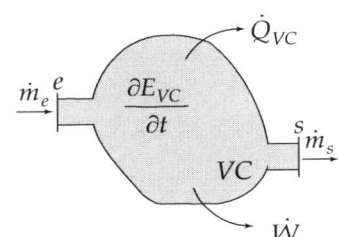

Figura 8.1 Volume de controle

Os termos $\dot{Q}_{VC}$ e $\dot{W}$ existentes na Figura 8.1 devem ser interpretados como sendo, respectivamente, a taxa de calor e a taxa de trabalho que são observadas ao longo de toda a superfície de controle. Considerando que vazões mássicas são responsáveis por transferências de energia através das seções de entrada e de saída da superfície de controle, podemos alterar a equação 8.1, tornando-a aplicável ao volume de controle da Figura 8.1, obtendo:

$$\dot{Q}_{VC} - \dot{W} = \frac{\partial E}{\partial t} - \dot{m}_e e_e + \dot{m}_s e_s \qquad (8.2)$$

Nessa equação, e_e e e_s são, respectivamente, as energias específicas do fluido entrando e saindo do volume de controle.

Lembremo-nos que:

$$e_e = u_e + \frac{V_e^2}{2} + gz_e \qquad (8.3)$$

$$e_s = u_s + \frac{V_s^2}{2} + gz_s \qquad (8.4)$$

Podemos substituir as equações 8.3 e 8.4 na equação 8.2, obtendo:

$$\dot{Q}_{VC} + \dot{m}_e \left(u_e + \frac{V_e^2}{2} + gz_e \right) =$$
$$= \frac{\partial E}{\partial t} + \dot{W} + \dot{m}_s \left(u_s + \frac{V_s^2}{2} + gz_s \right) \qquad (8.5)$$

Analisemos, agora, o termo $\dot{W}$. Esse termo é a taxa de transferência de energia por trabalho entre o volume de controle e o meio, ou seja, é uma potência mecânica que usualmente tratamos como sendo a soma de dois termos, $\dot{W}_{VC} + \dot{W}_p$. Temos, então:

$$\dot{Q}_{VC} + \dot{m}_e \left(u_e + \frac{V_e^2}{2} + gz_e \right) =$$
$$= \frac{\partial E}{\partial t} + \dot{W}_{VC} + \dot{W}_p + \dot{m}_s \left(u_s + \frac{V_s^2}{2} + gz_s \right) \qquad (8.6)$$

O termo $\dot{W}_{VC}$ representa a potência mecânica transferida através da superfície de controle, que pode ser, por exemplo, a potência requerida por uma bomba centrífuga, compressor, ventilador ou, ainda, a potência proporcionada por uma turbina. Assim sendo, trataremos essa potência como sendo apenas aquela transferida por eixo através da superfície de controle, desprezando outras eventuais contribuições.

Observemos as vazões mássicas através da superfície de controle. Elas existem porque o fluido é forçado a escoar entrando e/ou saindo do volume de controle. Note que esses escoamentos não acontecem gratuitamente, e o termo $\dot{W}_p$ representa a potência requerida para promovê-los. Consideremos a seção de saída do VC considerado. Para forçar o fluido a sair do VC, é aplicada a ele uma força igual a $p_s A_s$ que, multiplicada pela velocidade do escoamento nessa seção, resulta em $p_s A_s V_s$, que é igual à potência requerida pelo VC para transferir para o meio a vazão mássica $\dot{m}_s$. Ou seja:

$$\dot{W}_{ps} = p_s A_s V_s = \frac{p_s \dot{m}_s}{\rho_s} = p_s v_s \dot{m}_s \qquad (8.7)$$

Note que essa grandeza é positiva porque está associada à realização de trabalho pelo volume de controle sobre o meio.

Semelhantemente, podemos afirmar que:

$$\dot{W}_{pe} = -p_e A_e V_e = -\frac{p_e \dot{m}_e}{\rho_e} = -p_e v_e \dot{m}_e \qquad (8.8)$$

Concluímos, então, que:

$$\dot{W}_p = \dot{W}_{pe} + \dot{W}_{ps} = p_s v_s \dot{m}_s - p_e v_e \dot{m}_e \qquad (8.9)$$

Substituindo a equação 8.9 na equação 8.6 e colocando as vazões mássicas em evidência, obtemos:

$$\dot{Q}_{VC} + \dot{m}_e \left(u_e + p_e v_e + \frac{V_e^2}{2} + gz_e \right) =$$
$$= \frac{\partial E}{\partial t} + \dot{W}_{VC} + \dot{W}_p + \dot{m}_s \qquad (8.10)$$
$$\left(u_s + p_s v_s + \frac{V_s^2}{2} + gz_s \right)$$

Usando a definição de entalpia, resulta:

$$\dot{Q}_{VC} + \dot{m}_e\left(h_e + \frac{V_e^2}{2} + gz_e\right) =$$
$$= \frac{\partial E}{\partial t} + \dot{W}_{VC} + \dot{m}_s\left(h_s + \frac{V_s^2}{2} + gz_s\right) \quad (8.11)$$

Essa equação representa matematicamente a primeira lei da termodinâmica formulada para um volume de controle com uma entrada e uma saída, sendo ambas uniformes. Essa equação pode ser expandida para ser aplicável a volumes de controle com diversas entradas e saídas, resultando em:

$$\dot{Q}_{VC} + \sum \dot{m}_e\left(h_e + \frac{V_e^2}{2} + gz_e\right) =$$
$$= \frac{\partial E}{\partial t} + \dot{W}_{VC} + \sum \dot{m}_s\left(h_s + \frac{V_s^2}{2} + gz_s\right) \quad (8.12)$$

Obtemos, assim, a equação 8.12, que é uma excelente formulação da primeira lei da termodinâmica para volumes de controle com um número finito de entradas e de saídas uniformes.

8.2 A EQUAÇÃO DA ENERGIA PARA REGIME PERMANENTE

A ocorrência de fenômenos em regime permanente é caracterizada pelo fato de que nenhuma das propriedades da matéria sujeita a eles varia com o tempo. Assim, para um volume de controle no qual ocorrem fenômenos em regime permanente, temos:

$$\frac{\partial E_{VC}}{\partial t} = 0 \quad (8.13)$$

e a equação da energia é reduzida a:

$$\dot{Q}_{VC} - \dot{W}_{VC} = \sum \dot{m}_s\left(h_s + \frac{V_s^2}{2} + gz_s\right) -$$
$$- \sum \dot{m}_e\left(h_e + \frac{V_e^2}{2} + gz_e\right) \quad (8.14)$$

8.3 ANÁLISE TÉRMICA DE EQUIPAMENTOS

Uma aplicação usual da equação da energia consiste na realização da análise térmica de equipamentos. Nesse caso, ela é utilizada simultaneamente com outras equações, por exemplo, a de conservação da massa.

Para realizar esse tipo de análise, alguns passos – que devem ser dados sempre – são a seguir listados.

- Estabelecer criteriosamente o objetivo da análise.
- Estudar cuidadosamente o equipamento, adquirindo o pleno conhecimento dos seus princípios funcionais e dos fenômenos que nele ocorrem.
- Definir com clareza o volume ou volumes de controle a serem usados, identificando perfeitamente as suas superfícies e todos os fluxos de matéria, de energia por calor e por trabalho através delas.
- Identificar os processos termodinâmicos que ocorrem no volume de controle e em seu entorno.
- Estabelecer um conjunto de hipóteses e de considerações a serem utilizadas na aplicação das equações de conservação.
- Aplicar as equações de conservação e equações complementares que descrevam aspectos como comportamento do fluido de trabalho, processos termodinâmicos, propriedades da matéria etc., obtendo um modelo matemático que sempre estará fortemente ligado aos princípios operacionais do equipamento, representando os processos em estudo e permitindo atingir os objetivos da análise.

É perfeitamente compreensível que, para dar esses passos, é fundamental que o profissional responsável pelo trabalho conheça em detalhe o seu objeto de trabalho e os processos termodinâmicos que nele ocorrem.

Com essa preocupação, apresenta-se neste capítulo um conjunto de exercícios resolvidos nos quais detalhamos tanto a descrição dos processos que ocorrem nos equipamentos quanto as hipóteses usualmente utilizadas.

8.4 EXERCÍCIOS RESOLVIDOS

Er8.1 Vapor d'água saturado a 0,5 MPa entra em uma válvula, sendo descarregado à pressão de 0,1 MPa. Determine a temperatura e o volume específico do vapor à saída da válvula.

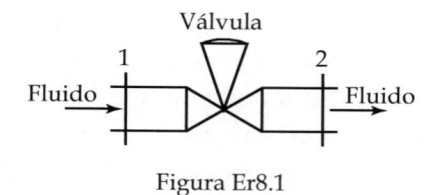

Figura Er8.1

Solução

a) Dados e considerações
- Fluido: água.
- Processo

O fluido entra na válvula em uma determinada pressão e, na sua saída, está em uma pressão inferior devido a irreversibilidades que ocorrem no escoamento, as quais são provocadas principalmente pelas características geométricas da válvula. Consideramos que o escoamento do fluido em uma válvula é adiabático.

- Escolha do volume de controle

Adotamos um volume de controle delimitado pela superfície interna da válvula e pelas seções de entrada e de saída 1 e 2, conforme indicado na Figura Er8.1.

- Propriedades da água na entrada da válvula: $x_1 = 1$, e $p_1 = 0,5$ MPa.
- Propriedade da água na saída da válvula: $p_2 = 0,1$ MPa.

- Hipóteses

Consideraremos que:

- o processo é adiabático;
- as variações de energia cinética e potencial são desprezíveis; e
- não é realizado nenhum tipo de trabalho.

b) Análise e cálculos
- Determinação de propriedades

Na entrada da válvula temos vapor saturado, $x_1 = 1$, e na pressão $p_1 = 0,5$ MPa.

Das tabelas de propriedades termodinâmicas da água, obtemos:

$h_{,1} = 2748,2$ kJ/kg.

Na saída da válvula temos: $p_2 = 0,1$ MPa. De imediato não temos outras propriedades que nos permitam caracterizar o estado da água nessa seção.

- Aplicação da equação de conservação da massa

Como o escoamento se dá em regime permanente e o volume de controle tem somente uma entrada e uma saída, temos:

$$\sum \dot{m}_e = \sum \dot{m}_s \Rightarrow \dot{m}_e = \dot{m}_s \Rightarrow \dot{m}_1 = \dot{m}_2$$

- Aplicação da primeira lei da termodinâmica

Como o escoamento se dá em regime permanente, o volume de controle somente tem uma entrada e uma saída, não há transferência de calor e de trabalho e podemos desprezar variações de energia cinética e potencial, temos:

$$\dot{Q}_{VC} - \dot{W}_{VC} = \sum \dot{m}_s \left(h_s + \frac{V_s^2}{2} + gz_s \right) -$$

$$- \sum \dot{m}_e \left(h_e + \frac{V_e^2}{2} + gz_e \right) \Rightarrow$$

$$0 = \sum \dot{m}_s \left(h_s + \frac{V_s^2}{2} + gz_s \right) -$$

$$- \sum \dot{m}_e \left(h_e + \frac{V_e^2}{2} + gz_e \right) \Rightarrow$$

$$\Rightarrow \dot{m}_e h_e = \dot{m}_s h_s$$

Usando o resultado da aplicação da equação da conservação da massa, concluímos que:

$$h_1 = h_2$$

Ou seja, respeitadas as hipóteses adotadas, o escoamento em uma válvula é isentálpico.

- Determinação das propriedades faltantes na seção 2

Podemos, agora, afirmar que:

$p_2 = 0{,}1$ MPa e $h_2 = h_1 = 2748{,}2$ kJ/kg.

Das tabelas de vapor d'água superaquecido, interpolando, temos:

$v_2 = 1{,}87$ m³/kg e $T_2 = 136°C$

Er8.2 Em uma unidade industrial, um aquecedor de mistura recebe água comprimida a 30°C e 500 kPa e, por meio do uso de vapor superaquecido a 500 kPa e 200°C, disponibiliza à sua saída água a 100°C. Determine a relação entre as vazões mássicas de vapor superaquecido e de água comprimida admitidas pelo equipamento.

Solução

a) Dados e considerações
- Processo

Aquecedores de mistura são equipamentos frequentemente utilizados para aquecer água, disponibilizando-a na fase líquida. Neles, a água aquecida é muitas vezes obtida a partir da mistura de vapor d'água e de água no estado de líquido comprimido. Na Figura Er8.2 temos esquematizado um equipamento desse tipo.

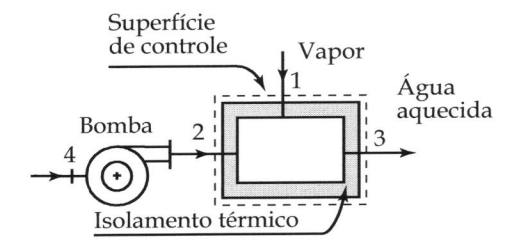

Figura Er8.2

Os aquecedores são termicamente isolados e, por esse motivo, usualmente considera-se em cálculos preliminares que a taxa de transferência de calor através das suas paredes é desprezível. Para efeito de análise termodinâmica, considera-se que a pressão da substância no seu interior é uniforme, admitindo-se, por esse motivo, que as pressões reinantes nas seções de entrada e de saída são iguais. Observa-se que a temperatura da água aquecida depende da razão entre as vazões admitidas e, estando na fase líquida, o seu valor máximo é a sua temperatura de saturação na pressão de operação do equipamento.

- Escolha do volume de controle

Após a compreensão do processo e das características do equipamento, o primeiro passo é definir claramente o volume de controle a ser utilizado para a aplicação das equações de conservação. Escolhe-se o volume de controle cuja superfície é indicada por uma linha tracejada na Figura Er8.2.

- Hipóteses

Para aplicar as equações de conservação a esse equipamento, estabelecem-se as hipóteses relacionadas a seguir.

- O equipamento é indeformável e opera em regime permanente.
- O isolamento térmico é de boa qualidade, podendo-se supor que a taxa de transferência de calor entre o volume de controle e o meio é desprezível.
- As variações de energia cinética e potencial não são significativas, podendo ser desprezadas.
- A água aquecida está no estado de líquido saturado.
- As pressões nas seções de entrada e de saída são iguais.
- O trabalho realizado pela água no processo é nulo.

- Propriedades conhecidas nas seções de entrada e de saída

Para identificar as propriedades, nós as identificamos utilizando os índices que definem as seções.

- Seção 1: $T_1 = 200°C$ e $p_1 = 500$ kPa.
- Seção 2: $T_2 = 30°C$ e $p_2 = 500$ kPa.
- Seção 3: $T_3 = 100°C$ e $p_3 = 500$ kPa.

b)   Análise e cálculos

- Determinação das propriedades da água nas seções de entrada e de saída

Seção 1: $T_1 = 200°C$ e $p_1 = 500$ kPa $\Rightarrow$
$\Rightarrow h_1 = 2855,8$ kJ/kg.

Seção 2: $T_2 = 30°C$ e $p_2 = 500$ kPa $\Rightarrow$
$\Rightarrow h_2 = 125,7$ kJ/kg.

Seção 3: $T_3 = 100°C$ e $p_3 = 500$ kPa $\Rightarrow$
$\Rightarrow h_3 = 419,1$ kJ/kg.

- Aplicação da equação da conservação da massa

Como o equipamento opera em regime permanente, temos: $\sum \dot{m}_e = \sum \dot{m}_s$.

Indexando as vazões segundo a numeração das seções de entrada e saída indicadas na Figura Er8.2, tem-se: $\dot{m}_1 + \dot{m}_2 = \dot{m}_3$.

- Aplicação da primeira lei

Aplicando-se a primeira lei da termodinâmica para volume de controle em regime permanente, tem-se:

$$\dot{Q}_{VC} - \dot{W}_{VC} = \sum \dot{m}_s \left(h_s + \frac{V_s^2}{2} + gz_s \right) -$$

$$- \sum \dot{m}_e \left(h_e + \frac{V_e^2}{2} + gz_e \right)$$

Lembrando que, por hipótese, as taxas de transferência de calor e de realização de trabalho são nulas e, utilizando o mesmo processo de indexação, temos:

$$\dot{m}_1 h_1 + \dot{m}_2 h_2 = \dot{m}_3 h_3$$

- Determinação da relação entre as vazões

Busca-se determinar a relação: $\dfrac{\dot{m}_1}{\dot{m}_2}$.

Substituindo o resultado da aplicação da equação da conservação da massa no resultado obtido da aplicação da primeira lei, temos:

$$\dot{m}_1 h_1 + \dot{m}_2 h_2 = \left(\dot{m}_1 + \dot{m}_2 \right) h_3 \Rightarrow$$

$$\Rightarrow \frac{\dot{m}_1}{\dot{m}_2} = \frac{h_2 - h_3}{h_3 - h_1}$$

Substituindo os valores já determinados das entalpias, obtemos:

$$\frac{\dot{m}_1}{\dot{m}_2} = 0,12 = 12 \text{ %}.$$

Er8.3 Uma turbina recebe vapor d'água a 2 MPa e 400°C e o descarrega a 35°C com título igual a 95%. Determine o trabalho disponível no eixo da turbina por unidade de massa de vapor admitido.

Solução

a)   Dados e considerações
- Processo

Uma turbina a vapor é um equipamento constituído basicamente por uma carcaça externa que constitui o seu corpo, chamada *estator*, e por uma peça interna giratória, denominada *rotor*. Ao estator é fixado um conjunto de pás denominadas *pás fixas*. O rotor é basicamente constituído por um eixo ao qual está afixado um conjunto de pás, denominadas *pás móveis*, pelo fato de girarem solidariamente a esse eixo. Em uma turbina a vapor, esse fluido de trabalho escoa em seu interior sofrendo um processo de expansão, realizando trabalho sobre as pás móveis, causando o movimento de rotação do rotor e, assim, disponibilizando potência mecânica em seu eixo, ao qual, usualmente, é acoplado um gerador elétrico. O vapor é admitido na turbina a alta pressão e alta temperatura e, devido ao processo de expansão, é exaurido em pressão e temperatura inferiores às da entrada.

Em uma turbina real sempre ocorre transferência de calor através do seu estator. Buscando criar uma ferramenta de trabalho adequada, estabelecemos que uma turbina ideal seja aquela na qual o vapor, ao escoar em seu interior, sofre um processo adiabático e reversível.

• Escolha do volume de controle
Escolhemos um volume de controle delimitado por uma superfície constituída pela interface entre o corpo da turbina e sua vizinhança. Observamos que esse volume de controle apresenta uma seção de entrada e uma de saída de vapor que denominaremos 1 e 2. Veja a Figura Er8.3.

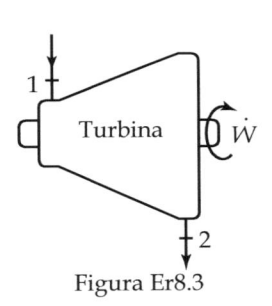

Figura Er8.3

• Hipóteses
Consideraremos que:

• a turbina é ideal e, assim, o processo de expansão do vapor que ocorre em seu interior será considerado adiabático e reversível;
• as variações de energia cinética e de energia potencial que ocorrem no escoamento de vapor entre as seções de entrada e de saída da turbina serão muito pequenas frente a outras varia-

ções energéticas, podendo ser desprezadas; e
• esse processo ocorre em regime permanente.
• Propriedades dadas
• Seção 1 (entrada): $p_1 = 2$ MPa e $T_1 = 400°C$.
• Seção 2 (saída): $x_2 = 0,95$ e $T_2 = 35°C$.

b) Análise e cálculos
• Determinação das propriedades nas entradas e saídas do volume de controle
As propriedades serão identificadas pelos mesmos índices que denominam as seções nas quais elas são avaliadas.

Seção 1 (entrada): $p_1 = 2$ MPa e $T_1 = 400°C \Rightarrow h_1 = 3248,2$ kJ/kg $= 2$ MPa e $T_1 = 400°C \Rightarrow$
$\Rightarrow h_1 = 3248,2$ kJ/kg.
Seção 2 (saída): $x_2 = 0,95$ e $T_2 = 35°C \Rightarrow h_2 = 2443,7$ kJ/kg.

• Aplicação da equação da conservação da massa
Como o equipamento opera em regime permanente, temos: $\sum \dot{m}_e = \sum \dot{m}_s$.
Indexando as vazões segundo a numeração das seções de entrada e saída indicadas na Figura Er8.3, obtemos:
$\dot{m}_1 = \dot{m}_2 = \dot{m}$

onde $\dot{m}$ é a vazão mássica de vapor através da turbina.

• Aplicação da primeira lei
Aplicando-se a primeira lei da termodinâmica para volume de controle em regime permanente, tem-se:

$$\dot{Q}_{VC} - \dot{W}_{VC} = \sum \dot{m}_s \left(h_s + \frac{V_s^2}{2} + gz_s \right) -$$

$$- \sum \dot{m}_e \left(h_e + \frac{V_e^2}{2} + gz_e \right)$$

Lembrando que, por hipótese, a taxa de transferência de calor é nula, desprezando as variações de energia cinética e potencial e utilizando o mesmo processo de indexação, temos:

$$\dot{W}_{VC} = \dot{m}_1 h_1 - \dot{m}_2 h_2$$

Lembrando-se do resultado da aplicação da equação da conservação da massa, temos:

$$\dot{W}_{VC} = \dot{m}(h_1 - h_2)$$

que é a potência disponibilizada no eixo do rotor da turbina. O trabalho realizado por unidade de massa de vapor que escoa através da turbina será:

$$w_{VC} = \frac{\dot{W}_{VC}}{\dot{m}} = h_1 - h_2$$

$$w_{VC} = 3248,2 - 2443,7 = 804,5 \text{ kJ/kg}$$

Er8.4 Em um processo industrial, utiliza-se um trocador de calor para preaquecer água utilizando-se produtos de combustão, conforme indicado na Figura Er8.4. As temperaturas de entrada e de saída dos produtos de combustão no trocador de calor são, respectivamente, 160°C e 80°C. Água, sempre na fase líquida, é admitida no trocador a 20°C e descarregada a 70°C. Considerando-se que a vazão mássica de produtos de combustão é igual a 0,8 kg/s, pede-se para calcular a vazão mássica de água aquecida no processo.

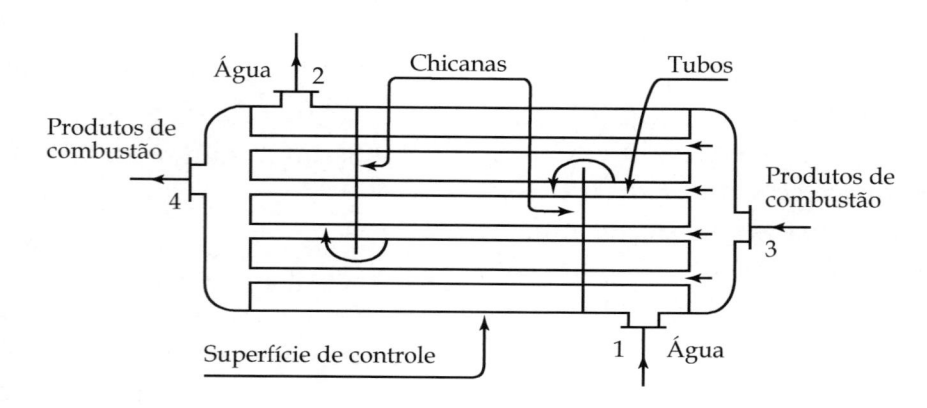

Figura Er8.4

Solução

a)   Dados e considerações

     • Processo

Um trocador de calor de superfície é um equipamento por meio do qual dois fluidos separados por uma interface, usualmente metálica, escoam trocando calor. Na Figura Er8.4 apresentamos um tipo bastante comum denominado *tubo e carcaça*, que é constituído por uma carcaça tubular e por um feixe interno de tubos que, eventualmente, se reduz a apenas um tubo interno. Um dos fluidos escoa no interior dos tubos, e o outro fluido escoa no espaço delimitado pela face externa dos tubos e pela face interna da carcaça. Com frequência, esses equipamentos têm internamente placas direcionadoras do escoamento denominadas chicanas.

Buscando criar uma ferramenta de trabalho adequada, estabelecemos que um trocador de calor ideal é aquele no qual não ocorre transferência de calor entre a sua carcaça e o meio externo e no qual as diferenças entre a pressão de entrada e a de saída de qualquer um dos fluidos poderão, em análises termodinâmicas, serem desprezadas.

- Escolha do volume de controle

Escolhemos um volume de controle delimitado por uma superfície constituída pela interface entre o corpo do trocador de calor e sua vizinhança. Observamos que esse volume de controle apresenta duas seções de entrada e duas de saída denominadas 1, 2, 3 e 4. Veja a Figura Er8.4.

- Hipóteses

Consideraremos que:

- o trocador de calor é ideal, assim, o processo de transferência de calor se dá apenas entre os fluidos que escoam no seu interior e não há diferença entre a pressão de entrada e a de saída de cada um desses fluidos;
- não há movimento de fronteira e não há eixos em movimento, assim, não há trabalho realizado;
- as variações de energia cinética e de energia potencial que ocorrem nos escoamentos serão nulas ou eventualmente muito pequenas frente a outras variações energéticas, podendo ser desprezadas;
- este processo ocorre em regime permanente;
- os produtos de combustão poderão ser tratados como um gás ideal com calores específicos constantes e com propriedades termodinâmicas iguais às do ar, ou seja: $R = 0,287$ kJ/(kg.K); $c_v = 0,717$ kJ/(kg.K); e $c_p = 1,004$ kJ/(kg.K).

- Propriedades

As propriedades serão identificadas pelos mesmos índices que denominam as seções nas quais elas são avaliadas.

Propriedades da água: como ela permanece sempre na fase líquida, consideraremos que suas propriedades podem ser aproximadas pelas do líquido saturado na mesma temperatura. Assim, teremos:

Seção 1: $T_1 = 20°C \Rightarrow h_1 = 83,9$ kJ/kg.

Seção 2: $T_2 = 70°C \Rightarrow$
$\Rightarrow h_2 = 293,1$ kJ/kg.

Propriedades dos produtos de combustão:

Seção 3: $T_3 = 160°C$.

Seção 4: $T_4 = 80°C$.

b) Análise e cálculos

- Aplicação da equação da conservação da massa

Como o equipamento opera em regime permanente, temos: $\sum \dot{m}_e = \sum \dot{m}_s$.

Indexando as vazões segundo a numeração das seções de entrada e saída indicadas na Figura Er8.4 e aplicando essa equação separadamente para a água e para os produtos de combustão, tem-se: $\dot{m}_1 = \dot{m}_2 = \dot{m}_{água}$.

$\dot{m}_3 = \dot{m}_4 = \dot{m}_{pc} = 0,8$ kg/s, conforme indicado no enunciado da questão.

Nessas expressões, $\dot{m}_{água}$ e $\dot{m}_{pc}$ são as vazões mássicas de água e de produtos de combustão.

- Aplicação da primeira lei

Aplicando-se a primeira lei da termodinâmica para volume de controle em regime permanente, tem-se:

$$\dot{Q}_{VC} - \dot{W}_{VC} = \sum \dot{m}_s \left(h_s + \frac{V_s^2}{2} + gz_s \right) -$$

$$- \sum \dot{m}_e \left(h_e + \frac{V_e^2}{2} + gz_e \right)$$

Lembrando que, por hipótese, a taxa de transferência de calor é nula, o trabalho realizado é nulo e desprezando as variações de energia cinética e potencial, temos:

$$\sum \dot{m}_e h_e = \sum \dot{m}_s h_s \Rightarrow$$

$$\Rightarrow \dot{m}_1 h_1 + \dot{m}_3 h_3 = \dot{m}_2 h_2 + \dot{m}_4 h_4$$

Considerando os resultados da aplicação da equação da conservação da massa, temos:

$$\dot{m}_{água}\left(h_1 - h_2\right) = \dot{m}_{pc}\left(h_4 - h_3\right)$$

$$\dot{m}_{água} = \frac{\dot{m}_{pc}\left(h_4 - h_3\right)}{\left(h_1 - h_2\right)} = \frac{\dot{m}_{pc}c_p\left(T_4 - T_3\right)}{\left(h_1 - h_2\right)}$$

$$\dot{m}_{água} = \frac{0,8 \cdot 1,004 \cdot (160 - 80)}{293,1 - 83,9} =$$

$$= 0,307 \text{ kg/s}$$

Er8.5 Em um condensador, água proveniente de um grande lago é utilizada para condensar vapor d'água descarregado por uma turbina a 40°C, com título igual a 95%. A água proveniente do lago entra no condensador a 20°C e retorna para o lago a 25°C. Sabendo que na turbina escoam 900 kg/h de vapor, pede-se para determinar a vazão necessária de água.

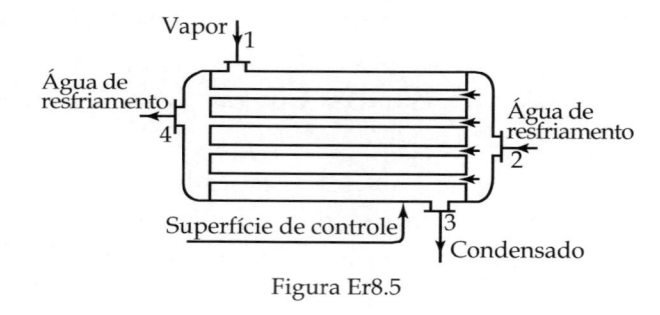

Figura Er8.5

Solução

a) Dados e considerações
   • Processo
   Um condensador é um trocador de calor de superfície projetado com o propósito de condensar água, inicialmente no estado de vapor saturado ou próximo disso, e obtendo-a no estado de líquido saturado ou sub--resfriado. Veja Figura Er8.5.

   • Escolha do volume de controle
   Escolhemos um volume de controle delimitado por uma superfície constituída pela interface entre o corpo do condensador e sua vizinhança. Observamos que esse volume de controle apresenta duas seções de entrada e duas de saída denominadas 1, 2, 3 e 4. Veja a Figura Er8.5.

• Hipóteses
  Consideraremos que:
  • o condensador é um trocador de calor ideal, assim, o processo de transferência de calor se dá apenas entre os fluidos que escoam no seu interior e não há diferença entre a pressão de entrada e a de saída de cada um desses fluidos;
  • não há movimento de fronteira e não há eixos em movimento, assim, não há trabalho realizado;
  • as variações de energia cinética e de energia potencial que ocorrem nos escoamentos serão nulas ou eventualmente muito pequenas frente a outras variações energéticas, podendo ser desprezadas;
  • este processo ocorre em regime permanente.

• Propriedades
  As propriedades serão identificadas pelos mesmos índices que denominam as seções nas quais elas são avaliadas.

  • Seção 1: $T_1 = 40°C$ e $x_1 = 0,95$.
  • Seção 3: por hipótese consideramos que o vapor condensado é descarregado do condensador no estado de líquido saturado. Assim sendo: $x_3 = 0$.
  • Seções 2 e 4: como a água de resfriamento vem de um lago, a sua pressão será, a menos da pressurização necessária para promover o escoamento, igual à pressão atmosféri-

ca, estando, assim, a água no estado de líquido comprimido. São dadas as temperaturas $T_2 = 20°C$ e $T_4 = 25°C$.

b) Análise e cálculos
- Determinação das propriedades nas entradas e saídas do volume de controle

As propriedades serão identificadas pelos mesmos índices que denominam as seções nas quais elas são avaliadas.

- Seção 1

Temos: $T_1 = 40°C$ e $x_1 = 0,95$.

Da tabela de água saturada, para essa temperatura, temos:

$h_{l,1} = 167,5$ kJ/kg; $h_{v,1} = 2575,5$ kJ/kg; e $p_1 = 7,385$ kPa

$$h_1 = (1 - x_1)h_{l,1} + x_1 h_{v,1}$$

Substituindo-se os valores nessa expressão, resulta: $h_1 = 2453,2$ kJ/kg.

- Seção 3

Por hipótese, consideramos que o vapor condensado é descarregado do condensador no estado de líquido saturado.

Assim sendo: $x_3 = 0$.

A pressão de descarga do condensado é igual à pressão de admissão do vapor: $p_3 = p_1 = 7,385$ kPa. Então, a entalpia no estado 3 será igual a $h_3 = h_{l,1} = 167,5$ kJ/kg.

- Seções 2 e 4

As entalpias desejadas serão consideradas aproximadamente iguais às entalpias do líquido saturado às mesmas temperaturas.

Da tabela de propriedades termodinâmicas da água saturada, para as temperaturas de 20°C e 25°C, temos: $h_2 = 83,9$ kJ/kg e $h_4 = 104,8$ kJ/kg.

- Aplicação da equação da conservação da massa

Como o equipamento opera em regime permanente, temos: $\sum \dot{m}_e = \sum \dot{m}_s$.

Indexando as vazões segundo a numeração das seções de entrada e saída indicada na Figura Er8.5 e aplicando essa equação separadamente para a água de resfriamento e para o vapor, tem-se:

$\dot{m}_1 = \dot{m}_3 = \dot{m}_v = 900$ kg/h = 0,25 kg/s

onde $\dot{m}_v$ é a vazão de água descarregada pela turbina e admitida pelo condensador.

$\dot{m}_3 = \dot{m}_2 = \dot{m}_{ag}$

onde $\dot{m}_{ag}$ é a vazão mássica de água de resfriamento admitida pelo condensador.

- Aplicando a primeira lei

A primeira lei da termodinâmica para volume de controle em regime permanente é dada por:

$$\dot{Q}_{VC} - \dot{W}_{VC} = \sum \dot{m}_s \left(h_s + \frac{V_s^2}{2} + gz_s \right) - \sum \dot{m}_e \left(h_e + \frac{V_e^2}{2} + gz_e \right)$$

Lembrando que, por hipótese, a taxa de transferência de calor é nula, que o trabalho realizado é nulo e desprezando as variações de energia cinética e potencial, obtemos:

$$\sum \dot{m}_e h_e = \sum \dot{m}_s h_s \Rightarrow$$

$$\Rightarrow \dot{m}_1 h_1 - \dot{m}_3 h_3 = \dot{m}_4 h_4 - \dot{m}_2 h_2$$

Considerando os resultados da aplicação da equação da conservação da massa, temos:

$$\dot{m}_v (h_1 - h_3) = \dot{m}_{ag}(h_4 - h_2)$$

$$\dot{m}_{ag} = \dot{m}_v \frac{h_1 - h_3}{h_4 - h_2} = 27,3 \text{ kg/s}$$

Er8.6 Uma caldeira produz 12.600 kg/h de vapor a 2,5 MPa e 400°C. A temperatura da água na entrada da caldeira é igual a 50°C. Determine a taxa de transferência de calor para a água na caldeira.

Solução

a) Dados e considerações
  • Processo
Uma caldeira é um equipamento que recebe água pressurizada na fase líquida e, em seu interior, ela muda de fase, tornando-se vapor e mantendo sua pressão constante. A energia requerida pelo processo é provida, usualmente, pela queima de um combustível, por exemplo: carvão mineral, gás natural, óleo combustível etc.

  • Escolha do volume de controle
Escolhemos um volume de controle delimitado por uma superfície que envolva apenas a água em seu trajeto através da caldeira. Assim, os demais componentes ficarão fora do volume de controle. Veja a Figura Er8.6; nela identificamos a seção de entrada de água comprimida pelo índice 1 e a saída de vapor pelo índice 2.

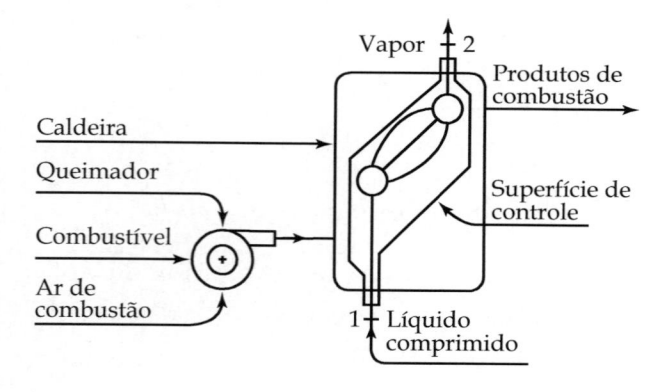

Figura Er8.6

  • Hipóteses
  Consideraremos que:
    • a caldeira é um equipamento no qual a pressão da água, ao escoar no seu interior, não varia;
    • nela não há movimento de fronteira e nem eixos em movimento, assim não há trabalho realizado;
    • as variações de energia cinética e de energia potencial que ocorrem nos escoamentos serão nulas ou eventualmente muito pequenas frente a outras variações energéticas, podendo ser desprezadas;
    • este processo ocorre em regime permanente.
  • Propriedades nas entradas e saídas do volume de controle
$T_1 = 50°C$, $T_2 = 400°C$, $p_2 = 2,5$ MPa
$\dot{m}_1 = \dot{m}_2 = 12.600$ kg/h

b) Análise e cálculos
  • Determinação das propriedades nas seções de entrada e de saída do volume de controle
  • Seção 2
$T_2 = 400°C$ e $p_2 = 2,5$ MPa
Das tabelas de propriedades termodinâmicas da água saturada, temos:
$h_2 = 3240,1$ kJ/kg
  • Seção 1
Por hipótese, consideramos que não há variação da pressão da água ao longo da caldeira, logo:
$p_1 = p_2 = 2,5$ MPa
O enunciado nos informa que:
$T_1 = 50°C$.
Assim: $h_1 = 209,3$ kJ/kg.
  • Aplicação da equação da conservação da massa
Como o processo ocorre em regime permanente e o volume de controle tem apenas uma entrada e uma saída, temos: $\dot{m}_1 = \dot{m}_2$.
O enunciado nos informa que:

$$\dot{m}_1 = \dot{m}_2 = \frac{12600}{3600} = 3,50 \text{ kg/s}$$

  • Aplicação da primeira lei da termodinâmica para volume de controle, regime permanente.

A primeira lei para volume de controle no qual ocorre um processo em regime permanente é dada por:

$$\dot{Q}_{VC} - \dot{W}_{VC} = \sum \dot{m}_s \left(h_s + \frac{V_s^2}{2} + gz_s \right) -$$

$$- \sum \dot{m}_e \left(h_e + \frac{V_e^2}{2} + gz_e \right)$$

Com a adoção das hipóteses já estabelecidas, a primeira lei se resumirá a:

$$\dot{Q}_{VC} = \dot{m}_2 h_2 - \dot{m}_1 h_1$$

Utilizando os valores já calculados, obtemos:

$$\dot{Q}_{VC} = \frac{12600}{3600}(3240,1 - 209,3) =$$

$$= 10,6 \text{ MW}$$

8.5 EXERCÍCIOS PROPOSTOS

Ep8.1 Através de uma válvula bem isolada, escoa ar em regime permanente. Na sua entrada a pressão é igual a 300 kPa e a temperatura é igual a 20°C. Sabendo que na sua saída a pressão é igual à atmosférica, 100 kPa, pergunta-se: qual é a temperatura do ar nessa seção?

Resp.: 20°C.

Ep8.2 Uma caldeira produz 1,8 kg/s de vapor superaquecido a 5 MPa e 400°C, e dispõe de um sistema de reaquecimento de vapor que opera com a mesma vazão, recebendo vapor a 1 MPa e 200°C e reaquecendo-o até a temperatura de 400°C. Considerando que a água é admitida na caldeira a 60°C, determine a taxa de transferência de calor para a água na caldeira.

Resp.: 6,09 MW.

Ep8.3 Em um condensador, água bombeada de um grande lago é utilizada para condensar vapor d'água proveniente de uma turbina. O vapor é admitido no condensador a 40°C, com título igual a 95%. A água bombeada do lago entra no condensador a 20°C e retorna para o lago a 28°C. Sabendo que a vazão de admissão de vapor na turbina é igual a 900 kg/h, pede-se para determinar a vazão necessária de água de resfriamento.

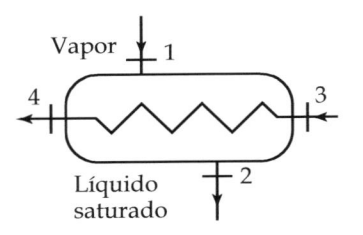

Figura Ep8.3

Resp.: 17,1 kg/s.

Ep8.4 Um coletor solar é utilizado para aquecer água de 20°C a 60°C. Esse coletor possui uma área de 3 m², sobre a qual incide energia solar a uma taxa de 500 W/m². Estima-se que 35% dessa taxa não é utilizada para o aquecimento. Considere que a perda de carga no coletor não é significativa e que o coletor opera em regime permanente. Avalie a taxa de transferência de calor para a água e o menor número de coletores solares necessários para aquecer 160 litros de água em uma hora de operação.

Resp.: 975 W/coletor; 8 coletores.

Ep8.5 Em uma indústria, para aquecer água para um determinado processo, um engenheiro propôs o uso de um misturador – veja a Figura Ep8.5 – que opera em regime permanente recebendo 0,5 kg/s de água na pressão atmosférica, 100 kPa, a 20°C e recebe 0,01 m³/s de vapor d'água saturado a 1,0 MPa. Considerando que o equipamento é perfeitamente isolado e que a água aquecida está a 100 kPa, avalie a vazão mássica total de água aquecida em kg/s e a sua temperatura.

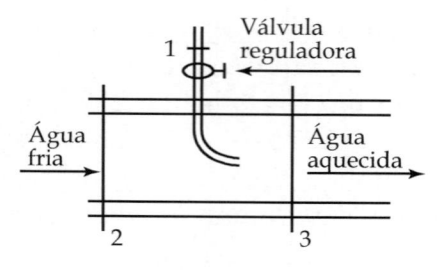

Figura Ep8.5

Resp.: 0,551 kg/s; 80°C.

Ep8.6 Em uma residência, há um sistema de aquecimento central que provê água quente para uso geral a 80°C. Em um dia no qual a temperatura ambiente é igual a 12°C, o proprietário da residência dirige-se ao seu banheiro e abre as torneiras de água quente e de água fria do seu chuveiro. Considerando que a temperatura desejável da água do banho é igual a 28°C, pergunta-se: qual deve ser a relação entre as vazões de água quente e fria que, misturadas, geram uma corrente de água a 28°C? Se o sistema for substituído por um chuveiro elétrico perfeitamente isolado, qual deve ser a potência desse chuveiro para que se obtenha 3,5 litros/minuto de água aquecida nas mesmas condições?

Resp.: 0,307; 3,90 kW.

Ep8.7 Em um misturador adiabático, mistura-se 0,1 kg/s de ar a 100 kPa e 820°C com ar a 100 kPa e 20°C, obtendo-se a mistura a 220°C e 90 kPa. Determine a vazão mássica da mistura e a vazão volumétrica da mistura a 220°C e 90 kPa.

Resp.: 0,4 kg/s; 0,629 m³/s.

Ep8.8 Em um misturador adiabático, mistura-se 0,2 kg/s de vapor d'água a 400°C e 10 bar com 0,5 kg/s de vapor saturado a 10 bar. Considerando que a pressão de saída da mistura é aproximadamente igual a 10 bar, determine a sua temperatura.

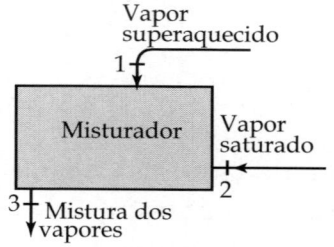

Figura Ep8.08

Ep8.9 Um trocador de calor de mistura bem isolado recebe vapor d'água a 1 MPa e 200°C e água a 1 MPa e 50°C.

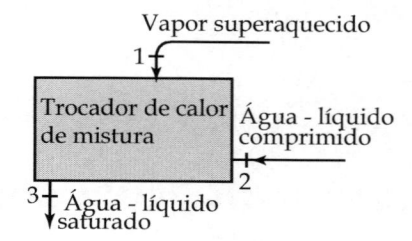

Figura Ep8.09

Qual deve ser a relação entre as vazões mássicas de entrada no trocador ($\dot{m}_{vapor}/\dot{m}_{líquido}$) para que a água à sua saída esteja com título igual a 1?

Resp.: 0,268

Ep8.10 Um evaporador de um sistema de refrigeração utiliza R-134a como fluido de trabalho, admitindo 0,01 kg/s desse fluido a –20°C e com título igual a 0,5. Sabendo que o fluido de trabalho é descarregado do evaporador no estado de vapor saturado, determine a taxa de transferência de calor entre o fluido de trabalho e o ambiente refrigerado.

Resp.: 1,07 kW.

Ep8.11 Uma turbina admite 5 kg/s de vapor d'água a 400°C e 7 MPa. Sabe-se que, na seção de descarga da turbina, o vapor se encontra saturado a 1 MPa e que a taxa de transferência de calor entre a turbina e o meio é desprezível. Determine a potência da turbina.

Resp.: 1,91 MW.

Ep8.12 Considere o condensador e a turbina a vapor esquematizados na Figura Ep8.12. Nessa turbina há duas extrações de vapor. Na primeira, extraem-se 10% da vazão admitida e, na segunda, extraem-se 20%. São dadas propriedades da água na tabela a seguir.

Estado	1	2	3	4	5	6	7
Temperatura (°C)	400	350	250	40	40	20	35
Pressão (kPa)	5000	3500	1400			100	100
Título	–	–	–	0,95	0,0	–	–

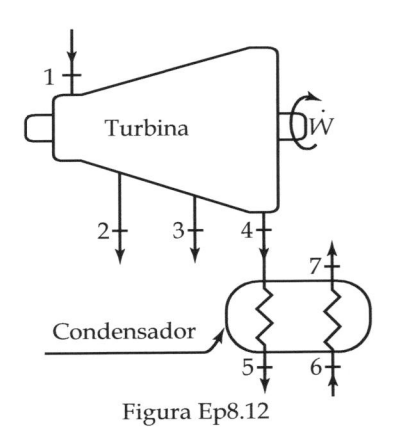

Figura Ep8.12

Considerando que a potência da turbina é igual a 30 MW, determine a vazão de vapor admitida na turbina, a quantidade de energia transferida por calor à água de resfriamento e a vazão de água de resfriamento.

Resp.: 51,4 kg/s; 117,5 MW; 1874 kg/s.

Ep8.13 O equipamento da Figura Ep8.13, denominado aquecedor de mistura, operando em regime permanente, recebe 0,5 kg/s de água a 1 MPa e 30°C e, para aquecê-la, utiliza uma vazão desconhecida de vapor d'água a 1 MPa e 200°C. Como resultado obtém-se, na saída do equipamento, água aquecida a 100°C. Considerando que o equipamento é perfeitamente isolado, determine a vazão de vapor utilizada.

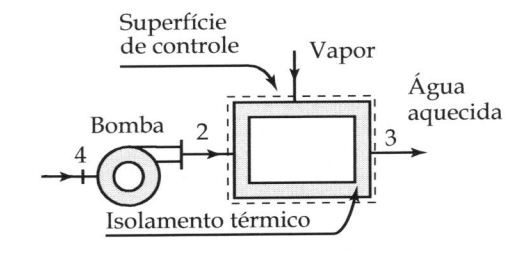

Figura Ep8.13

Resp.: 0,061 kg/s.

Ep8.14 Em um processo industrial, água à pressão atmosférica, 100 kPa, é aquecida de 30°C até a temperatura de 90°C. Para tal, é utilizado um aquecedor de água do tipo de superfície – veja a Figura Ep8.14 –, que recebe vapor d'água saturado a 1 MPa, descarregando-o na forma de líquido saturado. Adote as hipóteses necessárias e determine a vazão necessária de vapor para aquecer 1 kg/s de água e a taxa de transferência de energia por calor para a água aquecida.

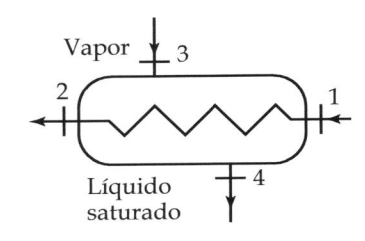

Figura Ep8.14

Resp.: 0,125 kg/s; 251 kW.

Ep8.15 Em um equipamento industrial, deseja-se utilizar uma resistência elétrica para aquecer 0,1 kg/s de ar inicialmente a 15°C. Considerando que se deseja obter o ar a 85°C, pede-se para definir qual deverá ser a potência elétrica da resistência.

Resp.: 7,03 kW.

Ep8.16 Em um processo industrial, ar na pressão atmosférica, 100 kPa, é aquecido de 30°C até a temperatura de 90°C. Para tal, é utilizado um trocador de calor conforme ilustrado na Figura Ep8.14, que recebe vapor d'água saturado a 2 MPa, descarregando-o na forma de líquido saturado. Adote as hipóteses necessárias e determine a vazão necessária de vapor para aquecer 0,3 kg/s de ar e a taxa de transferência de energia por calor para a vazão de ar que está sendo aquecido.

Resp.: 9,56 g/s; 18,1 kW.

Ep8.17 Um engenheiro avalia que, em determinada condição operacional, cerca de 30% das perdas de um motor de combustão interna, instalado em um veículo de passeio, consiste em calor rejeitado do radiador para o meio ambiente. Considere que a potência do motor é igual a 75 kW, que o seu rendimento é igual a 32% e que o ar, ao passar pelo radiador, tem a sua temperatura elevada em 8°C. Determine a vazão requerida de ar no radiador, sabendo que esse componente deve operar nessa condição operacional 70% do tempo.

Resp.: 8,51 kg/s.

Ep8.18 Observe a Figura Ep8.18. Nela temos um aquecedor de mistura ideal que recebe 0,5 kg/s de água a $p_1 = 1$ MPa e $T_1 = 30°C$. Para aquecê-la, utiliza-se vapor saturado, 0,05 kg/s, a $p_2 = 2$ MPa, que, ao escoar através da válvula indicada na figura, atinge a pressão de 1 MPa reinante no interior do aquecedor. Determine entalpia e a temperatura da água aquecida.

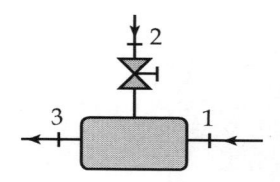

Figura Ep8.18

Resp.: 368,7 kJ/kg; 87,8°C.

Ep8.19 Uma caldeira recebe água a $p_1 = 4$ MPa e $T_1 = 100°C$ e produz vapor a $T_2 = 400°C$.

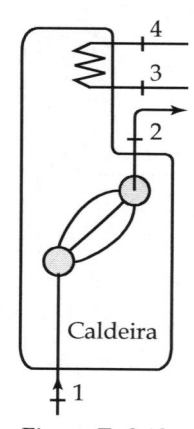

Figura Ep8.19

Essa caldeira também tem a função de reaquecer vapor que é admitido a $p_3 = 1$ MPa e $T_3 = 200°C$, elevando a sua temperatura a $T_4 = 400°C$. Sabe-se que tanto a vazão de vapor produzido quanto a vazão de vapor reaquecido são iguais a 8 kg/s. Qual é a taxa de transferência de calor total que ocorre na caldeira?

Resp.: 25,9 MW.

Ep8.20 Um compressor opera em regime permanente admitindo 0,5 kg/s de ar a $T_1 = 21°C$ e $p_1 = 94$ kPa, e a sua pressão de exaustão é igual a $p_2 = 850$ kPa. Considere que a temperatura de saída do ar comprimido seja igual a 185°C. Determine a potência requerida por esse compressor.

Resp.: 82,3 kW.

Ep8.21 Em uma unidade industrial, queima--se biomassa em uma caldeira que recebe água comprimida a 150°C para produzir vapor superaquecido a 4 MPa e 400°C. Veja a Figura Ep8.21. Um quarto da vazão de vapor admitida na turbina é extraída a 1,5 MPa, e o restante é expandido até a pressão de 0,8 MPa e, então, utilizado no processo produtivo da unidade industrial. A turbina disponibiliza em seu eixo a potência de 2 MW para a geração de energia elétrica. Considere que uma tonelada de biomassa libera em seu processo de combustão 18 MJ/kg e que o rendimento da caldeira é igual a 80%, ou seja: 80% da energia liberada na combustão da biomassa é efetivamente utilizada para a produção de vapor. São dadas as seguintes entalpias: $h_2 = 2970$ kJ/kg e $h_3 = 2840$ kJ/kg. Pergunta-se:

a) Qual é o trabalho por quilograma de vapor produzido na caldeira disponibilizado pela turbina?

b) Qual é a vazão mássica de vapor produzida pela caldeira?

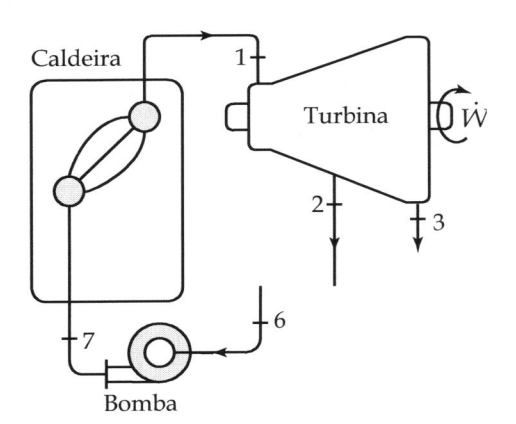

Figura Ep8.21

c) Qual é a taxa de transferência de calor para a água no processo que ocorre na caldeira?

d) Quantas toneladas por hora de bagaço da cana são consumidas na caldeira?

Resp.: 341 kJ/kg; 5,85 kg/s; 15,1 MW; 3,78 ton/h.

Ep8.22 O trocador de calor de superfície esquematizado na Figura Ep8.22 é alimentado com 0,1 kg/s de água admitida no estado de vapor saturado a 100 kPa e descarregada a 40°C. Ar é aquecido nesse trocador de calor, sendo admitido na pressão atmosférica a 0°C e descarregado a 25°C. Determine a taxa de transferência de energia por calor da água para o ar e a vazão em massa de ar aquecido.

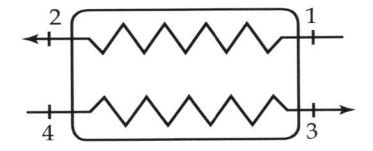

Figura Ep8.22

Resp. −250,8 kW; 10 kg/s.

Ep8.23 Vapor d'água a 1 MPa e 400°C escoa através de uma válvula bem isolada termicamente e parcialmente fechada, de forma que na seção de descarga da válvula a sua pressão é igual a 100 kPa. Avalie a temperatura do vapor na seção de descarga da válvula.

Resp.: 393°C.

Ep8.24 Um trocador de calor é utilizado para preaquecer 5400 kg/h de água de alimentação de uma caldeira utilizando vapor extraído de uma turbina a 1,5 MPa, 200°C e descarregando-o como líquido saturado. Veja a Figura Ep8.14. A água de alimentação é admitida no trocador de calor a 4 MPa e 40°C, atingindo, na saída do equipamento, 180°C. Pede-se para determinar o módulo da taxa de calor do vapor para a água de resfriamento e a vazão necessária de vapor.

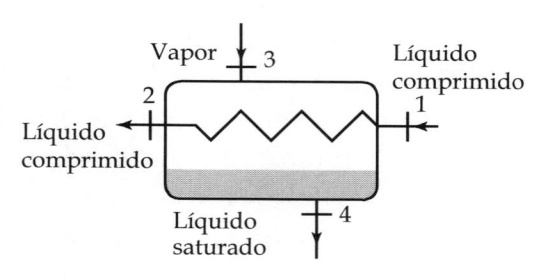

Figura Ep8.24

Resp.: 893,3 kW; 0,458 kg/s.

Ep8.25 Um condensador recebe 8 kg/s de vapor d'água saturado a 40°C e o descarrega como água sub--resfriada a 35°C. Para promover a condensação, capta-se água de um rio a 20°C, que é descarregada do condensador a 30°C. Sabendo--se que o condensador é um equipamento bem isolado, pede-se para calcular o módulo da taxa de transferência de calor do vapor para a água de refrigeração e a vazão volumétrica de água de refrigeração.

Resp.: 19,42 MW; 464,3 kg/s.

Ep8.26 Uma pequena turbina a gás ideal opera recebendo um fluido a 800 kPa e a 1072 K, descarregando-o no meio ambiente a 100 kPa e 600 K. Sabendo que esse fluido pode ser tratado como um gás ideal com calores específicos constantes, $c_p = 1,04$ kJ/(kg.K) e $c_v = 0,75$ kJ/(kg.K), que a vazão desse fluido através da turbina é igual a 0,2 kg/s, que não há transferência de energia por calor entre a turbina e o meio ambiente, determine a sua potência.

Ep8.27 Um processo industrial requer o fornecimento contínuo de 1 kg/s de ar comprimido a 1 MPa e 50°C. Para tal, utiliza-se um compressor que admite o ar a 20°C e 100 kPa e o descarrega a 1 MPa e a 566 K. Após o processo de compressão, o ar é resfriado a pressão constante em um trocador de calor, que utiliza água como agente refrigerante, até atingir a temperatura desejada. Considere que o ar é um gás ideal com calores específicos constantes ($c_p = 1,004$ kJ/(kg.K), $c_v = 0,717$ kJ/(kg.K)). Descreva o processo no diagrama Txs. Supondo que o processo que ocorre no compressor é politrópico, determine o expoente politrópico, a potência requerida pelo compressor e a taxa de calor do ar para a água no trocador de calor.

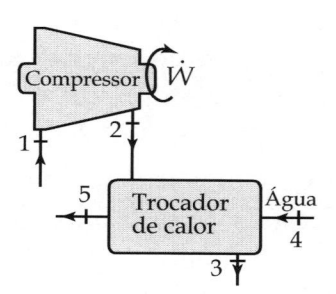

Figura Ep8.27

Resp.: 1,4; 273,9 kW; 243,8 kW.

Ep8.28 Em uma unidade de potência, há um aquecedor de mistura bem isolado que recebe 4 kg/s de água na fase líquida a 1 MPa e 30°C e a aquece utilizando vapor d'água a 1 MPa e 200°C. Sabe-se que, na seção de descarga do aquecedor de mistura, tem-se líquido saturado a 1 MPa. Determine a vazão mássica de vapor requerida para promover o aquecimento.

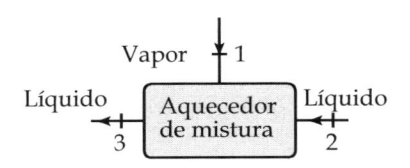

Figura Ep8.28

Resp.: 1,23 kg/s.

Ep8.29 Em um trocador de calor tipo casco e tubo, aquecem-se 2,2 kg/s de ar inicialmente a 21°C e 95 kPa até atingir 94°C. Para tal, utiliza-se vapor d'água a 500 kPa e 200°C, que é descarregado como líquido a 110°C. Sabendo-se que o trocador de calor é bem isolado, determine a variação de entalpia do ar ao escoar através do trocador de calor e a vazão de vapor requerida pelo processo.

Resp.: 73,4 kJ/kg; 242,7 kg/h.

Ep8.30 Um condensador recebe 10 kg/s de vapor com título 0,95 a 40°C e descarrega o condensado na mesma temperatura com título nulo. Para promover a condensação, capta-se água de um rio a 20°C, que é descarregada do condensador a 30°C. Sabendo-se que o condensador é um equipamento bem isolado, pede-se para calcular a taxa de transferência de calor entre o vapor e a água de refrigeração e a sua vazão volumétrica.

Resp.: 22,9 MW; 0,548 m³/s.

Ep8.31 Para aquecer um ambiente, propõe-se que 0,5 kg/s de ar, inicialmente a $T_1 = 5°C$, seja aquecido por meio de condensação de vapor d'água saturado em um trocador de calor e lançado no ambiente a $T_2 = 22°C$, conforme indicado na Figura Ep8.31. Vapor saturado é admitido a 0,2 MPa e é descarregado com líquido saturado. Determine a vazão mássica requerida de vapor e a taxa

de transferência de calor do vapor para o ar.

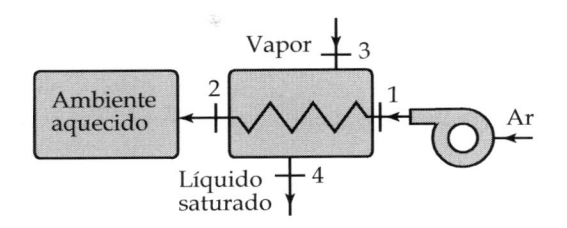

Figura Ep8.31

Resp.: 13,9 kg/h; –8,53 kW.

Ep8.32 Considere a montagem constituída por turbina a vapor e por aquecedor de mistura esquematizada na Figura Ep8.32. Na turbina há uma extração de vapor, sendo que a vazão mássica de vapor extraída é igual a 20% da vazão mássica admitida. Considerando que a potência da turbina é igual a 10 MW, determine a entalpia da água nos estados 1, 2, 3 e a vazão de vapor admitida na turbina. Na tabela abaixo são dadas propriedades da água.

Estado	1	2	3	5	6
T (°C)	400	250	40	40	
p (kPa)	5000	1000		1000	1000
Título			0,95		0

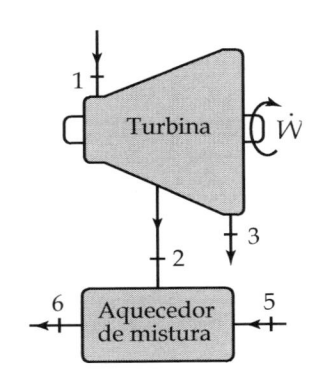

Figura Ep8.32

Resp.: 3197 kJ/kg; 2943 kJ/kg; 2453 kJ/kg; 15,5 kg/s.

Ep8.33 O aquecedor de mistura mostrado na Figura Ep8.32 é um equipamento termicamente bem isolado (não há troca de calor com o meio) que recebe água no estado de líquido comprimido proveniente de uma bomba centrífuga e vapor superaquecido proveniente da turbina e os mistura, obtendo-se água no estado de líquido saturado. A mistura é realizada sem que haja a necessidade de fornecimento de trabalho a esse equipamento. Sabe-se que $T_2 = 250°C$, $p_2 = 1$ MPa, $T_5 = 40°C$, que a vazão de vapor admitida na turbina é igual a 15,5 kg/s e que são extraídos 20% dessa vazão mássica para aquecer água. Pede-se para determinar a entalpia da água nos estados 5 e 6 e a vazão de água quente disponível na saída do aquecedor.

Resp.: 167,5 kJ/kg; 762,5 kJ/kg; 14,5 kg/s.

Ep8.34 Considere a montagem ilustrada na Figura Ep8.34. A turbina recebe 5 kg/s de vapor d'água a 400°C e 5 MPa. Uma parcela, 40%, da vazão mássica admitida pela turbina é extraída para uso em um processo industrial a 1 MPa e 200°C, e o restante expande até atingir a pressão de 10 kPa e o título de 0,95.

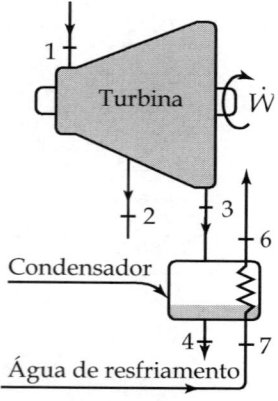

Figura Ep8.34

A seção de saída da turbina é conectada a um condensador que recebe água de resfriamento proveniente de um lago a 20°C e a ele retorna a 30°C. Sabendo que o condensador descarrega líquido saturado, avalie a potência disponível no eixo da turbina, o módulo da taxa de calor para a água de resfriamento e a vazão de água de resfriamento.

Resp.: 2,93 MW; 6,82 MW; 163 kg/s.

Ep8.35 Considere o aquecedor de mistura da Figura Ep8.32. Suponha que ele opere a 1 MPa, recebendo 5 kg/s de água no estado líquido a 50°C e descarregando líquido a 150°C. Sabe-se que o vapor recebido da turbina é saturado e que ocorre uma transferência de energia por calor do interior desse equipamento para o meio ambiente através das suas paredes igual a 250 kW. Determine a vazão de vapor admitida no aquecedor e quantos quilogramas de líquido aquecido são produzidos por quilograma de líquido comprimido admitido no aquecedor.

Resp.: 1,1 kg/s; 1,22.

Ep8.36 Em um processo industrial, um tanque fechado contendo ácido sulfúrico é mantido à temperatura de 50°C. Através das paredes do tanque, ocorre uma taxa de transferência de energia por calor para o meio ambiente igual a 100 kW. Para manter o tanque aquecido, utiliza-se uma serpentina na sua parte inferior, na qual se condensa vapor d'água. O vapor entra nessa serpentina a 1,0 MPa e título igual a 0,98 e é descarregado através de um purgador que admite líquido saturado. Determine a vazão necessária de vapor para manter o tanque aquecido.

Ep8.37 Considere a montagem constituída por turbina a vapor perfeitamente isolada e por aquecedor de mistura também perfeitamente isolado esquematizados na Figura Ep8.32. Sabe-se que a potência da turbina é igual a 30 MW, que as entalpias da água nos estados 1 e 2 são iguais, respectivamente, a 3200 kJ/kg e 2950 kJ/kg, que o vapor é descarregado da turbina a 45°C com título igual a 95% e que a vazão mássica extraída na seção 2 é igual a 15% da vazão de vapor admitida na turbina. Sabendo também que a temperatura da água admitida no aquecedor é igual a 45°C e que o aquecedor de mistura descarrega 50 kg/s de água comprimida, pede-se para determinar a vazão mássica de vapor admitida na turbina, a vazão mássica de água comprimida admitida no aquecedor de mistura e a temperatura de descarga de água do aquecedor.

Resp.: 45,2 kg/s; 43,2 kg/s; 134°C.

Ep8.38 Uma turbina a gás ideal recebe 8 kg/s de ar a 1 MPa e 1500 K e descarrega essa vazão mássica a 100 kPa. O processo que ocorre na turbina é politrópico com expoente n = 1,4. Considerando que o ar tem calores específicos constantes com a temperatura, determine a temperatura de descarga da turbina e a sua potência.

Resp.: 777 K; 5,81 MW.

Ep8.39 Em uma usina de açúcar e álcool, queima-se bagaço de cana em uma caldeira que recebe água comprimida a 140°C para produzir vapor superaquecido a 5 MPa e 500°C. Um quarto da vazão de vapor admitida na turbina é extraído a 2 MPa, e o restante é expandido até a pressão de 0,8 MPa e, então, utilizado no processo produtivo da unidade

industrial. A turbina disponibiliza em seu eixo a potência de 15 MW para a geração de energia elétrica. São dadas as seguintes entalpias: h_2 = 3090 kJ/kg e h_3 = 2900 kJ/kg. Pergunta-se:

a) Qual é a vazão mássica de vapor que escoa através da turbina?

b) Qual é o trabalho disponibilizado pela turbina por quilograma de vapor admitido?

c) Qual é a taxa de transferência de calor para a água no processo que ocorre na caldeira?

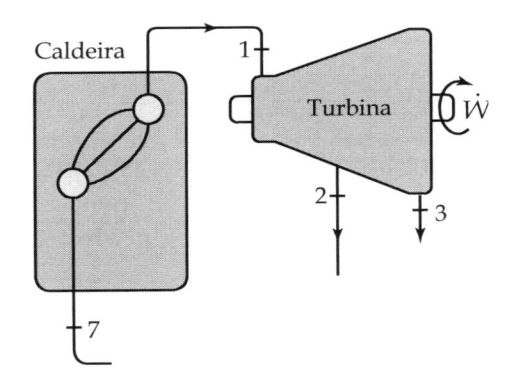

Figura Ep8.39

Resp.: 30,9 kg/s; 486 kJ/kg; 87,7 MW.

Ep8.40 Em uma unidade industrial, queima-se biomassa para a produção de 180 toneladas por hora de vapor superaquecido utilizado em uma turbina para a produção de energia elétrica e para prover vapor para o processo industrial. Veja a Figura Ep8.38. A caldeira é alimentada com água comprimida a 120°C e produz vapor superaquecido a 40 bar e 500°C. Sabe-se que 20% do vapor admitido na turbina é extraído a 20 bar e que a vazão restante expande até atingir a pressão de 5 bar. São dadas as seguintes entalpias: h_2 = 3250 kJ/kg e h_3 = 2900 kJ/kg. Pergunta-se:

a) Qual é potência disponível no eixo da turbina?

b) Qual é a taxa de calor para a água no processo que ocorre na caldeira?

c) Pretende-se aumentar em 5% a produção de energia elétrica por meio da redução da vazão mássica de vapor extraída. Qual deveria ser a nova vazão mássica de vapor extraído para se atingir essa meta?

Resp.: 23,8 MW; 147 MW; 6,6 kg/s.

Ep8.41 Em um misturador adiabático, mistura-se 0,225 kg/s de produtos de combustão a 100 kPa e 900°C com uma vazão desconhecida de ar a 100 kPa e 25°C, obtendo-se, na seção de descarga do misturador, a mistura a 250°C e 96 kPa. Essa mistura é transportada através de uma tubulação para um equipamento industrial. Devido a perdas energéticas observadas na tubulação de transporte, a mistura está a 94 kPa e 230°C na seção de entrada desse equipamento. Considerando que as propriedades termodinâmicas da mistura e dos produtos de combustão são aproximadamente iguais às do ar e que todos os calores específicos podem ser considerados constantes e iguais aos do ar avaliados a 300 K, determine:

a) a vazão mássica da mistura obtida;

b) a vazão volumétrica da mistura na seção de admissão do equipamento industrial.

Resp.: 0,875 kg/s; 1,34 m³/s.

Ep8.42 Um compressor admite continuamente 0,5 m³/s de ar a 1 bar e 300 K e o descarrega a 12 bar e 500 K. Considerando que o processo de compressão pode ser simulado como sendo politrópico e que o ar pode ser tratado como um gás ideal com calores específicos constantes (c_p = 1,004 kJ/(kg.K), c_v = 0,717 kJ/(kg.K)), pede-se para determinar:

a) a vazão mássica de ar através do compressor;

b) o expoente politrópico que caracteriza o processo de compressão.

Resp.: 0,581 kg/s; 1,26.

Ep8.43 Com o passar do tempo, as usinas de açúcar e álcool brasileiras estão sendo projetadas para produzir energia elétrica em quantidades cada vez maiores. Atualmente já há notícias de usinas que têm caldeiras que operam queimando bagaço de cana, produzindo vapor a 540°C e 100 bar. Pretendendo-se, neste caso, utilizar no processo produtivo vapor a 40 bar e a 20 bar, sugeriu-se a montagem de conjunto caldeira-turbina conforme ilustrado na Figura Ep8.43, capaz de disponibilizar a potência mecânica de 30 MW para produzir energia elétrica. Supondo que, na caldeira que recebe água comprimida a 140°C, 20% do vapor admitido na turbina é extraído a 40 bar, 15% do vapor é extraído a 20 bar, que na seção de descarga da turbina o vapor se encontra a 40°C, h_1 = 3480 kJ/kg, h_2 = 3185 kJ/kg, h_3 = 3000 kJ/kg; h_4 = 2095 kJ/kg, e supondo que a turbina seja ideal, pergunta-se:

a) Qual é a vazão mássica de vapor que é admitida na turbina?

b) Qual é o trabalho disponibilizado pela turbina por quilograma de vapor admitido?

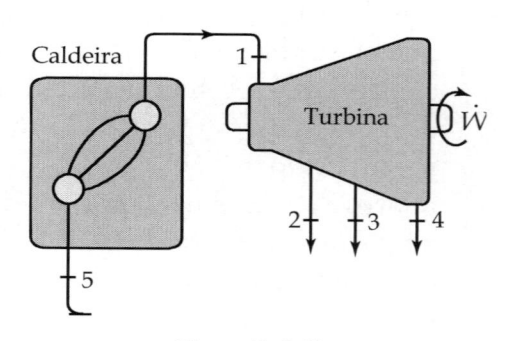

Figura Ep8.43

c) Qual é a taxa de transferência de calor para a água no processo que ocorre na caldeira?

Resp.: 29,1 kg/s; 1031 kJ/kg; 84,1 MW.

Ep8.44 Para obter 0,01 m³/s de ar limpo na pressão manométrica de 50 kPa e a 85°C, estando inicialmente a 18°C, um engenheiro propõe o seu aquecimento pela passagem através de um trocador de calor de duplo tubo. O fluido de aquecimento é ar contaminado no processo produtivo disponível a 10 bar e 200°C, que deve ser descarregado do trocador de calor a 150°C. Considerando que o engenheiro trabalha em uma empresa localizada em São Caetano do Sul, onde a pressão atmosférica local é de aproximadamente igual 94 kPa, e que tanto o ar limpo quanto o contaminado possam ser modelados como gases ideais com $c_p = 1,005$ kJ/(kg.K), $c_v = 0,718$ kJ/(kg.K), determine as vazões mássicas de ar limpo e de ar contaminado.

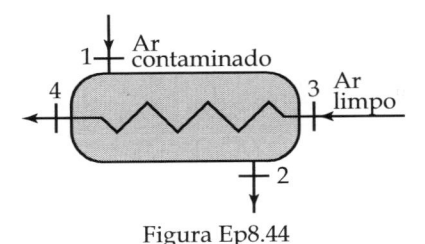

Figura Ep8.44

Resp.: 0,0140 kg/s; 0,0188 kg/s.

Ep8.45 Em um pequeno secador de frutas, pretende-se injetar 1 L/s de ar a 100 kPa e 60°C. Para tal, é utilizado o misturador de ar ilustrado na Figura Ep8.45, que recebe ar quente a 100 kPa e 135°C e ar frio a 18°C e 100 kPa. Considerando que o ar pode ser tratado como um gás ideal com $c_p = 1,005$ kJ/(kg.K), $c_v = 0,718$ kJ/(kg.K), e que o isolamento térmico do misturador é perfeito, determine as vazões mássicas de ar quente e frio admitidas no misturador.

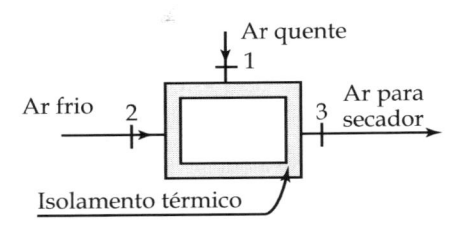

Figura Ep8.45

Resp.: 22,5 g/min; 40,4 g/min.

Ep8.46 Pretende-se injetar em um pequeno secador de frutas 4 L/s de ar a 100 kPa e 65°C. Para tal, é utilizado o misturador de ar ilustrado na Figura Ep8.45, que recebe ar quente a 100 kPa e 140°C e ar frio a 20°C e 100 kPa. Considerando que o ar pode ser tratado como um gás ideal com $c_p = 1,005$ kJ/(kg.K), $c_v = 0,718$ kJ/(kg.K), e que o isolamento térmico do misturador não é perfeito, permitindo que ocorra uma taxa de calor de 100 W do secador para o meio ambiente, determine as vazões mássicas de ar quente e frio admitidas no misturador.

Resp.: 143 g/min; 247 g/min.

Ep8.47 O aquecedor de mistura mostrado na Figura Ep8.47 é um equipamento dotado de isolamento térmico perfeito (não há transferência de calor entre esse equipamento e o meio) que recebe água no estado de líquido comprimido a 50°C proveniente de uma bomba centrífuga e vapor superaquecido a 200°C proveniente da turbina e os mistura, obtendo-se água no estado de líquido saturado. A mistura é realizada sem que haja a necessidade de fornecimento de trabalho a esse equipamento. Sabendo que a pressão de operação do misturador é igual a 10 bar e que se deseja obter a vazão de 10 kg/s de líquido saturado, pede-se para determinar a vazão de vapor admitida no aquecedor e a vazão de água fria admitida no aquecedor.

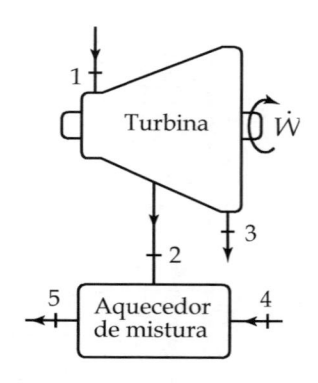

Figura Ep8.47

Resp.: 2,11 kg/s; 7,89 kg/s.

Ep8.48 Para aquecer um hotel no inverno, propôs-se o uso de uma pequena caldeira que queima resíduos orgânicos para produzir vapor de água saturado a 3 bar, o qual é utilizado para aquecer ar que, por sua vez, é injetado nos diversos ambientes constituintes do hotel. Esse processo está esquematizado na Figura Ep8.48. O ar frio é captado a 5°C e 94 kPa e é aquecido até atingir a temperatura de 30°C. O vapor é condensado no aquecedor, sendo descarregado como líquido a 50°C. Sabendo-se que se deseja captar e aquecer 120 m³/min de ar, pede-se para determinar:

a) a vazão mássica de ar aquecido;
b) a vazão mássica de vapor que a caldeira deve produzir;

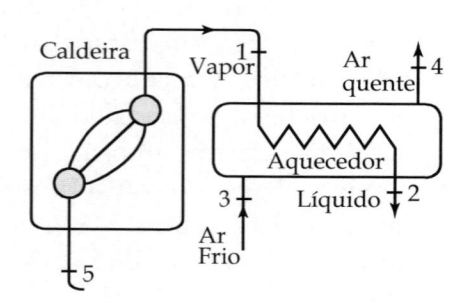

Figura Ep8.48

c) a taxa de calor requerida pela caldeira se a água é admitida na caldeira a 5°C.
Resp.: 2,36 kg/s; 0,0235 kg/s; 63,5 kW.

Ep8.49 Em um hotel da cidade de Campos do Jordão, existe um aquecedor de ambiente que recebe vapor d'água saturado a 120°C. Durante a operação do aquecedor, o vapor admitido é condensado, atinge a temperatura de 40°C e é retornado para a caldeira. Se, para manter um ambiente aquecido, é necessária a potência térmica de 5,2 kW, qual deve ser a vazão mássica de vapor? Considere que o processo no aquecedor seja isobárico.

Ep8.50 Uma caldeira produz 8 kg/s de vapor d'água a 40 bar e 400°C, que é utilizado para alimentar uma turbina. Sabe-se que a caldeira recebe água a 40 bar e 100°C e que a turbina descarrega vapor saturado a 1 bar. Determine a taxa de calor na caldeira e a potência desenvolvida pela turbina.

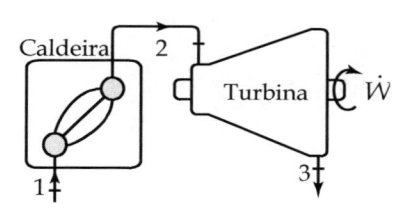

Figura Ep8.50

Resp.: 22,34 MW; 4,32 MW.

Ep8.51 Uma turbina recebe 8 kg/s de vapor d'água a 40 bar e 400°C e o descarrega a 50°C com título igual a 0,95. O vapor descarregado da turbina é recebido por um condensador, o qual o descarrega com líquido saturado a 50°C. Determine a potência desenvolvida pela turbina e a taxa de calor rejeitada pelo condensador para o meio ambiente.

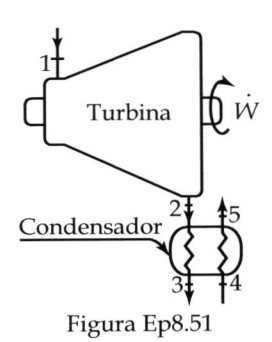

Figura Ep8.51

Resp.: 5,94 MW; 18,1 MW.

SEGUNDA LEI DA TERMODINÂMICA – VOLUMES DE CONTROLE

Apresentaremos uma formulação da segunda lei da termodinâmica desenvolvida para aplicação a volumes de controle. Para tal, seguiremos um procedimento similar ao já utilizado no desenvolvimento da formulação da primeira lei.

Devemos nos lembrar de que, para um sistema percorrendo um processo, a segunda lei é matematicamente representada pela equação:

$$dS \geq \frac{\delta Q}{T} \qquad (9.1)$$

ou, na forma de taxa, por:

$$\frac{dS}{dt} \geq \frac{\dot{Q}}{T} \qquad (9.2)$$

Nessa expressão:

- $\dfrac{dS}{dt}$ é a taxa temporal de variação da entropia do sistema;
- $\dot{Q}$ é a taxa de calor entre o sistema e o meio no instante t; e

- T é a temperatura, medida em uma escala absoluta, da superfície do sistema na qual observamos a transferência de energia por calor.

A desigualdade 9.2 pode ser transformada em uma igualdade utilizando-se a taxa de produção de entropia simbolizada por $\dot{\sigma}$:

$$\frac{dS}{dt} = \frac{\dot{Q}}{T} + \frac{d\sigma}{dt} = \frac{\dot{Q}}{T} + \dot{\sigma} \qquad (9.3)$$

A expressão 9.3 será a utilizada para o desenvolvimento da formulação da segunda lei aplicável a volumes de controle.

9.1 A SEGUNDA LEI PARA VOLUMES DE CONTROLE

Para obter uma formulação adequada da segunda lei para volumes de controle, devemos levar em consideração o fato de haver transferência de massa através da fronteira do volume de controle. Assim sendo, a formulação da primeira lei para sistema, equação 9.3, deve ser transformada pela inserção de um termo que leve em consideração o fato de que a massa, ao escoar através da fronteira, tem a capacidade de transferir entropia do meio para o volume de controle ou, inversamente, do volume de controle para o meio.

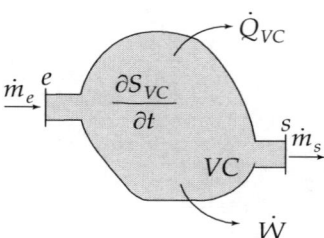

Figura 9.1 Volume de controle

Observemos a Figura 9.1. Nela está ilustrado um volume de controle com uma entrada e uma saída. Considerando que tanto a seção de entrada quanto a de saída deste VC são uniformes, podemos afirmar que a vazão mássica de entrada transporta para o interior do volume de controle a taxa de entropia dada por $\dot{m}_e s_e$ e a vazão mássica de saída transporta do volume de controle para o meio a taxa de entropia dada por $\dot{m}_s s_s$. Assim, pretendendo aplicar a equação 9.3, originalmente desenvolvida para um sistema, a esse volume de controle, incorporamos a ela esses termos de transferência de entropia, resultando em:

$$\frac{\dot{Q}}{T} + \dot{\sigma} = \frac{\partial S_{VC}}{\partial t} + \dot{m}_s s_s - \dot{m}_e s_e \qquad (9.4)$$

A equação 9.4 consiste em uma formulação adequada da segunda lei da termodinâmica aplicada a um volume de controle com uma entrada e uma saída, ambas uniformes.

No caso de se desejar realizar a análise de um volume de controle com um número finito de entradas e de saídas, a equação 9.4 pode ser expandida, resultando em:

$$\frac{\dot{Q}}{T} + \dot{\sigma} = \frac{\partial S_{VC}}{\partial t} + \sum \dot{m}_s s_s - \sum \dot{m}_e s_e \qquad (9.5)$$

Os temos dessa equação têm os seguintes significados:

$$\frac{\dot{Q}}{T} = \begin{bmatrix} \text{Razão entre a taxa de calor} \\ \text{observada entre o volume de} \\ \text{controle e o meio, } \dot{Q}, \text{ e a} \\ \text{temperatura, } T, \text{ da superfície} \\ \text{do } VC \text{ na qual observamos} \\ \text{a taxa de calor} \end{bmatrix}$$

$$\dot{\sigma} = \begin{bmatrix} \text{Taxa de produção de entropia} \end{bmatrix}$$

$$\frac{\partial S_{VC}}{\partial t} = \begin{bmatrix} \text{Taxa de variação da} \\ \text{entropia da substância} \\ \text{presente no interior} \\ \text{do volume de controle} \end{bmatrix}$$

$$\sum \dot{m}_e s_e - \sum \dot{m}_s s_s = \begin{bmatrix} \text{Taxa líquida de} \\ \text{transferência de} \\ \text{entropia devida} \\ \text{à transferência} \\ \text{de massa através} \\ \text{da superfície de} \\ \text{controle} \end{bmatrix}$$

9.2 A SEGUNDA LEI PARA PROCESSO EM REGIME PERMANENTE

Conforme já comentado, a ocorrência de fenômenos em regime permanente é caracterizada pelo fato de que nenhuma das propriedades da matéria sujeita a eles varia com o tempo. Assim, para um volume de controle no qual ocorrem fenômenos em regime permanente, temos:

$$\frac{\partial S_{VC}}{\partial t} = 0 \qquad (9.6)$$

E a equação 9.5 é reduzida a:

$$\frac{\dot{Q}}{T} + \dot{\sigma} = \sum \dot{m}_s s_s - \sum \dot{m}_e s_e \qquad (9.7)$$

Um caso particular muito importante é aquele no qual o processo é adiabático e reversível e ocorre em regime permanente. Nesse caso, como o processo é reversível, a taxa de produção de entropia será nula e a equação 9.7 reduz-se a:

$$0 = \sum \dot{m}_s s_s - \sum \dot{m}_e s_e \qquad (9.8)$$

ou seja:

$$\sum \dot{m}_e s_e = \sum \dot{m}_s s_s \qquad (9.9)$$

Se o volume de controle em análise possuir apenas uma entrada e uma saída, teremos:

$$s_e = s_s \qquad (9.10)$$

Essa expressão tem o seguinte significado: um processo adiabático e reversível que ocorre em regime permanente em um volume de controle com uma entrada e uma saída é isentrópico. Esse resultado é frequentemente utilizado na análise térmica de equipamentos.

9.3 DETERMINANDO A POTÊNCIA DESENVOLVIDA POR UM VOLUME DE CONTROLE

Consideremos, por hipótese, que o processo a ser estudado é internamente reversível e que ocorre em regime permanente em um volume de controle com apenas uma entrada e uma saída, ambas uniformes. Aceitando-se essas hipóteses, poderemos afirmar que a taxa de produção de entropia, $\dot{\sigma}$, é nula e que as taxas de variação de massa, energia e entropia da substância presente no interior do volume de controle também são nulas, o que nos permite simplificar a equação da conservação da massa e a da primeira lei da termodinâmica para volumes de controle, obtendo:

$$\dot{m}_e = \dot{m}_s = \dot{m} \qquad (9.11)$$

$$\dot{Q}_{VC} - \dot{W}_{VC} = \dot{m}_s \left(h_s + \frac{V_s^2}{2} + gz_s \right) - \\ - \dot{m}_e \left(h_e + \frac{V_e^2}{2} + gz_e \right) \qquad (9.12)$$

$$\frac{\dot{Q}_{VC}}{T} = \dot{m}_s s_s - \dot{m}_e s_e \qquad (9.13)$$

Como as vazões mássicas de entrada e de saída são iguais, temos:

$$q_{VC} - w_{VC} = \left(h_s + \frac{V_s^2}{2} + gz_s \right) - \\ - \left(h_e + \frac{V_e^2}{2} + gz_e \right) \qquad (9.14)$$

$$\frac{q_{VC}}{T} = s_s - s_e \qquad (9.15)$$

Manipulando algebricamente essas equações, resulta:

$$w_{VC} = \left(h_e - h_s \right) + \left(\frac{V_e^2 - V_s^2}{2} \right) + \\ + g \left(z_e - z_s \right) + T \left(s_s - s_e \right) \qquad (9.16)$$

Precisamos, agora, avaliar a variação de entalpia específica entre a entrada e a saída do volume de controle. Para tal, utilizaremos a equação 7.19:

$$T ds = dh - v dp \qquad (9.17)$$

Integrando-a, obtemos:

$$T \left(s_s - s_e \right) = \left(h_s - h_e \right) - \int_e^s v dp \qquad (9.18)$$

Substituindo a equação 9.18 na equação 9.16, vem:

$$w_{VC} = -\int_e^s v dp + \\ + \left(\frac{V_e^2 - V_s^2}{2} \right) + g \left(z_e - z_s \right) \qquad (9.19)$$

Em muitas situações, as variações de energia cinética e potencial são pequenas frente a outras variações energéticas, podendo ser desconsideradas. Nesse caso, podemos afirmar que:

$$w_{VC} = -\int_e^s v \, dp \qquad (9.20)$$

As expressões 9.19 e 9.20 nos fornecem o trabalho realizado pelo volume de controle por unidade de massa do fluido que escoa através dele. Se quisermos obter a potência desenvolvida pelo volume de controle, devemos multiplicar essas equações pela vazão mássica de fluido e, assim, obtemos:

$$\dot{W}_{VC} = -\dot{m}\int_e^s v \, dp \qquad (9.21)$$

Observamos que, para proceder à integração da equação 9.19, 9.20 ou 9.21, devemos necessariamente conhecer a correlação matemática que descreve como o volume específico da substância varia, no processo em análise, com a pressão.

9.3.1 Potência requerida em bombeamento de líquidos

Consideremos que uma bomba recebe um líquido no estado 1 e que esse líquido seja disponibilizado pela bomba no estado 2, que corresponde a uma pressão mais elevada. Adicionalmente, vamos supor que a bomba esteja operando em regime permanente e que as variações de energia cinética e potencial observadas entre as suas seções de admissão e descarga possam ser desprezadas. Nesse caso, obtemos:

$$w_{VC} = -\int_1^2 v \, dp \qquad (9.22)$$

De maneira geral, é aceitável considerar que os fluidos na fase líquida se comportam como sendo incompressíveis, ou seja, seus volumes específicos permanecem constantes ao longo do processo. Essa hipótese resulta em:

$$w_{VC} = -\int_1^2 v \, dp = -v_1 \int_1^2 dp \qquad (9.23)$$

$$w_{VC} = -v_1 (p_2 - p_1) \qquad (9.24)$$

Observemos que a potência desenvolvida pelo volume de controle será dada por:

$$\dot{W}_{VC} = -\dot{m}v_1 (p_2 - p_1) \qquad (9.25)$$

E a potência requerida para bombear o líquido será:

$$\dot{W}_B = -\dot{W}_{VC} = \dot{m}v_1 (p_2 - p_1) \qquad (9.26)$$

9.3.2 Potência desenvolvida em processos politrópicos

Consideremos: que um compressor receba um fluido no estado 1 e que, na sua seção de descarga, ele esteja no estado 2, o qual corresponde a uma pressão mais elevada; que ele esteja operando em regime permanente; e que as variações de energia cinética e potencial possam ser desprezadas. Nesse caso podemos afirmar que:

$$w_{VC} = -\int_1^2 v \, dp \qquad (9.27)$$

Supondo que o processo de compressão seja politrópico, a relação entre o volume específico e a pressão é conhecida, sendo dada por $pv^n = constante$ ou, de forma equivalente:

$$p^{1/n}v = constante = p_1^{1/n}v_1 = p_2^{1/n}v_2 \qquad (9.28)$$

Substituindo a equação 9.28 na 9.27, obtemos:

$$w_{VC} = -\int_1^2 \frac{constante}{p^{1/n}} \, dp =$$
$$= -constante\int_1^2 p^{-1/n} \, dp \qquad (9.29)$$

Integrando e substituindo adequadamente a constante, obtemos:

$$w_{VC} = -\frac{n}{n-1}(p_2 v_2 - p_1 v_1) \qquad (9.30)$$

que é válida para $n \neq 1$.

Consequentemente, a potência desenvolvida pelo volume de controle é dada por:

$$\dot{W}_{VC} = -\dot{m}\,\frac{n}{n-1}(p_2 v_2 - p_1 v_1) \qquad (9.31)$$

Se o fluido for um gás ideal, obtemos:

$$w_{VC} = -\frac{nR}{n-1}(T_2 - T_1) \qquad (9.32)$$

$$\dot{W}_{VC} = -\dot{m}\,\frac{nR}{n-1}(T_2 - T_1) \qquad (9.33)$$

Essas expressões são válidas para $n \neq 1$.

Se o processo ocorrer de forma que $n = 1$, obteremos:

$$w_{VC} = -\int_1^2 \frac{constante}{p}\,dp =$$
$$= -constante \int_1^2 p^{-1}\,dp \qquad (9.34)$$

$$w_{VC} = -p_1 v_1\, ln\left(\frac{p_2}{p_1}\right) \qquad (9.35)$$

Consequentemente, a potência desenvolvida pelo volume de controle é dada por:

$$\dot{W}_{VC} = -\dot{m} p_1 v_1\, ln\left(\frac{p_2}{p_1}\right) \qquad (9.36)$$

Se o fluido for um gás ideal, para $n = 1$, o processo será isotérmico e obtemos:

$$w_{VC} = -RT_1\, ln\left(\frac{p_2}{p_1}\right) \qquad (9.37)$$

$$\dot{W}_{VC} = -\dot{m} RT_1\, ln\left(\frac{p_2}{p_1}\right) \qquad (9.38)$$

Essa análise foi realizada tomando-se como exemplo um compressor, no entanto os resultados obtidos são aplicáveis a processos politrópicos em geral incluindo, por exemplo, os processos de expansão politrópicos.

9.4 EFICIÊNCIA DE EQUIPAMENTOS

Ao estudar a segunda lei da termodinâmica, definimos figuras de mérito para quantificar a eficiência de máquinas térmi-cas. No caso de motores, definimos o rendimento térmico e, no caso de refrigeradores e bombas de calor, o coeficiente de desempenho. Como as máquinas térmicas operam segundo ciclos termodinâmicos, entendemos que as figuras de mérito criadas permitem a quantificação das eficiências dos ciclos segundo os quais elas operam.

Consideremos agora uma máquina térmica, por exemplo, uma turbina. Somos, neste instante, capazes de avaliar, por exemplo, a potência de uma turbina na qual ocorre um processo isentrópico, ou seja, da turbina operando com se fosse um equipamento ideal. A questão que se coloca é: podemos estabelecer uma forma de avaliar a eficiência de uma turbina real? Ou: podemos avaliar a eficiência do processo termodinâmico que ocorre em uma turbina real? Como fazê-lo? A resposta a essas questões é dada pela criação do que denominamos rendimento térmico de um equipamento ou do processo que nele ocorre, que se origina da comparação de equipamentos reais com seus similares ideais. Assim, para definir o rendimento de uma turbina, analisemos os processos de expansão ilustrados na Figura 9.2.

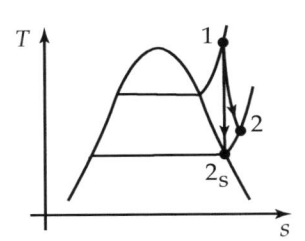

Figura 9.2 Processo de expansão

O processo $1-2_s$, por ser isentrópico, é aquele que ocorre em uma turbina ideal. Entretanto, se esse equipamento for real, deveremos identificar irreversibilidades no processo de expansão, tais como: transferência de calor devido a uma diferença finita de temperaturas, atrito etc. Assim, a entropia do fluido na condição de exaustão da turbina deverá ser maior do que a reinante na seção de admissão e, nesse caso, o processo 1-2 descreverá melhor o que ocorre em um equipamento real. Devemos observar, também, que a ocorrência de irreversibilidades faz com que uma turbina real apresente uma potência de eixo menor do que a que ela apresentaria se fosse ideal.

Definimos o rendimento de uma turbina como:

$$\eta_{turbina} = \frac{w_{real}}{w_{ideal}} \tag{9.39}$$

Nessa expressão, w_{real} é o trabalho realizado pela unidade de massa de fluido escoando através da turbina, e w_{ideal} é o trabalho que seria realizado por unidade de massa se esse equipamento fosse ideal, ou seja: como se o processo que nele ocorre fosse isentrópico.

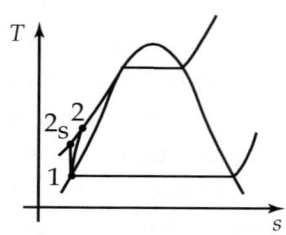

Figura 9.3 Processo de compressão

Usando raciocínio similar, podemos definir o rendimento isentrópico de uma bomba. Observe o diagrama ilustrado na Figura 9.3; nele observamos o processo 1-2$_s$, que seria aquele que ocorreria na bomba se ela fosse ideal, e observamos o processo 1-2, que é aquele que ocorre em uma real. Como a bomba é um equipamento que requer trabalho para operar, tem o seu rendimento definido por:

$$\eta_{bomba} = \frac{w_{ideal}}{w_{real}} \tag{9.40}$$

Nessa equação, w_{real} é o trabalho por unidade de massa de fluido bombeado que é de fato requerido para a operação da bomba, e w_{ideal} é o trabalho por unidade de massa que seria requerido por esse equipa-mento se ele fosse ideal, ou seja: como se o processo que nele ocorre fosse isentrópico.

Devemos observar que, nesses dois casos, o equipamento ideal é um que opera segundo um processo isentrópico e, por esse motivo, esses rendimentos são usualmente denominados *rendimentos isentrópicos*.

Podemos também definir rendimento isentrópico para compressores. Ele será dado por:

$$\eta_{isentrópico\_compressor} = \frac{w_{ideal}}{w_{real}} \tag{9.41}$$

Nesse caso, o trabalho específico ideal seria aquele requerido pelo compressor se ele fosse isentrópico.

Muitas vezes os compressores são refrigerados utilizando-se de água ou ar como fluido refrigerante, o que é comum em unidades de produção de ar comprimido utilizadas industrialmente. Nesse caso, é adequado definir o rendimento isotérmico de um compressor como:

$$\eta_{isotérmico\_compressor} = \frac{w_{ideal}}{w_{real}} \tag{9.42}$$

onde o trabalho específico ideal é aquele que seria requerido pelo compressor se o processo de compressão que nele ocorre fosse isotérmico.

9.5 EXERCÍCIOS RESOLVIDOS

Er9.1 Uma turbina ideal admite 0,8 kg/s de vapor a 2 MPa e 300°C e o exaure a 45°C. Determine a sua potência.

Solução

a)   Dados e considerações
- Processo

Reafirmando: em uma turbina a vapor, esse fluido escoa sofrendo um processo de expansão, realizando trabalho sobre as pás móveis, causando o movimento de rotação do rotor e, assim, disponibilizando potência mecânica em seu eixo. O vapor é admitido na turbina a alta pressão e alta temperatura e, devido ao processo de expansão, é exaurido em pressão e temperatura inferiores às da entrada.

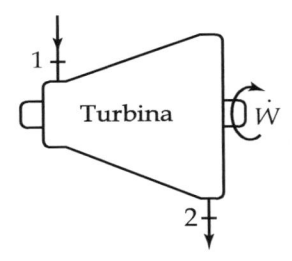

Figura Er9.1

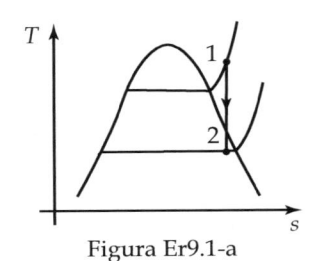

Figura Er9.1-a

• Escolha do volume de controle
Adotaremos um volume de controle delimitado por uma superfície de controle que envolve a turbina e que terá apenas uma entrada e uma saída, identificadas, respectivamente, pelos índices 1 e 2.

• Propriedades do vapor nas seções de entrada e de saída do VC
As propriedades serão identificadas pelos mesmos índices que denominam as seções nas quais elas são avaliadas.

Seção 1 (entrada): $p_1 = 2$ MPa e $T_1 = 300°C$.

Seção 2 (saída): $T_2 = 45°C$.

• Vazão mássica de vapor:
  $\dot{m} = 0,8$ kg/s.

• Hipóteses
  Consideraremos que:
  • a turbina é ideal e, assim, o processo de expansão do vapor que

ocorre em seu interior será considerado adiabático e reversível;
• as variações de energia cinética e de energia potencial que ocorrem no escoamento de vapor entre as seções de entrada e de saída da turbina serão muito pequenas frente a outras variações energéticas, podendo ser desprezadas; e
• este processo ocorre em regime permanente.

b) Análise e cálculos
• Aplicação da equação da conservação da massa
Como o equipamento opera em regime permanente, temos: $\sum \dot{m}_e = \sum \dot{m}_s$.

Indexando as vazões segundo a numeração das seções de entrada e saída indicadas na Figura Er9.1, temos:
$\dot{m}_1 = \dot{m}_2 = \dot{m} = 0,8$ kg/s.

Nessa expressão, $\dot{m}$ é a vazão mássica de vapor através da turbina.

• Aplicação da primeira lei
Aplicando a primeira lei da termodinâmica formulada para volume de controle sob a hipótese de regime permanente, temos:

$$\dot{Q}_{VC} - \dot{W}_{VC} = \sum \dot{m}_s \left(h_s + \frac{V_s^2}{2} + gz_s \right) - \\ - \sum \dot{m}_e \left(h_e + \frac{V_e^2}{2} + gz_e \right)$$

Lembrando que, por hipótese, a taxa de transferência de calor é nula, desprezando as variações de energia cinética e potencial, temos:

$$\dot{W}_{VC} = \dot{m}_1 h_1 - \dot{m}_2 h_2$$

Utilizando o resultado da aplicação da equação da conservação da massa, temos:

$$\dot{W}_{VC} = \dot{m}\left(h_1 - h_2 \right)$$

que é a potência disponibilizada no eixo do rotor da turbina. O trabalho realizado por unidade de massa de vapor que escoa através da turbina é dado por:

$$w_{VC} = \frac{\dot{W}_{VC}}{\dot{m}} = h_1 - h_2$$

- Aplicação da segunda lei da termodinâmica

A segunda lei pode ser matematicamente representada por:

$$\frac{\dot{Q}}{T} + \dot{\sigma} = \sum \dot{m}_s s_s - \sum \dot{m}_e s_e$$

Como o processo é adiabático, reversível e ocorre em regime permanente, temos:

$$\sum \dot{m}_e s_e = \sum \dot{m}_s s_s$$

Já que o volume de controle apresenta somente uma entrada e uma saída, temos: $s_e = s_s$.

Ou seja, a aplicação da segunda lei nos permite concluir que o processo termodinâmico que ocorre em uma turbina ideal é isentrópico.

- Determinação das propriedades nas entradas e saídas do volume de controle

As propriedades serão identificadas pelos mesmos índices que denominam as seções nas quais elas são avaliadas.

Seção 1 (entrada): $p_1 = 2$ MPa e $T_1 = 300°C$.

Como temos duas propriedades conhecidas, o estado da água na seção de entrada é conhecido. Utilizando essas propriedades, obtemos nas tabelas de propriedades termodinâmicas da água: $h_1 = 3024,2$ kJ/kg e $s_1 = 6,7684$ kJ/(kg.K).

Seção 2 (saída): $T_2 = 45°C$.

Como o processo que ocorre na turbina é isentrópico, temos:

$$s_2 = s_1 = 6,7684 \text{ kJ/(kg.K)}.$$

Temos, agora, duas propriedades que definem o estado 2: a temperatura e a entropia. Observando a tabela de propriedades termodinâmicas da água saturada, observamos que a entropia s_2 é menor do que a do vapor saturado a 45°C e maior do que a do líquido saturado a essa mesma temperatura. Assim, concluímos que a água na saída da turbina é um fluido saturado. Dessa tabela coletamos, então, as seguintes propriedades:

$s_{l,2} = 0,6386$ kJ/(kg.K);

$s_{v,2} = 8,1633$ kJ/(kg.K);

$h_{l,2} = 188,4$ kJ/kg; e $h_{v,2} = 2582,4$ kJ/kg

Inicialmente, determinamos o título a partir do valor conhecido da entropia:

$$s_2 = \left(1 - x_2\right)s_{l,2} + x_2 s_{v,2} \Rightarrow$$
$$\Rightarrow x_2 = 0,8146$$

Calculamos, agora, a entalpia:

$$h_2 = \left(1 - x_2\right)h_{l,2} + x_2 h_{v,2} \Rightarrow$$
$$\Rightarrow h_2 = 2138,6 \text{ kJ/kg}$$

- Cálculo da potência da turbina

Já verificamos que: $\dot{W}_{VC} = \dot{m}\left(h_1 - h_2\right)$. Substituindo nessa equação os valores já determinados, obtemos:

$$\dot{W}_{VC} = 0,8(3024,2 - 2138,6) =$$
$$= 708,5 \text{ kW}$$

Er9.2 Uma turbina ideal recebe vapor d'água a 3 MPa e 400°C. Sabendo-se que se extrai 20% da vazão mássica do vapor a 1 MPa e que a vazão mássica restante é exaurida da turbina na temperatura de 40°C, pede-se para calcular o trabalho disponível no eixo por quilograma de vapor admitido.

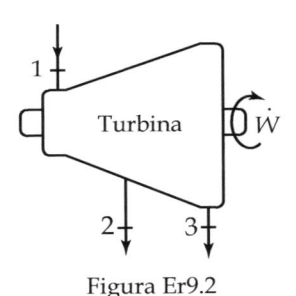

Figura Er9.2

Solução

Este problema será resolvido seguindo o mesmo conjunto de passos utilizados na solução do exercício 9.1.

a)   Dados e considerações
   • Processo
Repetindo: em uma turbina a vapor, esse fluido escoa sofrendo um processo de expansão, realizando trabalho sobre as pás móveis, causando o movimento de rotação do rotor e, assim, disponibilizando potência mecânica em seu eixo. O vapor é admitido na turbina em alta pressão e alta temperatura e, devido ao processo de expansão, é exaurido em pressão e temperatura inferiores às da entrada.

   • Escolha do volume de controle
Adotaremos um volume de controle delimitado por uma superfície de controle que envolve a turbina e que terá uma entrada e duas saídas, identificadas, respectivamente, pelos índices 1 , 2 e 3. Veja a Figura Er9.2.

   • Propriedades do vapor nas seções de entrada e de saída do VC
As propriedades serão identificadas pelos mesmos índices que denominam as seções nas quais elas são avaliadas.
Seção 1 (entrada): p_1= 3 MPa e T_1 = 400ºC.
Seção 2 (saída): p_2 = 1 MPa.
Seção 3 (saída): T_3 = 40ºC.
   • Vazão de extração: $\dot{m}_2 = 0,2\dot{m}_1$.

   • Hipóteses
Repetindo o já afirmado anteriormente, consideraremos que:
   • a turbina é ideal e, assim, o processo de expansão do vapor que ocorre em seu interior será considerado adiabático e reversível;
   • as variações de energia cinética e de energia potencial que ocorrem no escoamento de vapor entre as seções de entrada e de saída da turbina serão muito pequenas frente a outras variações energéticas, podendo ser desprezadas; e
   • este processo ocorre em regime permanente.

b)   Análise e cálculos
   • Aplicação da equação da conservação da massa
Como o equipamento opera em regime permanente, temos: $\sum \dot{m}_e = \sum \dot{m}_s$.
Indexando as vazões segundo a numeração das seções de entrada e saída indicadas na Figura Er9.2, temos: $\dot{m}_1 = \dot{m}_2 + \dot{m}_3$. Devemos observar que, de acordo com o enunciado, $\dot{m}_2 = 0,2\dot{m}_1$, logo: $\dot{m}_3 = 0,8\dot{m}_1$. Estes resultados serão utilizados a seguir.

   • Aplicação da primeira lei
Aplicando a primeira lei da termodinâmica formulada para volume de controle sob a hipótese de regime permanente, temos:

$$\dot{Q}_{VC} - \dot{W}_{VC} = \sum \dot{m}_s \left(h_s + \frac{V_s^2}{2} + gz_s \right) - $$

$$- \sum \dot{m}_e \left(h_e + \frac{V_e^2}{2} + gz_e \right)$$

Lembrando que, por hipótese, a taxa de transferência de calor é nula, desprezando as variações de energia cinética e potencial, temos:

$$\dot{W}_{VC} = \dot{m}_1 h_1 - \dot{m}_2 h_2 - \dot{m}_3 h_3$$

Lembrando do resultado da aplicação da equação da conservação da massa, temos:

$$\dot{W}_{VC} = \dot{m}_1 \left(h_1 - 0,2h_2 - 0,8h_3 \right)$$

que é a potência disponibilizada no eixo do rotor da turbina. O trabalho realizado por unidade de massa de vapor que escoa através da turbina será:

$$w_{VC} = \frac{\dot{W}_{VC}}{\dot{m}} = h_1 - 0,2h_2 - 0,8h_3$$

- Aplicação da segunda lei da termodinâmica

O processo que ocorre na turbina ideal, por hipótese, é adiabático e reversível, ou seja, isentrópico. Veja a Figura Er9.2-a. Assim, concluímos que: $s_1 = s_2 = s_3$.

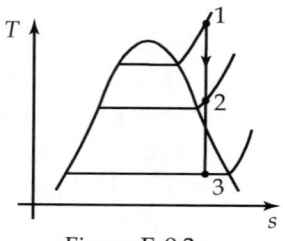

Figura Er9.2-a

- Determinação das propriedades nas entradas e saídas do volume de controle

As propriedades serão identificadas pelos mesmos índices que denominam as seções nas quais elas são avaliadas.

- Seção 1 (entrada): $p_1 = 3$ MPa e $T_1 = 400°C$.

Como temos duas propriedades conhecidas, o estado da água na seção de entrada é conhecido. Utilizando essas propriedades, obtemos nas tabelas de propriedades termodinâmicas da água: $h_1 = 3231,7$ kJ/kg e $s_1 = 6,9235$ kJ/(kg.K).

- Seção 2 (seção na qual há extração de 20% da vazão mássica admitida): $p_2 = 1000$ kPa.

Como o processo que ocorre na turbina é isentrópico, temos:

$s_2 = s_1 = 6,9235$ kJ/(kg.K).

Temos, agora, duas propriedades que definem o estado 2: a pressão e a entropia. Realizando um processo de interpolação na tabela de propriedades termodinâmicas da água superaquecida, obtemos: $h_2 = 2941,6$ kJ/kg.

- Seção 3 (seção de exaustão da turbina): $T_3 = 40°C$.

Como o processo que ocorre na turbina é isentrópico, temos:

$s_3 = s_1 = 6,9235$ kJ/(kg.K).

Da tabela de propriedades termodinâmicas da água, temos:

$s_{l,3} = 0,5724$ kJ/(kg.K);

$s_{v,3} = 8,2556$ kJ/(kg.K);

$h_{l,3} = 167,5$ kJ/kg; e $h_{v,3} = 2573,5$ kJ/kg.

Inicialmente, determinamos o título a partir do valor conhecido da entropia:

$$s_3 = \left(1 - x_3\right)s_{l,3} + x_3 s_{v,3} \Rightarrow x_3 = 0,8266$$

Calculamos, agora, a entalpia:

$$h_3 = \left(1 - x_3\right)h_{l,3} + x_3 h_{v,3} \Rightarrow$$
$$\Rightarrow h_3 = 2156,4 \text{ kJ/kg}$$

- Cálculo do trabalho específico desenvolvido pela turbina

Já verificamos que

$$w_{VC} = \frac{\dot{W}_{VC}}{\dot{m}} = h_1 - 0,2h_2 - 0,8h_3 .$$

Substituindo nessa equação os valores já determinados, obtemos:

$w_{VC} = 918,3$ kJ/kg.

Er9.3 Em uma unidade industrial, água a 28°C e 101,3 kPa é bombeada, atingindo a pressão de 800 kPa. Considerando que a bomba é ideal, determine o trabalho específico de bombeamento e a entalpia da água na sua saída.

Solução

a) Dados e considerações
  • Processo
Uma bomba centrífuga é constituída basicamente por sua carcaça e por uma parte móvel interna denominada rotor. Um motor externo, usualmente elétrico, fornece potência ao rotor, girando-o, e este transfere parte dessa potência ao fluido, promovendo o escoamento de um fluido através da bomba, o aumento da sua pressão e, nas bombas tradicionais, o aumento da sua velocidade de saída.

  • Escolha do volume de controle
Adotaremos um volume de controle delimitado por uma superfície de controle que envolve a bomba centrífuga e que terá apenas uma entrada e uma saída, identificadas, respectivamente, pelos índices 1, e 2. Veja a Figura Er9.3.

Bomba

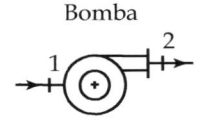

Figura Er9.3

  • Propriedades do vapor nas seções de entrada e de saída do VC
As propriedades serão identificadas pelos mesmos índices que denominam as seções nas quais elas são avaliadas.
Seção 1 (entrada): $p_1 = 101,3$ kPa e $T_1 = 28°C$.
Seção 2 (saída): $p_2 = 800$ kPa.

  • Hipóteses
    Consideraremos que:
    • a bomba centrífuga é ideal e, assim, o processo que ocorre em seu interior será considerado adiabático e reversível;
    • as variações de energia cinética e de energia potencial que ocorrem no escoamento entre as seções de entrada e de saída da bomba são consideradas muito pequenas frente a outras variações energéticas, podendo ser desprezadas; e
    • este processo ocorre em regime permanente.

b) Análise e cálculos
  • Aplicação da equação da conservação da massa
Como o equipamento opera em regime permanente, temos: $\sum \dot{m}_e = \sum \dot{m}_s$.
Indexando as vazões segundo a numeração das seções de entrada e saída indicadas na Figura Er9.3, temos: $\dot{m}_1 = \dot{m}_2$. Esse resultado será utilizado a seguir.

  • Aplicação da primeira lei
Aplicando a primeira lei da termodinâmica formulada para volume de controle sob a hipótese de regime permanente, temos:

$$\dot{Q}_{VC} - \dot{W}_{VC} = \sum \dot{m}_s \left(h_s + \frac{V_s^2}{2} + gz_s \right) -$$
$$-\sum \dot{m}_e \left(h_e + \frac{V_e^2}{2} + gz_e \right)$$

Lembrando que, por hipótese, a taxa de transferência de calor é nula, desprezando as variações de energia cinética e potencial, temos:

$$\dot{W}_{VC} = \dot{m}_1 h_1 - \dot{m}_2 h_2$$

Lembrando-nos do resultado da aplicação da equação da conservação da massa e de como optamos por utilizar valores positivos para as transferências de calor e trabalho entre equipamentos e o meio, obtemos:

$$\dot{W}_B = -\dot{W}_{VC} = \dot{m}\left(h_2 - h_1 \right)$$

que é a potência requerida pela bomba. O trabalho requerido por unidade de massa de água que escoa através da bomba será:

$$w_B = \frac{\dot{W}_B}{\dot{m}} = h_2 - h_1$$

- Aplicação da segunda lei da termodinâmica

O processo que ocorre na bomba, por hipótese, é adiabático e reversível, ou seja, isentrópico. Veja a Figura Er9.3--a. Assim, concluímos que, por a entropia se manter constante, $s_1 = s_2$.

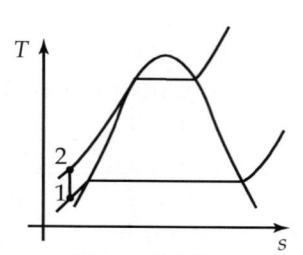

Figura Er9.3-a

- Determinação das propriedades nas entradas e saídas do volume de controle

As propriedades serão identificadas pelos mesmos índices que denominam as seções nas quais elas são avaliadas.

- Seção 1 (entrada): $p_1 = 101,3$ kPa e $T_1 = 28°C$.

Como temos duas propriedades conhecidas, o estado da água na seção de entrada da bomba é conhecido. Devemos, entretanto, observar que a água nesse estado é um líquido comprimido, e suas propriedades podem ser consideradas iguais às do líquido saturado na mesma temperatura. Assim, das tabelas de propriedades termodinâmicas da água, obtemos: $h_1 = 117,4$ kJ/kg, $s_1 = 0,4091$ kJ/(kg.K) e $v_1 = 0,0001004$ m³/kg.

- Seção 2 (saída): $p_2 = 800$ kPa.

Como o processo que ocorre na bomba é isentrópico, temos:

$s_2 = s_1 = 0,4091$ kJ/(kg.K).

Temos, agora, duas propriedades que definem o estado 2: a pressão e a entropia. Ao buscar outras propriedades da água nesse estado, verificamos que não podemos utilizar a tabela de propriedades termodinâmicas da água comprimida, já que nela somente há propriedades registradas para a pressão de 1 MPa ou maiores. Optamos, então, por não determinar a entalpia de saída da água da bomba por esse procedimento.

- Cálculo da potência requerida pela bomba

Como o processo ocorre em regime permanente, desprezando as variações de energia cinética e potencial e observando que o volume de controle tem apenas uma entrada e uma saída, temos:

$$w_B = -w_{VC} = \int_e^s v\,dp$$

Devemos, neste instante, observar que a água, durante o processo de bombeamento, permanece na fase líquida e, por esse motivo, podemos adotar a hipótese de que ela é um fluido incompressível. Aceita essa hipótese, podemos afirmar que o seu volume específico não varia durante o processo de bombeamento, e a integral acima se resumirá a:

$$w_B = v_1 \int_1^2 dp = v_1(p_2 - p_1)$$

Substituindo-se os valores já conhecidos, temos:

$$w_B = 0,001004\,(800 - 101,3) =$$

$$= 702 \text{ J/kg}$$

- Cálculo da entalpia da água à saída da bomba

Sabemos que:

$$w_{VC} = \frac{\dot{W}_{VC}}{\dot{m}} = h_1 - h_2 = -0,702 \text{ kJ/kg}$$

$$\Rightarrow h_2 = 117,4 + 0,702 = 118,1 \text{ kJ/kg}.$$

Er9.4 Em uma unidade industrial – veja a Figura Er9.4 –, dispõe-se de vapor a 4,0 MPa e 400°C, o qual é utilizado para geração de energia elétrica. Para tal, utiliza-se uma turbina acoplada a um gerador.

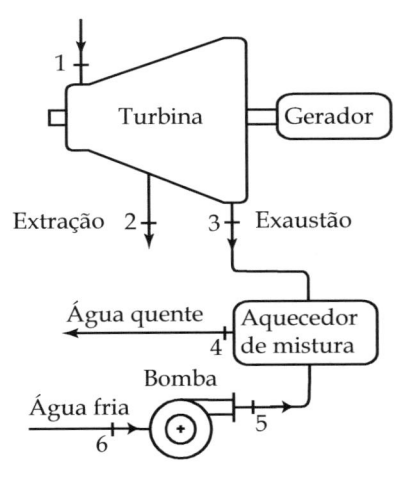

Figura Er9.4

Na turbina, 40% do vapor é extraído a 2 MPa, e o restante, exaurido a 1 MPa, é utilizado para gerar água quente em um trocador de calor de mistura que também opera a 1 MPa. A água quente sai do trocador de calor no estado de líquido saturado, e a água fria entra no trocador de calor a 50°C. Pede-se a potência disponível no eixo da turbina por quilograma de vapor admitido e a vazão de água aquecida por quilograma de vapor admitido na turbina.

Solução

a) Dados e considerações
- Inicialmente, determinaremos a potência da turbina e, a seguir, a vazão de água aquecida.
- Volumes de controle

Adotaremos dois. O primeiro será aquele delimitado por uma superfície que envolve a turbina, e o denominaremos VC1. Identificamos na sua superfície uma entrada e duas saídas. O segundo, denominado VC2, será aquele que envolve o aquecedor de mistura e no qual identificamos duas entradas e uma saída. Veja a Figura Er9.4.

- Propriedades conhecidas

$p_1 = 4$ MPa, $T_1 = 400°C$,

$p_2 = 2$ MPa, $p_3 = 1$ MPa, $x_4 = 0$,

$T_5 = 50°C$

- Hipóteses
  Consideraremos que:
  - a turbina é ideal e, assim, o processo que ocorre em seu interior será considerado adiabático e reversível;
  - o aquecedor de mistura é adiabático;
  - a água quente sai do trocador de calor no estado de líquido saturado;
  - as variações de energia cinética e de energia potencial tanto na turbina quanto no aquecedor de mistura são muito pequenas frente a outras variações energéticas, podendo ser desprezadas; e
  - os processos, tanto na turbina quanto no aquecedor, ocorrem em regime permanente.

a) Análise e cálculos
- Aplicação da lei da conservação da massa para o VC1

$$\sum \dot{m}_e = \sum \dot{m}_s \Rightarrow \dot{m}_1 = \dot{m}_2 + \dot{m}_3$$

- Aplicação da primeira lei para volume de controle VC1:

$$\dot{Q}_{VC} - \dot{W}_{VC} = \sum \dot{m}_s \left(h_s + \frac{V_s^2}{2} + g z_s \right) -$$

$$- \sum \dot{m}_e \left(h_e + \frac{V_e^2}{2} + g z_e \right)$$

Aplicando as hipóteses adotadas, temos:

$$\dot{W}_{VC1} = \dot{W}_T = \dot{m}_1 h_1 - \dot{m}_2 h_2 - \dot{m}_3 h_3$$

onde $\dot{W}_T$ é a potência disponível no eixo da turbina.

Como $\dot{m}_2 = 0,4\dot{m}_1$ e $\dot{m}_3 = 0,6\dot{m}_1$, temos:

$$\dot{W}_T = \dot{m}_1 h_1 - 0,4\dot{m}_1 h_2 - 0,6\dot{m}_1 h_3.$$

Logo: $w_T = h_1 - 0,4h_2 - 0,6h_3$.

- Aplicação da segunda lei da termodinâmica para o VC1

Na turbina o processo é adiabático e reversível, logo: $s_1 = s_2 = s_3$.

- Determinação das propriedades
  - Determinação do estado do vapor na entrada da turbina

    $p_1 = 4$ MPa e $T_1 = 400°C$

    Das tabelas de propriedades termodinâmicas da água, temos:

    $h_1 = 3214,5$ kJ/kg e

    $s_1 = 6,7714$ kJ/kgK

  - Determinação do estado do vapor nas saídas da turbina
    Extração: $p_2 = 2$ MPa;

    $s_2 = s_1 = 6,7714$ kJ/(kg.K).

    Das tabelas de propriedades termodinâmicas do vapor superaquecido, interpolando, temos:

    $h_2 = 3026$ kJ/kg e $T_2 = 301°C$

    Descarga: $p_3 = 1$ MPa e

    $s_3 = s_1 = 6,7714$ kJ/kgK.

    Das tabelas de vapor superaquecido, interpolando, obtemos:

    $$h_3 = 2865 \text{ kJ/kg e } T_3 = 215°C$$

- Determinação da potência disponível no eixo da turbina

A potência disponível no eixo da turbina por quilograma de vapor admitido será igual a:

$$\dot{w}_T = h_1 - 0,4h_2 - 0,6h_3 = 285,1 \text{ kJ/kg,}$$

respondendo, assim, à primeira questão do exercício.

Resolvamos, agora, a segunda questão.

- Aplicação da conservação da massa para o VC2

$$\dot{m}_4 = \dot{m}_3 + \dot{m}_5$$

- Aplicação da primeira lei para o VC2

$$\dot{Q}_{VC} - \dot{W}_{VC} = \sum \dot{m}_s \left(h_s + \frac{V_s^2}{2} + gz_s \right) -$$

$$- \sum \dot{m}_e \left(h_e + \frac{V_e^2}{2} + gz_e \right)$$

Aplicando as hipóteses já adotadas, temos:

$$\dot{m}_4 h_4 = \dot{m}_3 h_3 + \dot{m}_5 h_5$$

Utilizando o resultado da aplicação da lei da conservação da massa, tem-se:

$$\left(\dot{m}_3 + \dot{m}_5 \right) h_4 = \dot{m}_3 + \dot{m}_5 h_5$$

Como $\dot{m}_3 = 0,6\dot{m}_1$, temos:

$$\left(0,6\dot{m}_1 + \dot{m}_5 \right) h_4 = 0,6\dot{m}_1 h_3 + \dot{m}_5 h_5 \Rightarrow$$

$$\Rightarrow \frac{\dot{m}_5}{\dot{m}_1} = \frac{0,6\left(h_4 - h_3 \right)}{\left(h_5 - h_4 \right)}$$

- Determinação das entalpias de entrada e saída do trocador de calor
  - Estado 3:
    Já foi anteriormente determinado $h_3 = 2865$ kJ/kg.
  - Estado 5:
    $p_5 = 1$ MPa; $T_5 = 50°C$
    Logo: $h_5 = 209,3$ kJ/kg (entalpia do líquido saturado a 50°C).
  - Estado 4:
    $p_4 = 1$ MPa e $x_4 = 0$ (a água sai do trocador de calor no estado de líquido saturado)
    Da tabela de propriedades termodinâmicas da água, vem:

    $h_4 = 761,5$ kJ/kg

- Cálculo de $\dfrac{\dot{m}_5}{\dot{m}_1}$

$$\frac{\dot{m}_5}{\dot{m}_1} = \frac{0,6\left(h_4 - h_3 \right)}{\left(h_5 - h_4 \right)} = 2,29$$

Ou seja: aquece-se 2,29 kg de água por quilograma de vapor admitido na turbina.

Er9.5 Uma turbina com rendimento igual a 90% recebe vapor d'água a 4,0 MPa e 500°C. Sabendo-se que 15% do vapor admitido é extraído a 1,0 MPa e que o restante é exaurido da turbina na pressão de 10 kPa, pede-se para calcular a potência disponível no eixo por quilograma de vapor admitido.

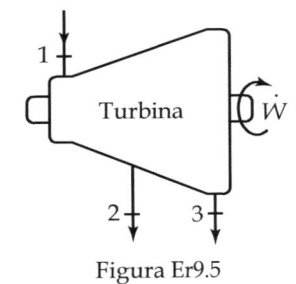

Figura Er9.5

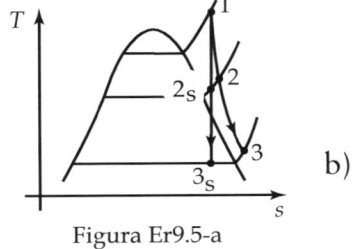

Figura Er9.5-a

Solução

a)   Dados e considerações
  • Rendimento da turbina: $\eta = 0,90$.
  • Fluido de trabalho: água.
  • Processo
  A turbina admite vapor a alta pressão e alta temperatura. Parte do vapor, 15%, é extraída em uma pressão intermediária, e o restante é descarregado a 10 kPa.
  • Escolha do volume de controle
  Adotaremos um volume de controle delimitado por uma superfície de controle que envolve a turbina e que terá uma entrada e duas saídas identificadas, respectivamente, pelos índices 1, 2 e 3. Veja a Figura Er9.5.
  • Propriedades conhecidas
  As propriedades serão identificadas pelos mesmos índices que denominam as seções nas quais elas são avaliadas.

  $p_1 = 4$ MPa , $T_1 = 500$°C,

  $p_2 = 1$ MPa, $p_3 = 10$ kPa

  • Vazão mássica de extração
  $\dot{m}_2 = 0,15\dot{m}_1$

• Hipóteses
Consideraremos que:
  • a turbina é real;
  • as variações de energia cinética e de energia potencial que ocorrem no escoamento de vapor entre as seções de entrada e de saída da turbina serão consideradas muito pequenas frente a outras variações energéticas, podendo ser desprezadas; e
  • este processo ocorre em regime permanente.

b)   Análise e cálculos
  • Aplicação da equação da conservação da massa
  Como o equipamento opera em regime permanente, temos: $\sum \dot{m}_e = \sum \dot{m}_s$.
  Indexando as vazões segundo a numeração das seções de entrada e saída indicadas na Figura Er9.5, temos: $\dot{m}_1 = \dot{m}_2 + \dot{m}_3$. Devemos observar que, de acordo com o enunciado, $\dot{m}_2 = 0,15\dot{m}_1$, logo: $\dot{m}_3 = 0,85\dot{m}_1$. Esses resultados serão utilizados a seguir.
  • Aplicação da primeira lei
  Aplicando a primeira lei da termodinâmica formulada para volume de controle sob a hipótese de regime permanente, temos:

$$\dot{Q}_{VC} - \dot{W}_{VC} = \sum \dot{m}_s \left(h_s + \frac{V_s^2}{2} + gz_s \right) - $$
$$- \sum \dot{m}_e \left(h_e + \frac{V_e^2}{2} + gz_e \right)$$

Devemos observar que, embora saibamos que o processo que ocorre na turbina é real, com rendimento igual a 90%, não o conhecemos em detalhe. Assim, optamos por considerar momentaneamente que o processo que ocorre na turbina é adiabático e reversível, o que nos permitirá determinar os estados 2s e 3s – veja a

Figura Er9.5-a. Posteriormente, caracterizaremos os estados 2 e 3 utilizando os resultados assim obtidos.

Nessas condições, a aplicação da primeira lei da termodinâmica resultará em:

$$\dot{W}_{VC} = \dot{W}_{Ti} = \dot{m}_1 h_1 - \dot{m}_2 h_{2s} - \dot{m}_3 h_{3s}$$

Nessa expressão, o índice Ti indica que estamos calculando a potência que a turbina apresentaria se fosse ideal.

Lembrando-nos dos resultados da aplicação da equação da conservação da massa, temos:

$$\dot{W}_{Ti} = \dot{m}_1 \left(h_1 - 0,15 h_{2s} - 0,85 h_{3s} \right)$$

- Aplicação da segunda lei da termodinâmica

O processo que ocorre na turbina real é irreversível, logo: $s_3 > s_2 > s_1$. Veja a Figura Er9.5-a. Optamos, novamente, por considerar momentaneamente que o processo que ocorre na turbina é isentrópico, o que nos permitirá determinar os estados 2s e 3s. Posteriormente, a partir do conhecimento dos estados 2s e 3s, caracterizaremos os estados 2 e 3.

Afirmamos, então, que $s_1 = s_{2s} = s_{3s}$.

- Determinação das propriedades nas entradas e saídas do volume de controle
  - Seção 1 (entrada)

    $p_1 = 4$ MPa e $T_1 = 500°C$

    Como temos duas propriedades conhecidas, o estado da água na seção de entrada é conhecido. Utilizando essas propriedades, obtemos nas tabelas de propriedades termodinâmicas da água:

    $h_1 = 3446$ kJ/kg e

    $s_1 = 7,0922$ kJ/(kg.K).

  - Seção 2 (seção na qual há ex-

tração de 15% da vazão mássica admitida)

$p_2 = 1000$ kPa e $s_{2s} = s_1 =$

$= 7,0922$ kJ/(kg.K)

Temos, então, duas propriedades que definem o estado 2s: a pressão e a entropia. Como a entropia s_{2s} é maior do que a entropia do vapor saturado a 1000 kPa, verificamos que no estado 2s a água é um vapor superaquecido. Utilizando a Tabela B.2 ("Propriedades termodinâmicas da água – vapor superaquecido"), obtemos: $h_{2s} = 3033,2$ kJ/kg.

Usando o rendimento, determinamos a entalpia no estado 2.

$$\eta = \frac{h_1 - h_2}{h_1 - h_{2s}} \Rightarrow$$

$$\Rightarrow h_2 = 3074,5 \text{ kJ/kg}$$

- Seção 3 (seção de exaustão da turbina)

$p_3 = 10$ kPa e $s_{3s} = s_1 =$

$= 7,0922$ kJ/(kg.K)

Como no estado 3 a entropia s_{3s} é menor do que a entropia do vapor saturado a 1000 kPa, verificamos que a água na seção de descarga da turbina é saturada. Devemos, então, determinar o título da água nessa seção para, em seguida, determinar a sua entalpia.

Temos, então, duas propriedades que definem o estado 3s: a pressão e a entropia. Da tabela de propriedades termodinâmicas da água saturada, para a pressão de 10 kPa, temos:

$h_{l3s} = 191,8$ kJ/kg;

$h_{v3s} = 2583,9$ kJ/kg;

$s_{l3s} = 0,6493$ kJ/(kg.K);

$s_{v3s} = 8,1488$ kJ/(kg.K)

O título da água na seção 3 é dado por:

$$s_{3s} = (1 - x_{3s})s_{l3s} + x_{3s}s_{v3s} \Rightarrow$$
$$\Rightarrow x_{3s} = 85,91\%$$

Calculamos agora a entalpia:

$$h_{3s} = (1 - x_{3s})h_{l3s} + x_{3s}h_{v3s} \Rightarrow$$
$$\Rightarrow h_{3s} = 2246,9 \text{ kJ/kg}$$

Usando o rendimento, determinamos a entalpia no estado 3.

$$\eta = \frac{h_1 - h_3}{h_1 - h_{3s}} \Rightarrow$$
$$\Rightarrow h_3 = 2366,8 \text{ kJ/kg}$$

- Cálculo da potência específica da turbina
  Já verificamos que:

$$w_{VC} = \frac{\dot{W}_{VC}}{\dot{m}} =$$
$$= h_1 - 0,15h_2 - 0,85h_3.$$

Substituindo nessa equação os valores já determinados, obtemos:

$$w_{VC} = 973,1 \text{ kJ/kg.}$$

Er9.6 Em um compressor, a vazão mássica de 0,1 kg/s de ar captada a 300 K e 100 kPa é comprimida por meio de um processo adiabático e reversível, sendo descarregada a 16 bar. Determine a potência requerida por esse equipamento.

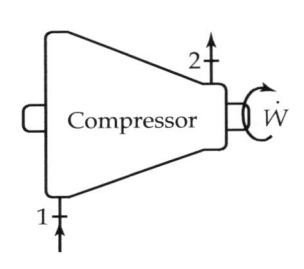

Figura Er9.6

Solução

a) Dados e considerações
- Fluido de trabalho: ar.
- Processo
Consideremos que esse compressor opere continuamente movido por um motor elétrico que fornece a potência requerida, promovendo o processo de compressão que, neste caso, é adiabático e reversível.

- Escolha do volume de controle
Adotaremos um volume de controle delimitado por uma superfície de controle que envolve o compressor e que terá apenas uma entrada e uma saída identificadas, respectivamente, pelos índices 1 e 2. Veja a Figura Er9.6.

- Propriedades conhecidas
As propriedades serão identificadas pelos mesmos índices que denominam as seções nas quais elas são avaliadas.

$p_1 = 100$ kPa, $T_1 = 300$ K,

$p_2 = 16$ bar $= 1600$ kPa.

- Vazão mássica admitida no compressor

$\dot{m}_1 = 0,1$ kg/s

- Hipóteses
Consideraremos que:
  - as variações de energia cinética e de energia potencial que ocorrem no escoamento entre as seções de entrada e de saída são consideradas muito pequenas frente a outras variações energéticas, podendo ser desprezadas;
  - o ar é um gás ideal com calores específicos constantes, $c_p = 1,004$ kJ/(kg.K), $c_v = 0,717$ kJ/(kg.K) e $R = 0,287$ kJ/(kg.K);
  - este processo ocorre em regime permanente; e
  - este processo é adiabático e reversível.

b)   Análise e cálculos

• Aplicação da equação da conservação da massa

Como o equipamento opera em regime permanente, temos: $\sum \dot{m}_e = \sum \dot{m}_s$.

Indexando as vazões segundo a numeração das seções de entrada e saída indicadas na Figura Er9.6, temos: $\dot{m}_1 = \dot{m}_2$. Esse resultado será utilizado a seguir.

• Aplicação da primeira lei da termodinâmica para avaliar a potência requerida

Aplicando a primeira lei da termodinâmica formulada para volume de controle sob a hipótese de regime permanente, temos:

$$\dot{Q}_{VC} - \dot{W}_{VC} = \sum \dot{m}_s \left(h_s + \frac{V_s^2}{2} + gz_s \right) - \sum \dot{m}_e \left(h_e + \frac{V_e^2}{2} + gz_e \right)$$

Desprezando as variações de energia cinética e potencial:

$$\dot{W}_{VC} = \dot{m}_1 h_1 - \dot{m}_2 h_2 + \dot{Q}_{VC}$$

Como, por hipótese, o processo é adiabático e os calores específicos do ar são constantes, podemos afirmar:

$$\dot{W}_{VC} = \dot{m}_1 h_1 - \dot{m}_2 h_2 = \dot{m} c_p \left(T_1 - T_2 \right)$$

Para determinar a potência desejada, precisamos calcular a temperatura de descarga do ar.

• Aplicação da segunda lei da termodinâmica

Como o processo é, por hipótese, adiabático e reversível, então ele é isentrópico. Como o ar está sendo tratado como um gás ideal com calores específicos constantes, nós podemos dizer que esse processo isentrópico é um caso particular de processo politrópico com expoente igual a $k = c_p / c_v$.

O que resulta em:

$$\frac{T_2}{T_1} = \left(\frac{p_2}{p_1} \right)^{\frac{k-1}{k}}$$

Logo: $T_2 = 662,7$ K.

• Cálculo da potência requerida

$$\dot{W}_{VC} = \dot{m}_1 h_1 - \dot{m}_2 h_2 = \dot{m} c_p \left(T_1 - T_2 \right)$$

$$\dot{W}_{VC} = 0,1 \cdot 1,004 \left(300 - 662,5 \right) =$$
$$= -36,4$$

$$\dot{W}_C = -\dot{W}_{VC} = 36,4 \text{ kW}$$

Já que este processo é um caso particular de processo politrópico, podemos também calcular a potência requerida como:

$$\dot{W}_{VC} = -\dot{m} \frac{nR}{n-1} \left(T_2 - T_1 \right) =$$

$$= -0,1 \frac{1,40 \cdot 0,287}{1,40-1} \left(662,5 - 300 \right) =$$

$$= -36,4 \text{ kW}$$

$$\dot{W}_C = -\dot{W}_{VC} = 36,4 \text{ kW}$$

Como não poderia deixar de ser, os resultados obtidos pelos dois caminhos são iguais.

Er9.7 Em um compressor, 0,1 kg/s de ar captado a 300 K e 100 kPa é comprimido por meio de um processo isotérmico e reversível, sendo descarregado a 16 bar. Determine a potência requerida por esse equipamento.

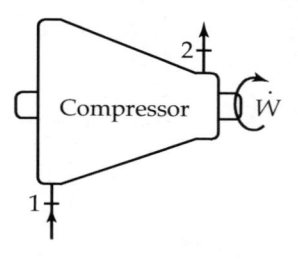

Figura Er9.7

Solução

a) Dados e considerações
- Fluido de trabalho: ar.
- Processo

Consideremos que este compressor opere continuamente movido por um motor externo, usualmente elétrico, que fornece a potência requerida, promovendo o processo de compressão que, neste caso, é isotérmico.

- Escolha do volume de controle

Adotaremos um volume de controle delimitado por uma superfície de controle que envolve o compressor e que terá apenas uma entrada e uma saída, que são identificadas, respectivamente, pelos índices 1 e 2. Veja a Figura Er9.7.

- Propriedades conhecidas

As propriedades serão identificadas pelos mesmos índices que denominam as seções nas quais elas são avaliadas.

$p_1 = 100$ kPa, $T_1 = 300$ K,

$p_2 = 16$ bar $= 1,6$ MPa.

- Vazão mássica admitida no compressor

$\dot{m}_1 = 0,1$ kg/s

- Hipóteses

Consideraremos que:

- as variações de energia cinética e de energia potencial que ocorrem no escoamento entre as seções de entrada e de saída são consideradas muito pequenas frente a outras variações energéticas, podendo ser desprezadas;
- o ar é um gás ideal com calores específicos constantes, $c_p = 1,004$ kJ/(kg.K), $c_v = 0,717$ kJ/(kg.K) e $R = 0,287$ kJ/(kg.K);
- este processo ocorre em regime permanente; e
- este processo é isotérmico e, portanto é prevista a existência de transferência de energia por calor do ar sendo comprimido para o meio ambiente.

b) Análise e cálculos
- Aplicação da equação da conservação da massa

Como o equipamento opera em regime permanente, temos: $\sum \dot{m}_e = \sum \dot{m}_s$.

Indexando as vazões segundo a numeração das seções de entrada e saída indicadas na Figura Er9.7, temos: $\dot{m}_1 = \dot{m}_2$. Esse resultado será utilizado a seguir.

- Aplicação da primeira lei da termodinâmica

Aplicando a primeira lei da termodinâmica formulada para volume de controle sob a hipótese de regime permanente, temos:

$$\dot{Q}_{VC} - \dot{W}_{VC} = \sum \dot{m}_s \left(h_s + \frac{V_s^2}{2} + gz_s \right) -$$

$$- \sum \dot{m}_e \left(h_e + \frac{V_e^2}{2} + gz_e \right)$$

Desprezando as variações de energia cinética e potencial:

$$\dot{W}_{VC} = \dot{m}_1 h_1 - \dot{m}_2 h_2 + \dot{Q}_{VC}$$

Como, por hipótese, o processo é isotérmico, e como o ar está sendo modelado como um gás ideal, podemos afirmar que sua entalpia varia apenas com a temperatura, de modo que $h_1 = h_2$. Consequentemente:

$$\dot{W}_{VC} = \dot{Q}_{VC}$$

Ou seja, a potência requerida pelo processo de compressão é exatamente igual à taxa de transferência de energia por calor do ar para o meio ambiente.

- Avaliação da potência requerida

Como o processo é isotérmico e como o ar está sendo tratado como um gás ideal com calores específicos constantes, podemos dizer que ele é um caso particular de processo politrópico com expoente igual a 1. Assim sendo, temos:

$$\dot{W}_{VC} = -\dot{m}RT_1\, ln\left(\frac{p_2}{p_1}\right)$$

$$\dot{W}_{VC} = -0,1 \cdot 0,287 \cdot 300\, ln\left(\frac{1600}{100}\right) =$$

$$= -23,9 \text{ kW.}$$

Como $\dot{W}_C = -\dot{W}_{VC}$, a potência requerida pelo compressor é igual a 23,9 kW.

Er9.8 Um compressor comprime continuamente 0,1 kg/s de ar captado a 300 K e 100 kPa e o descarrega a 16 MPa. Supondo que o processo que ocorre no compressor é politrópico com expoente igual a 1,25, determine a temperatura do ar na seção de descarga do compressor, a potência requerida por esse equipamento e a taxa de transferência de energia por calor entre o compressor e o meio.

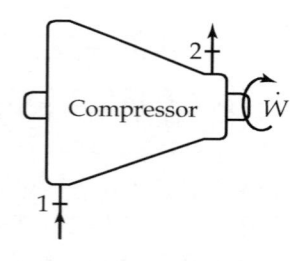

Figura Er9.8

Solução

a) Dados e considerações
    • Fluido de trabalho: ar.
    • Processo
Consideremos que este compressor opere continuamente movido por um motor externo, usualmente elétrico, que fornece a potência requerida, promovendo o processo de compres-

são que, neste caso, é politrópico com expoente igual a 1,25.

• Escolha do volume de controle
Adotaremos um volume de controle delimitado por uma superfície de controle que envolve o compressor e que terá apenas uma entrada e uma saída, identificadas, respectivamente, pelos índices 1 e 2. Veja a Figura Er9.8.

• Propriedades conhecidas
As propriedades serão identificadas pelos mesmos índices que denominam as seções nas quais elas são avaliadas.

$p_1 = 100$ kPa, $T_1 = 300$ K,

$p_2 = 16$ bar = 1,6 MPa.

• Vazão mássica admitida no compressor

$\dot{m}_1 = 0,1$ kg/s

• Hipóteses
  Consideraremos que:
    • as variações de energia cinética e de energia potencial que ocorrem no escoamento entre as seções de entrada e de saída são consideradas muito pequenas frente a outras variações energéticas, podendo ser desprezadas;
    • o ar é um gás ideal com calores específicos constantes, $c_p = 1,004$ kJ/(kg.K) e $R = 0,287$ kJ/(kg.K); e
    • este processo ocorre em regime permanente.

b) Análise e cálculos
    • Aplicação da equação da conservação da massa
Como o equipamento opera em regime permanente, temos: $\sum \dot{m}_e = \sum \dot{m}_s$.
Indexando as vazões segundo a numeração das seções de entrada e saída indicadas na Figura Er9.8, temos:

$\dot{m}_1 = \dot{m}_2$. Esse resultado será utilizado a seguir.

- Avaliação da temperatura de descarga do ar

Como o ar está sendo tratado como um gás ideal com calores específicos constantes, sujeito a um processo politrópico que está ocorrendo em um volume de controle, temos:

$$\frac{T_2}{T_1} = \left(\frac{p_2}{p_1}\right)^{\frac{n-1}{n}}.$$

Logo: $\dfrac{T_2}{300} = \left(\dfrac{1600}{100}\right)^{\frac{1,25-1}{1,25}} = 522,3 \text{ K}.$

- Avaliação da potência requerida e da taxa de transferência de energia por calor

Aplicando a primeira lei da termodinâmica formulada para volume de controle sob a hipótese de regime permanente, temos:

$$\dot{Q}_{VC} - \dot{W}_{VC} = \sum \dot{m}_s\left(h_s + \frac{V_s^2}{2} + gz_s\right) - \sum \dot{m}_e\left(h_e + \frac{V_e^2}{2} + gz_e\right)$$

Desprezando as variações de energia cinética e potencial:

$$\dot{W}_{VC} = \dot{m}_1 h_1 - \dot{m}_2 h_2 + \dot{Q}_{VC}$$

Obtemos com a aplicação da primeira lei uma equação na qual identificamos duas incógnitas, a potência mecânica e a térmica. Devemos, então, buscar uma segunda equação. Lembrando que o processo é politrópico:

$$\dot{W}_{VC} = -\dot{m}\frac{nR}{n-1}(T_2 - T_1)$$

$$\dot{W}_C = -\dot{W}_{VC} = 31,9 \text{ kW}$$

Utilizando o resultado obtido pela aplicação da primeira lei, podemos agora avaliar a taxa de transferência de energia por calor:

$$\dot{W}_{VC} = \dot{m}_1 h_1 - \dot{m}_2 h_2 + \dot{Q}_{VC}$$

$$\dot{Q}_{VC} = \dot{m}(h_2 - h_1) + \dot{W}_{VC} =$$
$$= \dot{m}c_p(T_2 - T_1) + \dot{W}_{VC}$$

Substituindo-se os valores conhecidos, obtemos:

$$\dot{Q}_{VC} = -9,6 \text{ kW}$$

Ou seja: observamos a transferência de energia por calor do ar em compressão para o meio.

Er9.9 Em um compressor, 0,1 kg/s de ar captado a 300 K e 100 kPa é submetido a um processo de compressão, sendo descarregado a 16 kPa. Sabendo que o rendimento isentrópico desse compressor é igual a 80%, determine a potência requerida pelo equipamento.

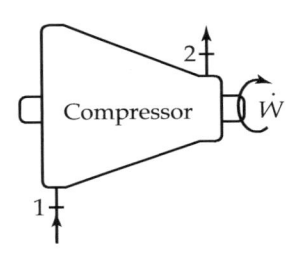

Figura Er9.9

Solução

a) Dados e considerações
- Fluido de trabalho: ar.
- Processo

Consideremos que este compressor opera continuamente movido por um motor externo que fornece a potência requerida pelo processo de compressão, o qual presenta rendimento isentrópico de 80%.

- Escolha do volume de controle

Adotaremos um volume de controle delimitado por uma superfície de controle que envolve o compressor e que terá apenas uma entrada e uma saída, identificadas, respectivamente, pelos índices 1 e 2. Veja a Figura Er9.9.

• Propriedades conhecidas

As propriedades serão identificadas pelos mesmos índices que denominam as seções nas quais elas são avaliadas.

$p_1 = 100$ kPa, $T_1 = 300$ K,

$p_2 = 16$ bar $= 1,6$ MPa.

• Vazão mássica admitida no compressor

$\dot{m}_1 = 0,1$ kg/s

• Hipóteses

Consideraremos que:

• as variações de energia cinética e de energia potencial que ocorrem no escoamento entre as seções de entrada e de saída são consideradas muito pequenas frente a outras variações energéticas, podendo ser desprezadas;

• o ar é um gás ideal com calores específicos constantes,

$c_p = 1,004$ kJ/(kg.K),

$c_v = 0,717$ kJ/(kg.K) e

$R = 0,287$ kJ/(kg.K);

• este processo ocorre em regime permanente.

b) Análise e cálculos

• Aplicação da equação da conservação da massa

Como o equipamento opera em regime permanente, temos: $\sum \dot{m}_e = \sum \dot{m}_s$.

Indexando as vazões segundo a numeração das seções de entrada e saída indicadas na Figura Er9.9, temos: $\dot{m}_1 = \dot{m}_2$. Este resultado será utilizado a seguir.

• Aplicação da primeira lei da termodinâmica

Apliquemos a primeira lei da termodinâmica formulada para volume de

controle considerando que o compressor é ideal, ou seja, que o processo que nele ocorre é adiabático e reversível. Nesse caso, o ar na seção de descarga do compressor estará no estado 2s.

$$\dot{Q}_{VC} - \dot{W}_{VC} = \sum \dot{m}_s \left(h_s + \frac{V_s^2}{2} + gz_s \right) - $$
$$- \sum \dot{m}_e \left(h_e + \frac{V_e^2}{2} + gz_e \right)$$

Desprezando as variações de energia cinética e potencial:

$$\dot{W}_{VCs} = \dot{m}_1 h_1 - \dot{m}_2 h_{2s} = \dot{m}\left(h_1 - h_{2s} \right) = $$
$$= \dot{m} c_p \left(T_1 - T_{2s} \right)$$

Assim, a potência que seria requerida pelo compressor se ele fosse isentrópico é:

$$\dot{W}_{Cs} = -\dot{W}_{VCs} = -\dot{m}\left(h_1 - h_{2s} \right) = $$
$$= -\dot{m} c_p \left(T_1 - T_{2s} \right)$$

Para determinar a potência desejada, precisamos calcular a temperatura de descarga do ar.

• Aplicação da segunda lei da termodinâmica para avaliar a temperatura de descarga do ar

Como, para o compressor suposto ideal, o processo é isentrópico, e como o ar está sendo tratado como um gás ideal com calores específicos constantes, nós podemos afirmar que este processo isentrópico é um caso particular de processo politrópico com expoente igual a $k = c_p/c_v$. O que resulta em:

$$\frac{T_{2s}}{T_1} = \left(\frac{p_{2s}}{p_1} \right)^{\frac{n-1}{n}}$$

Nessa equação, $p_{2s} = p_2$, logo:

$$\frac{T_{2s}}{300} = \left(\frac{1600}{100} \right)^{\frac{1,40-1}{1,40}} = 662,5 \text{ K}$$

- Cálculo da potência $\dot{W}_{Cs}$

$$\dot{W}_{Cs} = -\dot{W}_{VCs} = -\dot{m}(h_1 - h_{2s}) =$$
$$= -\dot{m}c_p(T_1 - T_{2s})$$

Substituindo-se os valores conhecidos, obtemos:

$$\dot{W}_{Cs} = -\dot{W}_{VCs} =$$
$$= -0,1 \cdot 1,004(300 - 662,5) = 36,4 \text{ kW}$$

- Cálculo da potência real
O rendimento isentrópico de um compressor é definido como:

$$\eta_C = \frac{h_1 - h_{2s}}{h_1 - h_2} = \frac{\dot{W}_{Cs}}{\dot{W}_C}$$

$$\dot{W}_C = \dot{W}_{Cs}\eta_C = 36,4 \cdot 0,8 = 45,5 \text{ kW}$$

9.6 EXERCÍCIOS PROPOSTOS

Ep9.1 Suponha que uma turbina ideal seja alimentada com vapor d'água a 400°C e 2 MPa, descarregando-o a 0,2 MPa. Determine o trabalho realizado por quilograma de vapor que escoa através da turbina.

Resp.: 541 kJ/kg.

Ep9.2 Uma bomba centrífuga ideal admite 30 m³/h de água a 20°C e em pressão próxima à atmosférica. Sua pressão manométrica de saída é igual a 200 kPa. Calcule a potência requerida pela bomba.

Resp.: 1,67 kW.

Ep9.3 Um condensador de um sistema de refrigeração admite a vazão mássica de 0,001 kg/s de R-134a na temperatura de 70°C e na pressão de 1,5 MPa, e descarrega esse fluido como líquido sub-resfriado a 52°C. Esse condensador rejeita calor para o ar ambiente a 25°C. Determine essa taxa de transferência de energia por calor para o meio.

Resp.: 1,69 kW.

Ep9.4 Uma turbina ideal admite 10 kg/s de vapor d'água a 4 MPa e 400°C.

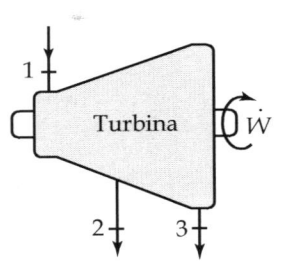

Figura Ep9.4

Dela é extraída a vazão de 2 kg/s a 1 Mpa, e a vazão restante é descarregada a 100 kPa. Determine a entalpia da água na seção de descarga da turbina e a potência mecânica disponível no eixo da turbina.

Resp.: 2455,4 kJ/kg; 6,76 MW.

Ep9.5 Uma bomba centrífuga de irrigação retira 3 kg/s de água de um rio a 20°C e a pressuriza de forma que na sua saída a água está a 25°C e 200 kPa. Considere que o processo ao qual a água é submetida é adiabático, que a velocidade da água na entrada da bomba é igual a 1 m/s e na saída é igual a 6 m/s. Tomando cuidado com as unidades, determine a entalpia da água na entrada da bomba, a entalpia da água na saída da bomba e a potência necessária para acionar a bomba.

Resp.: 83,9 kJ/kg; 104,8 kJ/kg; 62,8 kW.

Ep9.6 Suponha que uma turbina seja alimentada com 5 kg/s de vapor d'água a 400°C e 2 MPa, descarregando-o a 50°C. O rendimento da turbina é igual a 0,9. Determine o trabalho específico que seria produzido pela turbina se ela fosse ideal, a potência da turbina real e o título do vapor na saída da turbina.

Resp.: 962,6 kJ/kg; 4,33 MW; 91,2%.

Ep9.7 Refaça o exercício 9.4 considerando que a turbina tem rendimento isentrópico igual a 0,92.

Resp.: 2517 kJ/kg; 6,23 MW.

Ep9.8 Em uma unidade industrial – veja a Figura Ep9.8 –, uma turbina ideal que aciona um gerador elétrico é alimentada com 8 kg/s de vapor a 4 MPa e 400ºC. Na turbina, 40% do vapor é extraído a 2 MPa, e o restante, exaurido a 1 MPa, é utilizado para gerar água quente em um trocador de calor de mistura que também opera a 1 MPa. A água quente sai do trocador de calor no estado de líquido saturado, e a água fria é captada pela bomba a 20ºC e 100 kPa. Determine a temperatura do vapor exaurido pela turbina, a potência da turbina, o trabalho específico requerido pela bomba e a vazão mássica de água captada pela bomba.

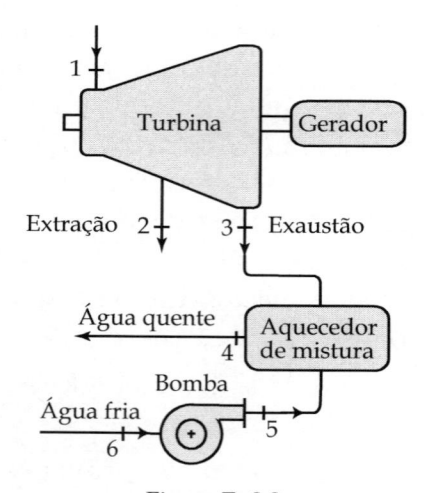

Figura Ep9.8

Respostas: 215ºC; 2282 kW; 0,9 kJ/kg; 14,9 kg/s.

Ep9.9 Em uma unidade industrial – veja a Figura Ep9.8 –, uma turbina com rendimento isentrópico de 90%, que aciona um gerador elétrico, é alimentada com 8 kg/s de vapor a 4 MPa e 400ºC. Na turbina, 40% do vapor é extraído a 2 MPa, e o restante, exaurido a 1 MPa, é utilizado para gerar água quente em um trocador de calor de mistura que também opera a 1 MPa. A água quente sai do trocador de calor no estado de líquido saturado, e a água fria é captada pela bomba a 20ºC e 100 kPa. Determine a temperatura do vapor exaurido pela turbina, a potência da turbina, o trabalho específico requerido pela bomba e a vazão mássica de água captada pela bomba.

Ep9.10 Uma caldeira é alimentada com 1,2 kg/s de água a 150ºC e 3 MPa, produzindo vapor a 400ºC. O vapor produzido alimenta uma turbina que o descarrega a 10 kPa. Considerando que o rendimento da turbina é igual a 0,9, determine a potência disponível no eixo da turbina e a taxa de transferência de calor para a água na caldeira.

Resp.: 1,12 MW; 3,12 MW.

Ep9.11 Um condensador – veja Figura Ep9.11 – opera em regime permanente recebendo 0,6 kg/s de vapor d'água saturado a 40ºC. A água condensada é comprimida, atingindo-se a pressão de 3 MPa, por uma bomba centrífuga ideal.

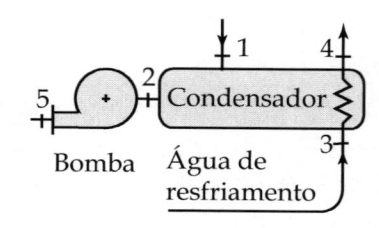

Figura Ep9.11

Considerando-se que a água de resfriamento do condensador é admitida a 20ºC e descarregada a 30ºC, determine a taxa de transferência de calor para a água de resfriamento, a vazão mássica de água de resfriamento e a potência requerida pela bomba.

Resp.: 1444 kW; 34,5 kg/s; 1,81 kW.

Ep9.12 Em uma central termoelétrica – veja a Figura Ep9.12 –, o condensador recebe 2 kg/s de vapor d'água a 10 kPa e título 1 proveniente da turbina. O vapor é condensado e, então, bombeado. Considere que a bomba centrífuga, com rendimento igual a 0,8, bombeia o líquido até a pressão de 3,0 MPa. Considere também que o condensador opera recebendo água de resfriamento na pressão atmosférica a 20°C, descarregando-a a 35°C. Nessa situação, pede-se para calcular a taxa de transferência de calor da água sendo condensada para a água de resfriamento, a potência de bombeamento e a vazão de água de resfriamento.

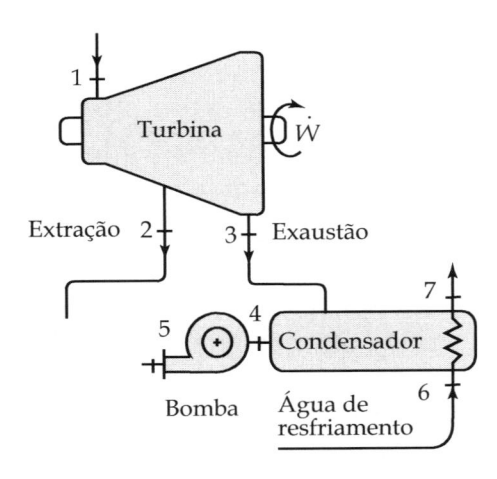

Figura Ep9.12

Resp.: 4,78 MW; 7,55 kW; 76,3 kg/s.

Ep9.13 Em uma central termoelétrica – veja a Figura Ep9.12 –, o condensador recebe 4 kg/s de vapor d'água a 10 kPa e título igual a 0,95 proveniente da turbina. O vapor é condensado e, na saída do condensador, o líquido atinge a temperatura de 40°C. O líquido é, então, bombeado, atingindo a pressão de 5 MPa.

Considere que o condensador opera recebendo água de resfriamento na pressão atmosférica a 20°C e a descarregando a 30°C, e que, devido a uma deficiência no isolamento térmico do condensador, ocorre a transferência de calor para o meio ambiente igual a 5% da taxa total de calor necessária para prover o processo de condensação. Nessa condição, pede-se para calcular a vazão de água de arrefecimento, a taxa de calor do vapor em condensação para essa vazão de água e a potência requerida pela bomba se o seu rendimento isentrópico for igual a 72%.

Ep9.14 Em um processo industrial – veja a Figura Ep9.14 –, um aquecedor de água do tipo de superfície admite, em sua seção de entrada 1, a vazão mássica de 0,4 kg/s de água a 2 MPa, que é aquecida da temperatura $T_1 = 40°C$ até a temperatura de $T_2 = 140°C$. Para tal, esse equipamento recebe vapor d'água saturado a 1 MPa, descarregando-o na forma de líquido saturado, que é, então, bombeado de forma a ser misturado com a água em aquecimento.

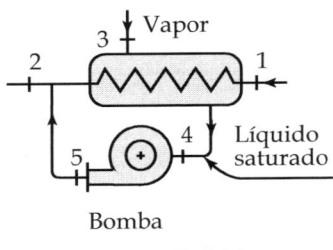

Bomba

Figura Ep9.14

Considerando que esse equipamento é perfeitamente isolado e que a potência requerida pela bomba é pequena quando comparada com as potências térmicas envolvidas, determine a entalpia da água na saída do conjunto bomba-aquecedor, a vazão necessária de vapor para promover o aquecimento e a taxa de transferência de calor para o líquido.

Resp.: 590,2 kJ/kg; 0,061 kg/s; 122,1 kW.

Ep9.15 Um condensador – veja a Figura Ep9.15 – opera em regime permanente recebendo 0,5 kg/s de vapor d'água saturado a 50°C e o descarregando como líquido saturado. A água condensada é comprimida, atingindo-se a pressão de 4 MPa, por uma bomba cujo rendimento isentrópico é igual a 65%. Considerando-se que a água de resfriamento do condensador é admitida a 20°C e descarregada a 30°C, determine a taxa de transferência de energia por calor para a água de resfriamento, a vazão de água de resfriamento e a potência requerida pela bomba.

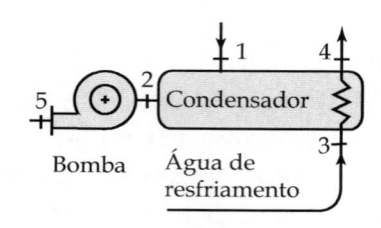

Figura Ep9.15

Resp.: 1,19 MW; 28,5 kg/s; 3,1 kW.

Ep9.16 Considere a Figura Ep9.16. A turbina admite 2 kg/s de vapor d'água a 500°C e 4 MPa. Uma fração, 20%, do vapor admitido é extraída a 1 MPa e utilizada para aquecimento de água comprimida. A fração restante, 80%, do vapor admitido permanece escoando através da turbina, sendo descarregada a 10 kPa. Considere que a turbina tenha rendimento igual a 95% e que a água comprimida seja admitida no aquecedor de mistura na temperatura de 40°C.

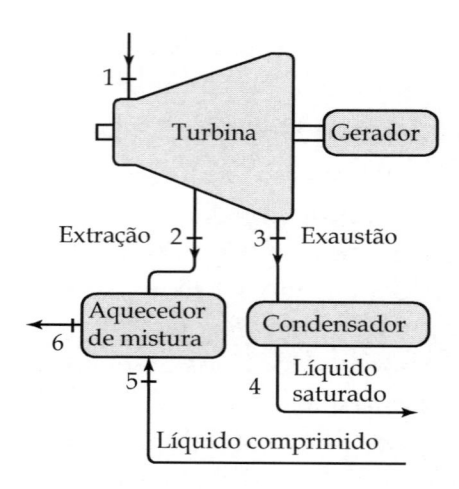

Figura Ep9.16

Supondo que o aquecedor de mistura é perfeitamente isolado e que a água na sua saída está no estado de líquido saturado, determine a potência disponível no eixo da turbina e a vazão mássica de água aquecida na saída do aquecedor.

Resp.: 1,98 MW; 1,94 kg/s.

Ep9.17 Um compressor opera em regime permanente admitindo 0,2 kg/s de ar a 300 K e 100 kPa e o exaurindo a 1 MPa. Sabendo que o ar pode ser tratado como um gás ideal com calores específicos dados por $c_p = 1,004$ kJ/(kg.K) e $c_v = 0,717$ kJ/(kg.K), determine a potência requerida para operar esse equipamento, supondo que o processo de compressão é adiabático e reversível. Determine também a potência requerida para operar esse equipamento e a taxa de transferência de calor entre o ar e o meio ambiente, supondo que o processo de compressão é isotérmico reversível.

Resp.: 56,1 kW; 39,7 kW; 39,7 kW

Ep9.18 Um tanque de ar comprimido operando em regime permanente admite 0,05 kg/s de ar a 100°C e 1,5 MPa, e descarrega a mesma vazão a 30°C e numa pressão menor,

1,4 MPa, devido à perda de pressão na sua válvula de descarga. Determine a taxa de transferência de energia por calor entre o tanque e o meio ambiente que está a 20°C.

Resp.: −3,52 kW.

Ep9.19 O processo que ocorre em um compressor de ar pode ser representado por um processo politrópico reversível com expoente politrópico igual a 1,3. Considere que na entrada do compressor o ar está a 100 kPa e 27°C, que a relação de compressão (relação entre o volume inicial e o final) é igual a 20 e que o compressor opera em regime permanente. Pede-se para determinar a temperatura de descarga do ar comprimido e o trabalho requerido por unidade de massa pelo compressor.

Resp.: 599,2 K; 371,9 kJ/kg.

Ep9.20 Ar é comprimido em regime permanente, por meio de um processo reversível e adiabático, de uma pressão de 100 kPa e de uma temperatura de 300 K para uma pressão de 2 MPa. Pergunta-se: qual é a temperatura do ar na saída do compressor? Qual é a razão entre a massa específica final e a inicial do ar? Qual é a potência requerida para comprimir 0,50 kg/s?

Ep9.21 Em uma unidade industrial, é necessário comprimir 0,5 kg/s de ar, disponível a 300 K e 100 kPa, até que a pressão de 1,2 MPa seja atingida. Para tal, utiliza-se um compressor que opera em regime permanente. Pede-se, então, para analisar as seguintes possibilidades:

a) Possibilidade 1: o processo de compressão é isentrópico e o compressor é ideal.

b) Possibilidade 2: o processo de compressão é isotérmico.

Para cada uma das possibilidades acima, determine os módulos da potência que deve ser fornecida ao compressor e da taxa de calor entre o ar e o meio.

Resp.: 155,8 kW; zero; 107,0 kW; 107 kW.

Ep9.22 Um compressor – veja a Figura Ep9.22 – opera em regime permanente admitindo 0,2 kg/s de ar a 300 K e 100 kPa e o exaurindo a 1,4 MPa. Determine a potência requerida para operar esse equipamento e a taxa de transferência de calor entre o ar e o meio, supondo que:

a) o processo de compressão é adiabático e reversível;

b) o processo de compressão é politrópico com expoente politrópico igual a 1,2.

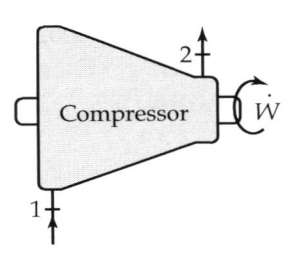

Figura Ep9.22

Ep9.23 Uma turbina a gás admite produtos de combustão a 1500°C e 1,5 MPa e os descarrega a 100 kPa. Determine o trabalho disponível no seu eixo por quilograma de produtos de combustão. Considere que a turbina é ideal e que os produtos de combustão se comportam como ar seco, com calores específicos constantes tomados a 300 K.

Resp.: 960 kJ/kg.

Ep9.24 Um processo industrial requer 1 kg/s de ar comprimido a 1 MPa e 50°C. Para tal, utiliza-se um compressor que admite o ar a 20°C e 100 kPa. Após o processo de compressão, o ar é, então, resfriado conforme indicado na Figura Ep9.24. Considere que a eficiência isentrópica do compressor é igual a 80%. Determine a temperatura do ar na saída do compressor, a potência do compressor e a taxa de calor no resfriador.

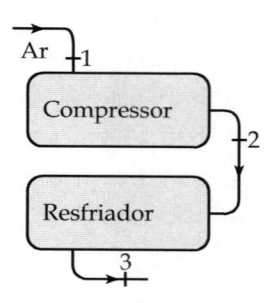

Figura Ep9.24

Ep9.25 Um compressor isotérmico, que opera em regime permanente, comprime 0,2 kg/s de ar, captado do ambiente a 21°C e 95 kPa, descarregando-o em um tanque a 800 kPa. Considerando que o ar é um gás ideal com calores específicos constantes com a temperatura, determine os módulos da potência requerida pelo compressor e da taxa de transferência de calor entre o ar e o meio.

Resp.: 36 kW; 36 kW.

Ep9.26 Determine a vazão de ar requerida por uma turbina a gás que tem rendimento isentrópico igual a 85%. O ar é admitido a 1750 K e 1,4 MPa e descarregado a 110 kPa. Determine também a temperatura de descarga do ar.

Resp.: 213,6 kW; 981,4 K.

Ep9.27 Em um processo industrial, utiliza-se um compressor com rendimento isentrópico igual a 80% que capta continuamente 0,1 kg/s de ar do ambiente a 300 K e 100 kPa e o descarrega a 1 MPa em um tanque de armazenamento. Determine: a temperatura que o ar atingiria na descar-

ga do compressor se o processo fosse adiabático e reversível; a potência requerida por esse equipamento se o processo fosse adiabático e reversível; a temperatura real do ar na descarga do compressor; e a potência real requerida pelo compressor.

Ep9.28 Uma turbina a gás com potência igual a 5 MW tem rendimento isentrópico igual a 85%. Ela admite ar a 1800 K e 1,6 MPa e o descarrega a 120 kPa. Considerando o ar um gás ideal com calores específicos constantes com a temperatura, determine a temperatura de descarga do ar e a vazão mássica de ar requerida pela turbina.

Resp. 999,7 K; 4,50 kg/s.

Ep9.29 Um engenheiro pretende aproveitar a disponibilidade energética dos produtos de combustão de uma turbina a gás para gerar vapor d'água saturado a 1 MPa em uma caldeira de recuperação. Veja a Figura Ep9.29. A turbina, com rendimento isentrópico igual a 92%, admite 1,2 kg/s de ar a 1650 K e 1550 kPa e o descarrega a 100 kPa.

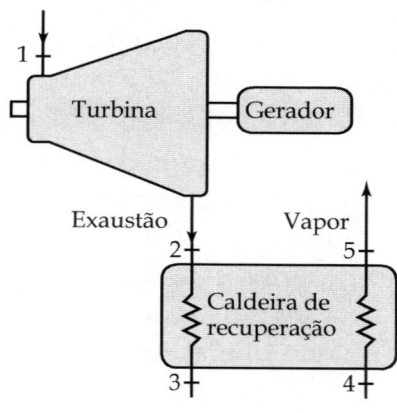

Figura Ep9.29

Considere que a água a ser vaporizada é admitida a 1 MPa e 50°C, que a temperatura na seção 3 seja igual a 80°C e que apenas 80% da energia disponível nos produtos de combustão é aproveitada para produzir o processo de vaporização. Considerando, por hipótese, que os produtos de podem ser tratados como ar (c_p = 1,004 kJ/(kg.K) e c_v = 0,717 kJ/(kg.K)), avalie a temperatura de exaustão dos produtos de combustão da turbina, a potência da turbina e a vazão mássica de vapor produzido.

Resp.: 825 K; 993 kW; 0,177 kg/s.

Ep9.30 Em um compressor industrial de dois estágios, tem-se um processo de resfriamento intermediário que ocorre por meio de um trocador de calor perfeitamente isolado. Considere que, nesse compressor, 0,2 kg/s de ar é admitido a 100 kPa e 290 K, que a relação de pressões no primeiro estágio é 10, que a relação de pressões no segundo é igual a 5 e que o fluido de resfriamento é água na pressão ambiente admitida a 25°C e descarregada a 40°C.

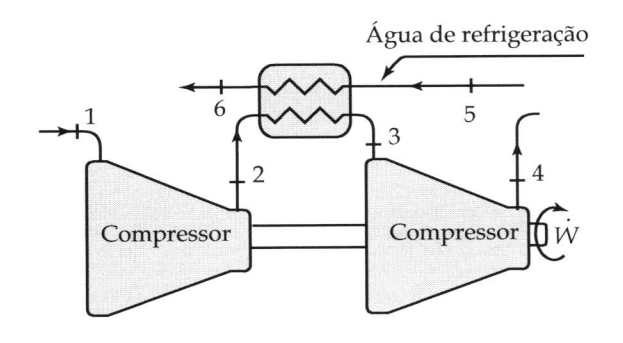

Figura Ep9.30

Considerando que cada um dos estágios desse equipamento opera segundo um processo adiabático e reversível em regime permanente, que o ar pode ser considerado um gás ideal com calores específicos constantes com a temperatura, e que a temperatura do ar admitido no segundo estágio é igual a 330 K, determine a temperatura do ar na descarga do primeiro estágio, a vazão

de água de refrigeração e a potência requerida pelo compressor.

Resp.: 560 K; 0,74 kg/s; 92,9 kW.

Ep9.31 Uma bomba centrífuga de irrigação retira 3 kg/s de água de um rio a 20°C e a pressuriza de forma que na sua saída, que está 10 m acima do nível do rio, a água está a 25°C e 200 kPa. Considere que a água é submetida a um processo adiabático e que a variação da pressão da água ao escoar na tubulação é muito pequena.

a) Determine a potência necessária para acionar a bomba no caso de a diferença entre a velocidade de entrada e a de saída da bomba ser muito pequena.

b) Determine a potência necessária para acionar a bomba para o caso de a velocidade de entrada da água na bomba ser igual a 1 m/s e a de saída ser igual a 10 m/s.

Ep9.32 Considere a Figura Ep9.32. A turbina recebe 10 kg/s de vapor d'água a p_1 = 5 MPa e T_1 = 500°C. Parte do vapor, 20%, é extraída da turbina a p_2 = 2 MPa, e o restante é exaurido à temperatura de T_3 = 40°C. Considere que no aquecedor de mistura, equipamento perfeitamente isolado, ocorra única e exclusivamente a mistura das vazões de água recebidas através das entradas 2 e 5. Considere também que na saída do condensador a água esteja no estado de líquido saturado. Nessas condições, pede-se para calcular: a temperatura do vapor extraído; a potência disponível no eixo da turbina; a taxa de transferência de calor rejeitado para o fluxo de água de resfriamento do condensador; a entalpia da água na saída da bomba; e a entalpia da água na saída do misturador.

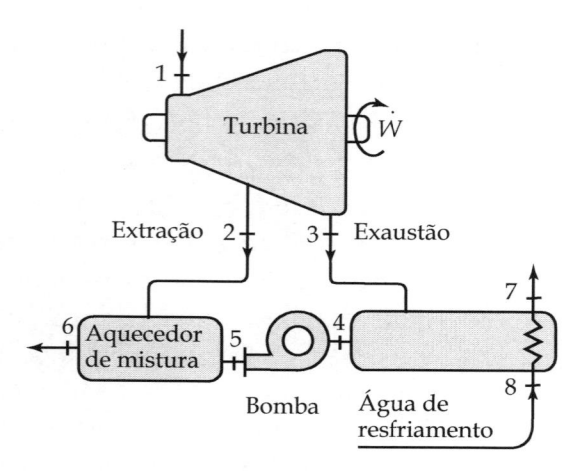

Figura Ep9.32

Resp.: 355,6°C; 10,7 MW; 16 MW; 169,5 kJ/kg; 765,6 kJ/kg.

Ep9.33 Considere a Figura Ep9.32. A turbina, com rendimento isentrópico igual a 0,95, recebe 10 kg/s de vapor d'água a $p_1 = 5$ MPa e $T_1 = 500°C$. Parte do vapor, 20%, é extraída da turbina a $p_2 = 2,0$ MPa, e o restante é exaurido à temperatura de $T_3 = 40°C$. Considere que no aquecedor de mistura, equipamento perfeitamente isolado, ocorra única e exclusivamente a mistura das vazões de água recebidas através das entradas 2 e 5. Considere também que na saída do condensador a água esteja no estado de líquido saturado. Nessas condições, pede-se para calcular: a temperatura do vapor extraído; a potência disponível no eixo da turbina; a taxa de transferência de calor rejeitado para o fluxo de água de resfriamento do condensador; a entalpia da água na saída da bomba; e a entalpia da água na saída do aquecedor de mistura.

Ep9.34 Um processo industrial requer 0,8 kg/s de ar comprimido a 4,9 MPa e 50°C. Para atender esse requisito, um engenheiro sugere a utilização de dois compressores A e B montados em série com relações de pressão iguais a 7 e com dois tro-

cadores de calor para prover o resfriamento do ar, conforme ilustrado na Figura Ep9.34. Considere que a compressão do ar é adiabática e reversível, que ar é um gás ideal com calores específicos constantes e que tanto água requerida por cada um dos resfriadores quanto o ar são captados nas condições ambientes, 25°C e 100 kPa. Supondo que a temperatura na seção 3 seja 70°C menor do que a temperatura na seção 2, e que T_7 e T_8 são iguais a 40°C, determine: a temperatura na seção de descarga do compressor A; a vazão de água de refrigeração requerida para o resfriamento intermediário; a temperatura na seção de descarga do compressor B; e a potência em módulo requerida pelo conjunto de compressores.

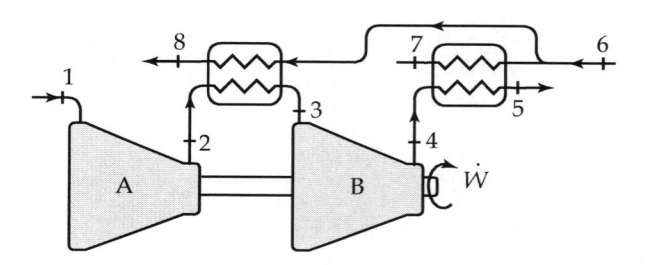

Figura Ep9.34

Resp.: 520 K; 0,90 kg/s; 785 K; 447 kW.

Ep9.35 Em um compressor de parafuso, ar é continuamente admitido a 94 kPa e 21°C. O compressor descarrega continuamente ar comprimido a 2,2 MPa. Suponha que o processo de compressão possa ser tratado como sendo politrópico reversível com expoente igual a 1,3. Pede-se para calcular os módulos do trabalho requerido pelo compressor por quilograma de ar comprimido, e do calor trocado por unidade de massa entre o ar comprimido e o meio.

Resp.: 392 kJ/kg; 75,5 kJ/kg.

Ep9.36 Uma bomba com rendimento isentrópico igual a 80% admite 10 kg/s de água a 20°C e 100 kPa. A pressão da água na seção de descarga da bomba é igual a 3 MPa. Você compraria um motor de 20 hp para acionar essa bomba? Justifique.

Resp.: não.

Ep9.37 Em um equipamento, dióxido de carbono é continuamente comprimido em um processo politrópico com expoente $n = 1,3$. Sabe-se que esse fluido é admitido no equipamento a 100 kPa e 30°C e descarregado a 1000 kPa. Calcule os módulos do trabalho específico requerido e da taxa específica de transferência de calor no processo.

Resp.: 174,1 kJ/kg; 6,59 kJ/kg.

Ep9.38 Uma turbina a vapor com rendimento isentrópico igual a 0,95 é alimentada com vapor d'água a 5 MPa e 360°C. Após escoar através da turbina, o vapor é condensado a 10 kPa, produzindo líquido saturado.

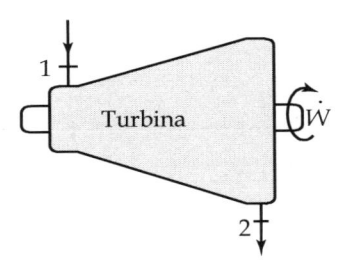

Figura Ep9.38

Determine: o trabalho específico disponível no eixo da turbina; o título do vapor na saída da turbina; e o módulo da taxa de transferência específica de calor para o meio no processo de condensação.

Resp.: 987,8 kJ/kg; 80,1%; 1916 kJ/kg.

Ep9.39 Uma turbina a vapor com rendimento isentrópico igual a 0,90 é alimentada com 0,7 kg/s de vapor d'água a 3 MPa e 300°C. Após escoar através da turbina, o vapor é condensado a 10 kPa, atingindo título nulo. Determine a potência disponível no eixo da turbina e o módulo da taxa de transferência de calor para o meio no processo de condensação.

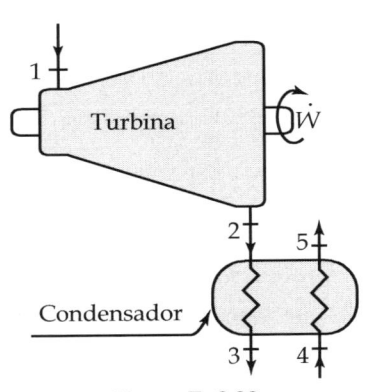

Figura Ep9.39

Resp.: 581,6 kW; 1380 kW.

Ep9.40 Uma turbina adiabática opera recebendo 5400 kg/h de ar a 1500 K e 10 bar. O ar expande na turbina até atingir a pressão de 1 bar e a temperatura de 805 K. Considerando que o processo que ocorre nessa turbina pode ser simulado como se fosse politrópico, determine o expoente politrópico e a potência desenvolvida pela turbina. Se a velocidade de admissão do ar na turbina for igual a 50 m/s, qual deve ser o diâmetro dessa seção?

Resp: 1107 kW; 1,37; 0,128 m.

Ep9.41 A vazão de 8 kg/s de vapor d'água a 4 MPa e 300°C expande em uma turbina cujo rendimento isentrópico é igual a 90% e é exaurido a 1 MPa, sendo, então, utilizado em um processo industrial. Calcule a potência da turbina e o título do vapor exaurido.

Resp.: 2,05 MW; 96,4%.

Ep9.42 Uma turbina a gás recebe 5 kg/s de produto de combustão a 12 bar e 1800 K e o descarrega no meio ambiente, que está a 100 kPa. Supondo que o produto de combustão pode ser tratado como um gás ideal com calor específico a pressão constante igual a 1,1 kJ/(kg.K) e calor específico a volume constante igual a 0,821 kJ/(kg.K) e que a turbina tem rendimento isentrópico igual a 0,9, pede-se para calcular a temperatura do produto de combustão na seção de descarga da turbina e a potência desenvolvida por esse equipamento.

Resp.: 1043 K; 4,17 MW.

Ep9.43 Aproximadamente 0,3 kg/s de nitrogênio, inicialmente a 300 K e 100 kPa, é comprimido em um processo adiabático e reversível até atingir 1 MPa. Tratando o nitrogênio como um gás ideal com calores específicos constantes tomados a 25°C, determine a sua temperatura final e a potência, em módulo, requerida pelo processo de compressão.

Resp.: 580 K; 87,2 kW.

Ep9.44 Para alimentar um equipamento industrial, uma bomba centrífuga capta 36 m³/h de água a 20°C de um lago. A pressão da água é igual a 1,1 MPa na seção de descarga da bomba e a pressão atmosférica local é igual a 100 kPa. Considerando que o rendimento isentrópico da bomba é igual a 80%, pede-se para calcular a entalpia da água na seção de descarga da bomba e a potência requerida pela bomba.

Resp: 85 kJ/kg; 12,5 kW.

Ep9.45 Uma turbina que utiliza vapor d'água como fluido de trabalho opera com rendimento de 90%. Ela admite vapor d'água a 400°C e 4 MPa. Sabe-se que a pressão do vapor na sua seção de descarga é igual a 10 kPa e que a sua potência

é igual a 20 MW. Determine a entalpia do vapor na seção de descarga da turbina e a vazão mássica de vapor através da turbina.

Resp.: 2252 kJ/kg; 20,8 kg/s.

Ep9.46 Um processo industrial requer 3 kg/s de água aquecida a $p_7 = 4$ MPa e $T_7 = 150$°C. Para tal, propõe-se captar água a $p_1 = 100$ kPa e $T_1 = 20$°C de um tanque e, a seguir, promover o seu aquecimento em um trocador de calor de superfície utilizando-se vapor d'água a $p_4 = 1$ MPa e $T_4 = 200$°C, conforme esquematizado na Figura Ep9.46. Sabe-se que a potência que a bomba transfere ao fluido é igual a 15,6 kW. Considere que $x_5 = 0$, que todos os equipamentos estão bem isolados e que todas as variações de energia cinética e potencial podem ser desprezadas.

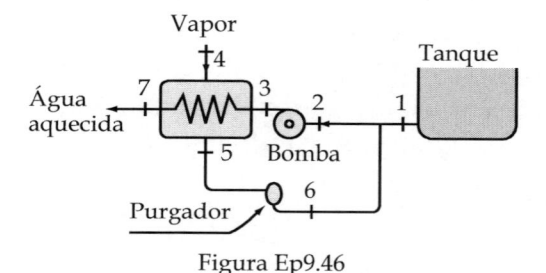

Figura Ep9.46

Lembrando que um purgador é um dispositivo que permite apenas a passagem de fluido, inicialmente na fase líquida, para um ambiente a pressão mais baixa, pede-se para determinar o calor transferido para a água aquecida por unidade de massa de vapor utilizado no aquecimento, a vazão mássica requerida de vapor e a entalpia da água na seção de admissão da bomba.

Resp.: 2066 kJ/kg; 0,597 kg/s; 219 kJ/kg.

Ep9.47 Um compressor ideal admite continuamente ar a 21°C e 94 kPa, descarregando-o a 1,2 MPa. Veja a Figura Ep9.47. Antes de ser armazenado, o ar é resfriado, atingindo 35°C. Considerando que o ar pode ser tratado como um gás ideal com c_p = 1,004 kJ/(kg.K), calcule o trabalho específico requerido pelo processo e a taxa específica de transferência de energia por calor requerida pelo processo de resfriamento do ar comprimido.

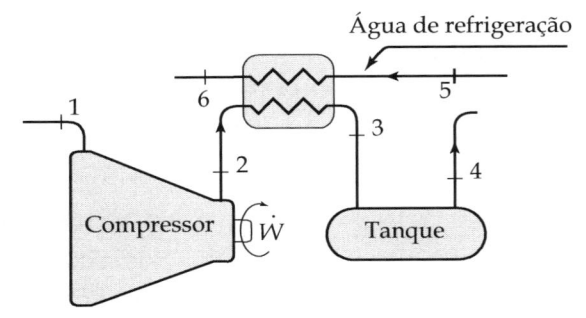

Figura Ep9.47

Resp.: 316 kJ/kg; 302 kJ/kg.

Ep9.48 Um compressor com rendimento isentrópico igual a 80% admite continuamente 0,2 kg/s de ar a 20°C e 100 kPa descarregando-o a 1,2 MPa. Antes de ser armazenado, veja a Figura Ep9.47, o ar é resfriado atingindo 35°C e, para tal, é utilizada água de refrigeração que é admitida no trocador de calor a T_5 = 20°C e descarregada a T_6 = 25°C. Calcule a potência requerida pelo compressor e a vazão de água de refrigeração.

Resp.: 76,1 kW; 3,50 kg/s.

Ep9.49 Uma turbina ideal admite 2 kg/s de vapor d'água a p_1 = 5 MPa e T_1 = 400°C – veja a Figura Ep9.49. O vapor é expandido na turbina até atingir a pressão de condensação p_2 = 30 kPa. Sabendo que o condensador descarrega líquido saturado e que a água de resfriamento é admitida a 15°C e descarregada a 30°C, determine a potência desenvolvida pela turbina e a vazão mássica de água de resfriamento.

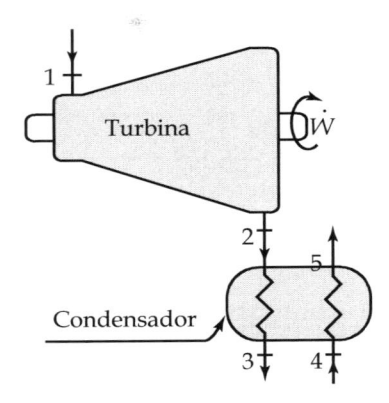

Figura Ep9.49

Resp.: 1,91 MW; 62,2 kg/s.

Ep9.50 Ar é comprimido continuamente em um processo reversível e adiabático, partindo-se da pressão de 100 kPa e da temperatura de 300 K e atingindo a pressão de 2 MPa. Pergunta-se:

a) Qual é a temperatura após a compressão?

b) Qual é a razão entre a massa específica final e a inicial do ar?

c) Qual é a potência requerida para comprimir 5 kg/s?

Ep9.51 Para prever o comportamento de uma turbina a gás real operando em regime permanente, um engenheiro propõe que o processo que ocorre em seu interior seja representado por um processo politrópico com expoente igual a 1,3. Ele sugere também que o fluido que escoa na turbina seja representado por ar, que, por sua vez, pode ser tratado como um gás ideal com calores específicos constantes com a temperatura (c_p = 1,004 kJ/(kg.K), c_v = 0,717 kJ/(kg.K)). Considere que as sugestões do engenheiro sejam adequadas, que a pressão e a temperatura de admissão do ar na turbina são, respectivamente, p_1 = 1 MPa e

T_1 = 1500 K, e que a pressão de exaustão da turbina é p_2 = 100 kPa. Avalie o trabalho específico disponível no eixo da turbina considerando que ela é ideal, o trabalho específico disponível no eixo da turbina considerando que ela é real e o seu o rendimento térmico.

Resp.: 726,2 kJ/kg; 620,8 kJ/kg; 85,5%.

Ep9.52 O conjunto composto pelas duas turbinas ideais esquematizadas na Figura Ep9.52 aciona um gerador de energia elétrica. A turbina de alta pressão admite 5 kg/s de vapor d'água a 5 MPa e 400°C e o descarrega na pressão p_2 = 2,0 MPa. Uma parte, 20%, do vapor que deixa a turbina de alta pressão é utilizada em um processo industrial, e o restante, 80%, alimenta a turbina de baixa pressão. Considere que o condensador opere a 10 kPa, que as turbinas e o gerador sejam ideais e que as temperaturas de admissão e descarga da água de refrigeração sejam 20°C e 30°C. Nessas condições, pede-se para determinar o trabalho específico produzido na turbina de alta pressão, a potência elétrica gerada e a vazão de água de refrigeração.

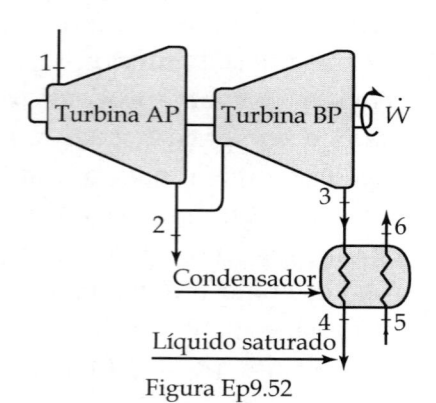

Figura Ep9.52

Resp.: 239,6 kJ/kg; 4,61 MW; 183 kg/s.

Ep9.53 Na seção de admissão de uma bomba centrífuga que pode ser considerada ideal, tem-se água a 120 kPa e 20°C e, na sua seção de descarga, a pressão é igual a 11,2 bar. Sabe-se que a vazão através da bomba é igual a 18 m³/h. Determine a potência requerida pela bomba.

Resp.: 5 kW.

Ep9.54 Uma turbina cujo rendimento é igual a 90% admite 1,7 kg/s de vapor d'água a 40 bar e 400°C. Sabendo que a pressão da água na sua seção de descarga é igual a 10 kPa, determine a entalpia da água na seção de descarga da turbina e a sua potência.

Resp.: 2252 kJ/kg; 1,64 MW.

Ep9.55 Um compressor opera em regime permanente admitindo 0,5 kg/s de ar a T_1 = 21°C e p_1 = 94 kPa, e a sua pressão de exaustão é igual a p_2 = 850 kPa.

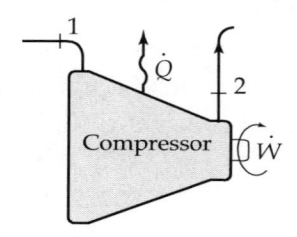

Figura Ep9.55

Considere que o processo que ocorre no compressor pode ser simulado como sendo politrópico com expoente igual a 1,25. Determine, para esse compressor, a temperatura do ar na sua saída e a potência por ele requerida.

Resp.: 183,8°C; 116,8.

Ep9.56 Um compressor, operando em regime permanente, admite 0,5 kg/s de ar a 100 kPa e 300 K. Considere que o processo de compressão é politrópico com coeficiente igual a 1,2, que a pressão de descarga do ar comprimido é igual 2 MPa e que esse compressor é refrigerado com água. Determine a temperatura de descarga do ar, a potência requerida pelo compressor e a vazão mássica de água de refrigeração do compressor, sabendo que ela é admitida a 20°C e descarregada a 30°C.

Resp.: 494 K; 167 kW; 1,67 kg/s.

Ep9.57 Em uma unidade industrial, queima-se biomassa em uma caldeira que recebe água comprimida a 150°C para produzir vapor superaquecido a 4 MPa e 400°C. Um quarto da vazão de vapor admitida na turbina é extraído a 1,5 MPa, e o restante é expandido até a pressão de 0,8 MPa e, então, utilizado no processo produtivo da unidade industrial. A turbina disponibiliza em seu eixo a potência de 2 MW para a geração de energia elétrica. Considere que uma tonelada de biomassa libera em seu processo de combustão 18 MJ/kg e que o rendimento da caldeira é igual a 80%, ou seja: 80% da energia liberada na combustão da biomassa é efetivamente utilizada para a produção de vapor. São dadas as seguintes entalpias: $h_2 = 2970$ kJ/kg e $h_3 = 2840$ kJ/kg. Pergunta-se:

a) Qual é o trabalho específico disponibilizado pela turbina?

b) Qual é a vazão mássica de vapor produzida pela caldeira?

c) Qual é a taxa de transferência de calor para a água no processo que ocorre na caldeira?

d) Quantas toneladas por hora de bagaço da cana são consumidas na caldeira?

e) Qual é a potência requerida pela bomba se ela tem rendimento isentrópico igual a 65% e recebe água a 100 kPa?

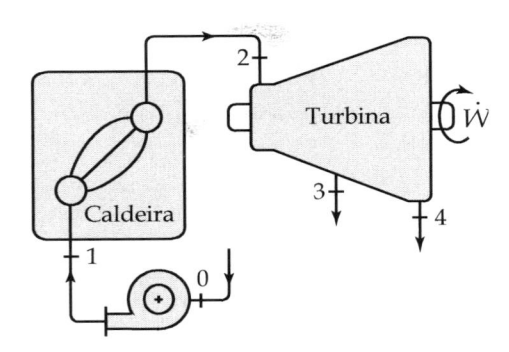

Figura Ep9.57

Ep9.58 Um processo industrial requer o fornecimento contínuo de 0,8 kg/s de ar comprimido a 1,2 MPa e 50°C. Para tal, utiliza-se um compressor que admite o ar a 20°C e 100 kPa. Após o processo de compressão, o ar é resfriado a pressão constante em um trocador de calor, que utiliza água como agente refrigerante, até atingir a temperatura desejada. Considere que a eficiência isentrópica do compressor é igual a 80% e que o ar é um gás ideal com calores específicos constantes ($c_p = 1,004$ kJ/(kg.K), $c_v = 0,717$ kJ/(kg.K)). Descreva os processos em um diagrama Txs, determine a potência requerida pelo compressor e a taxa de transferência de calor do ar para a água no trocador de calor.

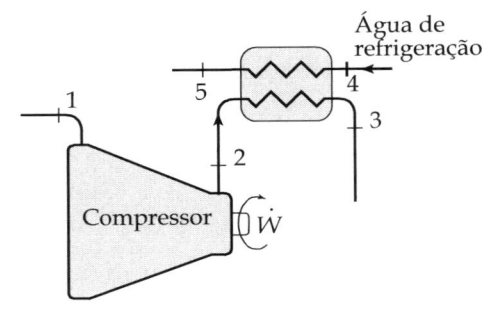

Figura Ep9.58

Resp.: 304,5 kW; 280,4 kW.

Ep9.59 Uma pequena turbina a gás ideal opera recebendo um fluido a 800 kPa e descarregando-o no meio ambiente a 100 kPa e na temperatura de 600 K. Sabendo que esse fluido pode ser tratado como um gás ideal com calores específicos constantes (c_p = 1,04 kJ/(kg.K) e c_v = 0,75 kJ/(kg.K)), que a vazão desse fluido através da turbina é igual a 0,2 kg/s, que não há transferência de energia por calor entre a turbina e o meio ambiente, determine a temperatura do ar na seção de admissão da turbina e a sua potência.

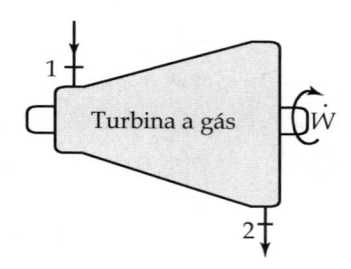

Figura Ep9.59

Resp.: 1071 K; 98,1 kW.

Ep9.60 Um compressor admite continuamente 0,7 m³/s de ar a 1 bar e 300 K e o descarrega a 10 bar e 370 K. A seguir, o ar comprimido é resfriado a pressão constante até atingir a temperatura de 300 K. Considerando que o processo de compressão pode ser simulado como sendo politrópico e que o ar pode ser tratado como um gás ideal com calores específicos constantes (c_p = 1,005 kJ/(kg.K), c_v = 0,718 kJ/(kg.K)), pede-se:

a) o expoente politrópico;

b) a taxa total de calor observada no processo.

Resp.: 1,10; –180 kW.

Ep9.61 Um compressor admite continuamente 0,2 m³/s de ar a 94 kPa e 20°C K e o descarrega a 12 bar e 110°C. Considerando que o processo de compressão pode ser simulado como sendo politrópico e que o ar pode ser tratado como um gás ideal com calores específicos constantes (c_p = 1,004 kJ/(kg.K), c_v = 0,717 kJ/(kg.K)), pede-se para determinar o expoente politrópico e a potência requerida para operar o compressor.

Ep9.62 Um compressor admite continuamente 0,5 m³/s de ar a 1 bar e 300 K e o descarrega a 12 bar e 510 K. Considerando que o processo de compressão pode ser simulado como sendo politrópico e que o ar pode ser tratado como um gás ideal com calores específicos constantes (c_p = 1,004 kJ/(kg.K), c_v = 0,717 kJ/(kg.K)), pede-se:

a) o expoente politrópico;

b) a eficiência isentrópica desse equipamento.

Resp.: 1,272; 74,7%.

Ep9.63 Com o passar do tempo, as usinas de açúcar e álcool brasileiras estão sendo projetadas para produzir energia elétrica em quantidades cada vez maiores. Atualmente já há notícias de usinas que possuem caldeiras que operam queimando bagaço de cana, produzindo vapor a 540°C e 100 bar. Pretendendo-se, neste caso, utilizar no processo produtivo vapor a 40 bar e a 20 bar, sugeriu-se a montagem de conjunto caldeira-turbina conforme ilustrado na Figura Ep9.63, capaz de disponibilizar a potência de 30 MW para produzir energia elétrica. Supondo que a caldeira recebe água comprimida a 140°C, que 20% do vapor admitido na turbina é extraído a 40 bar, que 15% do vapor é extraído a 20 bar, que na seção de descarga da turbina o vapor se encontra a 40°C e supondo que a turbina é ideal, pergunta-se:

a) Qual é a vazão mássica de vapor que é admitida na turbina?

b) Qual é o trabalho disponibilizado pela turbina por quilograma de vapor admitido?

c) Qual é a taxa de transferência de calor para a água no processo que ocorre na caldeira?

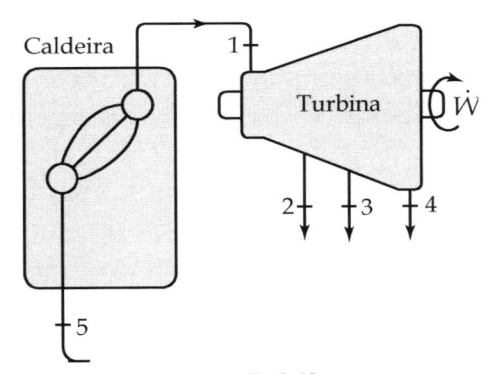

Figura Ep9.63

Resp.: 12,55 kg/s; 2390 kJ/kg; 41,55 MW.

Ep9.64 Um compressor admite continuamente 0,5 m³/s de ar a 1 bar e 300 K e o descarrega a 12 bar e 580 K.

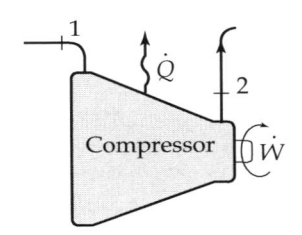

Figura Ep9.64

Considerando que o processo de compressão pode ser simulado como sendo politrópico e que o ar pode ser tratado como um gás ideal com calores específicos constantes (c_p = 1,005 kJ/(kg.K), c_v = 0,718 kJ/(kg.K)), pede-se para determinar o expoente politrópico que caracteriza o processo de compressão e a potência requerida pelo compressor.

Resp.: 1,36; 176 kW.

Ep9.65 Um compressor admite continuamente 0,2 m³/s de ar a 1 bar e 300 K e o descarrega a 14 bar. A seguir o ar comprimido é resfriado, atingindo a temperatura de 320 K, em

um trocador de calor que usa água como fluido de arrefecimento. Veja a Figura Ep9.66. Sabe-se que o ar pode ser tratado como um gás ideal com calores específicos constantes (c_p = 1,005 kJ/(kg.K), c_v = 0,718 kJ/(kg.K)) e que a água é admitida no trocador de calor a 20°C e descarregada a 25°C. Supondo que o processo de compressão seja isentrópico, determine:

a) a potência requerida pelo compressor;

b) a temperatura do ar na seção de descarga do compressor;

c) a taxa de calor observada no trocador de calor entre o ar e a água;

d) a vazão mássica requerida de água.

Resp.: 78,8 kW; 637,4 K; 74,1 kW; 0,232 kg/s.

Ep9.66 Um compressor admite continuamente 0,4 m³/s de ar a 1 bar e 300 K e o descarrega a 12 bar. A seguir o ar comprimido é resfriado, atingindo a temperatura de 350 K, em um trocador de calor que usa água como fluido de arrefecimento. Veja a Figura Ep9.66. Sabe-se que o compressor tem rendimento isentrópico igual a 0,8, que o ar pode ser tratado como um gás ideal com calores específicos constantes (c_p = 1,005 kJ/(kg.K), c_v = 0,718 kJ/(kg.K)) e que a água é admitida no trocador de calor a 20°C e descarregada a 25°C. Nessas condições, determine:

a) a potência requerida por esse equipamento;

b) a temperatura do ar na seção de descarga do compressor;

c) a taxa de calor observada no trocador de calor entre o ar e a água;

d) a vazão requerida de água.

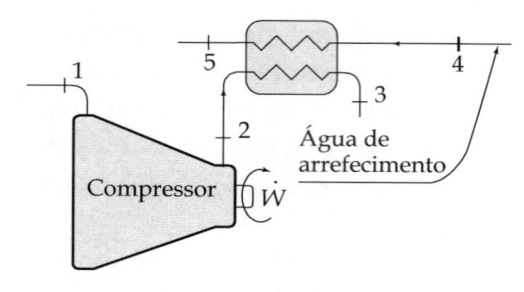

Figura Ep9.66

Resp.: 181 kW; 610 K; 158 kW; 7,53 kg/s.

Ep9.67 Para resolver um problema em uma área produtiva de uma indústria de autopeças, um engenheiro adquiriu um compressor que, segundo o seu fabricante, capta 0,1 m³/s de ar ambiente a 93 kPa e 15°C e o descarrega a 1,12 MPa. O corpo do compressor é resfriado pelo escoamento de água em uma camisa existente em seu cabeçote que é admitida também a 15°C e descarregada a 30°C de forma que, na seção de descarga do compressor, o ar se encontre a 48°C. Tendo em vista que o engenheiro precisa colocar o compressor em operação e, para tal, precisa adquirir um motor elétrico para o seu acionamento e prover água para o seu resfriamento, pede-se para, supondo que o processo possa ser modelado como politrópico, determinar: o expoente politrópico; a potência requerida pelo compressor; a vazão mássica de água necessária para prover o resfriamento do compressor.

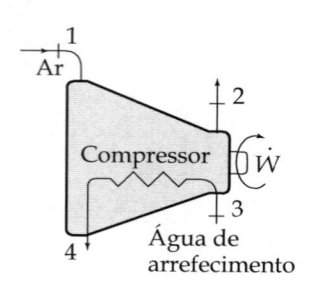

Figura Ep9.67

Considere que o ar é um gás ideal com calores específicos constantes e iguais a $c_p = 1,004$ kJ/(kg.K) e $c_v = 0,717$ kJ/(kg.K).

Ep9.68 Em uma empresa, pretende-se produzir energia elétrica e se ter disponível vapor para processo na pressão manométrica de 2 bar. Para tal, foi instalada uma caldeira que recebe 10 kg/s de água a 40 bar e 50°C, produzindo vapor a 400°C que alimenta uma turbina. Veja a Figura Ep9.68. Sabe-se que a pressão atmosférica local é igual a 100 kPa.

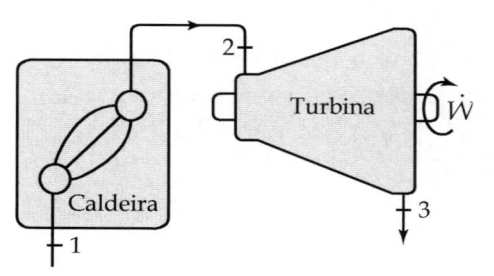

Figura Ep9.68

a) Determine a taxa de calor transferida à água na caldeira.

b) Considerando que a turbina é ideal, determine a potência disponível no seu eixo.

c) Se o rendimento térmico da turbina for igual a 88%, qual deve ser o valor da entalpia da água na seção de descarga da turbina?

Resp.: 30 MW; 5,79 MW; 2705 kJ/kg.

Ep9.69 Uma bomba centrífuga recebe água a 30°C e a 1,2 bar e a descarrega a 16 bar. Sabe-se que a área da seção transversal de entrada da bomba é igual a 10 cm², que a área da seção de descarga é igual a 6 cm² e que a seção de descarga está 30 cm acima da seção de entrada. Considerando que a velocidade da água admitida na bomba é igual a 1,2 m/s, pede-se para calcular:

a) a vazão mássica de água bombeada;

b) a potência transferida pela bomba à água sob a hipótese de que ela é ideal;

c) a potência transferida pela bomba ao fluido considerando que o seu rendimento é igual a 72%.

Resp.: 1,20 kg/s; 1,78 kW; 1,28 kW.

10

SISTEMAS DE POTÊNCIA – CENTRAIS TÉRMICAS A VAPOR

No nosso dia a dia, a energia elétrica cumpre um papel fundamental, o que torna a sua obtenção uma das nossas preocupações. Uma das formas de obtê-la reside na conversão da energia liberada em um processo de combustão em potência mecânica pelo uso de turbinas a vapor, que, por sua vez, é convertida em energia elétrica por meio do uso de um gerador. Esse processo de conversão de energia se dá pelo uso de um conjunto de equipamentos – veja a Figura 10.1 – através dos quais flui uma

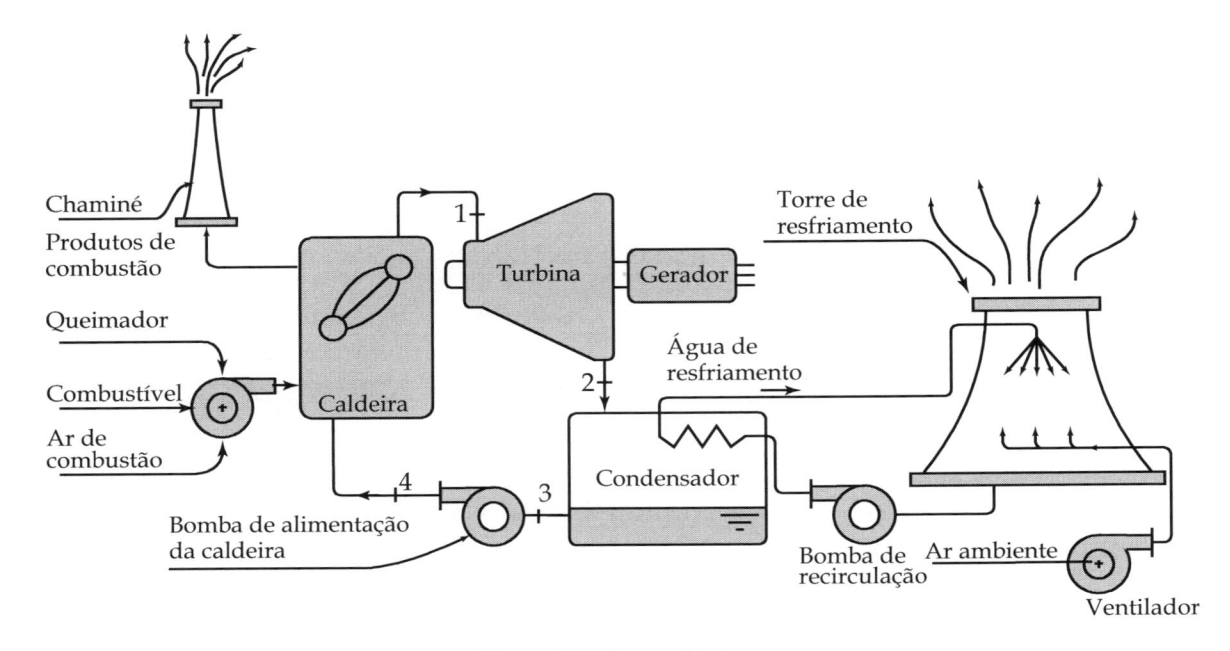

Figura 10.1 Termoelétrica

substância denominada *fluido de trabalho*, que, nas unidades tradicionais, é a água. O conjunto básico de equipamentos que constitui uma unidade de produção de energia elétrica que assim opera, também chamada central ou usina termoelétrica, é constituído por:

- uma caldeira na qual água comprimida na fase líquida recebe energia liberada em um processo de combustão, mudando de fase e transformando-se em vapor;
- uma turbina a vapor no interior da qual escoa o vapor produzido na caldeira, disponibilizando, assim, potência mecânica em seu eixo e viabilizando a operação de um gerador de energia elétrica;
- um condensador no qual a água, principalmente na fase vapor, descarregada pela turbina é condensada, requerendo para a sua operação um suprimento de água de refrigeração originado, por exemplo, de uma torre de resfriamento; e
- uma bomba na qual a água condensada é pressurizada até atingir a pressão de operação da caldeira.

No decorrer do funcionamento dessa unidade de geração de energia elétrica, a água circula continuamente através desses equipamentos, mudando o seu estado, o que nos permite concluir que ela é submetida a um conjunto de processos termodinâmicos que constituem um ciclo. O ciclo termodinâmico ideal utilizado para modelar a operação dessa máquina térmica é denominado ciclo Rankine.

10.1 O CICLO RANKINE

O ciclo Rankine é um ciclo termodinâmico composto por quatro processos que, por hipótese, ocorrem em regime permanente, a saber:

- 1-2: Expansão adiabática e reversível na turbina.

- 2-3: Transferência de calor a pressão constante no condensador até que o fluido de trabalho atinja o título igual a zero.
- 3-4: Compressão adiabática e reversível na bomba.
- 4-1: Transferência de calor a pressão constante na caldeira.

Esses processos estão representados no diagrama *Txs* da Figura 10.2, e o conjunto de equipamentos nos quais eles ocorrem são representados de forma esquemática na Figura 10.3.

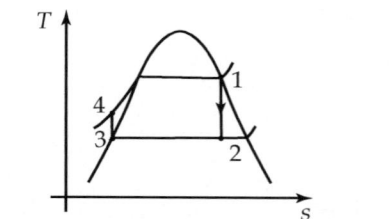

Figura 10.2 Diagrama $T \times s$ – Ciclo Rankine

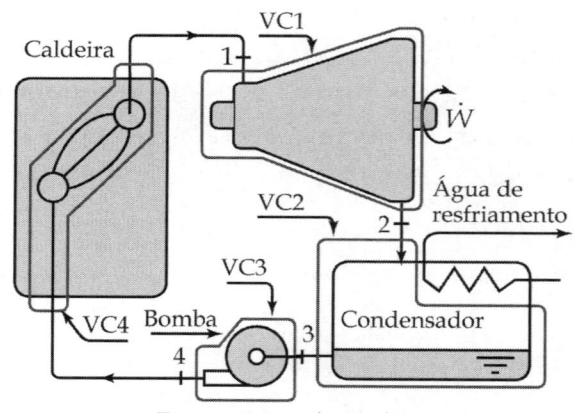

Figura 10.3 Ciclo Rankine

O processo 1-2, conforme indicado na Figura 10.2, apresenta o inconveniente de o título da água no estado 2 ser muito baixo, o que corresponde a se ter uma grande quantidade de água na fase líquida na forma de gotículas escoando na região de baixa pressão da turbina. Para evitar essa condição operacional, o processo na caldeira é realizado de forma a se ter na sua saída vapor superaquecido, obtendo-se o ciclo apresentado na Figura 10.4.

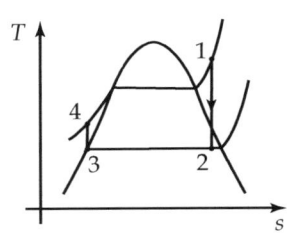

Figura 10.4 Ciclo Rankine com superaquecimento

Aplicaremos, a seguir, as leis da termodinâmica formuladas para volume de controle a cada um dos processos que compõem o ciclo. Utilizaremos a formulação já simplificada para as condições de regime permanente.

10.1.1 Análise do processo que ocorre na turbina

Aplicando a equação da conservação da massa ao volume de controle denominado VC1 que envolve a turbina – veja Figura 10.3 – sob a hipótese de regime permanente, concluímos que:

$$\dot{m}_1 = \dot{m}_2 = \dot{m} \tag{10.1}$$

A primeira lei da termodinâmica aplicada ao volume de controle VC1 resulta em:

$$\dot{Q}_T + \dot{m}\left(h_1 + \frac{V_1^2}{2} + gz_1\right) =$$
$$= \dot{W}_T + \dot{m}\left(h_2 + \frac{V_2^2}{2} + gz_2\right) \tag{10.2}$$

Lembrando que na turbina ocorre um processo adiabático e desprezando-se as variações de energia cinética e potencial, temos:

$$\dot{W}_T = \dot{m}\left(h_1 - h_2\right) \tag{10.3}$$

ou:

$$w_T = \frac{\dot{W}_T}{\dot{m}} = h_1 - h_2 \tag{10.4}$$

Nessa equação, w_T é o trabalho específico produzido pelo escoamento da água na turbina.

Aplicando a segunda lei e lembrando que o processo, além de adiabático, é reversível, concluímos que ele é isentrópico, ou seja:

$$s_2 = s_1 \tag{10.5}$$

10.1.2 Análise do processo que ocorre no condensador

Aplicando a equação da conservação da massa ao volume de controle denominado VC2 que envolve parcialmente o condensador – veja Figura 10.3 – sob a hipótese de regime permanente, concluímos que:

$$\dot{m}_2 = \dot{m}_3 = \dot{m} \tag{10.6}$$

A primeira lei da termodinâmica aplicada ao volume de controle VC2 resulta em:

$$\dot{Q}_{VC} + \dot{m}\left(h_2 + \frac{V_2^2}{2} + gz_2\right) =$$
$$= \dot{W}_{VC} + \dot{m}\left(h_3 + \frac{V_3^2}{2} + gz_3\right) \tag{10.7}$$

Considerando que o condensador é um equipamento termicamente bem isolado, concluímos que o único processo de transferência de calor que nele visualizamos é aquele que ocorre entre o vapor e a água de resfriamento. Observamos que, ao apresentar a segunda lei da termodinâmica, optamos por estabelecer que, ao analisar máquinas térmicas, consideraríamos as taxas de transferência de calor e de trabalho entre os equipamentos e o meio como sendo iguais aos módulos dos valores obtidos ao aplicar a primeira lei da termodinâmica – veja o item 6.2. Assim, como não há trabalho realizado pelo condensador e desprezando as variações de energia cinética e potencial, temos:

$$q_L = \frac{\dot{Q}_L}{\dot{m}} = \frac{-\dot{Q}_{VC}}{\dot{m}} = h_2 - h_3 \tag{10.8}$$

Neste caso, $\dot{Q}_L$ é o calor rejeitado pelo fluido de trabalho que escoa através do condensador para a água de resfriamento e q_L é o calor rejeitado por unidade de massa de fluido de trabalho para a água de resfriamento.

10.1.3 Análise da bomba

Aplicando a equação da conservação da massa ao volume de controle denominado VC3 que envolve a bomba – veja Figura 10.3 – sob a hipótese de regime permanente, concluímos que:

$$\dot{m}_3 = \dot{m}_4 = \dot{m} \qquad (10.9)$$

A primeira lei da termodinâmica aplicada ao volume de controle VC3 resulta em:

$$\dot{Q}_{VC} + \dot{m}\left(h_3 + \frac{V_3^2}{2} + gz_3\right) =$$
$$= \dot{W}_{VC} + \dot{m}\left(h_4 + \frac{V_4^2}{2} + gz_4\right) \qquad (10.10)$$

Considerando que o processo que ocorre na bomba é adiabático e desprezando as variações de energia cinética e potencial, temos:

$$w_B = \frac{\dot{W}_B}{\dot{m}} = \frac{-\dot{W}_{VC}}{\dot{m}} = h_4 - h_3 \qquad (10.11)$$

onde w_B é o trabalho específico requerido pela bomba.

Aplicando a segunda lei e lembrando que o processo, além de adiabático, é reversível, concluímos que ele é isentrópico, ou seja: $s_3 = s_4$.

Conhecendo duas propriedades independentes da água na seção de admissão da bomba, somos capazes de determina a entropia s_3 e, por conseguinte a entropia s_4. Conhecendo também a pressão na seção de descarga da bomba, a qual é igual à pressão de operação da caldeira, dispomos de duas propriedades independentes, s_3 e p_3, que nos permitem determinar a entalpia h_3.

Como nem sempre é fácil obter a entalpia de um líquido comprimido a partir da sua pressão e da sua entalpia a partir de dados disponíveis em tabelas de propriedades termodinâmicas, podemos optar por determinar o trabalho específico, lembrando que o fluido de trabalho, água, pode, em seu escoamento através da bomba, ser tratado como um fluido incompressível. Assim sendo, desprezando variações de energia cinética e potencial, obtemos:

$$w_B = -\frac{\dot{W}_{VC}}{\dot{m}} = \int_3^4 v\,dp = v_3\left(p_4 - p_3\right) \qquad (10.12)$$

Esse resultado já foi obtido anteriormente, ao se discutir a aplicação da segunda lei da termodinâmica a uma bomba. Veja o exercício resolvido Er10.3.

10.1.4 Análise da caldeira

Aplicando a equação da conservação da massa ao volume de controle denominado VC4 que envolve a caldeira – veja Figura 10.3 – sob a hipótese de regime permanente, concluímos que:

$$\dot{m}_4 = \dot{m}_1 = \dot{m} \qquad (10.13)$$

A primeira lei da termodinâmica aplicada ao volume de controle VC4, que envolve a caldeira, é:

$$\dot{Q}_{VC} + \dot{m}\left(h_4 + \frac{V_4^2}{2} + gz_4\right) =$$
$$= \dot{W}_{VC} + \dot{m}\left(h_1 + \frac{V_1^2}{2} + gz_1\right) \qquad (10.14)$$

Sabendo que a caldeira opera em pressão constante, não realizando trabalho, ao analisar o volume de controle VC4 identificamos a taxa de transferência de calor $\dot{Q}_{VC} = \dot{Q}_H$ para o fluido de trabalho a qual promove a sua vaporização. Desprezando as variações de energia cinética e potencial, temos:

$$q_H = \frac{\dot{Q}_H}{\dot{m}} = h_3 - h_2 \qquad (10.15)$$

Neste caso, q_H é o calor transferido por unidade de massa para o fluido de trabalho que escoa através da caldeira.

10.1.5 Avaliando o desempenho

Observamos que o grupo de equipamentos operando em conjunto segundo o ciclo Rankine constitui um motor térmico que, para operar, recebe uma potência térmica originada na queima de um combustível, $\dot{Q}_H$, e que rejeita outra potência térmica, $\dot{Q}_L$, para o meio ambiente por intermédio do condensador. Essa máquina pode ter um desempenho melhor ou pior dependendo das suas condições operacionais. Torna-se, então, necessário definir uma figura de mérito que nos permita avaliar quantitativamente seu desempenho. Essa figura de mérito é o seu rendimento térmico, definido como:

$$\eta = \frac{w_{LÍQUIDO}}{q_b} = \frac{w_T - w_B}{q_b} \qquad (10.16)$$

10.2 O CICLO COM REAQUECIMENTO

Uma das formas de aumentar o rendimento térmico do ciclo Rankine consiste em introduzir um processo adicional que consiste no reaquecimento do vapor após a sua expansão em uma turbina de alta pressão – veja as figuras 10.5 e 10.6. Esse processo de reaquecimento ocorre na caldeira, e, depois de reaquecido, o vapor é conduzido a uma turbina de baixa pressão, na qual expande até atingir a pressão de operação do condensador.

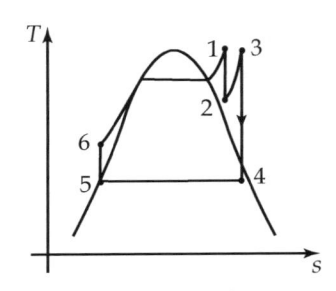

Figura 10.5 Diagrama T x s – Ciclo com reaquecimento

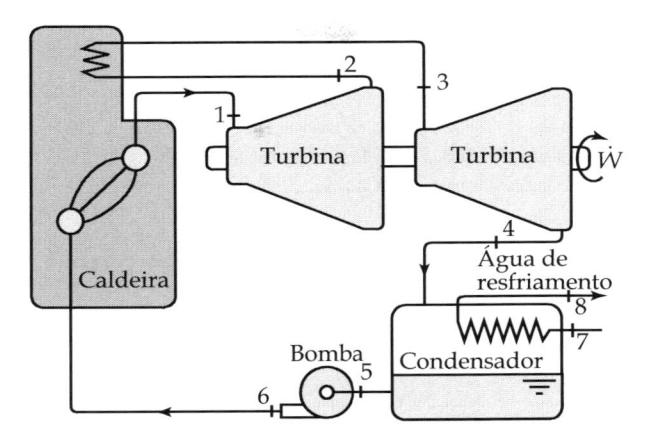

Figura 10.6 Ciclo com reaquecimento

Devemos observar que o aumento de rendimento do ciclo se dá pelo fato de que o reaquecimento permite que vapor seja produzido na caldeira em pressões mais elevadas, ocorrendo o processo de transferência de calor em temperatura média também mais elevada sem que se tenha água com título muito baixo na seção de descarga da turbina de baixa pressão.

10.3 AUMENTANDO O RENDIMENTO TÉRMICO: O CICLO REGENERATIVO

Uma das formas de melhorar o desempenho de um sistema de potência a vapor consiste em preaquecer a água de alimentação da caldeira. Ao conduzir esse processo, aumentamos a temperatura média na qual calor é transferido ao fluido de trabalho para vaporizá-lo, o que causa o aumento do rendimento térmico.

Um meio de realizar o preaquecimento consiste em retirar uma fração do vapor que escoa através da turbina em uma pressão intermediária entre as suas pressões de admissão e de descarga e, em um equipamento apropriado, denominado *preaquecedor de mistura*, misturá-la com a água comprimida proveniente do condensador. Veja a Figura 10.8.

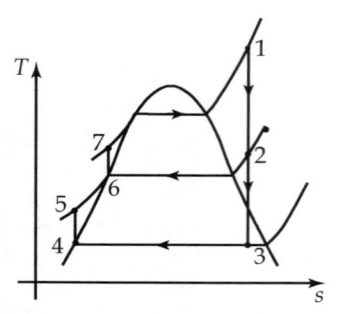

Figura 10.7 Diagrama $T \times s$ – Ciclo regenerativo

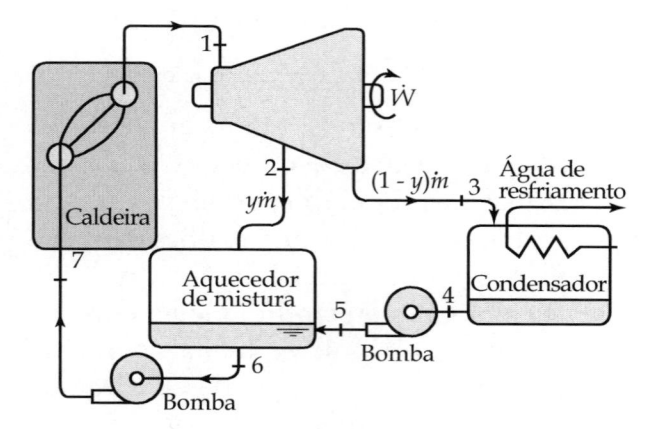

Figura 10.8 Ciclo regenerativo

Como nesse equipamento o processo de preaquecimento se dá apenas pela mistura das vazões de vapor extraído e de água comprimida, adotam-se as seguintes hipóteses para modelar o processo que nele ocorre:

• O preaquecedor é um equipamento termicamente bem isolado, de forma que a taxa de transferência de calor entre a sua superfície externa e o meio ambiente pode ser considerada nula.

• As pressões do fluido de trabalho em todas as suas seções de entrada e de saída são consideradas iguais.

• A água preaquecida encontra-se com título nulo.

Outra maneira de realizar o preaquecimento consiste em usar um *preaquecedor de superfície*. Veja a Figura 10.10. Na montagem esquematizada nessa figura, o vapor extraído é condensado no preaquecedor e é transferido para o condensador por intermédio de um purgador. O ciclo termodinâmico referente a essa montagem é apresentado no diagrama temperatura *versus* entropia da Figura 10.9. Outra possibilidade é a utilização de uma bomba conforme indicado na Figura 10.10.

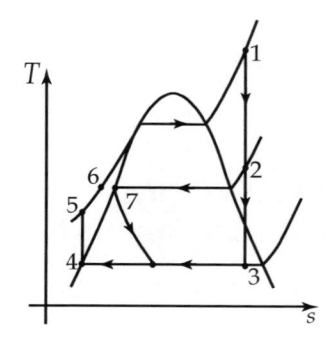

Figura 10.9 Diagrama $T \times s$ – Ciclo com preaquecedor de superfície

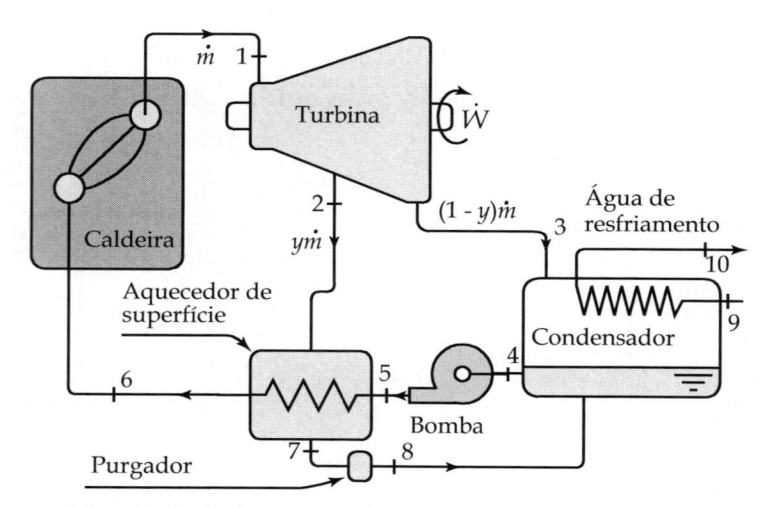

Figura 10.10 Ciclo com preaquecedor de superfície – purgador

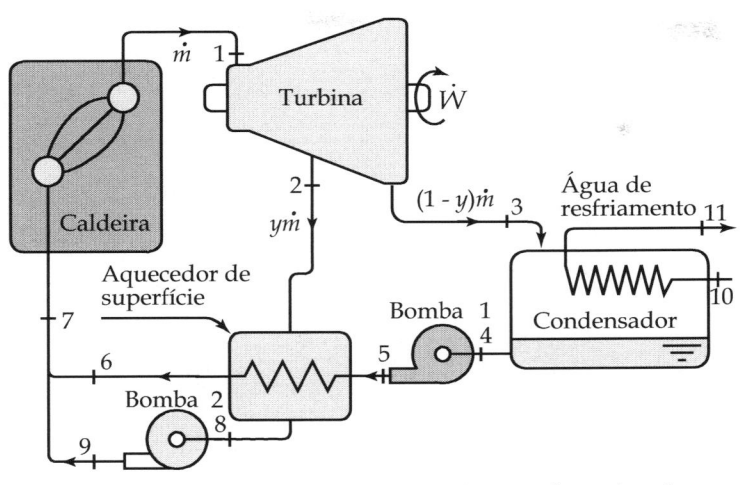

Figura 10.11 Ciclo com preaquecedor de superfície – bomba

Devemos observar que, no preaquecedor de superfície, o processo de preaquecimento se dá apenas pela transferência de calor entre duas correntes de fluido que não se misturam e, para modelá-lo, adotamos as seguintes hipóteses:

- O preaquecedor é um equipamento termicamente bem isolado, de forma que a taxa de transferência de calor entre a sua superfície externa e o meio ambiente pode ser considerada nula. Assim, toda a energia transferida do vapor em condensação é recebida pelo fluido que está sendo preaquecido.

- O vapor, após ser condensado, atinge título nulo.

- A água comprimida é preaquecida até atingir a temperatura de saturação do vapor extraído.

10.4 EFICIÊNCIAS DOS EQUIPAMENTOS

Até agora tecemos uma série de considerações sem levar em conta nenhum tipo de irreversibilidade. De fato, os processos que ocorrem nas turbinas e bombas não são isentrópicos e, por esse motivo, devemos levar em consideração seus rendimentos. Para tal, devemos sempre nos lembrar de que levar em conta o rendimento isentrópico das turbinas é sempre mais importante do que considerar os das bombas.

Considerando o rendimento isentrópico da turbina do ciclo regenerativo ilustrado na Figura 10.8, teríamos o ciclo termodinâmico representado na Figura 10.12.

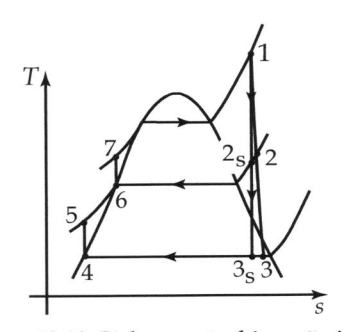

Figura 10.12 Ciclo com turbina não ideal

10.5 EXERCÍCIOS RESOLVIDOS

Er10.1 Uma pequena central termoelétrica opera segundo um ciclo Rankine ideal. O condensador opera a 10 kPa e o vapor é produzido pela caldeira a 400°C e 4 MPa. Sabendo que a potência disponível no eixo da turbina é igual a 10 MW, pede-se para determinar a vazão mássica de vapor d'água através da turbina e o rendimento térmico do ciclo.

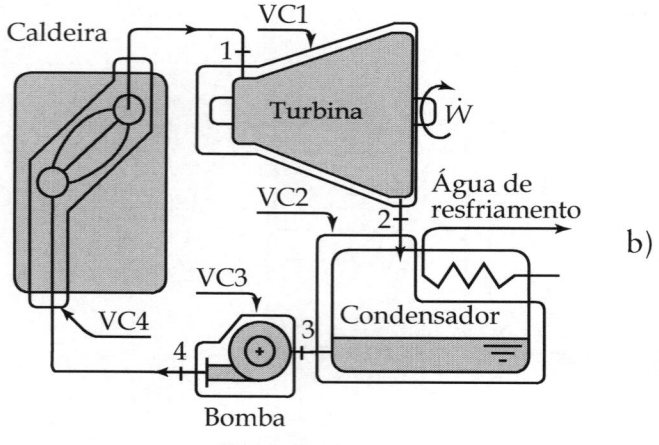

Figura Er10.1

Solução

a) Dados e considerações
- Fluido de trabalho: água.
- Processo

O fluido de trabalho é a água. Os equipamentos que compõem a central estão esquematizados na Figura Er10.1. Como o ciclo é ideal, consideraremos por hipótese que:

- na bomba e na turbina, ocorrem processos adiabáticos e reversíveis;
- na saída do condensador, a água está no estado de líquido saturado, ou seja: seu título é nulo;
- a variação do volume específico da água durante o processo de bombeamento é desprezível;
- todas as variações de energia cinética e potencial são desprezíveis; e
- todos os processos ocorrem em regime permanente.
- Escolha dos volumes de controle

Opta-se por utilizar um volume de controle em cada equipamento componente do ciclo a ser analisado, conforme indicado na Figura Er10.1.

- Propriedades dadas da água nas seções de entrada e de saída dos volumes de controle escolhidos

As propriedades serão identificadas pelos mesmos índices que denominam as seções nas quais elas são avaliadas.

$T_1 = 400°C$, $p_1 = 4$ MPa, $p_2 = 10$ kPa

- Potência desenvolvida pela turbina: $\dot{W}_T = 10$ MW.

b) Análises e cálculos
- Análise da turbina

Para analisar o processo que ocorre na turbina, adotamos o volume de controle VC1 indicado na Figura Er10.1.

No item 10.1.1, obtivemos os seguintes resultados:

$\dot{m}_1 = \dot{m}_2 = \dot{m}$

$\dot{W}_T = \dot{m}(h_1 - h_2) \Rightarrow \dfrac{\dot{W}_T}{\dot{m}} = h_1 - h_2$

Temos: $T_1 = 400°C$, $p_1 = 4$ MPa. Das tabelas de propriedades termodinâmicas da água, temos: $h_1 = 3214,5$ kJ/kg e $s_1 = 6,7714$ kJ/(kg.K)

Como a turbina é ideal, verificamos que o processo que nela ocorre é adiabático e reversível; consequentemente, $s_2 = s_1$. Sabendo que $p_2 = 10$ kPa, temos duas propriedades que definem o estado 2. Podemos, então, calcular x_2 e h_2.

O cálculo do título é realizado a partir do conhecimento da entropia:

$s_2 = (1 - x_2)s_{l2} + x_2 s_{v2}$

Resultando: $x_2 = 0,8163$.

Conhecendo o título, determinamos a entalpia:

$h_2 = (1 - x_2)h_{l2} + x_2 h_{v2}$

$h_2 = 2144,5$ kJ/kg

Logo: $\dfrac{\dot{W}_T}{\dot{m}} = h_1 - h_2 = 1070$ kJ/kg.

- Análise do condensador

No item 10.1.2, obtivemos:

$\dot{m}_2 = \dot{m}_3 = \dot{m}$.

$\dfrac{\dot{Q}_L}{\dot{m}} = -\dfrac{\dot{Q}_{VC}}{\dot{m}} = h_2 - h_3$

O processo termodinâmico que ocorre no condensador é, por hipótese, isobárico. Por esse motivo, podemos afirmar que $p_3 = p_2$. Considerando que o condensador alimenta a bomba com líquido saturado, $x_3 = 0$, temos duas propriedades termodinâmicas que definem o estado e, assim, das tabelas de propriedades termodinâmicas da água, vem:

$h_3 = 191,8$ kJ/kg e

$v_3 = 1,010$ E-3 m³/kg

Utilizando esses valores, obtemos:

$\dfrac{\dot{Q}_L}{\dot{m}} = 1952,7$ kJ/kg.

• Análise da bomba
No item 10.1.3, obtivemos:

$\dot{m}_4 = \dot{m}_3 = \dot{m}$.

$$\dfrac{\dot{W}_B}{\dot{m}} = -\dfrac{\dot{W}_{VC}}{\dot{m}} = h_4 - h_3 = v_3\left(p_4 - p_3\right)$$

Como $p_4 = p_1 = 4,0$ MPa, obtemos:

$\dfrac{\dot{W}_B}{\dot{m}} = 4,03$ kJ/kg e $h_4 = 195,8$ kJ/kg.

• Análise da caldeira
Do item 10.1.4, temos: $\dot{m}_4 = \dot{m}_1 = \dot{m}$.

$$q_H = \dfrac{\dot{Q}_H}{\dot{m}} = h_1 - h_4$$

Como já conhecemos as entalpias nos estados 1 e 4, obtemos:

$$q_H = \dfrac{\dot{Q}_H}{\dot{m}} = 3018,7 \text{ kJ/kg.}$$

• Determinação da vazão mássica

$\dot{W}_T = 10$ MW $\Rightarrow 10000 =$

$= \dot{m}\left(h_1 - h_2\right) \Rightarrow \dot{m} = 9,35$ kg/s

• Determinação do rendimento térmico
Utilizando a definição de rendimento térmico de uma máquina térmica

que opera segundo um ciclo termodinâmico, obtemos:

$$\eta = \dfrac{\dot{W}_{LIQ}}{\dot{Q}_H} \Rightarrow \eta \cong 35,3\%$$

Er10.2 Seja uma unidade de potência que opera segundo um ciclo Rankine com reaquecimento, conforme indicado na Figura Ep10.2, utilizando água como fluido de trabalho. Sabe-se que a pressão de mudança de fase na caldeira é igual a 4 MPa, que a de reaquecimento é igual a 1 MPa e que a de condensação é 10 kPa. A temperatura do vapor nas seções de admissão da turbina de alta e de baixa pressão é igual a 400ºC. Considere que as turbinas têm rendimento isentrópico igual a 95%, que a bomba apresenta rendimento de 75%, que a vazão de vapor admitida na turbina seja igual a 10 kg/s e que as temperaturas de entrada e saída da água de resfriamento no condensador são, respectivamente, 20ºC e 35ºC.

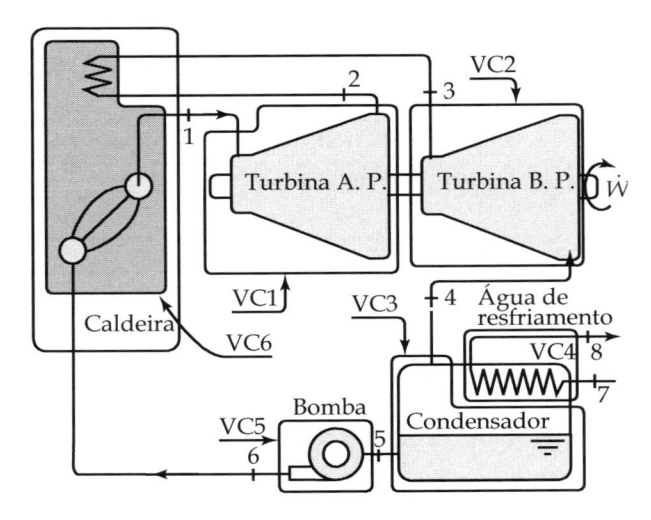

Figura Er10.2

Determine a potência desenvolvida pelo conjunto de turbinas, a taxa de transferência de energia por calor para a água de resfriamento, a vazão mássica de água de resfriamento, a potência requerida pela bomba, a taxa de transferência de energia por calor na caldeira e o rendimento térmico da unidade.

Solução

a) Dados e considerações
- Fluido de trabalho: água.
- Escolha dos volumes de controle

Os volumes de controle a serem utilizados na solução do exercício são aqueles indicados na Figura Er10.2.

- Propriedades dadas da água nas seções de entrada e de saída dos volumes de controle escolhidos

As propriedades são identificadas pelos mesmos índices que denominam as seções nas quais elas são avaliadas.

- A pressão de mudança de fase na caldeira é igual a 4 MPa.
  Logo: $p_1 = p_6 = 4$ MPa.
- A pressão de reaquecimento é igual a 1 MPa.
  Então: $p_2 = p_3 = 1$ MPa.
- A pressão de condensação é igual a 10 kPa. Então: $p_4 = p_5 = 10$ kPa.
- São conhecidos: $T_1 = T_3 = 400°$C, $T_7 = 20°$C, $T_8 = 35°$C.
- Rendimentos dos equipamentos: $\eta_T = 90\%$, $\eta_B = 75\%$.
- Vazão mássica de água na caldeira: $\dot{m}_1 = 10$ kg/s.
- Processo

Os equipamentos que compõem a central estão esquematizados na Figura Er10.2. Consideraremos por hipótese que:

- na saída do condensador, a água está no estado de líquido saturado, ou seja, seu título é nulo, $x_5 = 0$;
- a variação do volume específico da água durante o processo de bombeamento é desprezível, ou seja, $v_5 = v_4$;
- todas as variações de energia cinética e potencial são desprezíveis;
- todos os processos ocorrem em regime permanente; e
- a pressão da água de resfriamento é aproximadamente igual à atmosférica.

b) Análises e cálculos
- Vazões mássicas

Devemos observar que, se aplicarmos o princípio da conservação da massa a cada um dos equipamentos que compõem a central, verificaremos que a vazão mássica em todas as seções de entrada e de saída será igual a $\dot{m} = 10$ kg/s, exceção feita à vazão mássica de água de resfriamento.

- Análise da turbina de alta pressão

Para analisar o processo que ocorre na turbina de alta pressão, adotamos o volume de controle VC1 indicado na Figura Er10.2.

Suponhamos, inicialmente que esta turbina seja ideal. Nesse caso poderemos afirmar que:

$$\dot{W}_{TAPs} = \dot{m}\left(h_1 - h_{2s}\right) \Rightarrow$$

$$\Rightarrow \frac{\dot{W}_{TAPs}}{\dot{m}} = h_1 - h_{2s}$$

onde $\dot{W}_{TAPs}$ é a potência que essa turbina desenvolveria se ela fosse ideal e h_{2s} seria a entalpia do vapor na sua seção de descarga.

Conhecendo $T_1 = 400°$C e $p_1 = 4$ MPa, obtemos das tabelas de propriedades termodinâmicas da água:

$$h_1 = 3213,5 \text{ kJ/kg e}$$

$$s_1 = 6,7688 \text{ kJ/(kg.K)}.$$

Como estamos, neste momento, tratando a turbina como sendo ideal, podemos supor que o processo que ocorre na turbina é isentrópico e, sob essa hipótese, o estado do vapor na sua seção de descarga é o 2s. Temos, assim, na seção de saída da turbina: $s_{2s} = s_1$. Sabendo que $p_2 = 1$ MPa, temos duas propriedades que definem o estado 2s. Utilizando essas duas propriedades, obtemos: $h_{2s} = 2863,5$ kJ/kg.

Logo: $\dfrac{\dot{W}_{TAPs}}{\dot{m}} = w_{TAPs} = h_1 - h_{2s} =$

$= 350,5$ kJ/kg.

O rendimento da turbina de alta pressão é dado por:

$$\eta_T = \frac{\dot{W}_{TAP}}{\dot{W}_{TAPs}} = \frac{w_{TAP}}{w_{TAPs}} = \frac{h_1 - h_2}{h_1 - h_{2s}} = 0,95.$$

Assim, utilizando os valores conhecidos das entalpias h_1 e h_{2s}, obtemos:

$h_2 = 2881$ kJ/kg e $w_{TAP} = 332,5$ kJ/kg

A potência desenvolvida pela turbina real será igual a:

$\dot{W}_{TAP} = \dot{m}(h_1 - h_2) = \eta_T \dot{W}_{TAPs} =$

$= \eta_T \dot{m} w_{TAPs} = \eta_T \dot{m}(h_1 - h_{2s}) =$

$= 3325$ kW

• Análise da turbina de baixa pressão
Para analisar o processo que ocorre na turbina de baixa pressão, adotamos o volume de controle VC2 indicado na Figura Er10.2.

Consideremos, inicialmente, que essa turbina seja ideal. Nesse caso poderemos afirmar que:

$\dot{W}_{TBPs} = \dot{m}(h_3 - h_{4s}) \Rightarrow$

$\Rightarrow \dfrac{\dot{W}_{TBPs}}{\dot{m}} = w_{TBPs} = h_3 - h_{4s}$

onde $\dot{W}_{TBPs}$ é a potência que essa turbina desenvolveria se ela fosse ideal e h_{4s} seria a entalpia do vapor na sua seção de descarga.

Determinemos, agora, as entalpias para avaliar a turbina de baixa pressão.

Conhecendo $T_3 = 400°C$ e $p_3 = 1$ MPa, obtemos das tabelas de propriedades termodinâmicas da água:

$h_3 = 3264,5$ kJ/kg e

$s_3 = 7,4670$ kJ/(kg.K).

Como consideramos que a turbina é ideal, o processo que ocorre na turbina pode ser considerado isentrópico, e temos na seção de saída da turbina: $s_{4s} = s_3$. Sabendo que $p_4 = 10$ kPa, temos duas propriedades que definem o estado 4s.

Utilizando as tabelas de propriedades termodinâmicas da água, determinamos:

$x_{4s} = 0,9091$ e $h_{4s} = 2366,4$ kJ/kg

Logo: $\dfrac{\dot{W}_{TBPs}}{\dot{m}} = w_{TBPs} = h_3 - h_{4s} =$

$= 898,1$ kJ/kg.

O rendimento da turbina é dado por:

$$\eta_T = \frac{\dot{W}_{TBP}}{\dot{W}_{TBPs}} = \frac{w_{TBP}}{w_{TBPs}} = \frac{h_3 - h_4}{h_3 - h_{4s}} = 0,95.$$

Assim, utilizando os valores conhecidos das entalpias h_3 e h_{4s}, obtemos:

$h_4 = 2411,3$ kJ/kg e $w_{TBP} = h_3 - h_4 =$

$= 853,2$ kJ/kg

A potência desenvolvida pela turbina de baixa pressão real será igual a:

$\dot{W}_{TBP} = \dot{m}(h_3 - h_4) = \eta_T \dot{W}_{TBPs} =$

$= \eta_T \dot{m} w_{TBPs} = \eta_T \dot{m}(h_3 - h_{4s}) =$

$= 8532$ kW

• Avaliação da potência total desenvolvida pelo conjunto de turbinas

$\dot{W}_T = \dot{W}_{TAP} + \dot{W}_{TBP} = 11,86$ MW

• Avaliação da taxa de transferência de energia por calor para a água de resfriamento, $\dot{Q}_L$
Consideremos o volume de controle VC3.

Utilizando o resultado obtido no item 10.1.2, obtemos:

$$q_L = \frac{\dot{Q}_L}{\dot{m}} = \frac{-\dot{Q}_{VC}}{\dot{m}} = h_4 - h_5.$$

Sabemos que $h_4 = 2411,3$ kJ/kg. Como $p_5 = 10$ kPa e $x_5 = 0$, obtemos $h_5 = 191,8$ kJ/kg, o que resulta: $\dot{Q}_L = 22,2$ MW.

• Avaliação da vazão mássica de água de resfriamento, $\dot{m}_r$

Como a pressão da água de resfriamento é aproximadamente igual à atmosférica, $T_7 = 20°C$ e $T_8 = 35°C$, podemos considerar que as entalpias da água de resfriamento nas seções de entrada e saída do condensador são aproximadamente iguais às da água saturada na mesma temperatura. Obtemos, então:

$h_7 = 83,9$ kJ/kg e $h_8 = 146,6$ kJ/kg

Devido ao princípio da conservação da massa, a vazão de água de resfriamento é dada por: $\dot{m}_r = \dot{m}_7 = \dot{m}_8$. Assim, aplicando a primeira lei da termodinâmica ao volume de controle VC4, obtemos:

$$\dot{Q}_{VC} = \dot{m}_r\left(h_8 - h_7\right) = \dot{Q}_L$$

Substituindo os valores conhecidos nessa equação, resulta: $\dot{m}_r = 354$ kg/s.

• Avaliação da potência requerida pela bomba

Utilizando o resultado obtido no item 10.1.3, obtemos:

$$\frac{\dot{W}_B}{\dot{m}} = -\frac{\dot{W}_{VC}}{\dot{m}} = h_6 - h_5 = v_5\left(p_6 - p_5\right).$$

O volume específico v_5 é o do líquido saturado na pressão de $p_5 = 10$ kPa, ou seja:

$v_5 = 0,001010$ m³/kg

Sabendo que $h_5 = 191,8$ kJ/kg, e como $p_6 = p_1 = 4$ MPa, obtemos:

$h_6 = 195,8$ kPa e $\dot{W}_B = 40,3$ kW.

• Avaliação da taxa de transferência de calor na caldeira

Aplicando a primeira lei da termodinâmica ao volume de controle VC6, resulta:

$$\dot{Q}_H = \dot{Q}_{VC} = \dot{m}\left(h_1 - h_6 + h_3 - h_2\right)$$

$$\dot{Q}_H = 34 \text{ MW}$$

• Avaliação do rendimento térmico da unidade

$$\eta = \frac{\dot{W}_{LIQ}}{\dot{Q}_H} = \frac{\dot{W}_T - \dot{W}_B}{\dot{Q}_H} = \frac{\dot{Q}_H - \dot{Q}_L}{\dot{Q}_H} =$$

$$= 34,7\%$$

Tabela Er10.3

Estado	p (kPa)	x	h (kJ/kg)
1	4000		3210
2	1500		2990
3	10	0,90	
4	10	0	191,8
6	1500	0	844,8
7	4000		847,7

Er10.3 Uma central de potência opera segundo um ciclo regenerativo, conforme esquematizado na Figura Er10.3, utilizando água como fluido de trabalho. A vazão mássica de vapor produzido pela caldeira é igual 20 kg/s; dados complementares são apresentados na Tabela Er10.3. Considerando que todos os equipamentos que compõem a central são ideais, calcule a taxa de transferência de calor para a água na caldeira, a vazão mássica de vapor ex-

traída da turbina, a potência líquida desenvolvida por essa central e o seu rendimento térmico.

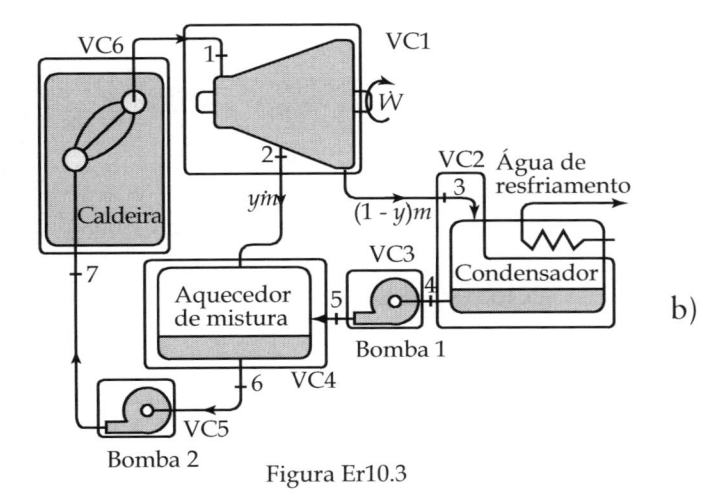

Figura Er10.3

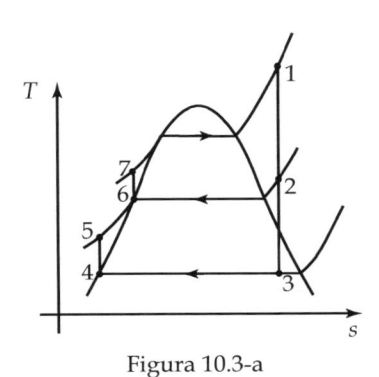

Figura 10.3-a

Solução

a) Dados e considerações
  • Processo
  O fluido de trabalho é a água. Os equipamentos que compõem a central estão esquematizados na Figura Er10.3. Como todos eles são ideais, consideraremos por hipótese que:

  • na bomba e na turbina, ocorrem processos adiabáticos e reversíveis;
  • na saída do condensador, a água está no estado de líquido saturado, ou seja: seu título é nulo;
  • a variação do volume específico da água durante o processo de bombeamento é desprezível;

  • todas as variações de energia cinética e potencial são desprezíveis; e
  • todos os processos ocorrem em regime permanente.
  • Propriedades
  Dadas na Tabela Er10.3. Serão identificadas pelos mesmos índices que denominam as seções nas quais elas são avaliadas.

  • Vazão mássica de vapor:
  $\dot{m} = 20$ kg/s.

Análises e cálculos
  • Análise da caldeira
  Aplicando a equação da conservação da massa para o volume de controle em regime permanente que envolve a água na caldeira, obtemos:
  $\dot{m}_7 = \dot{m}_1 = \dot{m}$.

  Aplicando a primeira lei da termodinâmica para o volume de controle em regime permanente que envolve a água na caldeira, obtemos:

  $$\dot{Q}_{VC} = \dot{Q}_H = \dot{m}(h_1 - h_7)$$

  Sabemos que $\dot{m} = 20$ kg/s, $h_1 = 3210$ kJ/kg e $h_7 = 847,7$ kJ/kg. Logo, a taxa de transferência de energia por calor é:

  $$\dot{Q}_H = 47,25 \text{ MW}$$

  • Análise da bomba 1
  Da equação da conservação da massa, obtemos: $\dot{m}_4 = \dot{m}_3$.

  Da primeira lei da termodinâmica para volume de controle, desprezando variações de energia cinética e potencial, obtemos:

  $$\dot{W}_{VC} = -\dot{W}_{B1} = \dot{m}_3(h_4 - h_5)$$

  Para um volume de controle em regime permanente com uma entrada e uma saída e desprezando-se o efeito das variações de energia cinética e potencial, o trabalho realizado por unidade de massa é dado por:

b)

$$\frac{\dot{W}}{\dot{m}} = -\int_e^s \nu dp$$

Por hipótese, no processo de bombeamento, o volume específico da água é invariável. Logo:

$$\frac{\dot{W}_{B1}}{\dot{m}} = -\frac{\dot{W}_{VC}}{\dot{m}} = h_5 - h_4 = \nu_4\left(p_5 - p_4\right)$$

Sabemos que $h_4 = 191,8$ kJ/(kg.K), $p_4 = 10$ kPa, $p_5 = p_2 = p_6 = 1500$ kPa. Da tabela de propriedades termodinâmicas da água saturada, obtemos $\nu_4 = 0,001010$ m³/kg, logo:

$$h_5 = 193,3 \text{ kJ/kg}$$

Para determinar a potência requerida pela bomba B1, é necessário conhecer a vazão mássica de água por ela bombeada. Para obter essa vazão, aplicamos a primeira lei da termodinâmica ao aquecedor de mistura desprezando variações de energia cinética e potencial, o que resulta em:

$$\dot{m}_2 h_2 + \dot{m}_5 h_5 = \dot{m}_6 h_6$$

Observamos que $\dot{m}_2 = y\dot{m}_1$, $\dot{m}_5 = \left(1-y\right)\dot{m}_1$ e $\dot{m}_6 = \dot{m}_1$. Substituindo esses resultados na expressão acima, obtemos:

$$y\dot{m}_1 h_2 + \left(1-y\right)\dot{m}_1 h_5 = \dot{m}_1 h_6$$

Logo: $y = \dfrac{h_6 - h_5}{h_2 - h_5} = 0,2329$.

Podemos, agora, determinar as vazões nas seções 2 e 3:

$$\dot{m}_2 = 4,658 \text{ kg/s}$$

$$\dot{m}_3 = 15,34 \text{ kg/s}$$

Com a vazão mássica na seção 3, podemos determinar a potência transferida pela bomba B1 ao fluido:

$$\dot{W}_{B1} = \dot{m}_3\left(h_5 - h_4\right) = 23,1 \text{ kW}$$

- Análise da bomba 2

Da primeira lei da termodinâmica para volume de controle, desprezando variações de energia cinética e potencial, obtemos:

$$\dot{W}_{VC} = -\dot{W}_{B2} = -\dot{m}_1\left(h_7 - h_6\right) = 62 \text{ kW}$$

- Análise da turbina

Aplicando a primeira lei da termodinâmica para volume de controle, desprezando variações de energia cinética e potencial, obtemos:

$$\dot{W}_{VC} = \dot{W}_T = \dot{m}_1 h_1 - \dot{m}_2 h_2 - \dot{m}_3 h_3$$

Sabendo que $p_3 = 10$ kPa e $x_3 = 0,9$, obtemos: $h_3 = 2344,7$ kJ/kg, e a potência desenvolvida pela turbina será: $\dot{W}_T = 14,3$ MW, e a potência líquida igual a: $\dot{W}_{LíQ} = 14,22$ MW.

- Rendimento térmico da unidade

$$\eta = \frac{\dot{W}_{LíQ}}{\dot{Q}_H} = 30,1\%$$

10.6 EXERCÍCIOS PROPOSTOS

Ep10.1 Uma pequena unidade de produção de energia elétrica opera segundo um ciclo Rankine ideal. Veja a Figura Ep10.1. A pressão máxima no ciclo é 2 MPa e a mínima é 15 kPa. Considerando que a temperatura máxima do ciclo é 300ºC, determine o seu rendimento térmico.

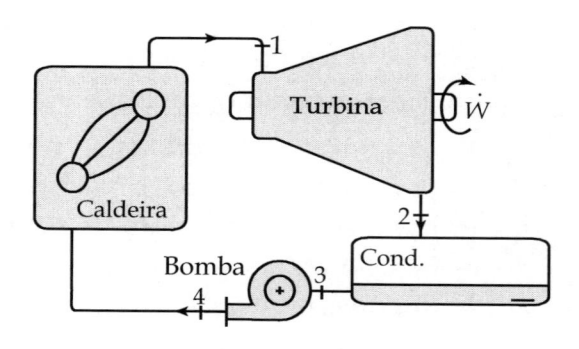

Figura Ep10.1

Resp.: 29,7%.

Ep10.2 Uma pequena unidade de produção de energia elétrica opera segundo um ciclo Rankine ideal. A pressão máxima no ciclo é 2 MPa e a mínima é 15 kPa. A temperatura máxima do ciclo é 300°C. Se a potência líquida por ele desenvolvida for igual a 1 MW, qual será a vazão em massa de vapor admitida na turbina?

Resp.: 1,19 kg/s.

Ep10.3 Uma pequena unidade de produção de energia elétrica opera segundo um ciclo Rankine ideal. A pressão máxima no ciclo é 2 MPa e a mínima é 15 kPa. A temperatura máxima do ciclo é 300°C. Suponha que a potência líquida desenvolvida é igual a 5 MW e que a água de refrigeração é admitida no condensador a 20°C e descarregada a 40°C. Qual é a vazão mássica de vapor admitida na turbina? Qual é a taxa de transferência de calor para a água de refrigeração? Qual é a vazão mássica de água de refrigeração?

Resp.: 6,02 kg/s; 11,84 MW; 141,5 kg/s.

Ep10.4 Uma pequena unidade de produção de energia elétrica opera segundo um ciclo Rankine. A pressão máxima no ciclo é 2 MPa e a mínima é 15 kPa. A temperatura máxima do ciclo é 300°C. Determine o seu rendimento térmico, considerando que o rendimento isentrópico da turbina é igual a 92%.

Resp.: 27,3%.

Ep10.5 Uma pequena unidade de produção de energia elétrica opera segundo um ciclo Rankine. A pressão máxima no ciclo é 2 MPa e a mínima é 15 kPa. A temperatura máxima do ciclo é 300°C. Se a potência líquida por ele desenvolvida for igual a 1 MW, qual será a vazão em massa de vapor ad-

mitida na turbina? Suponha que o rendimento isentrópico da turbina é igual a 92% e o da bomba é igual a 75%.

Resp.: 1,31 kg/s.

Ep10.6 Uma pequena unidade de produção de energia elétrica opera segundo um ciclo Rankine. Veja a Figura Ep10.6. A pressão máxima no ciclo é 2 MPa e a mínima é 15 kPa. A temperatura máxima do ciclo é 300°C. Suponha que a potência líquida desenvolvida é igual a 5 MW e que a água de refrigeração é admitida no condensador a 20°C e descarregada a 40°C. Considere que o rendimento isentrópico da turbina é igual a 92% e o da bomba é igual a 75%.

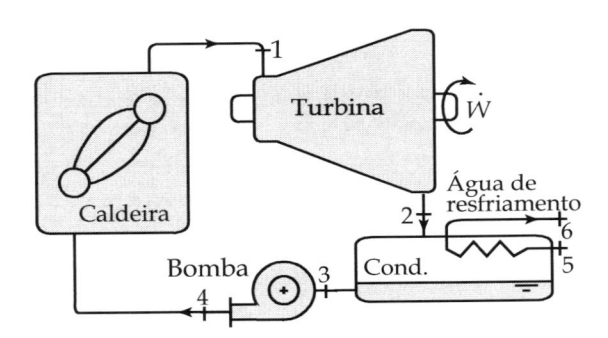

Figura Ep10.6

Qual é a vazão mássica de vapor admitida na turbina? Qual é a taxa de transferência de calor para a água de refrigeração? Qual é a vazão mássica de água de refrigeração?

Resp.: 6,56 kg/s; 13,3 MW; 160 kg/s.

Ep10.7 Em um ciclo Rankine, a pressão e a temperatura do vapor admitido na turbina são iguais, respectivamente, a 4 MPa e 400°C e a temperatura de operação do condensador é igual a 40°C. Veja a Figura Ep10.1. Se a vazão em massa de vapor admitido na turbina for igual a 2 kg/s, qual deverá ser a potência disponibilizada pela turbina? Qual será a potência requerida pela bomba? Determine o rendimento do ciclo.

Ep10.8 Uma empresa optou por produzir energia elétrica utilizando uma instalação que opera segundo um ciclo Rankine. A caldeira apresenta rendimento de 90% e produz vapor a 4 MPa e 400°C utilizando um óleo combustível com poder calorífico superior igual a 42 MJ/kg. O condensador opera a 15 kPa. A turbina e a bomba são ideais. Determine o rendimento do ciclo e o consumo horário de combustível para a turbina desenvolver a potência de 10 MW.

Resp.: 34,1%; 0,774 kg/s.

Ep10.9 Uma das formas de implementar o ciclo Rankine obtendo-se um rendimento melhor consiste em reaquecer o vapor após a sua expansão em uma turbina de alta pressão. Veja a Figura Ep10.9. Sabe-se que a pressão de operação da caldeira é igual a 5 MPa, a pressão de reaquecimento é 1 MPa, a pressão de operação do condensador é igual a 8 kPa, a temperatura de admissão do vapor nas turbinas é igual a 400°C e a vazão de vapor produzida na caldeira é igual a 15 kg/s.

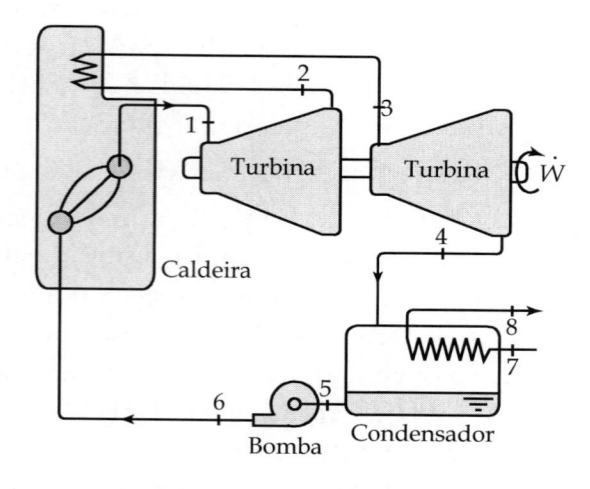

Figura Ep10.9

Determine o rendimento térmico do ciclo e a potência desenvolvida por cada uma das turbinas, a taxa de calor na caldeira, a potência requerida pela bomba e a vazão requerida de água de resfriamento se ela for admitida no condensador a 21°C e descarregada a 26°C.

Ep10.10 Em um ciclo Rankine, a pressão e a temperatura do vapor admitido na turbina são iguais, respectivamente, a 4 MPa e 400°C, e a temperatura de operação do condensador é igual a 40°C. Considere que o rendimento isentrópico da turbina é igual a 92% e que o rendimento isentrópico da bomba é igual a 70%. Se a vazão em massa de vapor admitido na turbina for igual a 10 kg/s, qual deverá ser a potência disponibilizada pela turbina? Qual será a potência requerida pela bomba? Determine o rendimento do ciclo.

Resp.: 10,2 MW; 57,5 kW; 33,3%.

Ep10.11 Uma usina termoelétrica opera segundo um ciclo Rankine com reaquecimento conforme esquematizado na Figura Ep10.9. A pressão e a temperatura de admissão do vapor na turbina de alta pressão é igual a 40 bar e 400°C, a pressão de reaquecimento é igual a 2 bar e a temperatura do vapor na entrada da turbina de baixa pressão é igual a 400°C. Sabendo-se que a temperatura de mudança de fase no condensador é igual a 40°C, que as turbinas e a bomba podem ser tratadas como ideais e que a potência líquida gerada pela termoelétrica é igual a 20 MW, pede-se para calcular o rendimento térmico do ciclo e a vazão de vapor admitida na turbina de alta pressão.

Resp.: 37,1%; 16,5 kg/s.

Ep10.12 Deseja-se gerar energia elétrica utilizando-se um conjunto de equipamentos que opera segundo um ciclo de potência regenerativo. Veja a Figura Ep10.12. A potência disponível no eixo da turbina é igual a 5 MW. São dadas as seguintes propriedades: $p_3 = p_4 = 10$ kPa; $p_5 = p_6 = p_2 = 1600$ kPa; $p_1 = p_7 = 3500$ kPa; $h_1 = 3104,0$ kJ/kg; $h_2 = 2919,2$ kJ/kg; $h_3 = 2351,1$ kJ/kg; $h_4 = 191,9$ kJ/kg; $h_5 = 194,0$ kJ/kg; $h_6 = 858,8$ kJ/kg; $v_4 = 0,001010$ m³/kg; $v_6 = 0,001159$ m³/kg. Determine: a relação entre a vazão de vapor extraída em 2 e a vazão de vapor admitida na turbina; a vazão de vapor admitida na turbina; a potência requerida pela bomba 2; e a taxa de transferência de calor na caldeira.

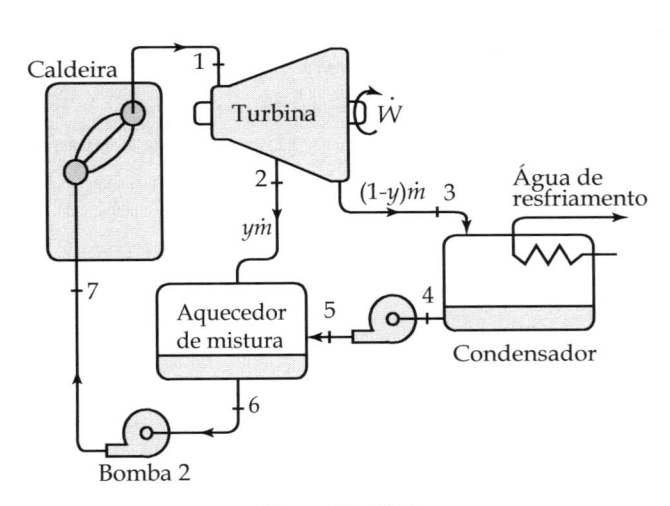

Figura Ep10.12

Resp.: 0,244; 8,14 kg/s; 17,9 kW e 18,26 MW.

Ep10.13 Em uma unidade industrial, uma caldeira gera vapor superaquecido a 5 MPa e 500°C e alimenta uma turbina que o descarrega a 2 MPa. Metade da vazão de vapor descarregado por essa turbina é utilizada em um processo industrial A, sendo, nesse processo, transformada em água na fase líquida a 50°C e pressão atmos-

férica (100 kPa). A outra metade da vazão de vapor alimenta uma turbina de média pressão que a descarrega a 1 MPa, sendo, então, utilizada em um processo industrial B que a transforma em água na fase líquida a 80°C e pressão atmosférica. Veja a Figura Ep10.13. Considere que nos processos A e B há, respectivamente, perdas de 10% e de 18% da água em circulação na fase líquida, as quais são repostas por água à pressão atmosférica e à temperatura de 20°C. Considere também que a água de reposição é misturada à água que provém dos processos industriais, sendo que a mistura obtida é bombeada para a caldeira.

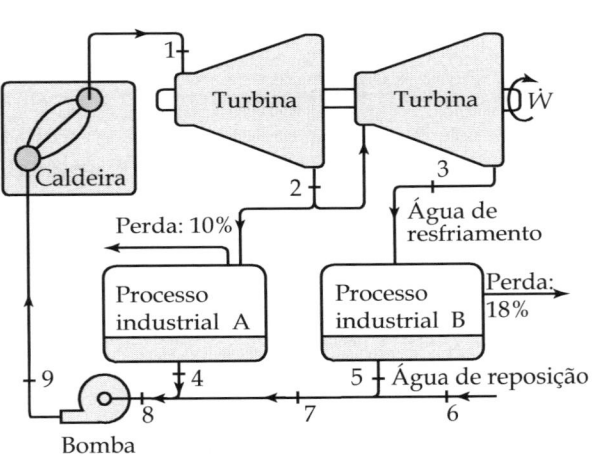

Figura Ep10.13

Supondo que a potência da turbina de alta pressão é igual a 5000 kW, pede-se para calcular a potência da turbina de baixa pressão, a vazão de água de reposição, a entalpia da água na entrada da bomba de alimentação, a potência requerida pela bomba de alimentação da caldeira e o calor trocado na caldeira. Considere que a bomba e as turbinas são ideais.

Resp.:

Ep10.14 Em uma unidade industrial – veja a Figura 10.14 –, uma caldeira gera vapor superaquecido a 5 MPa e 500°C. Esse vapor alimenta uma turbina, cujo rendimento isentrópico é igual a 90%, que o descarrega a 1 MPa, sendo, então utilizado em um processo industrial que o transforma em água no estado líquido a 80°C e à pressão atmosférica, 100 kPa. Considere que nesse processo industrial ocorre uma perda de 10% da água em circulação na fase líquida a 90°C e 100 kPa, que é reposta por água à pressão atmosférica e à temperatura de 20°C. Considere também que a água de reposição é misturada à água que provém dos processos industriais, sendo que a mistura obtida é bombeada para a caldeira. Supondo que a potência da turbina é igual a 1 MW, pede-se para calcular: a vazão de vapor admitida na turbina; a entalpia da água na entrada da bomba de alimentação; a potência da bomba de alimentação da caldeira; e a taxa de transferência de calor para a água na caldeira.

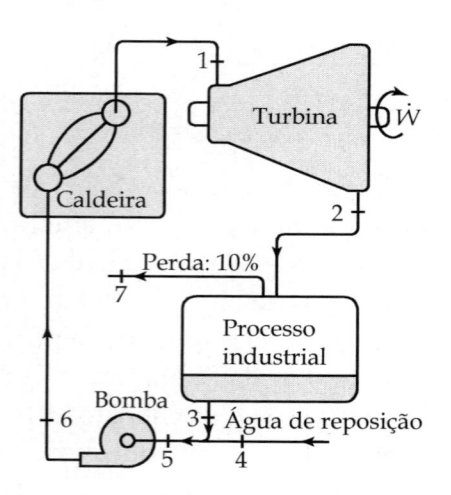

Figura Ep10.14

Resp.: 2,39 kg/s; 310 kJ/kg; 12 kW; 7467 kW.

Ep10.15 Em um ciclo de potência a vapor d'água, a pressão máxima é igual a 5 MPa. A pressão no condensador do ciclo é igual a 10 kPa e a caldeira descarrega o vapor a 600°C. Todos os componentes do ciclo são ideais, com exceção da turbina, que tem rendimento isentrópico igual a 90%. Determine o rendimento do ciclo e a potência específica disponível no eixo da turbina.

Resp.: 35,3%; 1230 kJ/kg.

Ep10.16 Uma central termoelétrica é composta pelo conjunto de equipamentos ilustrados na Figura Ep10.16. A turbina de alta pressão é alimentada com vapor a 4 MPa e 450°C, e a turbina de baixa pressão é alimentada com vapor a 1,5 MPa e 400°C. Sabe-se que o condensador opera a 50°C e que as turbinas e bombas têm, respectivamente, rendimentos isentrópicos iguais a 90% e 70%. A caldeira tem rendimento igual a 90% e opera utilizando óleo combustível com poder calorífico superior igual a 42 MJ/kg.

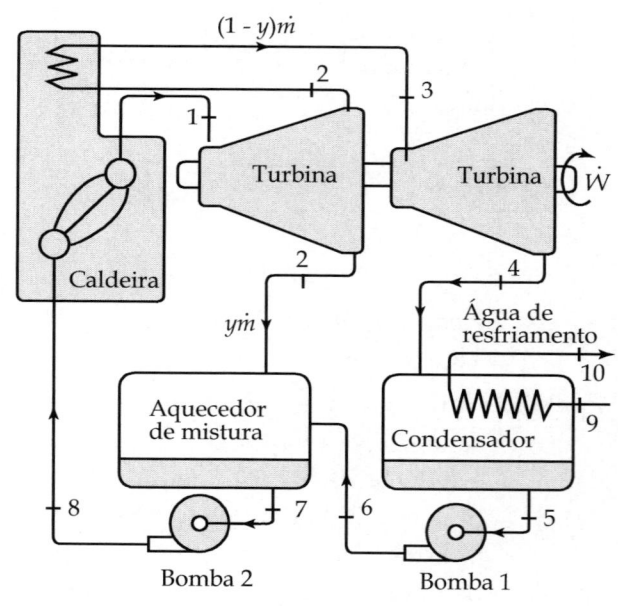

Figura Ep10.16

Água de resfriamento é captada de um grande rio a 20°C e a ele retorna a 28°C. Sabendo que a potência disponibilizada para o gerador é igual a 10 MW, determine:

a) a razão entre a vazão mássica de vapor extraído para prea-quecer a água de alimentação da caldeira e a vazão mássica de vapor admitida na turbina de alta pressão;

b) o rendimento do ciclo;

c) a vazão em massa de água admitida na caldeira;

d) a vazão em massa de água de resfriamento.

Resp.: 0,221; 38,3%;

11,1 kg/s; 571 kg/s

Ep10.17 Em um ciclo Rankine, a tempera-tura e a pressão na seção de saída de vapor da caldeira são iguais a 500°C e 2 MPa. A pressão de ope-ração do condensador é igual 15 kPa. Sabendo que o título do va-por na saída da turbina é igual a 95% pergunta-se:

a) Qual é o trabalho específico disponibilizado pela turbina?

b) Estime o rendimento isentrópi-co da turbina.

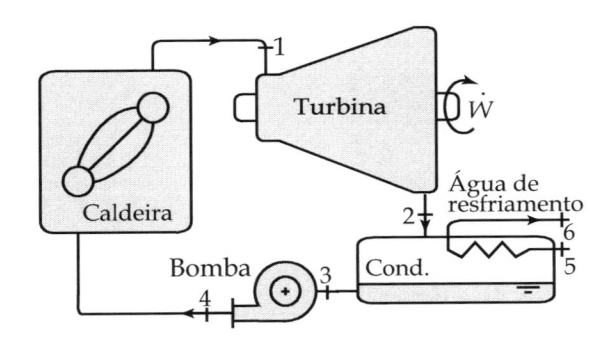

Figura Ep10.17

Resp.: 1004 kJ/kg; 90,3%.

Ep10.18 Uma das formas de implementar o ciclo Rankine obtendo-se um rendimento melhor consiste em reaquecer o vapor após a sua ex-

pansão em uma turbina de alta pressão. Veja a Figura Ep10.9. Sabe-se que a pressão de operação da caldeira é igual a 5 MPa, a pres-são de reaquecimento é 1 MPa, a pressão de operação do condensa-dor é igual a 8 kPa, a temperatura de admissão do vapor nas turbi-nas é igual a 400°C e que a vazão de vapor produzida na caldeira é igual a 15 kg/s. Considerando que as turbinas têm rendimento isen-trópico igual a 92%, determine o rendimento térmico do ciclo e a potência desenvolvida por cada uma das turbinas, a taxa de calor na caldeira, a potência requerida pela bomba e a vazão requerida de água de resfriamento se ela for admitida no condensador a 21°C e descarregada a 26°C.

Ep10.19 Deseja-se gerar energia elétri-ca utilizando-se um conjunto de equipamentos que opera segundo um ciclo Rankine com reaqueci-mento. Veja a Figura Ep10.9. A potência disponível no eixo das turbinas é igual a 20 MW. São dadas as seguintes pressões e en-talpias: $p_5 = p_4 = 10$ kPa; $p_6 = p_1 = 3$ MPa; $p_2 = p_3 = 1$ MPa; $h_5 = 191,8$ kJ/kg; $h_6 = 194,8$ kJ/kg; $h_1 = 3115$ kJ/kg; $h_2 = 2851$ kJ/kg; $h_3 = 3158$ kJ/kg; e $h_4 = 2314$ kJ/kg. Determine: a vazão mássica de vapor admitida na turbina de alta pressão; a taxa de transferência de calor na caldeira; a potência reque-rida pela bomba; e o rendimento térmico do ciclo.

Resp.: 18,1 kg/s; 58,3 MW; 54,2 kW; 34,2%.

Ep10.20 Em um ciclo Rankine que usa água como fluido de trabalho, a pres-são máxima é igual a 2 MPa. A pressão no condensador do ciclo é igual a 10 kPa e a caldeira descarrega o vapor a 300°C. Considere que o condensador e a turbina são ideais, que a potência da turbina é igual a 1,2 MW, que a bomba tem rendimento de 70% e que, na caldeira, 85% da energia liberada no processo de combustão é transferida à água. Determine: a vazão mássica de água através da turbina; a potência requerida pela bomba; o rendimento do ciclo com base na potência térmica transferida pela caldeira à água; e o consumo horário na caldeira de um combustível que libere, quando queimado, 40 MJ/kg.

Resp.: 1,36 kg/s; 3,9 kW; 31,1%; 408,3 kg/h.

Ep10.21 Uma central de potência opera segundo um ciclo regenerativo, conforme ilustrado na Figura Ep10.12. A caldeira opera a 4 MPa, produzindo vapor d'água a 350°C, em uma vazão tal que a potência produzida pela turbina é igual a 20 MW. A extração de vapor na turbina ocorre a 1 MPa, com uma vazão mássica tal que o título da água na descarga do aquecedor de mistura é nulo. O condensador opera a 10 kPa e são dadas as seguintes entalpias: h_1 = 3090 kJ/kg; h_2 = 2800 kJ/kg; h_3 = 2200 kJ/kg; e h_5 = 194 kJ/kg. Avalie: a vazão de vapor d'água admitida na turbina; a vazão de vapor extraído da turbina; a potência requerida pela bomba 2 considerando que ela tem rendimento isentrópico igual a 75%; e o rendimento térmico dessa instalação.

Resp.: 26,35 kg/s; 5,75 kg/s; 118,8 kW; 32,4%.

Ep10.22 Em uma unidade industrial – veja a Figura Ep10.22 –, uma caldeira gera vapor superaquecido a 5 MPa e 500°C. Esse vapor alimenta uma turbina ideal que o descarrega a 1 MPa. O vapor descarregado pela turbina é, então, utilizado em um processo industrial que o transforma em água no estado líquido a 80°C e à pressão atmosférica, 100 kPa. Considere que, nesse processo, há uma perda de 20% da massa da água na fase líquida em circulação, a qual é reposta por água à pressão atmosférica e à temperatura de 20°C. Considere também que a água de reposição é misturada à água que provém do processo industrial e que a mistura obtida é bombeada para a caldeira. Supondo que todos os equipamentos operam em regime permanente e que a potência da turbina é igual a 10 MW, pede-se para avaliar a vazão mássica de vapor admitida na turbina, a entalpia da água na entrada da bomba de alimentação, a potência da bomba de alimentação da caldeira e a taxa de transferência de calor para a água na caldeira.

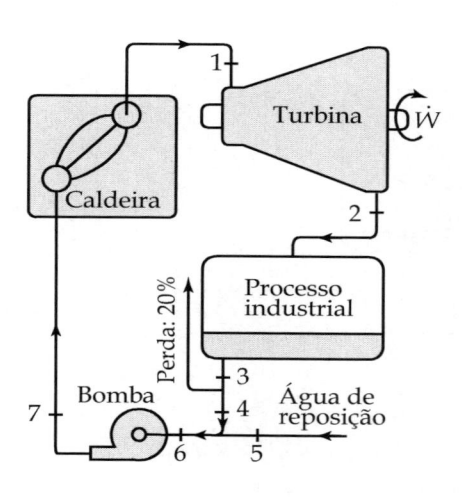

Figura Ep10.22

Resp.: 21,5 kg/s; 284,8 kJ/kg; 107,8 kW; 67,74 MW.

Ep10.23 Em uma central termoelétrica que opera segundo um ciclo Rankine, a turbina admite 3 kg/s de vapor a 4 MPa e 400°C e o descarrega com título igual a 0,95 a 100 kPa em um condensador. Sabendo que o título da água na seção de descarga do condensador é nulo, pede-se para calcular a potência líquida desenvolvida pela turbina e a potência requerida pela bomba.

Resp.: 1957 kW; 12,2 kW.

Ep10.24 Deseja-se gerar energia elétrica utilizando-se um conjunto de equipamentos que opera segundo um ciclo de potência regenerativo. Vide a Figura Ep10.24. A potência disponível no eixo da turbina é igual a 5 MW. São dadas as seguintes propriedades: h_2 = 763,2 kJ/kg; h_3 = 3214 kJ/kg; h_4 = 3025 kJ/kg; h_5 = 2144 kJ/kg; h_6 = 191,8 kJ/kg; e h_7 = 195,8 kJ/kg. Considerando que a potência requerida pela bomba 2 seja desprezível, determine a relação entre a vazão mássica de vapor extraído em 4 e a vazão de vapor admitida na turbina, a vazão mássica de vapor admitida na turbina de alta pressão, a potência requerida pela bomba 1 e a taxa de transferência de calor na caldeira.

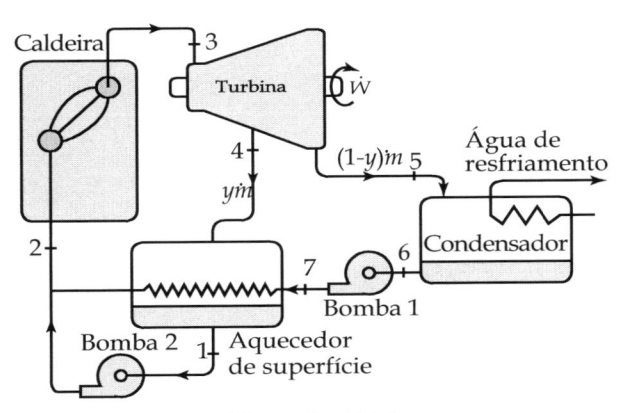

Figura Ep10.24

Resp.: 0,201; 5,60 kg/s; 17,9 kW; 13,8 MW.

Ep10.25 Deseja-se gerar energia elétrica utilizando-se um conjunto de equipamentos que opera segundo um ciclo de potência com reaquecimento. Vide a Figura Ep10.25. A potência disponível no eixo das turbinas é igual a 25 MW. São dadas as propriedades constantes da tabela abaixo, T_7 = 20°C e T_8 = 35°C. Sabendo que a pressão da água de resfriamento é aproximadamente igual à atmosférica, determine a vazão mássica de vapor admitida na turbina, a vazão mássica de água de resfriamento, a potência requerida pela bomba e a taxa de transferência de calor na caldeira.

Seção	1	2	3	4	5	6
P (kPa)	6000	4000	4000	10	10	6000
h (kJ/kg)	3422	2980	3701	2465	191,8	195,8

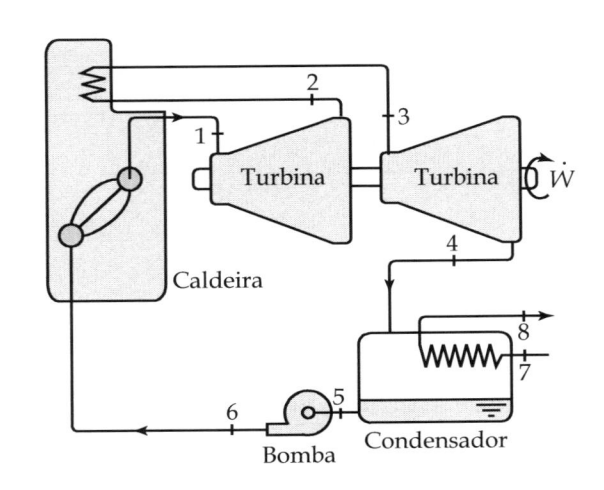

Figura Ep10.25

Resp.: 14,9 kg/s; 540 kg/s; 59,6 kW; 58,8 MW.

Ep10.26 Com o objetivo de reduzir custos, um engenheiro propõe a geração de energia elétrica em uma unidade industrial utilizando-se uma turbina a vapor e o uso do vapor descarregado da turbina no processo produtivo, que, após o seu uso, é disponível na fase líquida e encaminhado para tratamento e reúso. Veja a Figura Ep10.26. Sabe-se que bomba opera com vazão de 5 m³/h, recebendo a água a 80°C e 1 bar e a descarregando a 25 bar, que a temperatura de descarga de vapor da caldeira é igual a 500°C e que vapor descarregado pela turbina é saturado e está a 3 bar. Determine:

a) a potência requerida pela bomba;
b) a potência líquida desenvolvida pela turbina;

c) a taxa de calor transferida à água na caldeira.

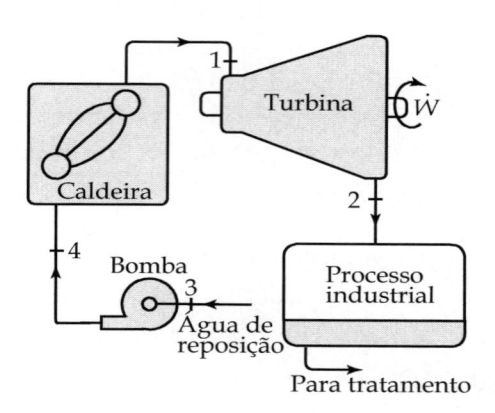

Figura Ep10.26

Resp.: 3,33 kW; 996 kW; 4218 kW.

SISTEMAS DE POTÊNCIA – TURBINAS A GÁS

Uma das formas de converter potência térmica em potência mecânica consiste em promover um processo de combustão, utilizando ar já comprimido de forma a obter os produtos em alta pressão e alta temperatura e expandindo-os, a seguir, realizando trabalho. Esse processo de conversão de energia é realizado em uma turbina a gás simples, constituída, basicamente, por um compressor, câmara de combustão e turbina propriamente dita – veja a Figura 11.1. Esse equipamento poderá estar acoplado a um gerador, que converterá, por sua vez, a potência mecânica em potência elétrica.

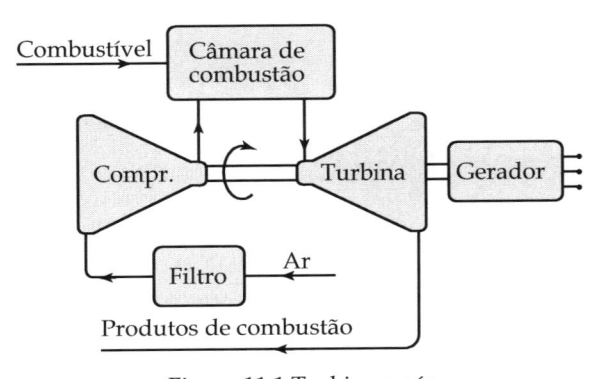

Figura 11.1 Turbina a gás

O termo turbina a gás é normalmente utilizado para denominar o conjunto de equipamentos que a constitui, enquanto que o termo turbina é utilizado para designar o componente do conjunto.

Conforme observamos na Figura 11.1, ar é captado do ambiente e os produtos de combustão resultantes do processo são, por sua vez, lançados nesse mesmo meio através da seção de descarga da turbina. Para simular essa condição operacional, podemos considerar que a turbina a gás opera utilizando como fluido de trabalho o ar, que o processo de combustão pode ser substituído por um processo de transferência de calor a pressão constante de um reservatório térmico em alta temperatura para o fluido de trabalho já comprimido. Adicionalmente, podemos considerar que o lançamento de produtos de combustão em temperatura elevada no meio ambiente adicionado à captação de ar ambiente em baixa temperatura pode ser substituído por um processo de transferência de calor a pressão constante do fluido de trabalho para o meio ambiente. Essa nova condição operacional, ilustrada na Figura 11.2, é caracterizada pelo fato de o fluido de trabalho, que é o ar, circular na turbina a gás em circuito fechado, não havendo alteração em sua composição, que seria causada pela reação de combustão.

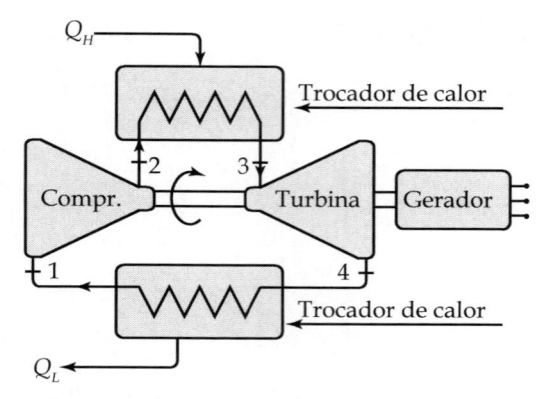

Figura 11.2 Turbina a gás – circuito fechado

Consideremos, agora, que a turbina a gás ilustrada na Figura 11.2 seja composta apenas por componentes ideais, podendo ser tratada como um equipamento no qual ocorrem apenas processos termodinâmicos internamente reversíveis. O ciclo termodinâmico para essa turbina a gás ideal é o ciclo Brayton, que é constituído por quatro processos, quais sejam:

- 1-2: compressão isentrópica;
- 2-3: transferência de calor a pressão constante;
- 3-4: expansão isentrópica;
- 4-1: transferência de calor à pressão constante.

Esse ciclo termodinâmico ideal é ilustrado na Figura 11.3 e na Figura 11.4.

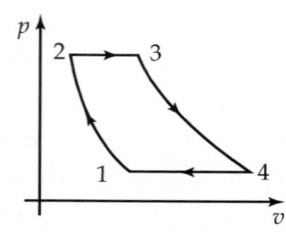

Figura 11.3 Ciclo Brayton

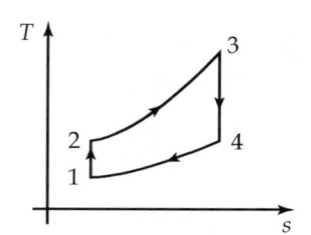

Figura 11.4 Ciclo Brayton

11.1 O RENDIMENTO TÉRMICO DO CICLO BRAYTON

Conforme já vimos, o rendimento térmico de um motor é dado por:

$$\eta = 1 - \frac{Q_L}{Q_H} \tag{11.1}$$

Considerando, por hipótese, que o fluido de trabalho é um gás ideal com calores específicos constantes com a temperatura, podemos exprimir o rendimento como:

$$\eta = 1 - \frac{c_p(T_4 - T_1)}{c_p(T_3 - T_2)} = 1 - \frac{T_1\left(\dfrac{T_4}{T_1} - 1\right)}{T_2\left(\dfrac{T_3}{T_2} - 1\right)} \tag{11.2}$$

Observando que tanto o processo de compressão, 1-2, quanto o de expansão na turbina, 3-4, são isentrópicos, podemos afirmar que:

$$\frac{p_2}{p_1} = \left(\frac{T_2}{T_1}\right)^{\frac{k}{k-1}} \tag{11.3}$$

$$\frac{p_4}{p_3} = \left(\frac{T_4}{T_3}\right)^{\frac{k}{k-1}} \tag{11.4}$$

Como $p_3 = p_2$ e $p_4 = p_1$, a união das equações 11.3 e 11.4 resulta em:

$$\frac{T_3}{T_2} = \frac{T_4}{T_1} \Rightarrow \frac{T_3}{T_2} - 1 = \frac{T_4}{T_1} - 1 \tag{11.5}$$

Aplicando esse resultado na equação 11.2, verificamos que o rendimento térmico é dado por:

$$\eta = 1 - \frac{T_1}{T_2} \qquad (11.6)$$

Não podemos esquecer que esse resultado se aplica somente aos ciclos que operam utilizando fluidos de trabalho que se comportam como gases ideais com calores específicos constantes e nos quais os processos de compressão e expansão são isentrópicos.

Em uma turbina a gás real, observa-se a ocorrência de irreversibilidades, sendo que as mais importantes ocorrem no compressor e na turbina. Assim, uma avaliação mais cuidadosa do rendimento da turbina a gás deve ser realizada levando-se em consideração os rendimentos térmicos desses componentes, a saber:

$$\eta_{compressor} = \frac{h_{2s} - h_1}{h_2 - h_1} \qquad (11.7)$$

$$\eta_{turbina} = \frac{h_3 - h_4}{h_3 - h_{4s}} \qquad (11.8)$$

Essa avaliação é exemplificada nos problemas adiante resolvidos.

11.2 UTILIZANDO UM REGENERADOR

Ao analisar uma turbina a gás operando segundo um ciclo Brayton, observamos que a temperatura de descarga dos gases da turbina é maior que a temperatura de descarga dos gases do compressor. Esse fato sugere a possibilidade de se utilizar um trocador de calor, denominado regenerador, destinado a realizar o preaquecimento do ar comprimido preliminarmente à sua admissão na câmara de combustão. Essa proposição é ilustrada na Figura 11.5.

Consideremos que o regenerador é um trocador de calor ideal tal que a temperatura T_3 seja igual a T_5 e que T_6 seja igual a T_2. Nesse caso, o correspondente diagrama temperatura *versus* entropia é o ilustrado na Figura 11.6.

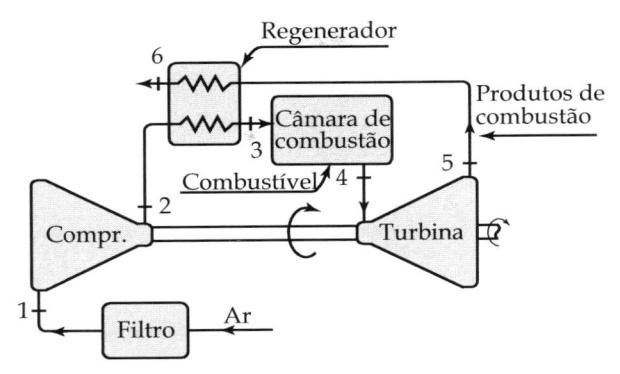

Figura 11.5 Turbina a gás com regenerador

Observe que, nesse caso, o processo que ocorre na câmara de combustão corresponde ao processo 3-4, sendo que o regenerador contribui no sentido de aquecer o ar, inicialmente na temperatura de descarga do compressor, T_2, até atingir a temperatura de admissão na câmara de combustão, T_3. Para que esse aquecimento ocorra, os produtos de combustão descarregados pela turbina na temperatura T_5 rejeitam calor para o ar comprimido, aquecendo-o e, simultaneamente, sendo resfriados de forma a atingirem a temperatura T_6, sendo, então, lançados no meio ambiente.

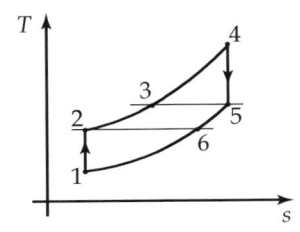

Figura 11.6 Efeito do regenerador ideal

No exercício resolvido Er11.3 é ilustrada a aplicação de um regenerador ideal.

No caso de o regenerador ser real, a temperatura do ar na seção de entrada da câmara de combustão será menor do que a dos produtos de combustão na seção de descarga da turbina, e a temperatura de descarga dos produtos de combustão do regenerador será superior à temperatura de descarga do ar do compressor. Observe a Figura 11.7. Nessa figura, os estados que recebem em sua denominação o índice *i* correspondem aos estados atingidos pelos fluidos se o regenerador fosse ideal.

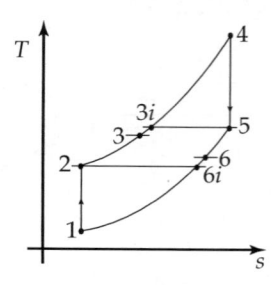

Figura 11.7 Efeito do regenerador não ideal

Nesta situação, costuma-se definir a eficiência do regenerador como sendo:

$$\eta_{reg} = \frac{h_3 - h_2}{h_{3i} - h_2} \qquad (11.9)$$

11.3 EXERCÍCIOS RESOLVIDOS

Er11.1 Uma turbina a gás ideal admite ar a 100 kPa e 22°C. Considerando que a relação de pressões no compressor é igual a 10 e que a temperatura máxima no ciclo é igual a 1200°C, pede-se para determinar o rendimento térmico do ciclo e também a pressão, o volume específico e a temperatura do fluido de trabalho, ar, no início e fim de cada um dos processos termodinâmicos que compõem o ciclo.

Solução

a) Dados e considerações
  • Considerações iniciais
    Consideraremos que esta turbina a gás pode ser esquematizada conforme indicado na Figura 11.2 e que o ciclo termodinâmico é o Brayton, conforme esquematizado nas Figs. 11.3 e 11.4. Consideraremos também que o fluido de trabalho é o ar, que pode ser tratado como um gás ideal com calores específicos constantes.

Nesse caso: $R = 0{,}287$ kJ/(kg.K); $c_p = 1{,}004$ kJ/(kg.K); $c_v = 0{,}717$ kJ/(kg.K); e $k = 1{,}40$.

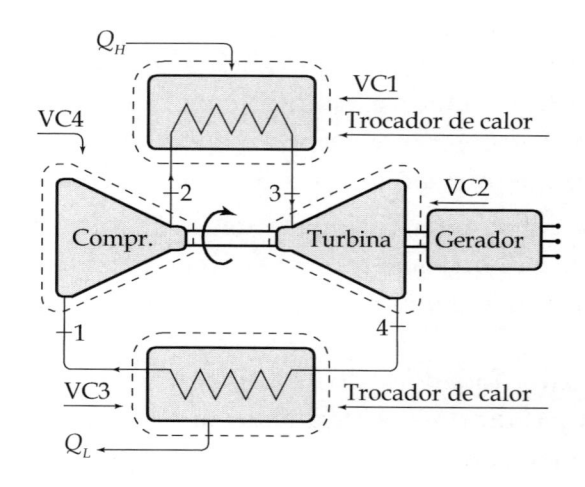

Figura Er11.1

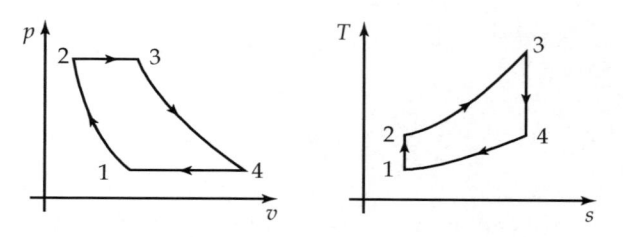

Figura 11.1-a Ciclo Brayton   Figura Er11.1-b Ciclo Brayton

• Volumes de controle
  Optou-se por adotar quatro volumes de controle, de forma que cada um deles envolve um dos componentes da turbina a gás, conforme ilustrado na Figura Er11.1.

• Propriedades
  As propriedades serão identificadas pelos mesmos índices que denominam as seções nas quais elas são avaliadas.

  $p_1 = 100$ kPa; $T_1 = 22°C = 295{,}15$ K

  $T_3 = 1200°C = 1473{,}15$ K

• Relação de pressões
  $p_2/p_1 = 10$

• Hipóteses
  Como o ciclo é ideal, consideramos por hipótese que:

- no compressor e na turbina ocorrem processos adiabáticos e reversíveis, ou seja, isentrópicos;
- todas as variações de energia cinética e potencial são desprezíveis; e
- todos os processos ocorrem em regime permanente.

b) Análise e cálculos
- Determinação das propriedades
  - Estado 1

$p_1 = 100$ kPa; $T_1 = 22°C = 295,15$ K

$p_1 v_1 = RT_1 \Rightarrow v_1 = 0,8471$ m³/kg

  - Estado 2

Consideremos um volume de controle que envolve o compressor e que tem uma entrada (índice 1) e uma saída (índice 2). Como o processo de compressão é isentrópico, temos que $s_2 = s_1$. A relação de pressões p_2/p_1 é conhecida, igual a 10. Esses fatos resultam em:

$p_2 = 10; p_1 = 1$ MPa

$$\frac{T_2}{T_1} = \left(\frac{p_2}{p_1}\right)^{\frac{k-1}{k}} \Rightarrow T_2 = 569,8 \text{ K}$$

$p_2 v_2 = RT_2 \Rightarrow v_2 = 0,1635$ m³/kg

  - Estado 3

Consideremos um volume de controle que envolve o trocador de calor que recebe o ar comprimido. Ele tem uma entrada (índice 2) e uma saída (índice 3).

O processo 2-3 é isobárico e a temperatura máxima do ciclo é igual a 1200°C. Esses fatos resultam em:

$p_3 = p_2 = 1$ MPa

$T_3 = 1200°C = 1473,15$ K

$p_3 v_3 = RT_3 \Rightarrow v_3 = 0,4228$ m³/kg

  - Estado 4

Consideremos um volume de controle que envolve a turbina. Ele tem uma entrada (índice 3) e uma saída (índice 4).

O processo 3-4 é isentrópico, $s_3 = s_4$, e a pressão final é igual a 100 kPa. Então, obtemos:

$p_4 = p_1 = 100$ kPa

$$\frac{T_4}{T_3} = \left(\frac{p_4}{p_3}\right)^{\frac{k-1}{k}} \Rightarrow T_4 = 763 \text{ K}$$

$p_4 v_4 = RT_4 \Rightarrow v_4 = 2,19$ m³/kg

- Rendimento térmico

Como os processos que ocorrem na turbina e no compressor são isentrópicos e como o fluido de trabalho, ar, tem calores específicos constantes, podemos afirmar que:

$$\eta = 1 - \frac{T_1}{T_2} = 0,482 = 48,2\%$$

Er11.2 Uma turbina a gás admite ar a 95 kPa e 21°C. Considere que a relação de pressões no compressor é igual a 15, que o compressor tem rendimento igual a 80%, que a turbina tem rendimento igual a 90% e que é transferido do reservatório térmico a alta temperatura para o ar 1800 kJ/kg. Considerando que a potência líquida dessa turbina a gás é igual a 10 MW, pede-se para determinar: a temperatura do ar no início e fim de todos os processos termodinâmicos que compõem o ciclo; a vazão mássica de ar admitida no compressor; e o seu rendimento térmico.

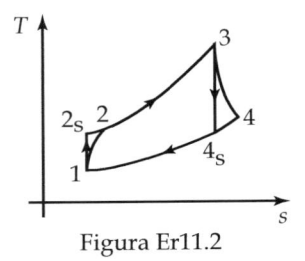

Figura Er11.2

Solução

a) Dados e considerações
- Considerações iniciais

Consideraremos que essa turbina a gás pode ser esquematizada conforme indicado na Figura Er11.1, que a turbina e o compressor são reais e operam com os rendimentos dados e que o ar pode ser tratado como um gás ideal com calores específicos constantes. Nesse caso:

$R = 0,287$ kJ/(kg.K);

$c_p = 1,004$ kJ/(kg.K);

$c_v = 0,717$ kJ/(kg.K); e $k = 1,40$

Consideraremos também que:

- todas as variações de energia cinética e potencial são desprezíveis; e
- todos os processos ocorrem em regime permanente.
- Volumes de controle
  Optou-se por adotar quatro volumes de controle, de forma que cada um deles envolve um dos componentes da turbina a gás, conforme ilustrado na Figura Er11.1.
- Rendimentos:

$\eta_C = 80\%$; $\eta_T = 90\%$

- Propriedades
  As propriedades serão identificadas pelos mesmos índices que denominam as seções nas quais elas são avaliadas.

$p_1 = 95$ kPa; $T_1 = 21°C = 294,15$ K

- Transferência específica de energia por calor:

$_2q_3 = 1800$ kJ/kg

- Potência líquida:

$\dot{W}_{LÍQ} = 10$ MW

b)   Análises e cálculos
- Determinação das propriedades
  Sejam os estados denominados com índices conforme ilustrado na Figura Er11.5. Observamos que, como os processos que ocorrem no compressor e na turbina não são isentrópicos, determinaremos inicialmente

as propriedades nas seções de saída desses equipamentos supondo que eles sejam isentrópicos e, então, recalcularemos as propriedades levando em consideração os rendimentos térmicos.

- Estado 1
São dadas a pressão e a temperatura de admissão do ar no compressor.

$p_1 = 95$ kPa; $T_1 = 21°C = 294,15$ K

- Estado 2
Consideremos um volume de controle que envolva o compressor. Determinaremos, inicialmente, a temperatura no estado 2s, que é o estado que seria atingido pelo ar na saída do compressor se o processo que nele ocorre fosse isentrópico. Nesse caso, temos:

$$\frac{T_{2s}}{T_1} = \left(\frac{p_{2s}}{p_1}\right)^{\frac{k-1}{k}}$$

Como $p_{2s} = p_2$ e $\dfrac{p_2}{p_1} = 15$,

temos: $T_{2s} = 637,7$ K.

Sabemos que:

$$\eta_{compressor} = \frac{h_{2s} - h_1}{h_2 - h_1} = \frac{c_p\left(T_{2s} - T_1\right)}{c_p\left(T_2 - T_1\right)} =$$

$= 0,80.$

Daí resulta:

$$\left(T_{2s} - T_1\right) = 0,80\left(T_2 - T_1\right) \Rightarrow$$

$$\Rightarrow T_2 = 723,5 \text{ K}.$$

- Estado 3
Consideremos um volume de controle que envolva o trocador de calor que recebe ar comprimido. O processo 2-3 é isobárico e a transferência específica de calor para o ar que ocorre nesse processo é igual a 1800 kJ/kg. Temos então:

$$p_3 = p_2 = 15p_1 = 1,5 \text{ MPa}$$

$$_2q_3 = c_p\left(T_3 - T_2\right) = 1800 \text{ kJ/kg} \Rightarrow$$

$$\Rightarrow T_3 = 2516 \text{ K}$$

- Estado 4

Consideremos um volume de controle que envolva a turbina. Determinaremos, inicialmente, a temperatura no estado 4s, que é o estado que seria atingido pelo ar na seção de descarga da turbina se o processo que nela ocorre fosse isentrópico. Nesse caso, temos:

$$\frac{T_{4s}}{T_3} = \left(\frac{p_{4s}}{p_3}\right)^{\frac{k-1}{k}}$$

Como $p_{4s} = p_4$ e $p_4 = p_1$ porque o processo 4-1 é isobárico, temos:

$$T_{4s} = 1161 \text{ K}.$$

Sabemos que:

$$\eta_{turbina} = \frac{h_3 - h_4}{h_3 - h_{4s}} = \frac{c_p\left(T_3 - T_4\right)}{c_p\left(T_3 - T_{4s}\right)} = 0,90$$

Daí resulta:

$$\left(T_3 - T_4\right) = 0,90\left(T_3 - T_{4s}\right) \Rightarrow$$

$$\Rightarrow T_4 = 1296 \text{ K}.$$

- Determinação da vazão mássica de ar admitida pelo compressor

Sabemos que a potência líquida da turbina a gás é 10 MW. Essa potência é igual à potência disponibilizada pela turbina descontando-se a potência requerida pelo compressor. Assim sendo, temos:

$$\dot{W}_{LÍQ} = \dot{W}_{TURB} - \dot{W}_{COMPR} =$$

$$= 10 \text{ MW} = 10000 \text{ kW}$$

Aplicando a primeira lei da termodinâmica para volumes de controle ao compressor, temos:

$$\dot{W}_{COMPR} = \dot{m}\left(h_2 - h_1\right) = \dot{m}c_p\left(T_2 - T_1\right)$$

Aplicando a primeira lei da termodinâmica para volumes de controle à turbina, temos:

$$\dot{W}_{TURB} = \dot{m}\left(h_3 - h_4\right) = \dot{m}c_p\left(T_3 - T_4\right)$$

Essas expressões resultam em:

$$\dot{m}c_p\left(T_3 - T_4 - T_2 + T_1\right) = 10000 \Rightarrow$$

$$\Rightarrow \dot{m} = 12,6 \text{ kg/s}$$

- Determinação do rendimento térmico da turbina a gás

$$\eta = \frac{\dot{W}_{LÍQ}}{\dot{Q}_H} = \frac{\dot{W}_{LÍQ}}{\dot{m}\,_2q_3} = 44,1\%$$

Er11.3 Uma central de potência a gás destinada à produção de energia elétrica produz essa energia à potência líquida de 15 MW. Essa central pode ser modelada como se operasse segundo um ciclo Brayton com regenerador ideal – veja a Figura Er11.3 –, utilizando como fluido de trabalho o ar, o qual pode ser considerado um gás ideal com calores específicos constantes, com $c_p = 1,004$ kJ/(kg.K) e $c_v = 0,717$ kJ/(kg.K). Considere que todos os equipamentos constituintes da central de potência sejam ideais, que o ar é admitido no compressor a 100 kPa e 300 K, que a relação entre as pressões no compressor seja igual a 14 e que a temperatura de saída da câmara de combustão seja igual a 1600 K. Avalie a temperatura de exaustão do ar do compressor, a vazão mássica de ar admitido no compressor, a temperatura do fluido de trabalho na entrada da câmara de combustão, a taxa específica de calor na câmara de combustão e o rendimento térmico dessa central de potência.

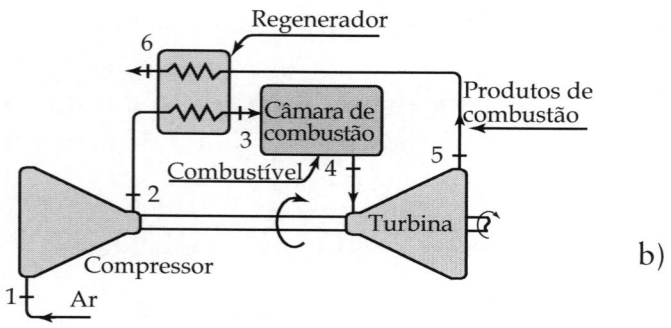

Figura Er11.3

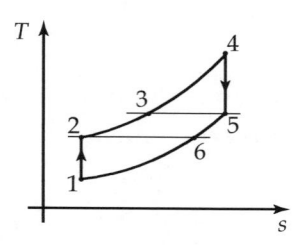

Figura Er11.3a

Solução

a)   Dados e considerações
• Considerações iniciais
A turbina a gás pode ser esquematizada conforme indicado na Figura Er11.3; todos os componentes da unidade são ideais, o fluido de trabalho é ar que pode ser tratado como um gás ideal com calores específicos constantes. Nesse caso:

$R = 0,287$ kJ/(kg.K);

$c_p = 1,004$ kJ/(kg.K);

$c_v = 0,717$ kJ/(kg.K) e $k = 1,4$.

Consideraremos também que:

• todas as variações de energia cinética e potencial são desprezíveis; e
• todos os processos ocorrem em regime permanente.
• Volumes de controle: optou-se por adotar quatro volumes de controle, de forma que cada um deles envolve um dos componentes da turbina a gás.
• Propriedades: serão identificadas pelos mesmos índices que deno-

minam as seções nas quais elas são avaliadas. Logo:

$p_1 = 100$ kPa; $T_1 = 300$ K;

$p_2/p_1 = 14$; $T_4 = 1600$ K

• Potência líquida: $\dot{W}_{LÍQ} = 15$ MW

b)   Análises e cálculos
• Análise do compressor
Como o compressor é ideal, o processo que nele ocorre é adiabático e reversível, logo, com base na segunda lei da termodinâmica, podemos afirmar que ele é isentrópico.

São dadas a pressão e a temperatura de admissão do ar no compressor: $p_1 = 100$ kPa; $T_1 = 300$ K. Consideremos um volume de controle que envolva o compressor. Como ele é adiabático e reversível e o fluido de trabalho é um gás ideal, temos:

$$\frac{T_2}{T_1} = \left(\frac{p_2}{p_1}\right)^{\frac{k-1}{k}}$$

Como $p_2/p_1 = 14$, temos
$p_2 = 1,4$ MPa e $T_2 = 637,7$ K.
Aplicando a primeira lei da termodinâmica para volumes de controle, verificamos que o trabalho específico requerido pelo compressor é:

$$w_C = -w_{VC} = h_2 - h_1 = c_p\left(T_2 - T_1\right) =$$
$$= 339 \text{ kJ/kg}$$

• Análise da turbina
Como os processos na câmara de combustão e no regenerador são a pressão constante, temos: $p_4 = p_3 = p_2 = 1400$ kPa e $p_5 = p_6 = p_1 = 100$ kPa.
Consideremos um volume de controle que envolva a turbina. Como ela é adiabática e reversível e o fluido de trabalho é um gás ideal, temos:

$$\frac{T_5}{T_4} = \left(\frac{p_5}{p_4}\right)^{\frac{k-1}{k}} = \left(\frac{100}{1400}\right)^{0,4/1,4} \Rightarrow$$

$$\Rightarrow T_5 = 752,8 \text{ K}$$

Aplicando a primeira lei da termodinâmica para volumes de controle, verificamos que o trabalho específico disponibilizado pela turbina é:

$$w_T = h_4 - h_5 = c_p(T_4 - T_5) =$$
$$= 850,6 \text{ kJ/kg}$$

- Determinação da vazão mássica de ar admitida pelo compressor

A potência líquida da turbina a gás é 15 MW. Ela é igual à potência disponibilizada pela turbina descontando-se a potência requerida pelo compressor. Assim sendo, temos:

$$\dot{W}_{LÍQ} = \dot{W}_{TURB} - \dot{W}_{COMPR} = 15 \text{ MW} =$$
$$= 15000 \text{ kW}$$

Sabemos que: $\dot{W}_{COMPR} = \dot{m}w_C$

e que $\dot{W}_{TURB} = \dot{m}w_T$.

Essas expressões resultam em:

$$\dot{m}(w_T - w_C) = 15000 \Rightarrow$$

$$\Rightarrow \dot{m} = 29,3 \text{ kg/s}$$

- Temperatura do ar na entrada da câmara de combustão

Como o regenerador é ideal:

$$T_3 = T_5 = 752,8 \text{ K}$$

- Análise da câmara de combustão

Considerando que esse equipamento é bem isolado e observando que a vazão mássica de entrada é igual à de saída, aplicando a primeira lei da termodinâmica para volumes de controle, resulta:

$$_3q_4 = h_4 - h_3 = c_p(T_4 - T_3) =$$
$$= 850,6 \text{ kJ/kg}$$

- Determinação do rendimento térmico da turbina a gás

$$\eta = \frac{\dot{W}_{LÍQ}}{\dot{Q}_H} = \frac{w_{LÍQ}}{q_{3,4}} = 60,2\%$$

11.4 EXERCÍCIOS PROPOSTOS

Ep11.1 Considere um ciclo de turbina a gás ideal, simples, fechado conforme ilustrado na Figura Ep11.1. Suponha que o compressor admite ar a 100 kPa e 300 K, que a pressão de saída do compressor é igual a 1,2 MPa e que os calores específicos do ar podem ser considerados constantes, $c_p = 1,004$ kJ/(kg.K) e $c_v = 0,717$ kJ/(kg.K). Determine o rendimento do ciclo e o trabalho específico líquido quando a taxa de transferência de energia por calor com a fonte quente for igual a 1000 kJ/kg.

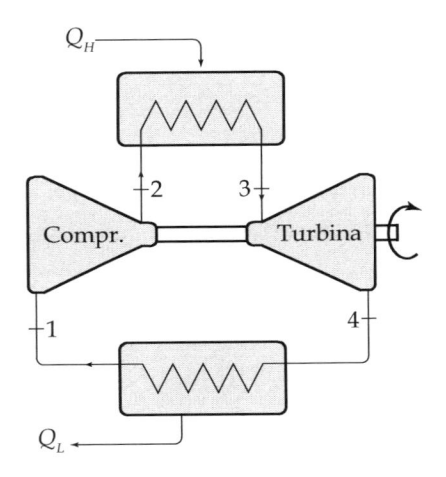

Figura Ep11.1

Resp.: 50,8%; 508 kJ/kg.

Ep11.2 Uma turbina a gás opera segundo um ciclo Brayton ideal – veja a Figura Ep11.1. Suponha que o compressor admite ar a 95 kPa e 300 K, que a pressão de saída do compressor é igual a 1,4 MPa e que os calores específicos do ar podem ser considerados constantes, $c_p = 1,004$ kJ/(kg.K) e $c_v = 0,717$ kJ/(kg.K). Sabendo que a potência líquida da turbina a gás é igual a 10 MW e que a temperatura do ar na seção de descarga da câmara de combustão é igual a 1500 K, determine o rendimento do ciclo e a vazão mássica de ar admitida pelo compressor.

Resp.: 53,7%; 21,8 kg/s.

Ep11.3 Uma turbina a gás admite ar a 94 kPa e 21°C – veja a Figura Ep11.1. Sabe-se que tanto o seu compressor quanto a sua turbina têm rendimento isentrópico igual a 85%, apresenta uma relação de pressões igual a 14 e que a temperatura na seção de entrada da turbina é igual a 1250°C. Considerando que se pode considerar o ar como um gás ideal com calores específicos constantes ($c_p = 1,004$ kJ/(kg.K) e $c_v = 0,717$ kJ/(kg.K)) e que a potência líquida desenvolvida pela turbina a gás é igual a 5 MW, determine a potência requerida pelo compressor, a potência desenvolvida pela turbina e o rendimento térmico do ciclo.

Resp.: 6,58 MW; 11,6 MW; 35,3%.

Ep11.4 Considere uma instalação estacionária de turbina a gás que opera segundo o ciclo Brayton ideal e que fornece uma potência de 10 MW a um gerador elétrico – veja a Figura Ep11.4. A temperatura mínima do ciclo é igual a 300 K, e a máxima, igual a 1600 K.

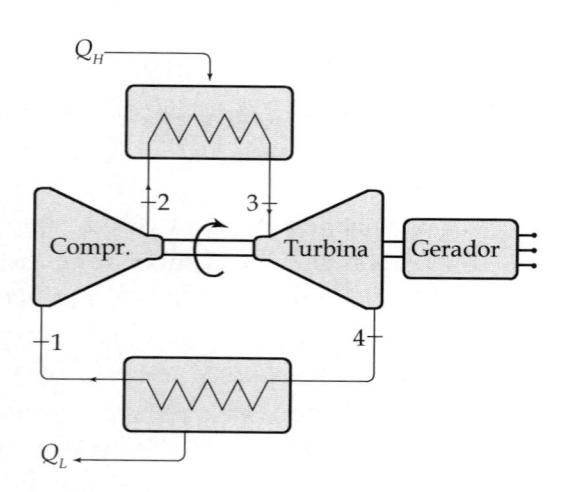

Figura Ep11.4

A pressão mínima do ciclo é 100 kPa, e a relação entre as pressões no compressor é 14:1. Considerando que se pode considerar o ar como um gás ideal com calores específicos constantes ($c_p = 1,004$ kJ/(kg.K) e $c_v = 0,717$ kJ/(kg.K)), calcule a potência desenvolvida pela turbina, a potência absorvida pelo compressor e o rendimento térmico do ciclo.

Resp.: 16,62 MW; 6,62 MW; 52,9%.

Ep11.5 Considere uma instalação estacionária de turbina a gás que opera segundo o ciclo Brayton e que fornece uma potência de 10 MW a um gerador elétrico – veja a Figura Ep11.4. A temperatura mínima do ciclo é igual a 300 K, e a máxima, igual a 1600 K. A pressão mínima do ciclo é 100 kPa, e a relação entre as pressões no compressor é 14:1. Considerando que se pode considerar o ar como um gás ideal com calores específicos constantes ($c_p = 1,004$ kJ/(kg.K) e $c_v = 0,717$ kJ/(kg.K)) e que os rendimentos isentrópicos do compressor e da turbina são, respectivamente, iguais a 85% e 92%, calcule a potência desenvolvida pela turbina, a potência absorvida pelo compressor e o rendimento térmico do ciclo.

Ep11.6 Para minimizar os problemas advindos de um racionamento de energia elétrica, um *shopping center* optou por instalar uma turbina a gás operando com gás natural com potência líquida igual a 1,5 MW – veja a Figura Ep11.4. Considere que essa turbina a gás opera segundo um ciclo Brayton ideal no qual ar a 95 kPa e 293 K é admitido no compressor. Considere que o ar é um gás ideal com calores específicos constantes ($c_p = 1,004$ kJ/(kg.K) e $c_v = 0,717$ kJ/(kg.K)), que a relação de pressões no compressor é igual a 14 e que a temperatura máxima do ar é igual a 1600 K. Determine a temperatura de exaustão do compressor, o rendimento térmico do ciclo e a vazão mássica de ar admitida pelo compressor.

Resp.: 622,8 K; 53%; 2,89 kg/s.

Ep11.7 Para minimizar os problemas advindos de um racionamento de energia elétrica, um *shopping center* optou por instalar uma turbina a gás operando com gás natural com potência líquida igual a 1,5 MW – veja a Figura Ep11.4. Considere que essa turbina a gás opera segundo um ciclo Brayton ideal no qual ar a 95 kPa e 293 K é admitido no compressor. Considere que o ar é um gás ideal com calores específicos constantes (c_p = 1,004 kJ/(kg.K) e c_v = 0,717 kJ/(kg.K)), a relação de pressões no compressor é igual a 14, a temperatura máxima do ar é igual a 1600 K e os rendimentos isentrópicos do compressor e da turbina são, respectivamente, iguais a 83% e 90%. Determine a temperatura de exaustão do compressor, o rendimento térmico do ciclo e a vazão mássica de ar admitida pelo compressor.

Ep11.8 Considere uma turbina a gás que opera segundo um ciclo-padrão a ar Brayton fechado. Ar entra no compressor a 0,1 MPa e 10°C. A pressão de saída do compressor é igual a 1,6 MPa. Considere que a taxa de transferência de energia por calor com o reservatório quente é igual a 2000 kJ/kg de ar que escoa através da turbina e que os calores específicos do ar podem ser considerados constantes, c_p = 1,004 kJ/(kg.K) e c_v = 0,717 kJ/(kg.K). Determine a temperatura de descarga do ar da câmara de combustão, o rendimento do ciclo e o trabalho específico líquido produzido pelo ciclo.

Resp.: 2617 K; 54,7%; 1094 kJ/kg.

Ep11.9 Uma grande empresa resolveu gerar energia elétrica utilizando uma turbina a gás – veja a Figura Ep11.4. Para tal, foi concebido um ciclo-padrão a ar Brayton no qual ar a 100 kPa e 300 K é admitido no compressor. Se o rendimento do compressor é igual a 80%, a sua relação de pressão é igual a 12 e os calores específicos do ar podem ser considerados constantes, c_p = 1,004 kJ/(kg.K) e c_v = 0,717 kJ/(kg.K), qual deve ser a potência requerida por esse compressor para comprimir 1 kg/s de ar?

Resp.: 389,3 kW.

Ep11.10 Considere uma turbina a gás que opera segundo um ciclo-padrão a ar Brayton acoplada a um gerador de energia elétrica. Sabe-se que 1080 m³/h de ar é admitido no compressor a 93 kPa e 21°C. A relação de pressões no compressor (p_2/p_1) é igual a 11. Considere que o ar é um gás ideal com calores específicos dados por c_p = 1,004 kJ/(kg.K) e c_v = 0,717 kJ/(kg.K), que a taxa de transferência de energia por calor com o reservatório quente é igual a 1800 kJ/kg de ar que escoa através da turbina, que o rendimento isentrópico da turbina é igual a 90% e que o compressor pode ser considerado ideal. Avalie: a temperatura de descarga da turbina dos produtos de combustão; a vazão mássica de ar admitida na turbina; a potência líquida desenvolvida por esse equipamento que é disponível para a geração de energia elétrica; e o rendimento térmico desse equipamento.

Resp.: 1266 K; 0,331 kg/s; 250 kW; 42%.

Ep11.11 Considere um ciclo-padrão a ar Brayton onde a pressão e a temperatura do ar admitido no compressor são iguais a 100 kPa e 20°C e a relação de pressões do compressor é igual 12:1. A temperatura máxima do ciclo é igual a 1100°C e a vazão de ar é 5 kg/s. Admitindo que os calores específicos do ar são constantes e tomados a 300 K e que a turbina tenha rendimento isentrópico igual a 80%, determine a temperatura de descarga do compressor, a potência requerida pelo compressor, a potência desenvolvida pela turbina e o rendimento térmico do ciclo.

Resp.: 596,5 K; 1523 kW; 2804 kW; 32,9%.

Ep11.12 Uma turbina a gás opera segundo um ciclo-padrão a ar ideal. O compressor admite 0,8 kg/s de ar a 300 K e 100 kPa e o descarrega a 1,2 MPa. A seguir, é adicionado calor ao ar comprimido à razão de 2000 kJ/kg. Considerando que o ar é um gás ideal com calores específicos dados por $c_p = 1,075$ kJ/(kg.K) e $c_v = 0,788$ kJ/(kg.K), pede-se para calcular a potência líquida desenvolvida pela turbina a gás e o rendimento térmico da unidade.

Ep11.13 Em um ciclo Brayton ideal, a relação de pressões na turbina (p_3/p_4) é igual a 14, o ar captado pelo compressor está a $T_1 = 303$ K e $p_1 = 93$ kPa, a temperatura máxima do ciclo é $T_3 = 2020$ K. Considerando-se que o ar deve ser tratado como um gás ideal com $c_p = 1,075$ kJ/(kg.K) e $c_v = 0,788$ kJ/(kg.K), pede-se: a temperatura do ar na seção de descarga do compressor; o trabalho líquido realizado por unidade de massa; e o rendimento do ciclo.

Resp.: 613 K; 765 kJ/kg; 50,6%.

Ep11.14 Considere uma instalação estacionária de turbina a gás que opera segundo o ciclo Brayton e que fornece uma potência de 5 MW a um gerador elétrico. A temperatura mínima do ciclo é igual a 300 K, e a máxima, igual a 1600 K. Considere que o compressor é ideal, que a turbina tem rendimento igual a 80%, que a pressão mínima do ciclo é 100 kPa, que a máxima é igual a 1400 kPa e que os calores específicos do fluido são dados por $c_p = 1,004$ kJ/(kg.K) e $c_v = 0,717$ kJ/(kg.K). Calcule a potência desenvolvida pela turbina, a potência requerida pelo compressor e o rendimento térmico do ciclo.

Resp.: 9,967 MW; 4,967 MW; 35,4%.

Ep11.15 Um ciclo-padrão a ar Brayton deve ser alimentado com ar a 100 kPa e 300 K. A relação de pressões no compressor é igual a 10 para 1. A temperatura máxima do ciclo é igual a 1500 K e a vazão de ar admitida no compressor é igual a 5 kg/s. Admitindo que os calores específicos do ar sejam dados por $c_p = 1,004$ kJ/(kg.K) e $c_v = 0,717$ kJ/(kg.K), que o rendimento da turbina é igual a 80% e que o compressor pode ser considerado ideal, pede-se para determinar: a temperatura do ar na saída da turbina no caso de ela poder ser considerada ideal; a potência desenvolvida pela turbina; e o rendimento térmico do ciclo.

Resp.: 776,7 K; 2,91 MW; 32,5%.

Ep11.16 Uma unidade geradora de energia elétrica é movida por uma turbina a gás que pode ser modelada segundo um ciclo Brayton ideal. Considere que o compressor admita 1,5 kg/s de ar a 293 K e 95 kPa, que o descarregue a 1330 kPa e que a temperatura máxima atingida pelo fluido de trabalho seja igual a 1850 K. Considerando que os calores específicos do ar são constantes (c_p = 1,004 kJ/(kg.K) e c_v = 0,717 kJ/(kg.K)), pede-se: a temperatura de descarga do ar do compressor; a temperatura de descarga do ar da turbina; o calor transferido por unidade de massa do reservatório de alta temperatura para o fluido de trabalho; o rendimento térmico da unidade; e a potência líquida disponível, para geração de energia elétrica, no eixo da turbina.

Resp.: 623 K; 870 K; 1232 kJ/kg; 53,0%; 979 kW.

Ep11.17 Em um pequeno equipamento que opera segundo um ciclo ideal de turbina a gás, o compressor admite 6000 m³/h de ar a 100 kPa e 300 K e a pressão de saída do compressor é igual a 1,2 MPa. Sabendo que a taxa de transferência de calor com a fonte quente é igual a 1200 kJ/kg e que os calores específicos do ar são constantes (c_p = 1,004 kJ/(kg.K) e c_v = 0,717 kJ/(kg.K)), determine a temperatura máxima do ciclo, o seu rendimento térmico e a potência líquida desenvolvida por esse equipamento.

Resp.: 1806 K; 50,9%; 1,18 MW.

Ep11.18 Em um pequeno equipamento que opera segundo um ciclo de turbina a gás, o compressor admite 6000 m³/h de ar a 100 kPa e 300 K e a pressão de saída do compressor é igual a 1,2 MPa. Considere que tanto a turbina quanto o compressor têm rendimento térmico isentrópico de 85%. Sabendo que a

taxa de transferência de calor com a fonte quente é igual a 1200 kJ/kg e que os calores específicos do ar são constantes (c_p = 1,004 kJ/(kg.K) e c_v = 0,717 kJ/(kg.K)), determine a temperatura máxima do ciclo, o seu rendimento térmico e a potência líquida desenvolvida por esse equipamento.

Resp.: 1860 K; 36,7%; 853 kW.

Ep11.19 Uma central de potência a gás que produz a potência líquida de 15 MW pode ser modelada como se operasse segundo um ciclo Brayton com regeneração – veja a Figura Ep11.26 –, utilizando como fluido de trabalho o ar, o qual pode ser considerado um gás ideal com calores específicos constantes c_p = 1,004 kJ/(kg.K) e c_v = 0,717 kJ/(kg.K). Considere que o compressor, a turbina e o regenerador são ideais, que o ar é admitido no compressor a 93 kPa e 300 K, que a relação entre pressões de descarga e admissão no compressor é igual a 14 e que a temperatura máxima do ciclo é igual a 1600 K. Avalie a temperatura de exaustão do ar do compressor, a vazão mássica de ar admitido no compressor, a temperatura do fluido de trabalho na entrada da câmara de combustão e o rendimento térmico dessa central de potência.

Resp.: 638 K; 29,3 kg/s; 753 K; 60,1%.

Ep11.20 Uma central de potência a gás que produz a potência líquida de 20 MW pode ser modelada como se operasse segundo um ciclo Brayton com regeneração – veja a Figura Ep11.26 –, utilizando como fluido de trabalho o ar, o qual pode ser considerado um gás ideal com calores específicos constantes $c_p = 1,004$ kJ/(kg.K) e $c_v = 0,717$ kJ/(kg.K). Considere que o compressor e a turbina têm rendimentos isentrópicos iguais a 90%, que o regenerador é ideal, que o ar é admitido no compressor a 93 kPa e 300 K e que a temperatura máxima do ciclo é igual a 1600 K. Avalie a temperatura de exaustão do ar do compressor, a vazão mássica de ar admitido no compressor, a temperatura do fluido de trabalho na entrada da câmara de combustão e o rendimento térmico dessa central de potência.

Resp.: 675 K; 51,43 kg/s; 837 K; 50,8%.

Ep11.21 Considere uma turbina a gás que opera segundo um ciclo-padrão a ar Brayton fechado. Ar entra no compressor a 0,1 MPa e 20°C. A pressão de saída do compressor é igual a 1,2 MPa. Considere que a taxa de troca de calor com a fonte quente é igual a 2000 kJ/kg de ar que escoa através da turbina, e que os rendimentos isentrópicos da turbina e o do compressor são iguais a 90%. Determine a temperatura de admissão do ar comprimido na câmara de combustão, a temperatura de exaustão do ar na turbina e o rendimento do ciclo.

Resp.: 630,2 K; 1141 K; 57,5%.

Ep11.22 Uma turbina a gás ideal admite ar a 94 kPa e 21°C. Sabe-se que seu compressor apresenta uma relação de pressões igual a 14 e que a temperatura na seção de entrada da turbina é igual a 1250°C. Considerando que a sua potência é igual a 5 MW e que os calores específicos do ar podem ser considerados constantes, $c_p = 1,004$ kJ/(kg.K) e $c_v = 0,717$ kJ/(kg.K), determine:

a) a temperatura do ar na seção de descarga do compressor;

b) a temperatura do ar na seção de descarga da turbina;

c) a vazão mássica de ar que escoa através da turbina a gás;

d) a potência requerida pelo compressor;

e) a potência desenvolvida pela turbina; e

f) o rendimento térmico do ciclo.

Resp.: 625,2 K; 716,6 K; 10,47 kg/s; 3481 kW; 8481 kW; 52,95%.

Ep11.23 Uma turbina a gás opera segundo um ciclo-padrão a ar ideal. O compressor admite 0,8 kg/s de ar a 300 K e 100 kPa e o descarrega a 1,2 MPa. A seguir, é adicionado calor ao ar comprimido à razão de 1600 kJ/kg. Considerando que tanto a turbina quanto o compressor têm rendimentos isentrópicos iguais a 85% e que o ar é um gás ideal com calores específicos dados por $c_p = 1,004$ kJ/(kg.K) e $c_v = 0,717$ kJ/(kg.K), pede-se para calcular a potência líquida desenvolvida pela turbina a gás e o rendimento térmico da unidade.

Ep11.24 Uma central de potência a gás produz a potência elétrica de 3,0 MW e opera segundo um ciclo Brayton, admitindo ar a 300 K e 100 kPa. Veja a Figura Ep11.24. A temperatura máxima no ciclo é igual a 1500 K, a relação de pressões é igual a 10, o compressor, a turbina e o gerador elétrico são ideais. Os produtos de combustão são utilizados para produção de vapor em uma caldeira de recuperação que recebe água comprimida a 100°C e 2 MPa e descarrega vapor saturado a 250°C. Considerando que os produtos de combustão e o ar possam ser tratados como um gás ideal com calores específicos constantes e iguais a $c_p = 1,004$ kJ/(kg.K) e $c_v = 0,717$ kJ/(kg.K), determine a temperatura de exaustão do compressor, a temperatura de exaustão da turbina e a vazão mássica de ar admitido no compressor. Se $T_5 = 600$ K e o corpo da caldeira de recuperação é bem isolado, qual será a vazão mássica de vapor produzido?

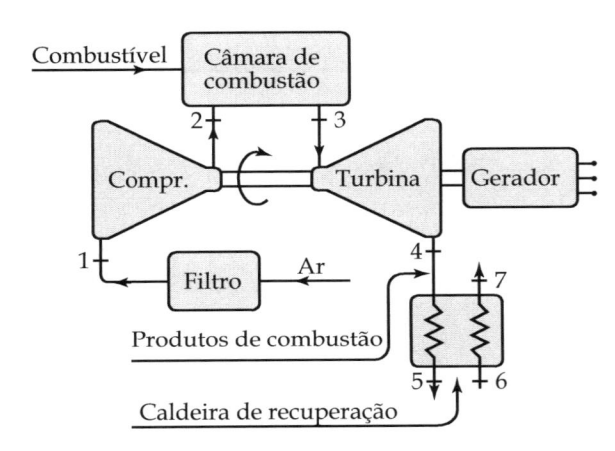

Figura Ep11.24

Resp.: 579 K; 777 K; 6,73 kg/s; 6,73 kg/s; 0,501 kg/s.

Ep11.25 Uma central de potência a gás produz a potência elétrica de 5 MW e opera segundo um ciclo Brayton, admitindo ar a 300 K e 100 kPa. Veja a Figura Ep11.24. A temperatura máxima no ciclo é igual a 1600 K e a relação de pressões é igual a 14. Os produtos de combustão são utilizados para produção de vapor em uma caldeira de recuperação que recebe água comprimida a 100°C e 2 MPa e descarrega vapor a 250°C. Considere que os produtos de combustão e o ar possam ser tratados como um gás ideal com calores específicos constantes e iguais a $c_p = 1,004$ kJ/(kg.K) e $c_v = 0,717$ kJ/(kg.K) e que

tanto o compressor quanto a turbina têm rendimento térmico igual a 85%. Determine a temperatura de exaustão do compressor, a temperatura de exaustão da turbina e a vazão mássica de ar admitido no compressor. Se $T_5 = 600$ K e o corpo da caldeira de recuperação é bem isolado, qual será a vazão mássica de vapor produzido?

Resp.: 698 K; 880 K; 15,42 kg/s; 1,74 kg/s.

Ep11.26 Uma pequena central de potência a gás produz a potência líquida de 5 MW e pode ser modelada como se operasse segundo um ciclo Brayton com regeneração – veja a Figura Ep11.26 –, utilizando como fluido de trabalho o ar, o qual pode ser considerado um gás ideal com calores específicos constantes, com $c_p = 1,004$ kJ/(kg.K) e $c_v = 0,717$ kJ/(kg.K). Considere que o compressor, com rendimento isentrópico igual a 80%, opera com relação de pressões igual a 12, a turbina é ideal, o regenerador tem rendimento 90%, o ar é admitido no compressor a 93 kPa e 300 K e a temperatura máxima do ciclo é igual a 1600 K.

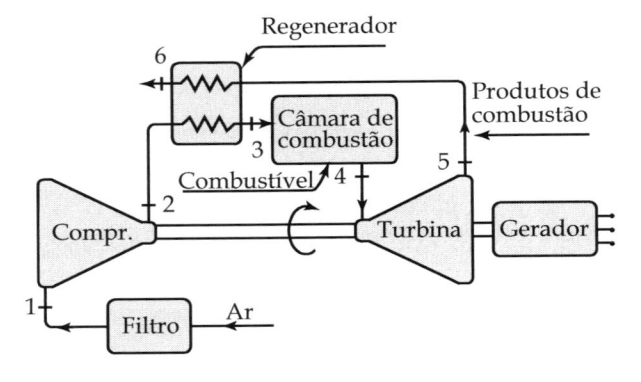

Figura Ep11.26

Avalie a temperatura de exaustão do ar do compressor, a vazão mássica de ar admitido no compressor, a temperatura do fluido de trabalho na entrada da câmara de combustão e o rendimento térmico dessa central de potência.

Resp.: 688 K; 11,7 kg/s; 777 K; 51,7%.

Ep11.27 Uma grande empresa, pretendendo produzir energia elétrica para o seu próprio uso e, simultaneamente, produzir vapor para seu processo industrial, optou pela instalação de uma turbina a gás, que opera segundo um ciclo Brayton ideal, utilizando os produtos de combustão exauridos da turbina para a produção de vapor saturado, conforme indicado na Figura Ep11.24. Sabe-se que: a potência líquida disponível para o gerador de energia elétrica é igual a 2,5 MW; o compressor capta ar a 100 kPa e 300 K; a razão entre as pressões de exaustão e admissão do compressor é igual a 10; na câmara de combustão, é fornecido ao ar comprimido 700 kJ/kg; os produtos de combustão são exauridos da caldeira a 480 K; a água comprimida é admitida na caldeira a 80°C e 1 MPa; e tanto o ar ambiente quanto os produtos de combustão podem ser tratados como ar seco com calores específicos constantes. Determine o trabalho específico requerido pelo compressor, a temperatura de admissão dos produtos de combustão na turbina, o trabalho específico disponibilizado pela turbina, a vazão mássica de ar admitido no compressor e a vazão mássica de vapor produzido.

Resp.: 280 kJ/kg; 1277 K; 618 kJ/kg; 7,41 kg/s; 0,546 kg/s.

Ep11.28 Uma turbina a gás opera segundo o ciclo ilustrado na Figura Ep11.28. Sabe-se que $T_1 = 300$ K; $T_2 = 730$ K; $T_3 = 1900$ K; $T_4 = 970$ K; e que a potência líquida desenvolvida pela turbina é igual a 5 MW. Supondo que o fluido de trabalho é ar com $c_p = 1,004$ kJ/(kg.K) e $c_v = 0,717$ kJ/(kg.K), determine a vazão mássica de ar admitida no compressor e o rendimento térmico da turbina.

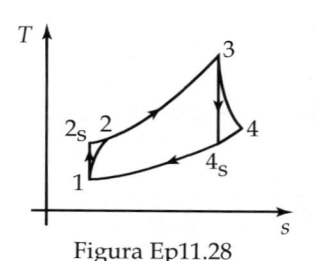

Figura Ep11.28

Resp.: 9,96 kg/s; 42,7%.

Ep11.29 Uma empresa altamente consumidora de energia elétrica optou por instalar uma turbina a gás operando com gás natural com potência líquida igual a 6 MW. Considere que essa turbina a gás opera segundo um ciclo Brayton no qual ar a 100 kPa e 300 K é admitido no compressor. Considere que o ar é um gás ideal com calores específicos constantes ($c_p = 1,004$ kJ/(kg.K) e $c_v = 0,717$ kJ/(kg.K)), que a relação de pressões no compressor é igual a 16 e que a temperatura máxima do ar é igual a 1650 K. Supondo que os rendimentos do compressor e da turbina são iguais a 85%, determine a temperatura de exaustão do compressor, a temperatura de exaustão da turbina, o rendimento térmico do ciclo e a vazão mássica de ar admitida pelo compressor.

Resp.: 727 K; 882 K; 36,9%; 17,5 kg/s.

Ep11.30 Uma turbina a gás opera segundo um ciclo Brayton ideal – veja a Figura Ep11.1. Suponha que o compressor admite ar a 95 kPa e 300 K, que a pressão de saída do compressor é igual a 1,4 MPa e que os calores específicos do ar podem ser considerados constantes, c_p = 1,004 kJ/(kg.K) e c_v = 0,717 kJ/(kg.K). Sabendo que a potência líquida da turbina a gás é igual a 10 MW e que a temperatura do ar na seção de descarga da câmara de combustão é igual a 1500 K, determine o rendimento do ciclo e a vazão mássica de ar admitida pelo compressor. Considere que os rendimentos isentrópicos do compressor e da turbina são iguais a 90%.

Resp.: 41,6%; 29,4 kg/s.

Ep11.31 Uma unidade geradora de energia elétrica é movida por uma turbina a gás. Considere que o compressor admita 1,5 kg/s de ar a 293 K e 95 kPa, que o descarregue a 1330 kPa e que a temperatura máxima atingida pelo fluido de trabalho seja igual a 1850 K. Supondo que os rendimentos isentrópicos do compressor e da turbina são iguais a 0,85 e supondo que os calores específicos do ar são constantes (c_p = 1,004 kJ/(kg.K) e c_v = 0,717 kJ/(kg.K)), pede-se:

a) a temperatura de descarga do ar do compressor;

b) a temperatura de descarga do ar da turbina;

c) o calor transferido por unidade de massa do reservatório de alta temperatura para o fluido de trabalho;

d) o rendimento térmico da unidade; e

e) a potência líquida disponível para geração de energia elétrica no eixo da turbina.

Ep11.32 Para minimizar os problemas advindos de um racionamento de energia elétrica, uma empresa optou por instalar uma turbina a gás operando com gás natural com potência líquida igual a 3 MW – veja a Figura Ep11.4. Considere que essa turbina a gás opera admitindo ar no compressor a 95 kPa e 293 K, que a temperatura de entrada do ar na câmara de combustão é 630 K, que a temperatura do ar na seção de saída da câmara de combustão é 1600 K e que a temperatura de descarga do ar na turbina é igual a 760 K. Supondo que os calores específicos do ar são constantes (c_p = 1,004 kJ/(kg.K) e c_v = 0,717 kJ/(kg.K)), determine a vazão mássica de ar admitida pelo compressor.

Resp.: 5,94 kg/s.

Ep11.33 Uma pequena central de potência a gás, que produz a potência líquida de 6 MW, pode ser modelada como se operasse segundo um ciclo Brayton com regeneração – veja a Figura Ep11.26 –, utilizando como fluido de trabalho o ar, o qual pode ser considerado um gás ideal com calores específicos constantes, sendo c_p = 1,004 kJ/(kg.K) e c_v = 0,717 kJ/(kg.K). Considere que são conhecidas as seguintes temperaturas: T_1 = 300 K, T_2 = 700 K, T_3 = 800 K, T_4 = 1650 K e T_5 = 820 K. Pede-se para avaliar:

a) a vazão mássica de ar através da turbina;

b) a taxa de calor na câmara de combustão; e

c) o rendimento térmico da turbina a gás.

Resp.: 13,9 kg/s; 11,9 kW; 50,6%.

12

SISTEMAS DE POTÊNCIA – MOTORES DE COMBUSTÃO INTERNA

Os motores alternativos de combustão interna cumprem um papel fundamental na geração de potência mecânica. Para se ter uma percepção desse papel, basta olhar os sistemas de transporte em todo o mundo, afinal esses motores são utilizados por caminhões, automóveis, motocicletas, embarcações, locomotivas, pequenas aeronaves, empilhadeiras, tratores, pás carregadeiras etc. A grande maioria desses produtos utiliza motores Diesel ou de ignição por centelha, também denominados motores Otto.

Neste capítulo nos dedicaremos a adquirir conhecimento sobre esses motores e sobre os ciclos termodinâmicos que correspondem à mais simples modelagem dos seus processos de operação, que são os ciclos Otto e Diesel.

12.1 COMENTÁRIOS PRELIMINARES

Os motores de combustão interna alternativos são basicamente constituídos pela reunião de conjuntos cilindro-pistão em um bloco mecânico. Os mais simples são aqueles com um único conjunto, e os maiores têm, usualmente, até doze conjuntos; por esse motivo, frequentemente dizemos que um motor tem, por exemplo, um, dois, quatro, seis, oito ou doze pistões. À medida que o motor funciona, seus pistões apresentam movimento alternativo de subida e descida e, por meio de um conjunto *biela-manivela*, produzem movimento rotativo. Esse movimento alternativo se dá entre duas posições; a tradicionalmente mais elevada – veja Figura 12.1 – é denominada *ponto morto superior*, PMS, e a outra é denominada *ponto morto inferior*, PMI. A distância percorrida pelo pistão entre o PMI e o PMS é o seu *curso*. O volume delimitado pelo conjunto cilindro-pistão quando o pistão atinge o PMS é denominado *volume morto*. Quando o pistão atinge o PMI, o volume delimitado pelo conjunto cilindro-pistão é máximo e a diferença entre esse volume e o morto é denominada *volume útil*.

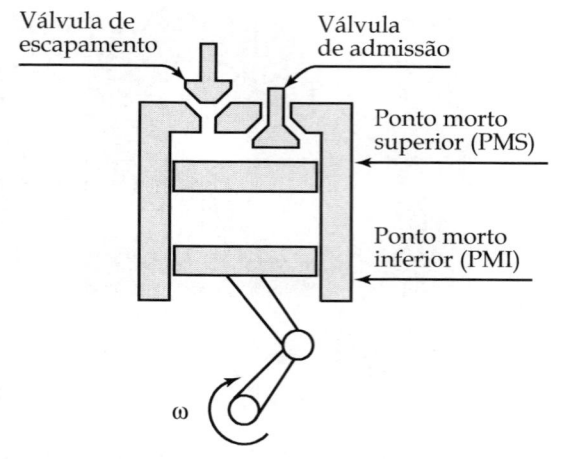

Figura 12.1 Funcionamento simplificado de um motor

A relação entre o volume máximo e o morto tem um papel importante na análise de motores e é denominada *relação de compressão, r_v*:

$$r_v = \frac{V_1}{V_2} \qquad (12.1)$$

onde V_1 é o volume máximo e V_2 é o volume morto.

Para admitir ar ou mistura ar-combustível, os motores têm, usualmente, uma ou duas *válvulas de admissão* por pistão, e, para exaurir os produtos de combustão, os motores têm *válvulas de exaustão*, também chamadas *válvulas de escape*, usualmente em mesmo número que as de admissão.

Um termo usado com frequência na análise de motores de combustão interna é a pressão média efetiva, *pme*, definida como:

$$pme = \frac{\begin{array}{c}Trabalho\ útil\\ realizado\ por\ ciclo\end{array}}{Volume\ útil} \qquad (12.2)$$

Finalmente, observamos que o *volume útil total* de um motor é igual ao produto do número de pistões pelo seu volume útil. Assim, um motor popularmente conhecido por *1000* é um motor com volume útil total igual a aproximadamente 1000 cm³. Tendo ele quatro pistões, o volume útil de cada pistão será igual a cerca de 250 cm³.

12.2 FUNCIONAMENTO DE UM MOTOR A CENTELHA

Um motor a centelha é um motor alternativo de combustão interna que é usualmente projetado para operar com combustíveis tais como: gasolina, álcool etílico, gás natural e gás liquefeito de petróleo, que, misturados com ar, formam a *mistura ar-combustível*. Essa mistura é admitida no motor e, no momento apropriado, igniza-se por intermédio de uma faísca ou centelha.

Suponhamos que, em um dado momento, o pistão esteja no PMS. A partir daí, o pistão inicia o seu movimento no sentido descendente. Durante esse movimento, a válvula de admissão permanece aberta, permitindo que a mistura ar-combustível seja continuamente admitida pelo conjunto até que o pistão chegue ao PMI. Então, o pistão inicia o seu movimento no sentido ascendente com as válvulas fechadas, e a mistura ar-combustível anteriormente admitida é comprimida. Durante o movimento, quando o pistão estiver muito próximo do PMS, a vela de ignição produz uma a centelha e a mistura entra em combustão, a qual se encerra com o pistão já em movimento descendente, que ocorre com as válvulas permanecendo fechadas. A combustão da mistura comprimida ar-combustível ocorre em um intervalo de tempo extremamente curto. Por esse motivo, é também chamada *explosão*; ela promove um súbito aumento de pressão, de tal sorte que, no movimento de descida, ocorre a expansão dos produtos de combustão, realizando trabalho sobre o conjunto pistão-biela-manivela.

Ao final do processo de expansão dos produtos de combustão, quando o pistão chega ao ponto morto inferior, a válvula de escape é aberta e o pistão inicia o movimento na direção do ponto morto superior, exaurindo os produtos de combustão. Terminando o processo de exaustão, a válvula de escape se fecha, a válvula de admissão é aberta e o pistão inicia com a sua descida um novo processo de admissão.

Um motor que opera segundo essa descrição exige, para a realização dos processos de admissão, compressão, combustão, expansão e exaustão, dois ciclos mecânicos que são compostos por quatro movimentos alternativos, dois ascendentes e dois descendentes; por esse motivo, é denominado *motor de quatro tempos*. Motores a centelha que exigem apenas um ciclo mecânico para realizar esses processos são denominados *motores de dois tempos*.

12.3 O CICLO-PADRÃO A AR OTTO

Para dar um tratamento termodinâmico aos processos que ocorrem em um motor Otto real, são consideradas as hipóteses a seguir relacionadas.

- O conjunto cilindro-pistão encerra uma massa fixa e conhecida de ar, que continuamente sofre processos termodinâmicos. Essa massa de ar é tratada como um sistema.
- A combustão da mistura ar-combustível é substituída por um processo de transferência de calor de um reservatório a alta temperatura. Como ocorre em um intervalo de tempo muito pequeno pode-se considerar, em primeira aproximação, que esse processo se desenvolve mantendo o volume do sistema constante.
- A admissão da mistura ar-combustível e a exaustão dos produtos de combustão são substituídas por um único processo de transferência de calor com um reservatório em baixa temperatura. Como o volume dos produtos de combustão ao início da sua exaustão é igual ao volume da mistura ar-combustível ao final da sua admissão, consideraremos que esse processo de transferência de calor ocorre a volume constante.
- A compressão da mistura ar-combustível é entendida como sendo a compressão do ar presente no interior do conjunto cilindro-pistão. Por hipótese, consideraremos que esse processo é adiabático e reversível, ou seja, isentrópico.
- A expansão dos produtos de combustão é entendida como sendo a expansão do ar presente no interior do conjunto cilindro-pistão logo após a troca de calor com o reservatório quente. Por hipótese, consideraremos que esse processo é adiabático e reversível, ou seja, isentrópico.

A aplicação desse conjunto de hipóteses conduz a um tipo de análise de motores de combustão interna denominada *análise de ar padrão* ou *padrão ar*.

Adotando as hipóteses acima, chegamos ao ciclo termodinâmico denominado ciclo Otto, ilustrado nas Figs. 12.2 e 12.3, que é composto por quatro processos, quais sejam:

- Processo 1-2: processo isentrópico de compressão no qual o meio realiza trabalho de compressão sobre o sistema, ar.
- Processo 2-3: processo isocórico no qual ocorre a transferência de calor a volume constante do reservatório em alta temperatura para o sistema, ar, simulando a combustão.
- Processo 3-4: processo isentrópico de expansão no qual o ar realiza trabalho sobre o meio.
- Processo 4-1: processo isocórico no qual ocorre transferência de calor do sistema, ar, para o reservatório em baixa temperatura, simulando a exaustão dos produtos de combustão e admissão de uma nova quantidade da mistura ar combustível.

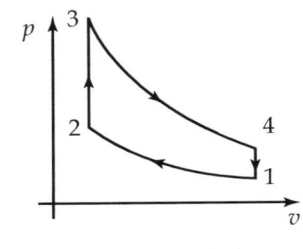

Figura 12.2 Ciclo Otto

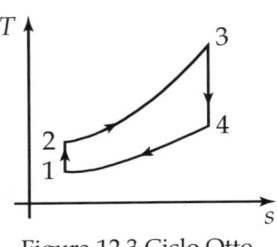

Figura 12.3 Ciclo Otto

12.4 DETERMINAÇÃO DO RENDIMENTO TÉRMICO DO CICLO OTTO

Podemos determinar o rendimento térmico deste ciclo a partir da definição que se segue.

$$\eta = \frac{Q_H - Q_L}{Q_H} = 1 - \frac{Q_L}{Q_H} \qquad (12.3)$$

onde:

- Q_H é o calor transferido por ciclo termodinâmico do reservatório quente para o sistema constituído pelo fluido de trabalho, ar; e
- Q_L é o calor rejeitado por ciclo termodinâmico do sistema constituído pelo fluido de trabalho, ar, para o reservatório frio.

Podemos afirmar que, para um ciclo Otto, temos:

$$Q_H = {}_2Q_3 \qquad (12.4)$$

Aplicando a primeira lei da termodinâmica para o ar contido no conjunto cilindro-pistão e desprezando as variações de energia cinética e potencial, temos:

$${}_2Q_3 - {}_2W_3 = U_3 - U_2 = m\left(u_3 - u_2\right) \qquad (12.5)$$

Lembrando que esse é um processo isocórico, verificamos que ${}_2W_3 = 0$. Logo o calor trocado nesse processo será dado por:

$${}_2Q_3 = U_3 - U_2 = m\left(u_3 - u_2\right) \qquad (12.6)$$

Vamos considerar, por hipótese, que o ar contido no conjunto cilindro-pistão seja um gás ideal com calores específicos constantes com a temperatura. Nesse caso particular, a variação da energia interna pode ser calculada conforme mostrado a seguir.

$$du = c_v dT \Rightarrow$$
$$\Rightarrow u_3 - u_2 = \int_2^3 c_v dT = c_v \int_2^3 dt \Rightarrow \qquad (12.7)$$
$$\Rightarrow u_3 - u_2 = c_v\left(T_3 - T_2\right)$$

Assim:

$${}_2Q_3 = U_3 - U_2 = m\left(u_3 - u_2\right) \Rightarrow$$
$$\Rightarrow {}_2Q_3 = mc_v\left(T_3 - T_2\right) \qquad (12.8)$$

Devemos observar que calculamos o calor trocado utilizando o conceito de calor específico constante porque, neste caso em particular, o calor trocado é igual à variação da energia interna do sistema.

Analogamente, podemos avaliar o calor rejeitado para o reservatório em baixa temperatura.

$$Q_L = \quad -{}_4Q_1 \qquad (12.9)$$

Aplicando a primeira lei da termodinâmica:

$${}_4Q_1 - {}_4W_1 = U_1 - U_4 = m\left(u_1 - u_4\right) \qquad (12.10)$$

Como o processo 4-1 é isocórico, temos ${}_4W_1 = 0$, então:

$${}_4Q_1 = U_1 - U_4 = m\left(u_1 - u_4\right) \Rightarrow$$
$$\Rightarrow {}_4Q_1 = mc_v(T_1 - T_4) \qquad (12.11)$$

Voltando à expressão inicial para o rendimento térmico, equação 12.1, temos:

$$\eta = 1 - \frac{Q_L}{Q_H} = 1 - \frac{mc_v\left(T_4 - T_1\right)}{mc_v\left(T_3 - T_2\right)} \Rightarrow$$
$$\Rightarrow \eta = 1 - \frac{\left(T_4 - T_1\right)}{\left(T_3 - T_2\right)} \qquad (12.12)$$

$$\eta = 1 - \frac{T_1\left(\left(T_4 / T_1\right) - 1\right)}{T_2\left(\left(T_3 / T_2\right) - 1\right)} \qquad (12.13)$$

Como o processo 1-2 é isentrópico, então para ele é válida a correlação:

$$\frac{T_2}{T_1} = \left(\frac{V_1}{V_2}\right)^{k-1} \qquad (12.14)$$

onde: $k = \dfrac{c_p}{c_v}$. $\qquad (12.15)$

O processo 3-4 também é isentrópico e, similarmente:

$$\frac{T_3}{T_4} = \left(\frac{V_4}{V_3}\right)^{k-1} \quad (12.16)$$

Devemos lembrar que: $V_1 = V_4$ e

$V_2 = V_3$; então: $\dfrac{V_1}{V_2} = \dfrac{V_4}{V_3}$. $\quad (12.17)$

Podemos dizer, então, que:

$$\frac{T_3}{T_4} = \frac{T_2}{T_1} \Rightarrow \frac{T_3}{T_2} = \frac{T_4}{T_1}. \quad (12.18)$$

Voltando à expressão para o rendimento térmico, temos:

$$\eta = 1 - \frac{T_1\left((T_4/T_1)-1\right)}{T_2\left((T_3/T_2)-1\right)} = 1 - \frac{T_1}{T_2} \quad (12.19)$$

Muitas vezes é interessante ter o rendimento explicitado não em função de relação de temperaturas, mas em função de relação de volumes.

Como o processo 1-2 é isentrópico, temos:

$$\frac{T_2}{T_1} = \left(\frac{V_1}{V_2}\right)^{k-1} \quad (12.20)$$

Usando o conceito de relação de compressão, r_v, temos:

$$r_v = \frac{V_1}{V_2} = \frac{V_3}{V_4} \quad (12.21)$$

Podemos, então, apresentar o rendimento térmico como:

$$\eta = 1 - \frac{T_1}{T_2} = 1 - \left(r_v\right)^{(1-k)} = 1 - \frac{1}{\left(r_v\right)^{(k-1)}} \quad (12.22)$$

Essa expressão nos permite verificar que, à medida que a relação de compressão, também chamada *taxa de compressão*, aumenta, o rendimento térmico também aumenta.

12.5 FUNCIONAMENTO DE UM MOTOR DIESEL

Um motor Diesel é aquele projetado para utilizar como combustível óleo Diesel ou um assemelhado, e diferencia-se do motor Otto pelo fato de admitir apenas ar, sendo o combustível injetado no conjunto cilindro-pistão por intermédio de uma *bomba injetora* em um momento apropriado.

Consideremos que, em um dado momento, o pistão esteja no PMS e que, a partir daí, o pistão inicia o seu movimento no sentido descendente, com a válvula de admissão aberta, admitindo continuamente ar até o pistão chegar ao PMI. A seguir, a válvula de admissão é fechada, e o pistão inicia o seu movimento no sentido ascendente, comprimindo o ar. Ao final do processo de compressão, o pistão inicia seu movimento em direção ao PMI e, simultaneamente, o combustível é injetado no interior do conjunto cilindro-pistão, entrando em contato com o ar já comprimido e em temperatura bastante elevada, o que causa o início imediato do processo de combustão. O processo de combustão ocorre durante parte do tempo de movimento do pistão em direção ao PMI. Quando o pistão chega ao PMI, a válvula de exaustão se abre, o pistão sobe exaurindo os produtos de combustão até chegar ao PMS, quando a válvula de exaustão se fecha e a de admissão se abre, iniciando outro ciclo pela admissão de ar.

Um motor Diesel exige, para a realização dos processos de admissão, compressão, combustão, expansão e exaustão, dois ciclos mecânicos que são compostos por quatro movimentos, dois ascendentes e dois descendentes, e por esse motivo também é de quatro tempos.

12.6 O CICLO-PADRÃO A AR DIESEL

Para dar um tratamento termodinâmico aos processos que ocorrem em um motor Diesel, adotamos um conjunto de hipóteses que guardam certa proximidade com as adotadas na análise do ciclo Otto.

- O conjunto cilindro-pistão encerra uma massa fixa e conhecida de ar, que continuamente sofre processos termodinâmicos. Essa massa de ar é tratada como um sistema.

- A combustão é substituída por um processo de transferência de calor de um reservatório a alta temperatura. Como, à medida que ocorre, o pistão se movimenta, pode-se considerar, em primeira aproximação, que esse processo se desenvolve mantendo a pressão do sistema constante.

- A admissão do ar e a exaustão dos produtos de combustão são substituídas por um único processo de transferência de calor com um reservatório em baixa temperatura. Como o volume dos produtos de combustão ao início da sua exaustão é igual ao volume da mistura ar-combustível ao final da sua admissão, consideraremos que esse processo de transferência de calor ocorre a volume constante.

- A compressão do ar é considerada um processo adiabático e reversível, ou seja, isentrópico.

- A expansão dos produtos de combustão que ocorre após o encerramento do processo de combustão é entendida como sendo a expansão do ar presente no interior do conjunto cilindro-pistão logo após a troca de calor com o reservatório quente. Por hipótese, consideraremos que esse processo é adiabático e reversível, ou seja, isentrópico.

Adotando as hipóteses acima, chegamos ao ciclo termodinâmico denominado ciclo Diesel, ilustrado nas Figs. 12.4 e 12.5, que é composto por quatro processos, quais sejam:

- Processo 1-2: processo isentrópico de compressão no qual o meio realiza trabalho de compressão sobre o sistema, ar.

- Processo 2-3: processo isobárico no qual ocorre a transferência de calor a pressão constante do reservatório em alta temperatura para o sistema, ar, simulando a combustão.

- Processo 3-4: processo isentrópico de expansão no qual o ar realiza trabalho sobre o meio.

- Processo 4-1: processo isocórico no qual ocorre transferência de calor do sistema, ar, para o reservatório em baixa temperatura, simulando a exaustão dos produtos de combustão e admissão de uma nova quantidade da mistura ar combustível.

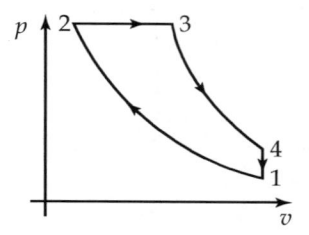

Figura 12.4 Ciclo Diesel

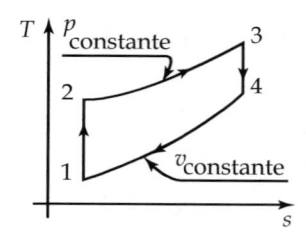

Figura 12.5 Ciclo Diesel

Devemos observar que o trabalho líquido realizado pelo sistema ao longo de um ciclo Diesel consiste na soma algébrica do trabalho realizado pelo ar à medida que o pistão se movimenta do PMS para o PMI, ${}_2W_3 + {}_3W_4$, com o trabalho requerido pelo processo de compressão, ${}_1W_2$, o qual é realizado pelo pistão sobre o ar à medida que o pistão se movimenta do PMI para o PMS.

12.7 DETERMINAÇÃO DO RENDIMENTO TÉRMICO DO CICLO DIESEL

Partindo da definição de rendimento térmico, temos:

$$\eta = \frac{W_{líq}}{Q_H} = \frac{Q_H - Q_L}{Q_H} = 1 - \frac{Q_L}{Q_H} \qquad (12.23)$$

O calor trocado com o reservatório quente é obtido pela aplicação da primeira lei da termodinâmica ao processo 2-3:

$$Q_H = {}_2Q_3 = {}_2W_3 + U_3 - U_2 \qquad (12.24)$$

Lembrando que o processo 2-3 é isobárico e que, por hipótese, consideramos que o ar é um gás ideal com calores específicos constantes, temos:

$$Q_H = mp_3v_3 - mp_2v_2 + mu_3 - mu_2 = \\ = m(h_3 - h_2) = mc_p(T_3 - T_2) \qquad (12.25)$$

O calor trocado com o reservatório frio é obtido pela aplicação da primeira lei da termodinâmica ao processo 4-1.

$$Q_L = -{}_4Q_1 = {}_4W_1 + U_1 - U_4 \qquad (12.26)$$

Como esse processo é isocórico e, por hipótese, consideramos que o ar é um gás ideal com calores específicos constantes, temos:

$$Q_L = -m(u_1 - u_4) = -mc_v(T_1 - T_4) \quad (12.27)$$

Retornando à expressão do rendimento térmico:

$$\eta = 1 - \frac{mc_v(T_4 - T_1)}{mc_p(T_3 - T_2)} = \\ = 1 - \frac{c_v(T_4 - T_1)}{c_p(T_3 - T_2)} \qquad (12.28)$$

12.8 COMENTÁRIOS SOBRE OS MOTORES OTTO E DIESEL

Devemos observar que, em um motor Otto, a ignição ocorre em um instante estabelecido por um sistema de controle que define o momento em que a explosão ocorrerá pela produção da centelha que a dispa-

ra no momento apropriado. Entretanto, à medida que aumentamos a relação de compressão desse motor, a temperatura da mistura ar-combustível ao final do processo de compressão atinge valores mais elevados, e, se a temperatura atingir a temperatura de auto-ignição da mistura, ela se ignizará em um instante anterior ao da ocorrência da centelha, provocando perda de potência e de rendimento do motor. A ocorrência desse fenômeno limita a relação de compressão do motor e, em consequência, o seu rendimento.

Já em um motor Diesel não ocorre esse fenômeno, porque apenas o ar é comprimido, e a combustão se inicia pela injeção do combustível, permitindo o projeto de motores com relações de compressão mais elevadas. Por esse motivo, as relações de compressão dos motores Diesel são normalmente maiores do que as dos Otto.

12.9 EXERCÍCIOS RESOLVIDOS

Er12.1 Em um motor a centelha com relação de compressão igual a 10, a mistura ar-combustível é admitida a 94 kPa e 20°C. Determine as propriedades do ar ao final do processo de compressão e o trabalho específico requerido por esse processo.

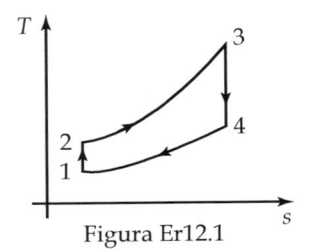

Figura Er12.1

Solução

a)   Dados e considerações
- Motor: Otto
- Sistema

Massa de ar fixa encerrada pelo conjunto cilindro-pistão. O ar será tratado como um gás ideal com calores específicos constantes.

- Propriedades

As propriedades serão identificadas pelos mesmos índices que denominam os estados no início e fim dos processos que compõem o ciclo, o qual está esquematizado na Figura Er12.1.

$T_1 = 20°C = 273,15$ K; $p_1 = 94$ kPa

$R = 0,287$ kJ/(kg.K);

$c_p = 1,004$ kJ/(kg.K);

$c_v = 0,717$ kJ/(kg.K);

e $k = c_p/c_v = 1,40$

- Relação de compressão

$$r_v = \frac{V_1}{V_2} = \frac{v_1}{v_2} = 10$$

b)   Análises e cálculos

- Processo 1-2

É isentrópico. Como o sistema é um gás ideal, este é um processo politrópico particular no qual seu expoente é igual à relação entre calores específicos, k.

Devemos observar que, para um gás ideal, $k = \dfrac{c_p}{c_v}$, e que $c_p - c_v = R$. Podemos, então, concluir que:

$$k = \frac{c_v + R}{c_v} = 1 + \frac{R}{c_v} > 1$$

Assim, poderemos aplicar, para o cálculo do trabalho específico realizado no processo, a correlação válida para o cálculo do trabalho em um processo politrópico genérico a-b com expoente diferente da unidade.

Recordando: para este processo genérico, temos:

$$\frac{T_b}{T_a} = \left(\frac{V_a}{V_b}\right)^{n-1} ; \; \frac{T_a}{T_b} = \left(\frac{p_a}{p_b}\right)^{\frac{n-1}{n}} \; e$$

$$\frac{p_a}{p_b} = \left(\frac{v_b}{v_a}\right)^{n}$$

$$_aW_b = \int_a^b p(V)dV = \frac{p_b V_b - p_a V_a}{1-n} =$$

$$= m\frac{p_b v_b - p_a v_a}{1-n} = mR\frac{T_b - T_a}{1-n}$$

$$_aw_b = \frac{p_b v_b - p_a v_a}{1-n} = R\frac{T_b - T_a}{1-n}$$

- Determinação da temperatura no estado 2

Particularizando as equações acima para o processo 1-2, com $n = \gamma$, temos:

$$T_2 = T_1\left(\frac{V_1}{V_2}\right)^{k-1}$$

Sabemos que $T_1 = 20 + 273,15 = 293,15$ K e que a relação de compressão é igual a 10, então podemos calcular a temperatura no estado 2, obtendo: $T_2 = 736,4$ K.

- Determinação do trabalho específico

$$_1w_2 = \frac{p_2 v_2 - p_1 v_1}{1-k} = R\frac{T_2 - T_1}{1-k} =$$

$$= -318 \text{ kJ/kg}$$

Observamos que o trabalho específico obtido é negativo porque o fenômeno consiste na transferência de energia do meio para o sistema por intermédio da realização de trabalho sobre o sistema.

Er12.2 Em um motor a centelha com relação de compressão igual a 8,5, a mistura ar-combustível é admitida a 100 kPa e 21°C. Considerando que a temperatura máxima do ciclo é igual a 1200°C, determine o trabalho específico de expansão.

Solução

a)   Dados e considerações
- Motor: Otto
- Sistema

Massa de ar fixa encerrada pelo conjunto cilindro-pistão. O ar será tratado como um gás ideal com calores específicos constantes.

- Propriedades

As propriedades serão identificadas pelos mesmos índices que denominam os estados no início e fim dos processos que compõem o ciclo, o qual está esquematizado na Figura Er12.2.

$T_1 = 21°C = 274,15$ K; $p_1 = 100$ kPa;

$T_3 = 1200°C = 1473,15$ K.

$R = 0,287$ kJ/(kg.K);

$c_p = 1,004$ kJ/(kg.K);

$c_v = 0,717$ kJ/(kg.K) e

$k = c_p/c_v = 1,40$.

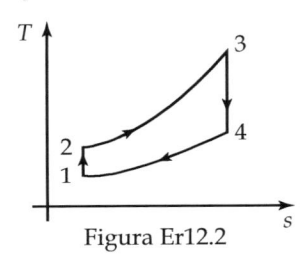

Figura Er12.2

- Relação de compressão

$$r_v = \frac{V_1}{V_2} = \frac{v_1}{v_2} = 10,5$$

b) Análises e cálculos
- Processo

O trabalho de expansão é realizado quando o sistema percorre o processo 3-4, que é isentrópico, assim como o 1-2, no qual ocorre a compressão. Para esses dois processos, é aplicável a análise realizada no exercício resolvido 8.1. Assim sendo, teremos para este processo:

$$_3w_4 = \frac{p_4 v_4 - p_3 v_3}{1 - k} = R\frac{T_4 - T_3}{1 - k}$$

Assim, para determinar o trabalho requerido, necessitamos determinar preliminarmente a temperatura no final do processo, T_4, já que a temperatura inicial, T_3, é a máxima que ocorre no ciclo: 1200°C.

- Determinação do estado 2.

$$T_2 = T_1\left(\frac{V_1}{V_2}\right)^{k-1} \text{; sabemos que}$$

$T_1 = 21 + 273,15 = 294,15$ K e que a relação de compressão é igual a 10,5. Então, obtemos: $T_2 = 753,4$ K.

$$\frac{p_1}{p_2} = \left(\frac{v_2}{v_1}\right)^k \Rightarrow p_2 = \frac{p_1}{\left(\frac{v_2}{v_1}\right)^k} = \frac{p_1}{\left(\frac{1}{r_v}\right)^k}$$

Como $p_1 = 100$ kPa, temos:

$p_2 = 2689$ kPa.

- Determinação do estado 3.

O processo 2-3 é isocórico. Então:

$$\frac{p_2 v_2}{T_2} = \frac{p_3 v_3}{T_3} \Rightarrow$$

$$\Rightarrow p_3 = p_2\frac{T_3}{T_2} = 5259 \text{ kPa.}$$

- Determinação da pressão p_4

$$\frac{p_3}{p_4} = \left(\frac{v_4}{v_3}\right)^k \Rightarrow p_4 = p_3\left(\frac{v_4}{v_3}\right)^{-k}$$

Como os processos 2-3 e 4-1 são isocóricos, temos:

$$\frac{v_4}{v_3} = \frac{v_1}{v_2} = r_v = 10,5 \Rightarrow p_4 = \frac{5259}{10,5^{1,4}} =$$

$$= 195,5 \text{ kPa}$$

- Determinação da temperatura T_4

Como o processo 4-1 é isocórico, temos:

$$\frac{p_4 v_4}{T_4} = \frac{p_1 v_1}{T_1} \Rightarrow \frac{T_4}{T_1} = \frac{p_4}{p_1} \Rightarrow T_4 =$$

$$= 575,1 \text{ K}$$

- Cálculo do trabalho específico de expansão

$$_3w_4 = \frac{p_4 v_4 - p_3 v_3}{1 - k} = R\frac{T_4 - T_3}{1 - k} \Rightarrow$$

$$\Rightarrow {}_3w_4 = 644,3 \text{ kJ/kg}$$

Observamos que o trabalho específico obtido é positivo, porque se trata de trabalho realizado pelo sistema sobre o meio.

Er12.3 Considere que um motor Otto de quatro tempos tenha quatro pistões com curso igual a 80 mm e diâmetro igual a 60 mm, e que a sua relação de compressão seja igual a 8:1. A temperatura e a pressão de admissão são iguais a 100 kPa e 300 K. Sabendo que a temperatura máxima do ciclo é igual a 1820 K, determine o calor trocado e o trabalho realizado em cada processo, o trabalho líquido realizado por ciclo, o calor líquido trocado por ciclo, a pressão média efetiva, o rendimento térmico do motor e a sua potência quando operando na velocidade de rotação de 3600 rpm.

Solução

a)   Dados e considerações
   • Motor: Otto
   • Sistema

Massa de ar fixa encerrada pelo conjunto cilindro-pistão. O ar será tratado como um gás ideal com calores específicos constantes.

   • Propriedades

As propriedades serão identificadas pelos mesmos índices que denominam os estados no início e fim dos processos que compõem o ciclo o qual está esquematizado na Figura Er12.3.

$T_1 = 300$ K; $p_1 = 100$ kPa; $T_3 = 1820$ K.

$R = 0,287$ kJ/(kg.K); $c_p = 1,004$ kJ/(kg.K);

$c_v = 0,717$ kJ/(kg.K); e $k = c_p/c_v = 1,40$

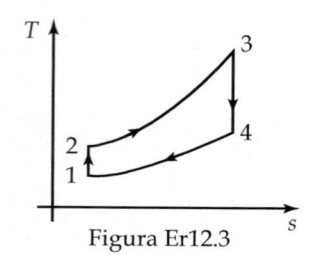

Figura Er12.3

• Outros dados

$$r_v = \frac{V_1}{V_2} = \frac{v_1}{v_2} = 8;\ D = 60\text{ mm};$$

$L = 80$ mm; $\omega = 3600$ rpm; o motor é de 4 tempos e tem 4 pistões.

b)   Análises e cálculos
   • Processo

Trata-se de um motor operando segundo um ciclo Otto, sendo requeridos diversos procedimentos de cálculo. Serão, então, analisados os processos em sequência e calculadas as propriedades do fluido de trabalho, ar, em todos os estados que caracterizam esse ciclo; essas propriedades serão identificadas pelos índices 1, 2, 3 e 4, que também denominam os estados, conforme ilustrado na Figura Er12.3.

   • Determinação dos volumes V_1 e V_2

Do enunciado, vem:

$$r_v = \frac{V_1}{V_2} = 8 \text{ e } V_1 - V_2 = 8\frac{\pi 6^2}{4} =$$

$$= 226,2 \text{ cm}^3 \Rightarrow V_2 = 32,3 \text{ cm}^3 \text{ e}$$

$$V_1 = 258,5 \text{ cm}^3$$

   • Caracterização do estado 1

$p_1 = 100$ kPa e $T_1 = 300$ K

$p_1 v_1 = R T_1 \Rightarrow v_1 = 0,861$ m³/kg;

$$v_1 = \frac{V_1}{m} = 0,861 \text{ m}^3/\text{kg}$$

O que resulta em: $m = 3,002$ E-4 kg.

   • Análise do processo 1-2

O processo 1-2 é isentrópico, ou seja: $s_2 = s_1$. Então, temos que: $_1Q_2 = 0$, e:

$$T_2 = T_1\left(\frac{V_1}{V_2}\right)^{k-1} \Rightarrow T_2 = 300\left(8^{(1,4-1)}\right) =$$

$$= 689,2 \text{ K}$$

$$\frac{p_1}{p_2} = \left(\frac{v_2}{v_1}\right)^k \Rightarrow p_2 = 1838 \text{ kPa}$$

$$p_2 v_2 = RT_2 \Rightarrow v_2 = 0,1076 \text{ m}^3/\text{kg}$$

O trabalho realizado no processo será:

$$_1W_2 = \int_1^2 p(\cancel{V})d\cancel{V} = \frac{p_2\cancel{V_2} - p_1\cancel{V_1}}{1-k} =$$

$$= mR\frac{T_2 - T_1}{1-k} = -83,35 \text{ J}$$

• Análise do processo 2-3.
O processo 2-3 é isocórico, ou seja: $_2W_3 = 0$, $v_2 = v_3 = 0,1076 \text{ m}^3/\text{kg}$ e

$T_3 = 1820 \text{ K}$.

$$p_3 v_3 = RT_3 \Rightarrow p_3 = 4853 \text{ kPa}$$

Aplicando a primeira lei ao sistema percorrendo o processo 2-3, teremos que o calor trocado no processo será:

$$_2Q_3 = _2W_3 + m(u_3 - u_2) = mc_v(T_3 - T_2)$$

$$_2Q_3 = 243,4 \text{ J}$$

• Análise do processo 3-4.
Como os processos 4-1 e 2-3 são isocóricos, temos:

$$v_2 = v_3 = 0,1076 \text{ m}^3/\text{kg},$$

$$v_4 = v_1 = 0,8610 \text{ e } \frac{v_4}{v_3} = r_v = 8.$$

O processo 3-4 é isentrópico, logo: $s_3 = s_4$ e $_3Q_4 = 0$. Então, temos:

$$T_4 = T_3\left(\frac{v_3}{v_4}\right)^{k-1} \Rightarrow T_4 = 792,2 \text{ K}$$

$$\frac{p_3 v_3}{T_3} = \frac{p_4 v_4}{T_4} \Rightarrow p_4 = T_4 \frac{p_3}{T_3} \Rightarrow p_4 =$$

$$= 2113 \text{ kPa}$$

O trabalho realizado no processo será:

$$_3W_4 = \int_3^4 p(\cancel{V})d\cancel{V} = \frac{p_4\cancel{V_4} - p_3\cancel{V_3}}{1-k} =$$

$$= mR\frac{T_4 - T_3}{1-k} = 221,4 \text{ J}$$

• Análise do processo 4-1
Conforme já mencionado, este processo é isocórico, logo: $_4W_1 = 0$.
A aplicação da primeira lei da termodinâmica ao sistema percorrendo o processo 4-1 resulta em:

$$_4Q_1 = _4W_1 + m(u_4 - u_1) =$$
$$= mc_v(T_1 - T_4)$$

$$_4Q_1 = -106 \text{ J}$$

• Determinação do trabalho líquido realizado por ciclo

$$W_{liq} = _1W_2 + _3W_4 = 137,6 \text{ J}$$

Note que o trabalho líquido realizado por ciclo também é denominado trabalho útil.

• Determinação do calor líquido trocado por ciclo

$$Q_{liq} = _2Q_3 + _4Q_1 = W_{liq} = 137,6 \text{ J}$$

• Cálculo da pressão média efetiva

$$pme = \frac{Trabalho\ útil}{realizado\ por\ ciclo} \over Volume\ útil$$

$$pme = \frac{W_{útil}}{\cancel{V}_{útil}} = \frac{_1W_2 + _3W_4}{\cancel{V}_1 - \cancel{V}_2} = 608,2$$
kPa

• Cálculo do rendimento.

$$\eta = 1 - \frac{T_1}{T_2} = 1 - (r_v)^{(1-k)} =$$

$$= 1 - \frac{1}{(r_v)^{(k-1)}} = 0,565 = 56,5\%$$

• Determinação da potência a 3600 rpm.
Como o motor tem quatro pistões, é de quatro tempos e opera a 3600 rpm, temos:

$$\dot{W}_{útil} = 4\frac{3600}{2 \times 60}W_{útil} = 16,5 \text{ kW}$$

Er12.4 Um motor Diesel, cuja relação de compressão é igual a 18:1, tem quatro pistões e volume útil total igual a 1600 cm³. Esse motor admite ar a 100 kPa e 300 K, e a temperatura máxima do ciclo é igual a 1600 K. Determine seu rendimento.

Solução

a) Dados e considerações
  • Motor: Diesel
  • Sistema

Massa de ar fixa encerrada pelo conjunto cilindro-pistão. O ar será tratado como um gás ideal com calores específicos constantes.

  • Propriedades

As propriedades serão identificadas pelos mesmos índices que denominam os estados no início e fim dos processos que compõem o ciclo, o qual está esquematizado na Figura Er12.4.

$T_1 = 300$ K; $p_1 = 100$ kPa;

$T_3 = 1600$ K

$R = 0,287$ kJ/(kg.K);

$c_p = 1,004$ kJ/(kg.K);

$c_v = 0,717$ kJ/(kg.K); e

$k = c_p/c_v = 1,40$

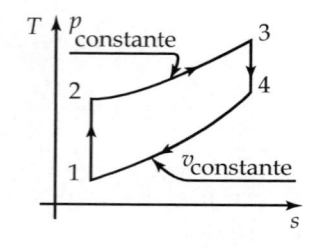

Figura Er12.4

  • Outros dados

$r_v = \dfrac{V_1}{V_2} = \dfrac{v_1}{v_2} = 18$; cilindrada:

1600 cm³.

b) Análises e cálculos
  • Processo

Trata-se de um motor operando segundo um ciclo Diesel. Serão, então, analisados os processos em sequência e calculadas as propriedades do fluido de trabalho em todos os estados que caracterizam esse ciclo; essas propriedades serão identificadas pelos índices 1, 2, 3 e 4, que também denominam os estados, conforme ilustrado na Figura Er12.4.

  • Determinação dos volumes V_1 e V_2

Do enunciado, vem:

$r_v = \dfrac{V_1}{V_2} = 18$ e $V_1 - V_2 = \dfrac{1600}{4} =$

$= 400$ cm³

$V_2 = 23,53$ cm³ e $V_1 = 423,53$ cm³

  • Caracterização do estado 1

$p_1 = 100$ kPa e $T_1 = 300$ K

$p_1 v_1 = RT_1 \Rightarrow v_1 = 0,8610$ m³/kg;

$v_1 = \dfrac{V_1}{m} = 0,8610$ m³/kg $\Rightarrow$

$\Rightarrow m = 4,919$ E-4 kg

  • Análise do processo 1-2.

O processo 1-2 é isentrópico, ou seja: $s_2 = s_1$. Então, temos que $_1Q_2 = 0$, e:

$T_2 = T_1 \left(\dfrac{V_1}{V_2} \right)^{k-1} \Rightarrow$

$\Rightarrow T_2 = 300\left(18^{(1,4-1)}\right) = 953,3$ K

$\dfrac{p_1}{p_2} = \left(\dfrac{v_2}{v_1} \right)^k \Rightarrow p_2 = 5720$ kPa

$p_2 v_2 = RT_2 \Rightarrow v_2 = 0,04783$ m³/kg

  • Análise do processo 2-3

Este processo é isobárico. Logo:

$p_3 = p_2 = 5720$ kPa.

A temperatura máxima do ciclo é dada:

$T_3 = 1600$ K.

$p_3 v_3 = RT_3 \Rightarrow v_3 = 0,08028$ m³/kg

- Análise do processo 3-4

O processo 3-4 é isentrópico, $s_3 = s_4$. Logo:

$$\frac{T_4}{T_3} = \left(\frac{v_3}{v_4}\right)^{(k-1)}$$

Como o processo 1-4 é isocórico, $v_4 = v_1$, podemos calcular a temperatura T_4:

$T_4 = 619,4$ K

- Cálculo do rendimento

$$\eta = 1 - \frac{c_v(T_4 - T_1)}{c_p(T_3 - T_2)} = 0,647 = 64,7\%$$

12.10 EXERCÍCIOS PROPOSTOS

Ep12.1 Um motor de ignição por centelha que opera segundo um ciclo ideal tem relação de compressão igual a 10. Qual é o seu rendimento?

Resp.: 60,2%.

Ep12.2 Um motor Otto admite mistura ar-combustível a 100 kPa e 20ºC, e a sua relação de compressão é igual a 12. Determine a temperatura de exaustão dos produtos de combustão, considerando que esse motor opera segundo um ciclo ideal, que a temperatura máxima do ciclo é igual a 1450ºC e que os calores específicos do ar são constantes e iguais a $c_p = 1,005$ kJ/(kg.K) e $c_v = 0,718$ kJ/(kg.K).

Resp.: 637,3 K.

Ep12.3 Um motor a gasolina é alimentado com ar a 100 kPa e 300 K. O ar é comprimido em um processo que apresenta relação de compressão igual a 12 para 1. Sabendo que o combustível libera 1300 kJ/kg de ar no processo de combustão, que esse motor opera segundo um ciclo ideal e que os calores específicos do ar são constantes e iguais a $c_p = 1,004$ kJ/(kg.K) e $c_v = 0,717$ kJ/(kg.K), determine o rendimento do ciclo, a sua temperatura máxima, a pressão imediatamente após o processo de combustão e o trabalho específico líquido realizado por ciclo.

Resp.: 63%; 2621 K; 10,48 MPa; 815,5 kJ/kg.

Ep12.4 Considere que o diâmetro dos pistões de um motor Otto que opera segundo um ciclo ideal seja igual a 50 mm, que o seu curso seja igual a 70 mm e que a relação de compressão seja igual a 8,5. A temperatura e a pressão de admissão são iguais a 20ºC e 94 kPa. Sabendo que a temperatura máxima do ciclo é igual a 1800 K e que os calores específicos do ar são constantes e iguais a $c_p = 1,004$ kJ/(kg.K) e $c_v = 0,717$ kJ/(kg.K), determine o calor trocado com o reservatório quente, o trabalho realizado no processo de compressão e o seu rendimento térmico.

Ep12.5 Um motor a álcool recebe a mistura ar-combustível a 15ºC e 90 kPa. Considerando que ele opera segundo um ciclo-padrão a ar Otto ideal, sua relação de compressão é igual a 11, a temperatura máxima do ciclo é 1800 K e que se pode considerar que os calores específicos do ar são dados por $c_p = 1,004$ kJ/(kg.K) e $c_v = 0,717$ kJ/(kg.K), determine:

a) o rendimento térmico do ciclo;

b) a temperatura da mistura ar-combustível no final do processo de compressão;

c) o calor por unidade de massa de ar transferido no processo de combustão;

d) o trabalho líquido por unidade de massa realizado em cada ciclo termodinâmico;

e) a pressão média efetiva.

Resp.: 61,7%; 751,4 K; 752,9 kJ/kg; 464,2 kJ/kg; 555,7 kPa.

Ep12.6 Um gerador elétrico é acionado por um motor a gasolina que opera a 3600 rpm e que tem quatro pistões com diâmetro igual a 65 mm, curso igual a 75 mm e relação de compressão igual a 8,5. A temperatura e a pressão de admissão são iguais a 97 kPa e 21°C. Sabendo que a temperatura máxima do ciclo é igual a 1800°C e que se pode considerar que os calores específicos do ar são dados por $c_p = 1,004$ kJ/(kg.K) e $c_v = 0,717$ kJ/(kg.K), determine a temperatura de exaustão dos produtos de combustão, o trabalho líquido realizado por ciclo e o rendimento térmico do motor. Supondo que o trabalho líquido realizado por ciclo seja igual a 0,184 kJ, determine a potência do motor.

Resp.: 880,2 K; 185 J; 57,5%; 22,3 kW.

Ep12.7 Um motor Otto de quatro tempos, com relação de compressão igual a 11, com quatro pistões com diâmetro igual a 66 mm e curso igual a 73 mm, opera a 3600 rpm acoplado a um gerador elétrico. Esse motor admite mistura ar-combustível a 94 kPa e 22°C. Considere que a temperatura máxima atingida pelos produtos de combustão seja igual a 1400°C e que, quando queimado, o combustível utilizado libera 40 MJ por quilograma. Pede-se para determinar: o rendimento do motor; as propriedades do fluido de trabalho no início e final de cada um dos processos que compõem o ciclo; o trabalho líquido realizado por ciclo; a

potência desenvolvida pelo motor; e o consumo horário de combustível. Suponha que o motor opera segundo um ciclo ideal e que os calores específicos do ar são dados por $c_p = 1,004$ kJ/(kg.K) e $c_v = 0,717$ kJ/(kg.K).

Ep12.8 Um motor Diesel de quatro tempos tem volume útil total igual a 2000 cm³ e relação de compressão igual a 20:1. Considere que esse motor admite ar a 100 kPa e 20°C e que o combustível utilizado libera 1600 kJ por quilograma de ar utilizado no processo de combustão. Sabendo que o motor opera segundo um ciclo ideal e que se pode considerar o ar como um gás ideal com calores específicos constantes ($c_p = 1,004$ kJ/(kg.K) e $c_v = 0,717$ kJ/(kg.K)), determine o seu rendimento.

Resp.: 62,0%.

Ep12.9 Um equipamento é acionado por um motor a gasolina que tem quatro pistões com diâmetro igual a 70 mm, curso igual a 80 mm e relação de compressão igual a 10. A temperatura e a pressão de admissão são iguais a 95 kPa e 21°C. Considerando que esse motor opera segundo um ciclo-padrão a ar ideal, que o ar pode ser considerado um gás ideal com calores específicos constantes com a temperatura ($c_p = 1,004$ kJ/(kg.K) e $c_v = 0,717$ kJ/(kg.K)) e que a temperatura máxima do ciclo é igual a 1800°C, determine: a temperatura de exaustão dos produtos de combustão; o seu rendimento térmico; sua pressão média efetiva; e a potência do motor quando operando a 3600 rpm.

Resp.: 824,8 K; 60,2%; 735 kPa; 20,0 kW.

Ep12.10 Um motor Diesel aciona um gerador de energia elétrica. Esse motor tem relação de compressão igual a 19:1. Ar é admitido nesse motor a 294 K e 96 kPa e, no processo de combustão, é liberada uma quantidade de energia igual a 1650 kJ/kg de ar. Considerando que esse motor opera segundo um ciclo-padrão a ar ideal, que o ar pode ser considerado um gás ideal com calores específicos constantes com a temperatura (c_p = 1,004 kJ/(kg.K) e c_v = 0,717 kJ/(kg.K)) e que, para reduzir as contas, a temperatura de exaustão dos produtos de combustão é igual a 1194,7 K, pede-se para determinar: a temperatura máxima do ar no ciclo; o rendimento térmico do motor; e o trabalho líquido realizado pelo motor por quilograma de ar admitido.

Resp.: 2596 K; 60,8%; 1003 kJ/kg.

Ep12.11 Um motor Diesel opera com relação de compressão igual a 20 para 1. Considere que cada pistão desse motor tem curso igual a 100 mm e diâmetro da seção transversal igual a 80 mm. Ar é admitido neste motor a 300 K e 100 kPa e, no processo de combustão, é liberada uma quantidade de energia igual a 1500 kJ/kg de ar. Determine a temperatura de descarga dos produtos de combustão, o rendimento do motor e o trabalho realizado no processo de compressão.

Resp.: 1083 K; 62,5%; 428 J.

Ep12.12 Um motor Diesel de quatro tempos, seis cilindros, opera a 3000 rpm. Considere que o diâmetro dos pistões seja igual a 80 mm, que o seu curso seja igual a 100 mm e que a relação de compressão seja igual a 20. Sabendo que o motor admite ar a 290 K e 95 kPa e que a temperatura máxima do

ciclo é igual a 2100 K, determine a pressão máxima do ciclo, a energia transferida por calor ao fluido de trabalho (ar) por ciclo termodinâmico, o rendimento térmico do motor e a sua potência quando operando a 3000 rpm.

Resp.: 6292 kPa; 691,7 J; 63,8%; 66,2 kW.

Ep12.13 Considere um motor que utiliza gasolina como combustível e que opera com relação de compressão igual a 12 para 1. Considere que esse motor tem quatro pistões e que cada pistão tem curso igual a 100 mm e diâmetro da seção transversal igual a 80 mm. Ar é admitido nesse motor a 300 K e 100 kPa. Sabendo que no processo de combustão é liberada uma quantidade de energia igual a 1600 kJ/kg de ar, pede-se para determinar: a temperatura de descarga dos produtos de combustão; o rendimento do motor; o trabalho realizado, por ciclo termodinâmico, no processo de expansão; e a potência desenvolvida por esse motor quando operando a 3000 rpm.

Resp.: 1125 K; 63,0%; 876 J; 64,2 kW.

Ep12.14 Um motor Otto tem relação de compressão igual a 11:1. Ar é admitido nesse motor a 290 K e 90 kPa e, no processo de combustão, é liberada uma quantidade de energia igual a 1550 kJ/kg de ar. Considerando que esse motor opera segundo um ciclo-padrão a ar ideal e que o ar pode ser considerado como um gás ideal com calores específicos constantes (c_p = 1,004 kJ/(kg.K) e c_v = 0,717 kJ/(kg.K)), pede-se para determinar a pressão máxima do ar no ciclo, a temperatura máxima do ar no ciclo e o rendimento térmico do motor.

Ep12.15 Um motor tem quatro pistões, relação de compressão igual a 18 e volume útil de 238 cm³ por pistão. Sabe-se que a temperatura máxima do ciclo é igual a 1500 K e que esse motor capta ar a 93 kPa e 300 K. Considere que o motor possa ser modelado matematicamente como se operasse segundo um ciclo Diesel ideal. Determine a pressão máxima do ciclo; a temperatura de exaustão dos produtos de combustão; o trabalho específico requerido pelo processo de compressão e o rendimento térmico do motor.

Resp.: 5320 kPa; 565,9 K; –127,7 J; 65,3%.

Ep12.16 Em uma unidade industrial, utiliza-se um motor Diesel de quatro cilindros, quatro tempos, que opera a 3600 rpm. Esse motor tem as seguintes características: o curso e o diâmetro dos pistões são iguais a, respectivamente, 90 mm e 110 mm; sua relação de compressão é igual a 19:1 e a temperatura máxima do ciclo é igual a 1500 K. Sabe-se que a pressão atmosférica e a temperatura ambiente são, respectivamente, 95 kPa e 20°C. Considerando que esse motor pode ser modelado matematicamente como se operasse segundo um ciclo Diesel ideal, apresente esse ciclo em um diagrama Txs e determine a pressão máxima do ciclo e o rendimento do ciclo.

Resp.: 5866 kPa; 66,0%; 44,4 kW.

Ep12.17 Um equipamento é acionado por um motor a gasolina de quatro tempos, com dois pistões tendo, cada um, diâmetro e curso iguais a 4,3 cm. A temperatura e a pressão de admissão são iguais a 97 kPa e 21°C e a relação de compressão do motor é igual a 8,5:1. Sabendo que temperatura máxima do ciclo é igual a 1800°C, determine a temperatura de exaustão dos produtos de combustão, o seu rendimento térmico, sua pressão média efetiva e a potência do motor quando operando a 3600 rpm.

Resp.: 881 K; 57,5%; 742 kPa; 2,78 kW.

Ep12.18 Um motor de ignição por centelha de quatro tempos tem quatro pistões, cilindrada total igual a 1000 cm³ e razão de compressão igual a 10. O motor admite ar a 300 K e 100 kPa, e a temperatura máxima dos produtos de combustão é igual a 2000 K. Modelando esse motor segundo um ciclo padrão ar ideal e considerando que os calores específicos do ar são constantes (c_p = 1,004 kJ/(kg.K) e c_v = 0,717 kJ/(kg.K)), pede-se a pressão ao final da compressão; o calor transferido por unidade de massa em cada ciclo termodinâmico do reservatório em alta temperatura para o fluido de trabalho; o rendimento térmico do motor; o trabalho realizado por unidade de massa em cada ciclo termodinâmico e a potência do motor operando a 3000 rpm.

Ep12.19 Um motor de combustão interna é utilizado para acionar um gerador de energia elétrica. O motor é de quatro tempos, tem seis cilindros, cilindrada total igual a 3000 cm³ e relação de compressão igual a 20. Considere que a temperatura máxima dos produtos de combustão é igual a 1800 K, que o motor capta ar do meio ambiente a 300 K e 95 kPa e que ele funciona a 3600 rpm. Sabendo que esse motor opera segundo um ciclo Diesel ideal e que os calores específicos do ar podem ser considerados constantes, c_p = 1,004 kJ/(kg.K) e c_v = 0,717 kJ/(kg.K), pede-se para calcular a pressão máxima do ciclo; o calor trocado por ciclo com o reservatório em alta temperatura; o rendimento térmico e a potência do motor.

Resp.: 6,3 MPa; 470 J; 65,5%; 55,4 kW.

Ep12.20 Um motor Diesel com quatro cilindros opera com relação de compressão igual a 20:1. Considere que cada pistão desse motor tem curso igual a 100 mm e diâmetro da seção transversal igual a 80 mm. O motor admite ar a 300 K e 100 kPa e, no processo de combustão, é liberada uma quantidade de energia igual a 1250 kJ/kg de ar. Sabendo que esse motor opera segundo um ciclo diesel ideal e que os calores específicos do ar podem ser considerados constantes, c_p = 1,004 kJ/(kg.K) e c_v = 0,717 kJ/(kg.K), pede-se para calcular a temperatura de descarga dos produtos de combustão, o rendimento do motor e a sua potência quando operando a 3600 rpm.

Resp.: 934,5 K; 63,6%; 55,7 kW.

Ep12.21 Um motor de combustão interna de seis cilindros, com relação de compressão igual a 20, opera segundo o ciclo Diesel. Cada dos seus cilindros tem curso igual a 120 mm e diâmetro igual a 106 mm. Sabendo-se que esse motor opera a 2600 rpm, que ele admite ar a 18°C e 93 kPa, e que a tempe-ratura máxima do ciclo é igual a 1740 K, pede-se para determinar a pressão máxima do ciclo, a energia específica adicionada pelo processo de combustão por ciclo, o seu rendimento e a sua potência. Adote c_p = 1,004 kJ/(kg.K) e c_v = 0,717 kJ/(kg.K).

Ep12.22 Com o propósito de garantir o funcionamento de um equipamento industrial em condição de eventual falta de energia elétrica, é proposto o uso de um gerador acionado por um motor Diesel com relação de compressão igual a 19:1. Suponha que o combustível tenha poder calorífico tal que, no processo de combustão, seja liberada uma quantidade de energia igual a 1470 kJ/kg de ar e que o ar é admitido nesse motor a 290 K e 93 kPa. Considerando que o motor opera segundo um ciclo-padrão a ar ideal e que o ar pode ser considerado um gás ideal com calores específicos constantes (c_p = 1,004 kJ/(kg.K) e c_v = 0,717 kJ/(kg.K)), pede-se para determinar a temperatura máxima do ar no ciclo, a temperatura de exaustão dos produtos de combustão, o trabalho específico líquido realizado pelo motor e o rendimento térmico do motor.

Resp.: 2407 K; 1078 K; 905 J/kg; 61,6%.

Ep12.23 Um motor de ignição por centelha admite a mistura ar-combustível a 21°C e 93 kPa. Considerando que ele opera segundo um ciclo-padrão a ar Otto ideal, sua relação de compressão é igual a 12, a temperatura máxima do ciclo é 1800 K e que se pode considerar que os calores específicos do ar são dados por c_p = 1,004 kJ/(kg.K) e c_v = 0,717 kJ/

(kg.K), determine o seu rendimento térmico, a pressão máxima no motor e a sua pressão média efetiva.

Ep12.24 Um motor veicular opera segundo o ciclo Otto ideal. Sabe-se que $T_1 = 300$ K, $p_1 = 100$ kPa, que é adicionado por calor 1200 kJ/kg em cada ciclo e que $v_4/v_3 = 10$. Supondo que o ar é um gás ideal com $c_p = 1,004$ kJ/(kg.K) e $c_v = 0,717$ kJ/(kg.K), determine o rendimento térmico do motor e a temperatura máxima do ciclo.

Resp.: 60,2%; 2427 K.

Ep12.25 Um motor Diesel opera com relação de compressão igual a 18 para 1. Ar é admitido nesse motor a 20°C e 94 kPa e, no processo de combustão, é liberada uma quantidade de energia igual a 1600 kJ/kg de ar. Supondo que o motor possa ser modelado como um motor-padrão a ar e que o ar é um gás ideal com $c_p = 1,004$ kJ/(kg.K) e $c_v = 0,717$ kJ/(kg.K), determine a temperatura de descarga dos produtos de combustão, seu rendimento térmico e a pressão média efetiva.

Resp.: 1184 K; 39,9%; 755,7 kPa.

Ep12.26 Um motor Diesel tem quatro pistões, cada pistão tem volume máximo igual a 500 cm³ e volume mínimo igual a 25 cm³. Suponha que a temperatura máxima do ciclo seja igual a 1800 K. Pretendendo aumentar a potência desse motor, um engenheiro propõe que ele seja alimentado com ar a 1,5 bar e 300 K. Considerando que o motor opera segundo um ciclo-padrão a ar ideal e que o ar pode ser considerado um gás ideal com calores específicos constantes ($c_p = 1,004$ kJ/(kg.K) e $c_v = 0,717$ kJ/(kg.K)), pede-se para determinar:

a) a pressão máxima do ciclo.
b) a temperatura de exaustão dos produtos de combustão;
c) o rendimento térmico do motor;
d) a potência desenvolvida pelo motor quando operando a 3000 rpm.

Resp.: 9,94 MPa; 689 K; 65,5 %; 46,2 kW.

Ep12.27 Um motor Diesel opera com relação de compressão igual a 20 para 1. Considere que cada pistão desse motor tem curso igual a 90 mm e diâmetro da seção transversal igual a 76 mm. Ar é admitido nesse motor a 295 K e 95 kPa e, no processo de combustão, é liberada uma quantidade de energia igual a 1500 kJ/kg de ar. Determine: a temperatura de descarga dos produtos de combustão; o rendimento do motor e o trabalho realizado no processo de compressão; o volume útil de cada pistão; e a pressão média efetiva.

Resp.: 1080 K; 62,4%; 331 J; 0,408 L; 1106 kPa.

13

SISTEMAS DE REFRIGERAÇÃO E BOMBAS DE CALOR

Os processos de refrigeração têm o propósito de manter um espaço denominado *ambiente refrigerado* em uma temperatura inferior à ambiente. Sistemas de refrigeração são parte integrante do mundo moderno, sendo utilizados tanto para manter o conforto térmico, por exemplo, em um ambiente de trabalho, quanto para manter a temperatura de uma câmara frigorífica, ou ainda a temperatura no interior de um simples refrigerador doméstico.

13.1 REFRIGERAÇÃO POR COMPRESSÃO DE VAPOR

O ciclo ideal de refrigeração por compressão de vapor é constituído por quatro processos termodinâmicos, representados na Figura 13.1, e abaixo relacionados.

- Processo 1-2: compressão isentrópica de vapor.
- Processo 2-3: condensação a pressão constante, obtendo-se no final deste processo líquido saturado.
- Processo 3-4: expansão isentálpica.

- Processo 4-1: vaporização a pressão constante, obtendo-se ao final deste processo vapor saturado.

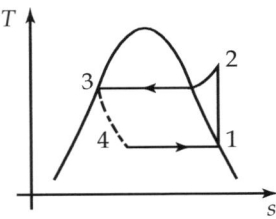

Figura 13.1 Ciclo ideal

Esses processos são percorridos por uma substância, fluido refrigerante, que escoa através de um conjunto de dispositivos que compõem um equipamento de refrigeração. Devemos observar que uma característica fundamental desse ciclo é o fato de que o fluido refrigerante muda de fase à medida que o percorre. Apresentamos no Apêndice C tabelas de propriedades termodinâmicas de dois fluidos refrigerantes, o R-134a e a amônia. A operação de um sistema de refrigeração por compressão de vapor é ilustrada na Figura 13.2, na qual um ambiente, por exemplo, uma residência, é mantido refrigerado.

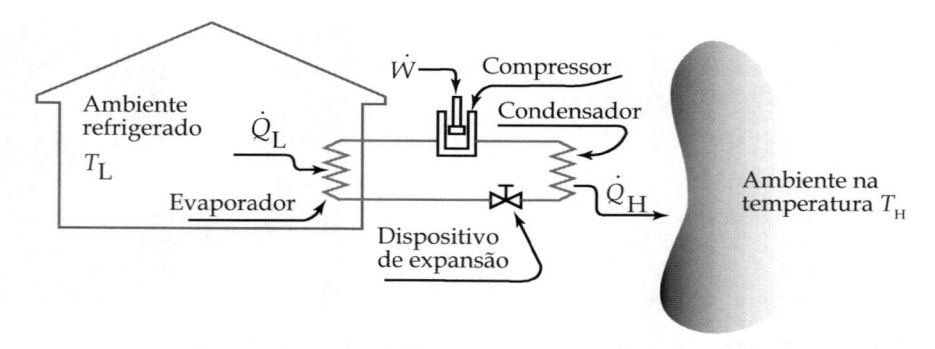

Figura 13.2 Operação de um sistema de refrigeração

Na Figura 13.2, podemos observar o seguinte:

- O processo de compressão do vapor ocorre em um compressor que requer, para a sua operação, potência fornecida usualmente na forma de potência elétrica.

- O processo de condensação a pressão constante ocorre em um componente denominado condensador, de forma a promover uma taxa de transferência de energia por calor, $\dot{Q}_H$, do fluido de trabalho utilizado pelo sistema de refrigeração para uma região a alta temperatura, T_H, que normalmente é o meio ambiente.

- O processo de expansão ocorre em um dispositivo que tanto pode ser uma válvula de expansão quanto um tubo capilar, não ocorrendo, idealmente, transferência de calor entre o fluido de trabalho e o meio.

- O processo de vaporização a pressão constante ocorre em um componente denominado evaporador, de forma a promover uma taxa de transferência de calor, $\dot{Q}_L$, da região a ser refrigerada, por exemplo, o interior de um refrigerador doméstico, para o fluido de trabalho utilizado pelo sistema de refrigeração, vaporizando-o.

Devemos relembrar que, como já discutido no capítulo 6, o coeficiente de desempenho de um refrigerador é dado por:

$$\beta_R \equiv \frac{Q_L}{W} \qquad (13.1)$$

13.1.1 Ciclos reais de refrigeração por compressão de vapor

Os ciclos reais diferenciam-se dos ideais devido, principalmente, às seguintes ocorrências possíveis:

- O fluido refrigerante atinge o estado de líquido comprimido ao final do processo que ocorre no condensador.

- O processo de compressão não é isentrópico.

- O fluido refrigerante atinge o estado de vapor superaquecido ao final do processo que ocorre no evaporador.

- O processo de expansão não é isentálpico, ocorrendo transferência de calor entre o fluido refrigerante e o meio.

- À medida que o fluido refrigerante escoa através do evaporador, do condensador e de tubulações, ocorre a redução da sua pressão.

Essas situações são ilustradas na Figura 13.3.

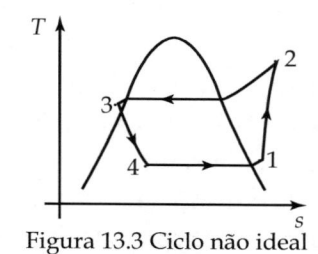

Figura 13.3 Ciclo não ideal

13.2 BOMBAS DE CALOR

Conforme já mencionado no capítulo 6, em muitas aplicações, podemos utilizar um equipamento projetado com o objetivo de manter um determinado ambiente aquecido, que, operando segundo um ciclo termodinâmico, recebe energia na forma de calor, Q_L, de um reservatório térmico em baixa temperatura, transferindo energia na forma de calor, Q_H, para um segundo reservatório térmico em alta temperatura e, para tal, recebendo trabalho do meio, W.

Esse equipamento, cujo funcionamento é ilustrado por meio da Figura 13.4, é denominado *bomba de calor*. Como, neste caso, estamos interessados em ter uma troca de calor adequada com a fonte quente, o coeficiente de performance da bomba de calor é definido como:

$$\beta_{BC} \equiv \frac{Q_H}{W} \qquad (13.2)$$

Em aplicações de bombas de calor, normalmente, a região em baixa temperatura é o meio ambiente.

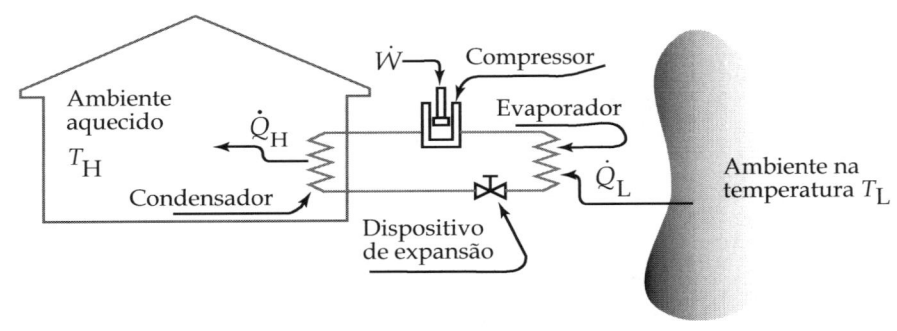

Figura 13.4 Operação de uma bomba de calor

13.3 CICLO DE REFRIGERAÇÃO A AR

O ciclo ideal de refrigeração a ar é constituído por quatro processos termodinâmicos, representados na Figura 13.5, abaixo relacionados.

- Processo 1-2: compressão isentrópica.
- Processo 2-3: transferência de calor a pressão constante.
- Processo 3-4: expansão isentrópica.
- Processo 4-1: transferência de calor a pressão constante.

Esses processos são percorridos pelo fluido refrigerante, ar, que usualmente é tratado como um gás ideal com calores específicos constantes. Na Figura 13.6 está esquematizado um conjunto de componentes que constituem um sistema de refrigeração desse tipo. Devemos observar que esse ciclo é similar ao ciclo Brayton.

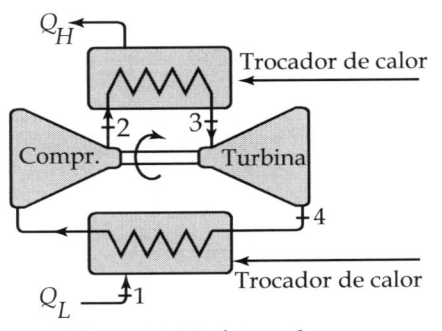

Figura 13.6 Refrigerador a ar

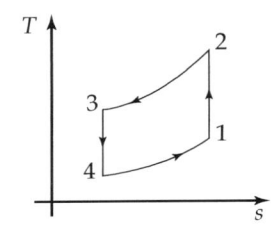

Figura 13.5 Ciclo ideal de refrigeração a ar

13.4 EXERCÍCIOS RESOLVIDOS

Er13.1 Um equipamento que opera segundo um ciclo frigorífico por compressão de vapor ideal é utilizado para manter a temperatura em uma câmara frigorífica igual a –18°C e, para tal, seu evaporador opera a –22°C. Sabendo que, na seção de descarga do compressor, a pressão do fluido refrigerante utilizado, R-134a, é igual a 1,25 MPa, pede-se para calcular o trabalho específico requerido pelo compressor, a vazão mássica de fluido refrigerante através do compressor se a capacidade de refrigeração requerida for igual a 10 kW e o coeficiente de desempenho do equipamento.

Solução

a) Dados e considerações
   • Considerações iniciais
   O fluido de trabalho é R-134a. Consideraremos, por hipótese, que o equipamento opera segundo o ciclo ideal esquematizado na Figura Er13.1. Podemos, então, afirmar:

   • o processo 1-2 é isentrópico;
   • o fluido de trabalho no estado 3 é líquido saturado;
   • o processo 3-4 pode ser considerado isentálpico;
   • todas as variações de energia cinética e potencial são desprezíveis; e
   • todos os processos ocorrem em regime permanente.

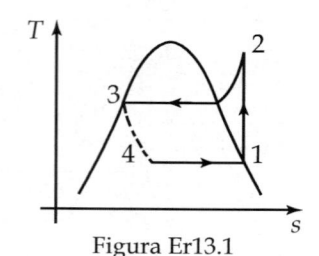

Figura Er13.1

   • Propriedades
   São conhecidos: $T_1 = T_4 = -22°C$, $p_2 = 1,25$ MPa.

   • Outros dados
   Capacidade requerida de refrigeração: $\dot{Q}_L = 10$ kW.

   Temperatura na câmara frigorífica = –18°C. Este dado não será utilizado nos cálculos, já que a mudança de fase no evaporador ocorre a –22°C.

b) Análises e cálculos
   • Conservação da massa
   Se aplicarmos o princípio da conservação da massa a cada um dos componentes do refrigerador, verificaremos que a vazão mássica em todas as seções de entrada e de saída será sempre a mesma, e a designaremos por $\dot{m}$.

   • Análise do dispositivo de expansão
   Aplicando a primeira lei da termodinâmica ao volume de controle que encerra o dispositivo de expansão, obtemos:

   $$h_3 = h_4$$

   O processo ocorre a pressão constante no condensador, logo $p_3 = p_2 = 1,25$ MPa. Como o título é $x_3 = 0$, obtemos, das tabelas de propriedades termodinâmicas, $h_3 = 120,2$ kJ/kg. Em consequência, $h_4 = 120,2$ kJ/kg.

   • Análise do compressor
   Aplicando-se a primeira lei da termodinâmica para um volume de controle que envolve apenas o compressor, lembrando que o sistema de refrigeração opera em regime permanente e desprezando-se as variações de energia cinética e potencial, resulta:

   $$\frac{\dot{W}_c}{\dot{m}} = -\frac{\dot{W}_{VC}}{\dot{m}} = (h_2 - h_1)$$

   Na seção de admissão do compressor, temos $T_1 = -22°C$; como o ciclo é ideal, podemos considerar que o vapor na seção de admissão do compressor é saturado, ou seja: $x_1 = 1$. Conhecendo essas duas propriedades, obtemos: $h_1 = 237,2 \, kJ/kg$ e $s_1 = 0,9476 \, kJ/(kg.K)$.

O processo de compressão, para um ciclo ideal, é isentrópico, logo $s_1 = s_2$. Sabendo que $p_2 = 1,25 \, MPa$, verificamos que a temperatura do fluido refrigerante na seção de descarga do compressor está entre 55°C e 60°C. Devido a esse fato, é necessária a realização de um processo de interpolação para determinar a entalpia do R-134a na seção de descarga do compressor. Assim procedendo, obtemos: $h_2 = 285,9 \, kJ/kg$.

Consequentemente, o trabalho requerido pelo compressor por unidade de massa comprimida de R-134a é:

$$\frac{\dot{W}_c}{\dot{m}} = 48,75 \, kJ/kg$$

- Análise do evaporador

Aplicando-se a primeira lei da termodinâmica para um volume de controle que envolva apenas o evaporador, considerando que o sistema de refrigeração opera em regime permanente e desprezando-se as variações de energia cinética e potencial, resulta:

$$\frac{\dot{Q}_L}{\dot{m}} = \frac{\dot{Q}_{VC}}{\dot{m}} = h_1 - h_4$$

Como a capacidade de refrigeração requerida é igual a 10 kW, tem-se:

$$\dot{m} = \frac{\dot{Q}_L}{h_1 - h_4} = \frac{10}{385,3 - 268,5} =$$

$$= 0,0855 \, kg/s$$

Devemos observar que, a partir do princípio de conservação da massa, podemos concluir que a vazão mássica $\dot{m}$ acima determinada é a mesma em todos os componentes do sistema de refrigeração.

- Coeficiente de desempenho

$$\beta_R = \frac{\dot{Q}_L}{\dot{W}_c} = \frac{h_1 - h_4}{h_2 - h_1} = 2,4$$

Er13.2 Uma bomba de calor que opera segundo um ciclo ideal de refrigeração por compressão de vapor é utilizada para aquecer a água de uma piscina. Sabe-se que o evaporador opera a 10°C e que o fluido refrigerante, R-134a, muda de fase no condensador a 30°C. Determine a entalpia do fluido refrigerante no início de cada um dos processos que compõem o ciclo, o trabalho específico requerido pelo compressor, o coeficiente de desempenho do equipamento e a vazão mássica de fluido refrigerante através do compressor no caso de a taxa de calor desejada no condensador ser igual a 8 kW.

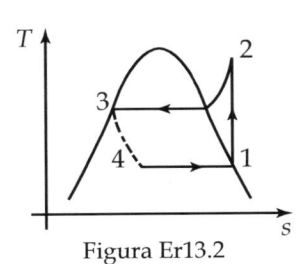

Figura Er13.2

Solução

a)   Dados e considerações
- Considerações preliminares
O fluido de trabalho é R-134a. Consideraremos, por hipótese, que o equipamento opera segundo o ciclo ideal esquematizado na Figura Er13.2. Podemos, então, afirmar que:

- o processo 1-2 é isentrópico;
- o fluido de trabalho no estado 3 é líquido saturado;
- o processo 3-4 pode ser considerado isentálpico;

- todas as variações de energia cinética e potencial são desprezíveis; e
- todos os processos ocorrem em regime permanente.
- Propriedades

São conhecidos:

$T_1 = T_4 = 10°C$, $T_3 = 30°C$.

- Outros dados

Capacidade requerida de refrigeração: $\dot{Q}_H = 8$ kW.

b)   Análises de cálculos
- Conservação da massa

Se aplicarmos o princípio da conservação da massa a cada um dos componentes da bomba de calor, verificaremos que a vazão mássica em todas as seções de entrada e de saída será sempre a mesma, e a designaremos por $\dot{m}$.

- Propriedades

No exercício anterior, determinamos as propriedades à medida que sentimos a necessidade de conhecê-las. Agora optaremos por determinar primeiramente as propriedades de interesse e, a seguir, analisar os componentes da bomba de calor.

Estado 1: $T_1 = 10°C$; como o ciclo é ideal, consideramos que o vapor na seção de admissão do compressor é saturado, ou seja: $x_1 = 1$. Conhecendo essas duas propriedades, obtemos: $h_1 = 256,2$ kJ/kg e $s_1 = 0,9266$ kJ/(kg.K).

Estado 3: como o ciclo é ideal, por hipótese, consideramos que o título no estado 3 é nulo; como $T_3 = 30°$ C, obtemos das tabelas de propriedades termodinâmicas:

$p_3 = 770,6$ kPa e $h_3 = 93,58$ kJ/kg

Estado 2: em um ciclo ideal, o processo de compressão é isentrópico, logo $s_2 = s_1 = 0,9266$ kJ/(kg.K). Sabendo que $p_2 = p_3 = 770,6$ kPa, obtemos por intermédio de interpolação nas tabelas de propriedades termodinâmicas do R-134a: $h_2 = 269,2$ kJ/kg.

Estado 4: o processo de expansão pode ser tratado como isentálpico, assim: $h_4 = h_3 = 93,58$ kJ/kg.

- Análise do compressor

Aplicando-se a primeira lei da termodinâmica para um volume de controle que envolva apenas o compressor, considerando que o sistema de refrigeração opera em regime permanente e desprezando-se as variações de energia cinética e potencial, resulta:

$$\frac{\dot{W}_c}{\dot{m}} = -\frac{\dot{W}_{VC}}{\dot{m}} = (h_2 - h_1)$$

Assim, o trabalho requerido pelo compressor por unidade de massa comprimida será:

$$\frac{\dot{W}_c}{\dot{m}} = 13 \text{ kJ/kg}$$

- Análise do condensador

Aplicando-se a primeira lei da termodinâmica para um volume de controle que envolva apenas o condensador, considerando que o sistema de refrigeração opera em regime permanente e desprezando-se as variações de energia cinética e potencial, resulta:

$$\frac{\dot{Q}_H}{\dot{m}} = \frac{\dot{Q}_{VC}}{\dot{m}} = h_2 - h_3$$

Como a taxa de calor no condensador é igual a 8 kW, tem-se:

$$\dot{m} = \frac{\dot{Q}_H}{h_2 - h_3} = 0,04555 \text{ kg/s} =$$

$$= 2,733 \text{ kg/min.}$$

Observe que a vazão mássica $\dot{m}$ calculada como a vazão mássica através do evaporador é a mesma em todos os componentes do sistema de refrigeração.

- Determinação do coeficiente de desempenho

$$\beta_{BC} = \frac{\dot{Q}_H}{\dot{W}_c} = \frac{h_2 - h_3}{h_2 - h_1} = 13,5$$

13.5 EXERCÍCIOS PROPOSTOS

Ep13.1 Um sistema de refrigeração opera segundo um ciclo de refrigeração por compressão de vapor ideal. Sabe-se que o fluido de trabalho utilizado é o R-134a, e que a temperatura de condensação e a de vaporização nesse ciclo são iguais a, respectivamente, 50°C e –10°C. Pede-se para determinar o seu coeficiente de desempenho.

Resp.: 3,08.

Ep13.2 Um sistema de refrigeração que opera segundo um ciclo de refrigeração por compressão de vapor ideal utiliza como fluido refrigerante a amônia. Sabe-se que a temperatura de operação do vaporizador é igual a –15°C e que o processo de condensação ocorre a 46°C. Considerando que é necessária uma taxa de transferência de calor do ambiente refrigerado para o fluido de trabalho igual a 2 kW, pede-se para determinar a vazão mássica de fluido refrigerante através do condensador, a potência requerida pelo compressor e o coeficiente de desempenho do ciclo.

Resp.: 0,117 kg/min; 611 W; 3,28.

Ep13.3 Uma bomba de calor é utilizada para manter um ambiente aquecido. Sabe-se que a taxa de transferência de calor do fluido refrigerante, R-134a, para esse ambiente é igual a 2,6 kW, que o vaporizador opera a 10°C e que o condensador opera a 40°C.

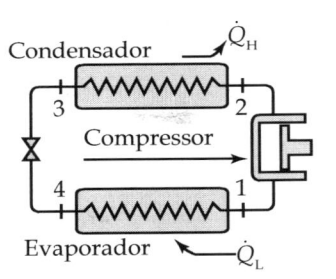

Figura Ep13.3

Considerando que essa bomba de calor opera segundo um ciclo de refrigeração por compressão de vapor ideal, pede-se para calcular a vazão de fluido refrigerante através do condensador, a potência requerida pelo compressor e o coeficiente de desempenho do ciclo.

Ep13.4 Preocupado com o desempenho do seu time de futebol, um determinado clube instalou em seu centro de treinamento uma piscina aquecida. Pretendendo economizar ao máximo no processo de aquecimento da água da piscina de forma a poder pagar melhores salários aos jogadores, o presidente do clube optou pela instalação de uma bomba de calor. Veja a Figura Ep13.3. A taxa de transferência de calor requerida para manter a água aquecida é igual a 10 kW. Considere que a bomba de calor opera segundo um ciclo de refrigeração por compressão de vapor utilizando R-134a como fluido de trabalho e que a temperatura de mudança de fase no condensador seja igual a 40°C e, no evaporador, igual a 5°C. Supondo que a entalpia do fluido refrigerante na seção de saída do compressor seja igual a 276 kJ/kg, determine:

a) a taxa de transferência de calor no evaporador da bomba de calor em kW;

b) o coeficiente de desempenho do ciclo; e

c) a vazão de fluido refrigerante admitida no compressor.

Resp.: 8,65 kW; 7,42; 59,6 g/s.

Ep13.5 Uma bomba de calor, que opera segundo um ciclo de refrigeração ideal, tem como fluido refrigerante a amônia e é utilizada para aquecer a água de uma piscina. As temperaturas do fluido refrigerante no evaporador e no condensador são, respectivamente, iguais a 5°C e 40°C. Nessas condições, pede-se para calcular: a potência requerida pelo compressor; a taxa de calor transferida à água da piscina; e a vazão mássica de fluido refrigerante requerida para aquecer 100 m³ de água contida em uma piscina da temperatura de 15°C para 20°C em 30 horas. Considere que 12% da energia fornecida à água é transferida por calor para o meio ambiente.

Ep13.6 Uma cooperativa de ranicultores concluiu pela necessidade de instalar uma câmara frigorífica que propiciasse o rápido congelamento das rãs abatidas. Ao considerar esse fato, o engenheiro responsável pelo projeto concluiu pela necessidade de uma taxa de transferência de calor no evaporador igual a 3 kW. Considere que o fluido refrigerante a ser utilizado é o R-134a, que a temperatura no evaporador é igual a –30°C e que a pressão no condensador é igual a 1 MPa. Nessas condições, pede-se a vazão mássica de fluido refrigerante através do compressor, a potência requerida pelo compressor e o coeficiente de desempenho desse equipamento.

Resp.: 0,0240 kg/s; 1,24 kW; 2,42.

Ep13.7 Um freezer industrial utiliza R-134a como fluido de trabalho. Considere que a temperatura no evaporador é igual a –30°C, que a pressão no condensador é igual a 1 MPa e que

a capacidade de refrigeração desse equipamento é igual a 4 kW. Nessas condições, pede-se a vazão mássica de fluido refrigerante através do compressor, a potência requerida pelo compressor e o coeficiente de eficácia desse equipamento.

Resp.: 0,032 kg/s; 1,65 kW; 2,42.

Ep13.8 Em uma unidade industrial, uma bomba de calor é utilizada para promover o aquecimento de 0,1 kg/s de água na pressão atmosférica – veja a Figura Ep13.8. Considere que a bomba de calor opera com R-134a, que a temperatura no evaporador é igual a 15°C e que a temperatura mínima no condensador é igual a 60°C. Considere também que a temperatura da água na entrada do condensador é igual a 50°C, que a sua temperatura na saída do condensador é igual a 55°C, e que o ar ambiente, na entrada do evaporador, é um gás ideal que está a 21°C e, na saída do evaporador, a 16°C.

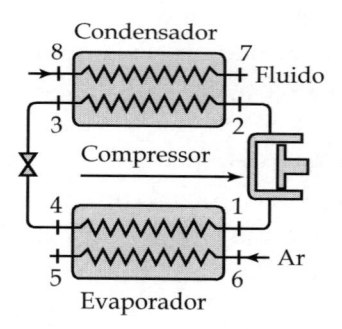

Figura Ep13.8

Nessas condições, pede-se para determinar: a vazão de R-134a; a potência do compressor; a vazão mássica de ar; a taxa de calor para a água; e a taxa de calor do ar para o fluido refrigerante.

Resp.: 0,0144 kg/s; 367 W; 0,344 kg/s; 2,09 kW; 1,73 kW.

Ep13.9 Em um processo industrial é necessário transferir calor do ambiente a 20°C, promovendo o aquecimento de um produto que deverá permanecer a 70°C. Para tal, propõe-se a utilização de uma bomba de calor que deve utilizar o fluido refrigerante R-134a. Sabendo que esse equipamento opera segundo o ciclo de refrigeração por compressão de vapor, que a potência requerida pelo compressor é igual 750 W e que o rendimento do compressor é igual a 80%, determine: a vazão mássica de fluido refrigerante através do compressor; a taxa de transferência de calor para o produto a ser aquecido; e o coeficiente de desempenho desse equipamento.

Resp.: 0,0225 kg/s; 3,12 kW; 4,17.

Ep13.10 Deseja-se resfriar a vazão de 0,01 kg/s de água na fase líquida a 100 kPa, que escoa em regime permanente através de um duto. A temperatura da água é igual a 80°C e deseja-se obtê-la a 30°C. Para tal, propõe-se instalar um sistema de refrigeração por compressão de vapor que opere segundo um ciclo ideal utilizando amônia como fluido de trabalho.

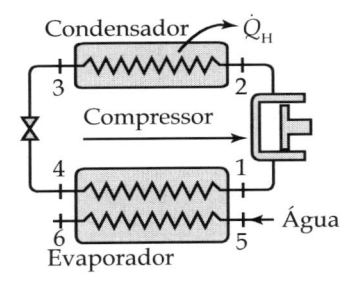

Figura Ep13.10

Considere que a temperatura de mudança de fase no condensador seja igual a 50°C e no evaporador igual a 10°C. Determine a temperatura máxima alcançada pelo fluido refrigerante, o coeficiente de desempenho do ciclo e a taxa de transferência de calor com a fonte fria.

Ep13.11 Pretende-se utilizar uma bomba de calor para aquecer ar utilizado em um processo industrial. A taxa de transferência de calor requerida para esse aquecimento é igual a 20 kW. Considere que a bomba de calor opera segundo um ciclo de refrigeração por compressão de vapor utilizando R-134a como fluido de trabalho, que a temperatura de mudança de fase no condensador é igual a 40°C e no evaporador igual a 0°C. Considere também que a entalpia do fluido refrigerante na saída do compressor seja igual a 290 kJ/kg. Determine a vazão de fluido refrigerante através do sistema, a potência requerida pelo compressor e o coeficiente de desempenho do ciclo.

Resp: 0,11 kg/s; 4,35 kW; 3,6.

Ep13.12 Em um ciclo de refrigeração por compressão de vapor que usa amônia como fluido refrigerante, a temperatura no evaporador é igual a –22°C e a temperatura de mudança de fase no condensador é igual a 45°C. Sabendo que a vazão mássica de amônia no ciclo é igual a 0,2 kg/s e que a entalpia da amônia na seção de descarga do compressor é igual a 1520 kJ/kg, determine a capacidade de refrigeração do ciclo, a potência requerida pelo compressor e o coeficiente de desempenho do ciclo.

Resp.: 203,8 kW; 17,1 kW; 11,9.

Ep13.13 Uma bomba de calor, que opera segundo um ciclo de refrigeração por compressão de vapor, utiliza como fluido refrigerante a amônia e se destina ao aquecimento da água de uma piscina. As temperaturas de mudança de fase do fluido refrigerante no evaporador e no condensador são, respectivamente, iguais a 2°C e 40°C.

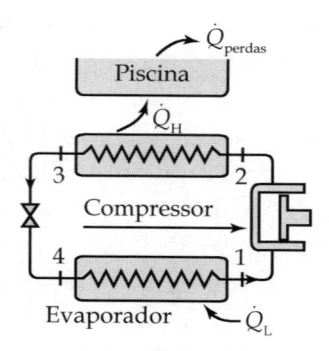

Figura Ep13.13

Sabendo que na seção de descarga do compressor a amônia está a 1800 kPa e 50°C, pede-se para determinar o trabalho específico requerido pelo compressor, o calor transferido à água da piscina por quilograma de fluido refrigerante, o coeficiente de desempenho da bomba de calor e a potência requerida pelo compressor para que seja elevada a temperatura de 120 m³ de água, contida em uma piscina, de 10°C para 20°C em 24 horas. Considere que 10% da energia fornecida à água é transferida por calor para o meio ambiente.

Resp.: 43,7 kJ/kg; 1117 kJ/kg; 25,6; 2,53 kW.

Ep13.14 Um aparelho de ar-condicionado deve reduzir a temperatura de uma vazão de 0,2 kg/s de ar de 30°C para 10°C. Considere que esse aparelho opere segundo um ciclo ideal de refrigeração por compressão de vapor utilizando R-134a como fluido de trabalho, que a temperatura de mudança de fase no condensador seja igual a 40°C e no evaporador igual a 0°C. Determine a vazão de fluido refrigerante admitida no compressor, a potência requerida pelo compressor e o coeficiente de desempenho do ciclo.

Ep13.15 Um refrigerador de pequeno porte que utiliza como fluido de traba-

lho fluido refrigerante R-134a foi instrumentado, e se verificou que:

a) a temperatura de admissão do fluido refrigerante no compressor é igual a –20°C;

b) a temperatura e a pressão do fluido refrigerante na tubulação de exaustão do compressor são iguais, respectivamente a 70°C e 1 MPa.

Considerando que os demais equipamentos que constituem o refrigerador são ideais, pede-se para determinar: o trabalho específico requerido pelo compressor; o coeficiente de eficácia do refrigerador; a vazão de fluido refrigerante requerida para transferir 10 kW do ambiente refrigerado; e o rendimento do compressor.

Resp.: –65,5 kJ/kg; 2; 0,0763 kg/s; 0,643.

Ep13.16 Uma bomba de calor é utilizada para manter uma estufa aquecida. Para tal, é necessário transferir do condensador da bomba de calor para o ar presente no interior da estufa 4 kW. Sabe-se que a bomba de calor opera utilizando como fluido refrigerante R-134a, que a pressão reinante no seu condensador é igual a 10 bar e que a temperatura de mudança de fase no seu evaporador é 4°C. Sabendo-se que o compressor admite vapor saturado e o descarrega a 60°C, pede-se para calcular a potência requerida pelo compressor e o coeficiente de eficácia da bomba de calor.

Resp.: 873 W; 4,58.

Ep13.17 Uma câmara frigorífica precisa ser mantida a –15°C. Para tal, propõe-se o uso de um sistema de refrigeração por compressão de vapor que usa o refrigerante R-

-134a como fluido de trabalho, com condensador operando a 1,4 MPa e com o evaporador operando a –20°C.

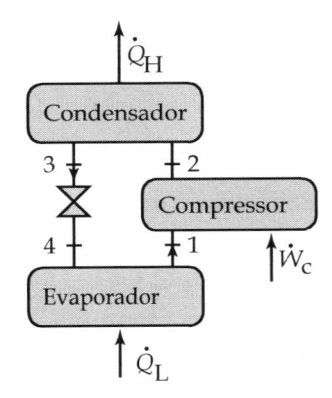

Figura Ep13.17

Considerando que a carga térmica da câmara frigorífica é igual a 10 kW e que os componentes do sistema de refrigeração são ideais, pede-se para avaliar: a temperatura de descarga do compressor; a vazão mássica de fluido refrigerante através dos componentes do sistema; a potência requerida pelo compressor; e o coeficiente de desempenho do sistema de refrigeração.

Resp.: 61,9°C; 0,090 kg/s; 4,44 kW; 2,25.

Ep13.18 Em uma unidade industrial, pretende-se instalar uma unidade de refrigeração que usa amônia como fluido de trabalho para a produção de água gelada para refrigerar o molde de uma injetora. O manual da injetora indica a necessidade de 1 m³/h de água a 7°C e informa que a temperatura de saída deverá ser igual a 15°C. A pressão de admissão da amônia no compressor é igual a 190,2 kPa e a pressão de descarga do compressor é igual a 2 MPa. Considere que o ciclo de refrigeração pode ser modelado como sendo um ci-

clo ideal de refrigeração por compressão de vapor que utiliza um compressor isentrópico. Determine: a taxa de transferência de calor entre a amônia e a água gelada no evaporador; o trabalho específico requerido pelo compressor; a potência requerida pelo compressor; e o coeficiente de desempenho do sistema de refrigeração.

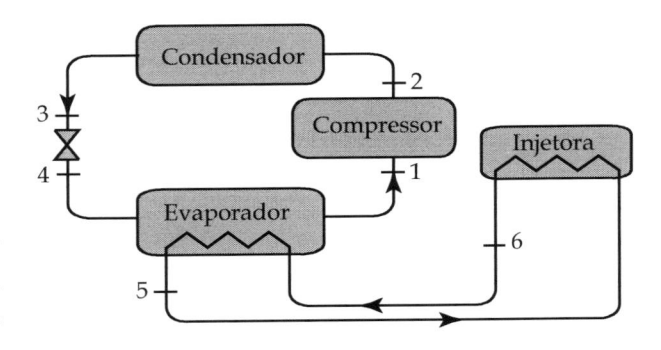

Figura Ep13.18

Resp.: 9,32 kW; 186,5 kJ/kg; 1,68 kW; 5,53.

Ep13.19 Uma bomba de calor ideal utiliza amônia como fluido de trabalho. Seu compressor admite vapor saturado a 5°C e descarrega vapor superaquecido a 1 MPa. Sabe-se que essa bomba deve promover a taxa de transferência de calor igual a 10 kW para o ambiente a ser aquecido. Considerando que as entalpias do fluido refrigerante nas seções de admissão e descarga do condensador são, respectivamente, 1670 kJ/kg e 320 kJ/kg, responda: qual é a vazão mássica de fluido refrigerante na bomba de calor? Qual é a potência requerida pelo compressor? Qual é o coeficiente de desempenho dessa bomba de calor?

Resp.: 0,444 kg/min; 1,50 kW; 6,66.

Ep13.20 Um refrigerador opera segundo um ciclo ideal de refrigeração por compressão de vapor, conforme indicado na Figura Ep13.20. Sabe--se que $h_1 = 380$ kJ/kg, $h_3 = 256$ kJ/kg, e que a sua capacidade de refrigeração é igual a 2,48 kW. Determine a vazão mássica de fluido refrigerante, R-134a, que escoa através do evaporador.

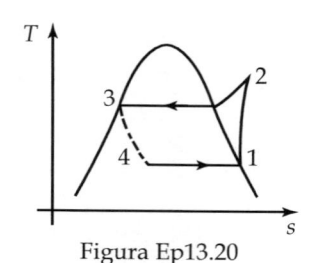

Figura Ep13.20

Resp.: 0,0192 kg/s.

Ep13.21 Pretendendo-se promover a refrigeração de uma câmara frigorífica destinada ao armazenamento de carnes, optou-se pela aplicação de um sistema de refrigeração por compressão de vapor que utiliza R-134a como fluido de trabalho. Considere que a temperatura de mudança de fase no evaporador é igual a –24°C, que a pressão reinante no condensador é igual a 10 bar, que o fluido é admitido no compressor no estado de vapor saturado e é dele descarregado a 60°C. Sabendo que a capacidade frigorífica desejada é igual a 15 kW, calcule a potência requerida pelo compressor e o coeficiente de eficácia do sistema de refrigeração.

Resp.: 6,70 kW; 2,24.

Ep13.22 Um empresário decidiu adquirir um monobloco frigorífico (sistema de refrigeração por compressão de vapor) para prover a refrigeração de uma câmara fria destinada ao armazenamento de verduras e legumes. Sabe-se que o monobloco escolhido utiliza R-134a como fluido refrigerante, que seu evaporador opera a 4°C, que a pressão do fluido refrigerante no seu condensador é igual a 10 bar e que a temperatura do fluido refrigerante na seção de descarga do compressor é igual a 60°C. Considerando que a carga térmica a ser suprida é igual a 10 kW e que o compressor admite vapor saturado, pede-se para determinar: a vazão de fluido refrigerante; a potência requerida pelo compressor; a taxa de transferência de calor do condensador para o meio ambiente; e o coeficiente de desempenho da unidade.

Resp.: 0,0688 kg/s; 2,80 kW; 12,8 kW; 3,58.

Ep13.23 Em uma empresa fabricante de artefatos de borracha, um engenheiro propõe o uso de um sistema de refrigeração por compressão de vapor para refrigerar um ambiente no qual será armazenada massa para vulcanização dos artefatos a serem produzidos. Sabe-se que o evaporador desse sistema opera na temperatura de –24°C, a pressão do fluido refrigerante, R-134a, no condensador é igual a 10 bar e a temperatura de descarga do compressor é igual a 80°C. Considerando que a capacidade frigorífica desejada é igual a 5 kW, avalie: a vazão mássica de fluido refrigerante; a potência requerida pelo compressor; a taxa de transferência de calor para o meio ambiente; e o coeficiente de desempenho do refrigerador.

Resp.: 3,89 g/s; 3,05 kW; 8,05 kW; 1,64.

Ep13.24 Uma bomba de calor opera segundo um ciclo de refrigeração por compressão de vapor. Sabe-se que o fluido de trabalho utilizado é a amônia, que a temperatura de condensação e a de vaporização nesse ciclo são iguais, respectivamente, a 0°C e 50°C e que, na seção de saída do compressor, a temperatura da amônia é igual a 100°C e sua pressão é igual a 2 MPa. Pede-se para determinar o trabalho específico no compressor, a taxa de transferência específica de calor no evaporador e o coeficiente de desempenho da bomba de calor.

Resp.: 187,8 kJ/kg; 1022 kJ/kg; 6,44.

Ep13.25 Uma bomba de calor é utilizada para manter uma estufa aquecida. Para tal, é necessário transferir do condensador da bomba de calor para o ar presente no interior da estufa 5 kW. Sabe-se que a bomba de calor opera utilizando como fluido refrigerante R-134a, que a pressão reinante no seu condensador é igual a 12 bar e que a temperatura de mudança de fase no seu evaporador é 5°C. Considere que o compressor admite vapor saturado e o descarrega a 70°C e que, na seção de descarga do condensador, o fluido refrigerante encontra-se a 45°C.

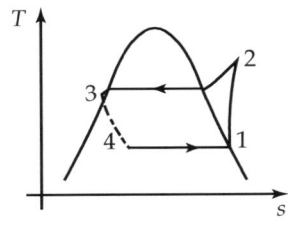

Figura Ep13.25

Calcule a vazão mássica de fluido refrigerante no compressor e o coeficiente de eficácia da bomba de calor.

Resp.: 27,1 g/s; 3,91.

Ep13.26 A capacidade de refrigeração de um refrigerador que opera utilizando R-134a é igual a 1,2 kW. Veja a Figura Ep13.25. Sabe-se que a pressão reinante no seu condensador é igual a 10 bar e que a temperatura de mudança de fase no seu evaporador é –26°C. Considere que o compressor admite vapor

saturado e o descarrega a 60°C e que o fluido refrigerante encontra-se, na seção de descarga do condensador, a 38°C (sub-resfriado). Calcule a vazão mássica de fluido refrigerante, o coeficiente de eficácia do refrigerador e a potência requerida pelo compressor.

Resp.: 9,27 g/s; 544 W.

Ep13.27 Uma unidade industrial de produção de água gelada opera por meio de um ciclo de refrigeração por compressão de vapor – veja a Figura Ep13.27. A vazão mássica de água gelada produzida é igual a 0,2 kg/s, sendo que a água é recebida a $T_6 = 15°C$ e liberada para uso a $T_5 = 5°C$.

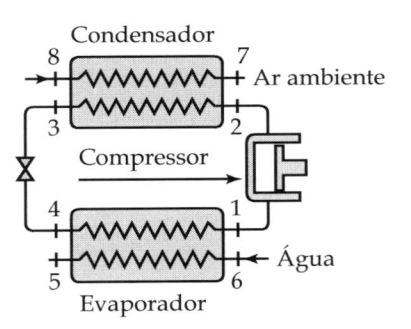

Figura Ep13.27

Considere que o sistema de refrigeração opera com R-134a, a temperatura no evaporador é $T_1 = T_4$ = –5°C e a temperatura mínima no condensador é $T_3 = 60°C$, que o compressor admite vapor saturado e que o condensador descarrega líquido saturado. Considere também que a temperatura do ar é, na entrada do condensador, $T_7 =$ 30°C e, na saída do condensador, $T_8 = 50°C$. Nessas condições, pede-se para determinar: a vazão de R-134a; a potência do compressor; a vazão mássica de ar; a taxa de calor da água para o R-134a; e a taxa de calor do R-134a para o ar.

PSICROMETRIA

Tradicionalmente, ao longo da parte inicial de um curso básico de termodinâmica, é adotada a hipótese de que o ar é uma substância constituída principalmente por nitrogênio, oxigênio e argônio e que, em sua constituição, não há água. Observamos que, de fato, o ar ambiente é úmido, e essa umidade desenvolve um papel importante em nosso dia a dia, influenciando, por exemplo, o comportamento do nosso organismo, fazendo com que nós nos sintamos mais ou menos confortáveis. Do ponto de vista da engenharia térmica, a umidade do ar desenvolve um papel importante na operação de equipamentos tais como os de ar condicionado e torres de resfriamento de água, em aplicações nos quais se utiliza ar comprimido e em muitas outras. Assim,

justifica-se o estudo do comportamento do *ar úmido*, o ar que apresenta em sua constituição certa quantidade de água. Denominamos esse estudo de *psicrometria*.

14.1 O MODELO DE DALTON

Inicialmente, estudaremos um modelo, denominado *modelo de Dalton*, que, embora seja simples, é adequado e com frequência utilizado para representar misturas de gases ideais. Com o intuito de apresentar o modelo, consideremos uma mistura composta por apenas dois gases ideais, que denominaremos A e B, que ocupe um determinado volume V e que esteja na temperatura T e na pressão p, conforme ilustrado na Figura 14.1.

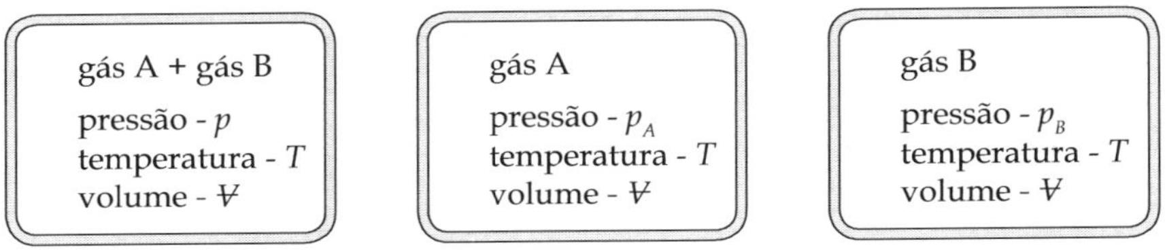

gás A + gás B	gás A	gás B
pressão - p	pressão - p_A	pressão - p_B
temperatura - T	temperatura - T	temperatura - T
volume - V	volume - V	volume - V

Figura 14.1 Modelo de Dalton

O modelo de Dalton pressupõe que os dois gases ocupam simultaneamente o mesmo volume, estando na mesma temperatura T, porém em pressões diferentes p_A e p_B, que são denominadas *pressões parciais* dos gases A e B. Como estamos trabalhando com uma mistura, podemos afirmar que a soma das massas dos gases A e B será igual à massa da mistura e que a soma do número de mols dos gases A e B será igual ao número de mols da mistura:

$$m = m_A + m_B \tag{14.1}$$

$$n = n_A + n_B \tag{14.2}$$

Considerando, por hipótese, que os dois gases são ideais e utilizando o modelo de Dalton, podemos utilizar a equação de estado dos gases ideais, o que resulta em:

$$p\mathcal{V} = n\bar{R}T \tag{14.3}$$

$$p_A\mathcal{V} = n_A\bar{R}T \tag{14.4}$$

$$p_B\mathcal{V} = n_B\bar{R}T \tag{14.5}$$

Manipulando algebricamente essas equações, obtemos:

$$\frac{p\mathcal{V}}{\bar{R}T} = \frac{p_A\mathcal{V}}{\bar{R}T} + \frac{p_b\mathcal{V}}{\bar{R}T} \tag{14.6}$$

Consequentemente:

$$p = p_A + p_B \tag{14.7}$$

Esse resultado deve ser entendido como: a soma das pressões parciais dos gases A e B é igual à pressão da mistura.

Uma característica fundamental de uma mistura de gases é a sua composição, que pode ser representada de várias formas. Uma delas reside no conhecimento da *fração mássica* de cada um dos seus componentes na mistura. Podemos definir a fração mássica do gás A, c_A, na mistura como:

$$c_A = \frac{m_A}{m} \tag{14.8}$$

Outra forma de representar a composição de uma mistura é utilizar o conceito de *fração molar*. Definimos a fração molar do gás A na mistura como:

$$y_A = \frac{n_A}{n} \tag{14.9}$$

Utilizando a equação de estado dos gases ideais e o conceito de fração molar, obtemos:

$$\frac{p_A}{p} = \frac{n_A\bar{R}T/\mathcal{V}}{n\bar{R}T/\mathcal{V}} = \frac{n_A}{n} = y_A \tag{14.10}$$

Similarmente, obtemos:

$$\frac{p_B}{p} = \frac{n_B\bar{R}T/\mathcal{V}}{n\bar{R}T/\mathcal{V}} = \frac{n_B}{n} = y_B \tag{14.11}$$

Embora tenhamos utilizado o modelo de Dalton para obter algumas expressões válidas para uma mistura de dois gases ideais A e B, elas podem ser expandidas para uma mistura de gases com N componentes, obtendo-se:

$$m = \sum_N m_i \tag{14.12}$$

$$n = \sum_N n_i \tag{14.13}$$

$$p = \sum_N p_i \tag{14.14}$$

$$p_i = y_i p \tag{14.15}$$

Em algumas situações, conhecemos a composição da mistura na base mássica e desejamos obtê-la na base molar, ou vice-versa. Podemos obter a composição em uma base a partir do conhecimento dessa composição em outra, relacionando a massa e o número de mols de um determinado componente pelo uso da massa molecular:

$$m_i = n_i M_i \tag{14.16}$$

As frações mássicas podem ser expressas em função das frações molares como se segue:

$$c_i = \frac{m_i}{m} = \frac{M_i n_i}{\sum M_j n_j} =$$

$$= \frac{(n_i M_i / n)}{\sum (n_j M_j / n)} = \frac{y_i M_i}{\sum y_j M_j} \qquad (14.17)$$

Similarmente, podemos expressar as frações molares em função das frações mássicas por:

$$y_i = \frac{n_i}{n} = \frac{m_i / M_i}{\sum m_j / M_j} =$$

$$= \frac{(m_i / M_i m)}{\sum (m_j / M_j m)} = \frac{c_i M_i}{\sum c_j M_j} \qquad (14.18)$$

Podemos utilizar os conceitos desenvolvidos até agora para determinar a massa molecular equivalente de uma mistura. Ela pode ser avaliada do seguinte modo:

$$M = \frac{m}{n} = \frac{\sum M_i n_i}{n} = \sum y_i M_i \qquad (14.19)$$

Ou seja, se conhecermos a composição de uma mistura e as massas moleculares das substâncias que a compõem, podemos determinar sua massa molecular equivalente a partir dessa expressão.

Cabe, ainda, observar, que as expressões 14.12, 14.13, 14.16, 14.17, 14.18 e 14.19 também se aplicam a misturas de substâncias que não tenham o comportamento de gases ideais.

Outra forma de expressar a composição de misturas de gases ideais consiste na determinação da sua composição em base volumétrica. Para analisar essa forma de expressar composição, podemos considerar, por hipótese, que se separamos os componentes da mistura e os mantivermos na pressão e na temperatura da mistura, a soma dos seus volumes será igual ao volume da mistura. Denominando o volume de cada gás na mistura de *volume parcial*, podemos, então, definir a fração volumétrica

y_v de um gás i na mistura como a relação entre o seu volume parcial e o volume da mistura:

$$y_{vi} = \frac{V_i}{V} \qquad (14.20)$$

Assim, utilizando a equação de estado dos gases ideais, obtemos:

$$y_{vi} = \frac{V_i}{V} = \frac{n_i RT / p}{n RT / p} = \frac{n_i}{n} = y_i \qquad (14.21)$$

Dessa forma, se ao analisarmos a composição de uma mistura de gases ideais, por exemplo, por um processo químico, obtivermos a sua composição em base volumétrica, esta composição será idêntica àquela em base molar.

14.2 MODELANDO O AR ÚMIDO

Usualmente, tratamos o ar seco como uma substância pura que se comporta como um gás ideal e, até agora, o denominamos simplesmente ar. Tendo em vista a presença de vapor d'água no ar, nos casos em que essa presença for considerada em avaliações termodinâmicas, nós o denominaremos ar úmido e o trataremos como uma mistura composta por ar seco, simulado como um gás ideal, e por vapor de água, ou seja: como uma mistura na qual tanto o ar quanto o vapor serão tratados como se fossem gases ideais. Entretanto, as propriedades do vapor serão obtidas das tabelas de propriedades termodinâmicas da água.

Consideremos, então, que em um recipiente tenhamos uma determinada massa m de ar úmido na temperatura T e na pressão p e que ela esteja ocupando o volume V. Essa massa de ar úmido é constituída pela soma das massas dos seus componentes, ou seja, pela soma da massa de ar seco, m_a, com a massa de vapor, m_v. Assim, temos:

$$m = m_a + m_v \qquad (14.22)$$

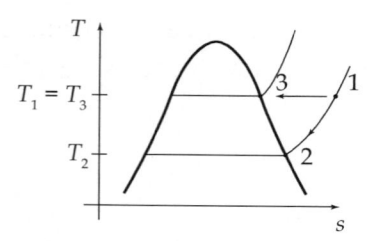

Figura 14.2 Ponto de orvalho

Supondo que essa mistura seja resfriada a pressão constante, poderemos observar que, em uma dada temperatura, o vapor d'água poderá se condensar ou, se essa temperatura for muito baixa, poderá se congelar. A temperatura na qual esse fenômeno ocorre é denominada *ponto de orvalho*.

Observemos o diagrama esquematizado na Figura 14.2. Nele indicamos duas linhas de pressão constante. Sobre a linha que apresenta temperatura de saturação T_2, estão indicados os estados 1, 2, e, sobre a linha que apresenta temperatura de saturação $T_1 = T_3$, está indicado o estado 3. Se o estado 1 corresponder ao estado do vapor d'água presente em uma massa de ar úmido, então a temperatura T_2 será a temperatura de saturação do vapor na pressão parcial $p_1 = p_2$, ou seja: a temperatura T_2 será o ponto de orvalho da massa de ar úmido.

Podemos notar também que, se o ar úmido for submetido a um processo de compressão isotérmico, o vapor d'água presente no ar poderá atingir a pressão de saturação correspondente à temperatura $T_1 = T_3$ e, então, observaremos a condensação de parte do vapor presente no ar. Esse fenômeno é corriqueiramente observado em compressores de ar comuns que, para que se possa descarregar a água na fase líquida produzida no processo de compressão, são dotados de válvulas de dreno.

Observemos, agora, as propriedades da massa de vapor presente na mistura. Elas podem ser tais que o vapor encontra-se como vapor superaquecido; no entanto, o vapor poderá estar saturado, ou seja: a sua pressão parcial poderá ser igual à pressão de saturação do vapor na temperatura da mistura. Nesse caso, quando o vapor d'água encontra-se saturado, denominamos o ar úmido *ar saturado*.

Seja p_v a pressão parcial do vapor no ar úmido e p_s a sua pressão de saturação na temperatura da mistura. Definimos a umidade relativa do ar, φ, como:

$$\varphi = \frac{p_v}{p_s} \tag{14.23}$$

Notemos que a umidade relativa é um adimensional.

Observando a Figura 14.2, notamos que a umidade relativa pode ser explicitada como:

$$\varphi = \frac{p_v}{p_s} = \frac{p_1}{p_3} \tag{14.24}$$

Como estamos tratando tanto o ar seco quanto o vapor como se fossem gases ideais na mesma temperatura, obtemos:

$$\varphi = \frac{p_v}{p_s} = \frac{\rho_v R T}{\rho_s R T} = \frac{\rho_v}{\rho_s} = \frac{v_s}{v_v} \tag{14.25}$$

Assim, conhecendo, por exemplo, a temperatura da mistura e a pressão parcial do vapor d'água, podemos determinar o volume específico do vapor e o volume específico do vapor saturado, ambos na temperatura da mistura, e, então, obter a umidade relativa da massa de ar úmido.

Uma segunda forma de explicitar o teor de água em uma dada massa de ar úmido é por intermédio da *umidade absoluta, w*, definida pela razão entre a massa de vapor e a massa de ar seco:

$$w = \frac{m_v}{m_a} \tag{14.26}$$

Utilizando a equação de estado dos gases ideais, obtemos:

$$m_v = \frac{p_v V}{\left(\bar{R}/M_v\right)T} \tag{14.27}$$

$$m_a = \frac{p_a V}{\left(\bar{R}/M_a\right)T} \tag{14.22}$$

$$w = \frac{m_v}{m_a} = \frac{\left(p_v V / \left(\bar{R}/M_v\right) T\right)}{\left(p_a V / \left(\bar{R}/M_a\right) T\right)} = \frac{p_v M_v}{p_a M_a} \qquad (14.28)$$

Nessas expressões, M_a e M_v são as massas moleculares do ar seco e do vapor, $\bar{R}$ é a constante universal dos gases e p_v e p_a são as pressões parciais do vapor e do ar seco. Substituindo-se as massas moleculares pelos seus valores numéricos, obtemos:

$$w = 0,622 \frac{p_v}{p_a} = 0,622 \frac{p_v}{p - p_v} \qquad (14.29)$$

Nessa expressão, p é a pressão da mistura, ou seja: do ar úmido.

A umidade absoluta e a relativa podem sem matematicamente correlacionadas. Eliminando-se a variável p_v entre as equações 14.23 e 14.29, obtemos:

$$p_v = \varphi p_s = \frac{w p_a}{0,622} \qquad (14.30)$$

$$w = 0,622 \varphi \frac{p_s}{p_a} \qquad (14.31)$$

Devemos notar que a umidade absoluta, assim como a relativa, é adimensional; no entanto, costuma-se expressar a umidade absoluta em *kg de água/kg de ar seco*.

14.3 PROPRIEDADES DO AR ÚMIDO E A PRIMEIRA LEI

Com frequência, é necessário aplicar a primeira lei da termodinâmica para volumes de controle nos quais ar úmido é aquecido ou resfriado, como, por exemplo, o que ocorre em uma unidade de condicionamento de ar. Nesse caso, essa aplicação é realizada considerando-se por hipótese que as variações de energia cinética e potencial são desprezíveis e que o processo ocorre em regime permanente. Um exemplo de aplicação é apresentado por meio do exercício resolvido Er14.3, que ilustra a aplicação da primeira lei para uma mistura gás-vapor. Entretanto, para aplicar a primeira lei, é necessário que estejamos habilitados para determinar propriedades de misturas de gases ideais.

As propriedades intensivas avaliadas na base mássica, como a energia interna, entalpia e entropia, podem ser calculadas como a soma das propriedades dos componentes da mistura. Por exemplo, no caso de uma mistura com dois componentes, temos:

$$\begin{aligned} U = mu = U_A + U_B = \\ = m_A u_A + m_B u_B = m\left(c_A u_A + c_B u_B\right) \end{aligned} \qquad (14.32)$$

$$\begin{aligned} H = mh = H_A + H_B = \\ = m_A h_A + m_B h_B = m\left(c_A h_A + c_B h_B\right) \end{aligned} \qquad (14.33)$$

$$\begin{aligned} S = ms = S_A + S_B = \\ = m_A s_A + m_B s_B = m\left(c_A s_A + c_B s_B\right) \end{aligned} \qquad (14.34)$$

Observamos que, como estamos tratando o vapor como um gás ideal, podemos supor que tanto a sua energia interna quanto a sua entalpia são funções apenas da temperatura e, por esse motivo avaliaremos as propriedades do vapor d'água a partir das tabelas de propriedades termodinâmicas da água, considerando que a entalpia e a energia interna do vapor levemente superaquecido pode ser tomada como sendo igual à do vapor saturado na mesma temperatura.

14.4 O PROCESSO DE SATURAÇÃO ADIABÁTICA

Considere o escoamento de ar em contato com água na fase líquida em um duto bem isolado, conforme esquematizado na Figura 14.3. Se a umidade relativa do ar na seção de entrada do duto for inferior a 100%, ocorrerá a vaporização de água na fase líquida, de forma a incorporar ao ar uma quantidade adicional de vapor d'água, fazendo com que a umidade relativa do ar aumente. Se essa umidade atingir 100%, diremos que o ar tornou-se saturado e, não tendo havido transferência de energia por calor do meio para o ar e para a água devido à existência do isolamento térmico, nós denominamos esse processo de *saturação adiabática*. Devemos observar que a vaporização da água requer energia que, pelo fato de o processo ser adiabático, necessariamente deve ser fornecida pela corrente de ar, causando a redução da sua temperatura. Esta, no caso de ocorrer a saturação, é denominada *temperatura de saturação adiabática*.

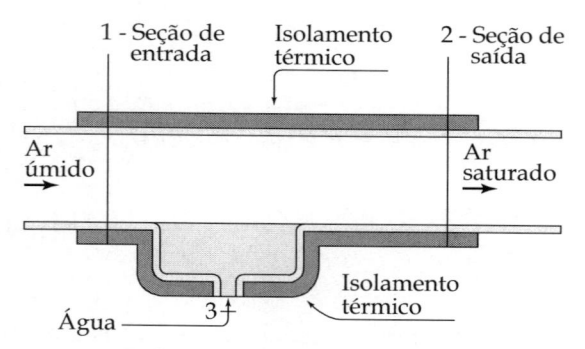

Figura 14.3 Saturação adiabática

Esse processo é frequentemente utilizado para promover o resfriamento de correntes de ar em equipamentos denominados *resfriadores evaporativos*, também conhecidos como *saturadores adiabáticos*.

14.5 EXERCÍCIOS RESOLVIDOS

Er14.1 A composição em volume do ar seco pode ser dada pela sua composição em base volumétrica:

$$y_{vO2} = 20,95\%; \quad y_{vN2} = 78,10\%;$$

$$y_{vAr} = 0,92\%; \quad e \quad y_{vCO2} = 0,03\%.$$

Pede-se para determinar a sua massa molecular média e a sua composição na base mássica.

Solução

a) Dados e considerações
Inicialmente, registraremos os valores das massas moleculares das substâncias componentes do ar seco:

$$M_{O2} = 31,999; \quad M_{N2} = 28,013;$$

$$M_{Ar} = 39,948; \quad M_{CO2} = 44,01.$$

Sabemos que a composição na base volumétrica é equivalente à composição na base molar, ou seja:

$$y_{O2} = 20,95\% = 0,2095;$$

$$y_{N2} = 78,10\% = 0,7810;$$

$$y_{Ar} = 0,92\% = 0,0092;$$

$$e \quad y_{CO2} = 0,03\% = 0,0003.$$

b) Análise e cálculos
A transposição da base molar para a mássica é obtida pelo uso da expressão:

$$c_i = \frac{m_i}{m} = \frac{y_i M_i}{\sum y_j M_j}$$

Aplicando para os diversos componentes da mistura, obtemos a composição em base mássica:

$$c_{O2} = \frac{y_{O2} M_{O2}}{\substack{y_{O2} M_{O2} + y_{N2} M_{N2} + \\ + y_{Ar} M_{Ar} + y_{CO2} M_{CO2}}} =$$

$$0,2314 = 23,14\%$$

$$c_{N2} = \frac{y_{N2} M_{N2}}{\substack{y_{O2} M_{O2} + y_{N2} M_{N2} + \\ + y_{Ar} M_{Ar} + y_{CO2} M_{CO2}}} =$$

$$0,7554 = 75,54\%$$

$$c_{Ar} = \frac{y_{Ar} M_{Ar}}{\substack{y_{O2} M_{O2} + y_{N2} M_{N2} + \\ + y_{Ar} M_{Ar} + y_{CO2} M_{CO2}}} =$$

$$0,0127 = 1,27\%$$

$$c_{CO2} = \frac{y_{CO2} M_{CO2}}{\substack{y_{O2} M_{O2} + y_{N2} M_{N2} + \\ + y_{Ar} M_{Ar} + y_{CO2} M_{CO2}}} =$$

$$0,0005 = 0,05\%$$

A massa molecular média é dada por:

$$M = \frac{m}{n} = \frac{\sum m_i n_i}{n} = \sum y_i M_i$$

$$M = \sum y_i M_i = y_{O2} M_{O2} + y_{N2} M_{N2} +$$
$$y_{Ar} M_{Ar} + y_{CO2} M_{CO2}$$

$$M = 28,96$$

Er14.2 Em uma loja de departamentos, foi medida a umidade relativa do ar desse ambiente e obtido o valor de 68,6%. Considerando que essa temperatura é mantida igual a 21°C por um aparelho de ar condicionado que não recebe ar do exterior e que a pressão atmosférica local é igual a 94 kPa, pede-se para determinar a umidade absoluta e o ponto de orvalho do ar ambiente.

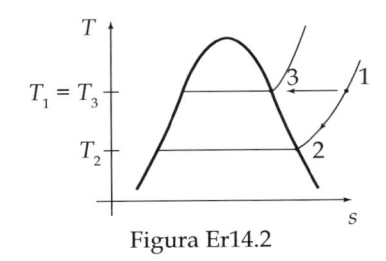

Figura Er14.2

Solução

a) Dados e considerações
São dados:

$\varphi = 68,6\%$; temperatura ambiente: 21°C; pressão atmosférica: 94 kPa.

b) Análise e cálculos
Consideremos a Figura Er14.2. Seja 1 o estado do vapor d'água presente no ar ambiente. A sua pressão de saturação na temperatura $T_1 = 21°C$, obtida das tabelas de propriedades termodinâmicas da água, será:

$$p_s = p_3 = 2,488 \text{ kPa}$$

Como a umidade relativa é dada por $\varphi = (p_v/p_s)$, obtemos a pressão parcial do vapor d'água no ar ambiente:

$$p_v = \varphi p_s = 1,707 \text{ kPa}$$

O ponto de orvalho é a temperatura de saturação do vapor d'água na pressão de 1,706 kPa, que na Figura Er14.1 é denominada T_2. Recorrendo às tabelas de propriedades termodinâmicas da água, obtemos: $T_2 = 15°C$.

Ou seja: o ponto de orvalho do ar úmido presente na sala é igual a 15°C.

A umidade absoluta do ar ambiente é dada por:

$$w = 0,622\varphi \frac{p_s}{p_a}$$

Devemos observar que a pressão p_a é a pressão parcial do ar seco na mistura, que é dada por:

$$p_a = p - p_v$$

Sabendo que a pressão da mistura é a pressão ambiente, 94 kPa, obtemos:

$$p_a = 94 - 1,707 = 92,294 \text{ kPa}$$

Substituindo-se os valores conhecidos na equação 14.31, obtemos:

$$w = 0,0115 \text{ kg água/kg ar seco}$$

Er14.3 Considere a situação explicitada no exercício Er14.2. Se o equipamento de ar condicionado parar de operar, causando a elevação da temperatura do ambiente refrigerado para 25°C, sem que haja alteração na pressão atmosférica, qual será a nova umidade relativa?

Solução

a) Dados e considerações
São dados: temperatura ambiente final: 25°C; pressão atmosférica: 94 kPa.

Utilizemos o índice 1 para denotar as propriedades do ar úmido, do ar seco e do vapor no início do aquecimento e o índice 2 para denotar as propriedades no final do processo. Consideremos que a pressão ambiente tenha permanecido constante, de forma que o ar ambiente tenha sido submetido a um processo de aquecimento isobárico. Assim: $p = 94$ kPa.

b) Análises e cálculos

A pressão de saturação do vapor na temperatura de $T_2 = 25°C$ é obtida das tabelas de propriedades termodinâmicas da água, $p_{s2} = 3,170$ kPa.

Como, ao longo do processo de aquecimento, a umidade absoluta do ar permanece constante, temos:

$$w = 0,622 \frac{p_{v1}}{p - p_{v1}} = 0,622 \frac{p_{v2}}{p - p_{v2}}$$

Podemos, então, concluir que a pressão parcial do vapor não é alterada:

$p_{v1} = p_{v2} = 1,707$ kPa

Assim, a nova umidade relativa será igual a:

$$\varphi_2 = \frac{p_{v2}}{p_{s2}} = \frac{1,707}{3,170} = 0,538 = 53,8\ \%$$

Podemos verificar, com base neste exercício, que o aumento de temperatura de uma massa de ar úmido reduz a sua umidade relativa.

Er14.4 Em um equipamento de condicionamento de ar, admite-se 1 kg/s de ar a $p_1 = 95$ kPa e $T_1 = 25°C$ e umidade relativa $\varphi_1 = 80\%$, que é descarregado a $p_2 = 94$ kPa e $T_2 = 15°C$.

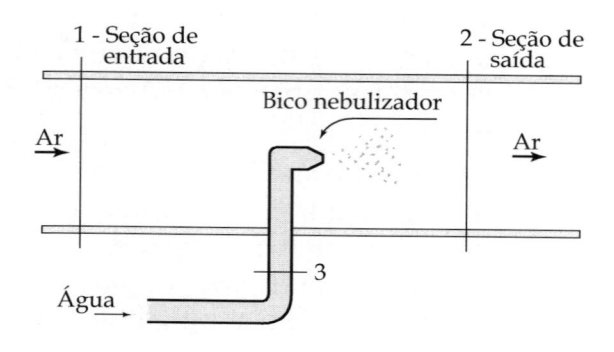

Figura Ep14.13

Pede-se para determinar a umidade absoluta e o ponto de orvalho na seção de entrada e na de saída do equipamento, a vazão de água condensada e a taxa de transferência de energia por calor entre a corrente de ar e a serpentina.

Solução

a) Dados e considerações

• Escolha do volume de controle
Consideremos o volume de controle com uma seção de entrada e duas de saída nas quais as propriedades do fluido serão caracterizadas, respectivamente, pelos índices 1, 2 e 3.

• Propriedades
As propriedades serão identificadas pelos mesmos índices que denominam as seções nas quais elas são avaliadas.

São conhecidos: $p_1 = 95$ kPa, $T_1 = 25°C$, $\varphi_1 = 80\%$, $p_2 = 94$ kPa e $T_2 = 15°C$.

• Consideraremos, por hipótese, que:
• as variações de energia cinética e potencial são nulas;
• não há trabalho realizado pelo ou sobre o ar ao longo do processo;
• o processo ocorre em regime permanente;
• o ar é um gás ideal com calores específicos constantes e iguais a $c_p = 1,004$ kJ/(kg.K) e $c_v = 0,717$ kJ/(kg.K);
• o vapor d'água tem comportamento de gás ideal;
• as propriedades do vapor d'água serão obtidas a partir das tabelas de propriedades termodinâmicas da água e, como estamos tratando o vapor como um gás ideal, consideraremos que a entalpia do vapor levemente superaquecido pode ser tomada como sendo igual à do vapor saturado na mesma temperatura; e

- a água condensada, descarregada através da seção 3, é saturada e está na temperatura T_2.

b) Análises e considerações

- Determinação do ponto de orvalho e da umidade absoluta do ar na seção de entrada do volume de controle

A pressão de saturação do vapor na temperatura $T_1 = 25°C$, obtida das tabelas de propriedades termodinâmicas da água, é:

$p_{s1} = 3,169$ kPa

Como a umidade relativa é dada por $\varphi = (p_v/p_s)$, obtemos a pressão parcial do vapor d'água no ar ambiente:

$p_{v1} = \varphi_1 p_{s1} = 2,535$ kPa

O ponto de orvalho é a temperatura de saturação do vapor d'água na pressão de 2,535 kPa. Recorrendo às tabelas de propriedades termodinâmicas da água, observamos que essa temperatura de saturação é igual a 21,3°C. Ou seja: o ponto de orvalho do ar úmido na seção de entrada do volume de controle é 21,3°C.

- A umidade absoluta do ar na entrada do volume de controle é:

$w_1 = 0,622 \dfrac{p_{v1}}{p_1 - p_{v1}} = 0,01705$

- Determinação do ponto de orvalho e da umidade absoluta do ar na sua seção de saída do volume de controle

A pressão de saturação do vapor na temperatura $T_2 = 15°C$, obtida das tabelas de propriedades termodinâmicas da água, é:

$p_{s2} = 1,705$ kPa

Como a umidade relativa é dada por $\varphi = (p_v/p_s)$, e como o ar encontra-se saturado na sua seção de descarga, $\varphi_2 = 100\%$, a pressão parcial do vapor d'água no ar ambiente é igual à sua pressão de saturação a 15°C:

$p_{v2} = \varphi p_{s2} = 1,705$ kPa

Como o ar encontra-se saturado, a sua temperatura coincide com o seu ponto de orvalho.

- A umidade absoluta do ar na entrada do volume de controle é:

$w_2 = 0,622 \dfrac{p_{v2}}{p_2 - p_{v2}} = 0,0115$

Devemos observar que, embora a umidade relativa do ar tenha aumentado, a sua umidade absoluta foi reduzida.

- Determinação da vazão mássica de ar seco e de vapor entrante no volume de controle

A vazão mássica de ar úmido na seção de entrada 1 do volume de controle é $\dot{m}_1 = 1$ kg/s e é igual à soma das vazões de ar seco e vapor. Como a sua umidade absoluta é $w_1 = 0,01705$, obtemos:

$w_1 = \dfrac{\dot{m}_{v1}}{\dot{m}_{ar1}}$ e $\dot{m}_1 = \dot{m}_{ar1} + \dot{m}_{v1}$

Resolvendo esse sistema de duas equações, obtemos:

$\dot{m}_{ar1} = \dfrac{\dot{m}_1}{1 + w_1} = 0,983$ kg/s

$\dot{m}_{v1} = \dot{m}_1 - \dot{m}_{ar1} = 0,0168$ kg/s

Nessas expressões e nas seguintes, o índice *ar* se refere ao ar seco, o índice *v* se refere à água na fase vapor presente no ar úmido e o índice *l* se refere à água na fase líquida.

- Aplicação do princípio da conservação da massa

Como o ar seco e a água estão sendo tratados como duas substâncias distintas e que não reagem quimicamente entre si, poderemos aplicar o princípio da conservação da massa para a corrente de ar e para a água independentemente. Sob as hipóteses já adotadas, obtemos:

$$\dot{m}_{ar1} = \dot{m}_{ar2} = \dot{m}_{ar} = 0,979 \text{ kg/s}$$

$$\dot{m}_{v1} = \dot{m}_{v2} + \dot{m}_{l3}$$

- Determinação da vazão mássica de vapor na seção de saída 2 do volume de controle

Como a umidade absoluta na seção 2 é $w_2 = 0,0115$, obtemos:

$$w_2 = \frac{\dot{m}_{v2}}{\dot{m}_{ar2}} \quad \Rightarrow$$

$$\Rightarrow \quad \dot{m}_{v2} = \dot{m}_{ar2} w_2 = 0,0113 \text{ kg/s}$$

- Determinação da vazão mássica de água condensada

Do princípio da conservação da massa aplicada à água, vem:

$$\dot{m}_{v1} = \dot{m}_{v2} + \dot{m}_{l3} \quad \Rightarrow$$

$$\Rightarrow \quad \dot{m}_{l3} = 0,0055 \text{ kg/s}$$

Como esse valor é positivo, podemos concluir que de fato ocorre a condensação de água na serpentina de refrigeração.

- Aplicação da primeira lei da termodinâmica

Para o volume de controle já escolhido, considerando as hipóteses adotadas, a aplicação da primeira lei resulta em:

$$\dot{Q}_{VC} + \sum \dot{m}_s h_s = \sum \dot{m}_e h_e$$

$$\dot{Q}_{VC} + \dot{m}_{ar} h_{ar1} + \dot{m}_{v1} h_{v1} =$$
$$= \dot{m}_{l3} h_{l3} + \dot{m}_{ar} h_{ar2} + \dot{m}_{v2} h_{v2}$$

Dividindo por $\dot{m}_{ar}$ e lembrando que $\dot{m}_{l3} = \dot{m}_{v1} - \dot{m}_{v2}$, obtemos:

$$\frac{\dot{Q}_{VC}}{\dot{m}_{ar}} + h_{ar1} + \frac{\dot{m}_{v1}}{\dot{m}_{ar}} h_{v1} =$$
$$= \frac{\dot{m}_{v1} - \dot{m}_{v2}}{\dot{m}_{ar}} h_{l3} + h_{ar2} + \frac{\dot{m}_{v2}}{\dot{m}_{ar}} h_{v2}$$

Lembrando que $\dot{m}_{v1}/\dot{m}_{ar}$ é a umidade absoluta w_1 do ar na seção de entrada do volume de controle e que, similarmente, $\dot{m}_{v2}/\dot{m}_{ar} = w_2$, obtemos:

$$\frac{\dot{Q}_{VC}}{\dot{m}_{ar}} + h_{ar1} + w_1 h_{v1} =$$
$$= (w_1 - w_2) h_{l3} + h_{ar2} + w_2 h_{v2}$$

Lembrando que:
$h_{ar2} - h_{ar1} = c_p (T_2 - T_1)$, podemos manipular algebricamente a equação acima e obter:

$$\frac{\dot{Q}_{VC}}{\dot{m}_{ar}} = (w_1 - w_2) h_{l3} +$$
$$+ c_p (T_2 - T_1) + w_2 h_{v2} - w_1 h_{v1}$$

ou

$$\dot{Q}_{VC} = \dot{m}_{ar} (w_1 - w_2) h_{l3} +$$
$$+ \dot{m}_{ar} c_p (T_2 - T_1) + \dot{m}_{ar} (w_2 h_{v2} - w_1 h_{v1})$$

Consultando as tabelas de propriedades termodinâmicas da água, e lembrando que aproximaremos as entalpias do vapor ligeiramente superaquecido pelas do saturado nas mesmas temperaturas, obtemos:

$h_{v1} = 2547,2$ kJ/kg (entalpia do vapor saturado a 25°C)

$h_{v2} = 2528,9$ kJ/kg (entalpia do vapor saturado a 15°C)

$h_{l3} = 62,99$ kJ/kg (entalpia do líquido saturado a 15°C)

Substituindo-se nessa equação valores já previamente calculados, obtemos:

$$\dot{Q}_{VC} = -23,7 \text{ kW}$$

Como o sinal é negativo, confirmamos que a taxa de transferência de energia por calor ocorre da corrente de ar úmido para a serpentina de refrigeração.

14.6 EXERCÍCIOS PROPOSTOS

Ep14.1 Ar úmido encontra-se a 96 kPa, 20°C e com umidade relativa igual a 60%. Determine a pressão parcial do vapor d'água no ar úmido, o seu ponto de orvalho e a sua umidade absoluta.

Resp.: 1,40 kPa; 12°C; 9,23 E-3.

Ep14.2 Ar é admitido por um compressor a 93 kPa, 18°C e com umidade absoluta igual a 0,0083. Determine o seu ponto de orvalho e a sua umidade relativa.

Resp.: 1,22 kPa; 10°C; 59,3%.

Ep14.3 Considere que a umidade relativa de uma massa de ar úmido é igual a 50% quando a sua temperatura é igual a 25°C. Considerando que a pressão absoluta dessa massa de ar é igual a 10 bar, determine a pressão parcial do vapor do ar seco, a umidade absoluta do ar úmido e o seu ponto de orvalho.

Resp.: 998,4 kPa; 0,000987; 13,9°C.

Ep14.4 Um sistema de condicionamento de ar recebe 2,2 m³/s de ar úmido a 100 kPa, 30°C e umidade relativa igual a 80%. Na seção de saída desse equipamento, o ar úmido está a 20°C, 95 kPa e umidade relativa igual a 50%. Determine a umidade absoluta na seção de entrada do sistema de condicionamento de ar e a vazão mássica de água condensada.

Resp.: 0,0219; 0,0349 kg/s.

Ep14.5 Na saída de um secador de cabelo, tem-se ar a 0,1 MPa, 50°C e umidade relativa igual a 50%. Para essas condições, determine a umidade absoluta do ar e o ponto de orvalho. É possível que a temperatura ambiente esteja a 10°C? Justifique.

Resp.: 0,0409 kg H_2O/kg ar seco; 36,6°C.

Ep14.6 A tubulação metálica de transporte de água gelada a 10°C de um sistema de refrigeração de moldes de injeção passa por um ambiente a 20°C. Se uma pequena parte dessa tubulação estiver sem isolamento térmico, qual deverá ser a umidade relativa máxima do ar ambiente para que não ocorra condensação na superfície externa do tubo?

Resp.: 52,5%.

Ep14.7 O ar comprimido é resfriado até atingir a temperatura de 5°C e a pressão de 8 bar. Nesse processo, parte da água originalmente presente no ar é condensada e separada, obtendo-se, assim, ar saturado que é armazenado em um tanque rígido a 5°C e na pressão manométrica de 8 bar. A seguir, o ar é aquecido por transferência de calor com o meio ambiente, atingindo a temperatura de 20°C. Pede-se para determinar as suas umidades absoluta e relativa ao final do processo.

Resp.: 0,000679; 39,3%.

Ep14.8 Considere que ar já refrigerado descarregado de um equipamento de condicionamento de ar esteja a 95 kPa, 10°C e com umidade relativa igual a 50%. Suponha que ele seja aquecido a pressão constante, atingindo a temperatura de 30°C. Determine a umidade relativa ao final do aquecimento.

Resp.: 14,5%.

Ep14.9 Um sistema de condicionamento de ar recebe 1,3 kg/s de ar úmido a

100 kPa, 25°C e com umidade relativa igual a 80%. Na seção de saída desse equipamento, o ar úmido está a 20°C, 95 kPa e com umidade relativa igual a 50%. Determine a umidade absoluta na seção de entrada e na de saída do sistema de condicionamento de ar e a vazão mássica de água condensada.

Resp.: 0,0162; 0,00775; 10,8 g/s.

Ep14.10 Em uma unidade industrial, um compressor admite continuamente ar a 20°C, 1 bar e com umidade relativa igual a 70% e o descarrega a 10 bar. Como o cilindro do compressor é refrigerado, a temperatura do ar comprimido na seção de descarga do compressor é igual a 120°C. Após a pressurização, o ar é resfriado a pressão constante, atingindo a temperatura de 5°C e, então, armazenado para utilização no processo industrial. Pede-se para calcular a umidade absoluta na seção de admissão do compressor, a umidade relativa do ar na seção de descarga e a umidade absoluta do ar ao atingir a temperatura de 5°C.

Ep14.11 Um saturador adiabático admite ar a 30°C com umidade relativa igual a 50% e o descarrega a 20°C. Supondo que esse equipamento opere a 95 kPa, determine:

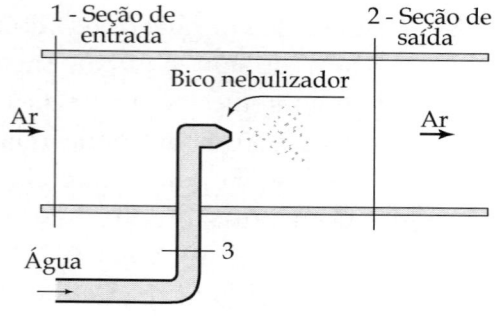

Figura Ep14.11

a) a umidade absoluta na seção de saída do saturador;

b) a umidade absoluta na seção de entrada; e

c) a vazão mássica de água requerida pelo equipamento se ele deve saturar 1 m³ de ar por segundo.

Resp.: 0,0157; 0,0142; 1,58 g/s.

Ep14.12 Ar a 100 kPa, 20°C e com umidade relativa igual a 65% é comprimido até atingir a pressão absoluta de 10 bar, sendo imediatamente transferido para um tanque de armazenamento com volume interno igual a 3 m³. Durante o enchimento do tanque, ocorre transferência de calor entre o ar já armazenado e o meio, de tal sorte que, ao final do processo, o ar armazenado no tanque está a 10 bar e 25°C. Considerando que a massa inicial de ar presente no tanque seja desprezível, determine a massa de ar seco, a massa de vapor d'água e a massa de água na fase líquida armazenadas no tanque.

Ep14.13 Em um equipamento de condicionamento de ar, admite-se 1 kg/s de ar a $p_1 = 95$ kPa, $T_1 = 30°C$ e com umidade relativa igual a 80%, que é descarregado a $p_2 = 94$ kPa, $T_2 = 10°C$. Pede-se para determinar a umidade absoluta e o ponto de orvalho na seção de entrada e na de saída do equipamento, a vazão de água condensada e a taxa de transferência de energia por calor entre a corrente de ar e a serpentina.

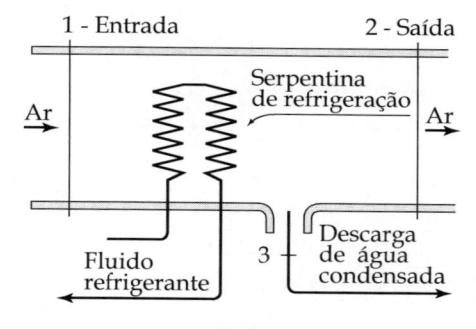

Figura Ep14.13

ALGUMAS PROPRIEDADES

A.1 PROPRIEDADES DE ALGUNS GASES

Tabela A.1 Propriedades de alguns gases ideais a 25°C

Substância	Fórmula química	Massa molar (kJ/kmol)	R (kJ/(kg.K))	c_p (kJ/(kg.K))	c_v (kJ/(kg.K))
Água	H_2O	18,015	0,462	1,872	1,410
Amônia	NH_3	17,031	0,488	2,130	1,642
Ar seco	–	28,97	0,287	1,004	0,717
Argônio	Ar	39,948	0,208	0,521	0,313
Dióxido de carbono	CO_2	44,01	0,189	0,850	0,661
Hélio	He	4,003	2,077	6,897	4,141
Hidrogênio	H_2	2,016	4,124	14,32	10,20
Metano	CH_4	16,043	0,518	2,216	1,698
Neônio	Ne	20,183	0,412	1,031	0,619
Nitrogênio	N_2	28,013	0,297	1,037	0,740
Oxigênio	O_2	31,999	0,260	0,915	0,655

A.2   CALORES ESPECÍFICOS À PRESSÃO CONSTANTE DE ALGUNS GASES

Apresentamos na Tabela A.2 um conjunto de correlações destinadas ao cálculo de calores específicos a pressão constante para gases ideais propostas por Yaws et al. [10]. Essas correlações apresentam a seguinte estrutura básica:

$$c_p = A + BT + CT^2 + DT^3$$

onde T é a temperatura, em K; e c_p é o calor específico a pressão constante, em kJ/(kg.K). Essas expressões são válidas no intervalo de 298 K a 1500 K.

Tabela A.2 Calores específicos à pressão constante de gases

Equação básica: $c_p = A + BT + CT^2 + DT^3$ c_p obtido em kJ/(kg.K); intervalo de validade: 298 a 1500 K

Substância	Fórmula química	A	$B{*}10^3$	$C{*}10^6$	$D{*}10^9$	Erro (%)
Água	H_2O	33,9131	–3,0145	15,1981	–4,8567	0,438
Amônia	NH_3	25,4139	34,4574	–0,6699	–2,7633	0,189
Dióxido de carbono	CO_2	21,5202	64,4767	–41,6168	10,1321	0,155
Etano	C_2H_6	10,2995	151,1435	–29,3076	–1,9259	1,010
Hidrogênio	H_2	28,8052	–0,0921	0,8792	0,5443	0,454
Metano	CH_4	21,1015	39,0210	37,1369	–22,4831	1,635
Monóxido de nitrogênio	NO	29,0145	–0,2721	9,3366	–4,1031	0,339
Nitrogênio	N_2	29,6007	–5,5266	13,8583	–5,2754	0,167
Oxigênio	O_2	26,0419	11,3462	–1,5491	–0,9211	0,280

B APÊNDICE

PROPRIEDADES
TERMODINÂMICAS

B.1   PROPRIEDADES TERMODINÂMICAS DA ÁGUA SATURADA

T_{sat}	P_{sat}	Volume específico		Energia interna específica		Entalpia específica			Entropia específica		T_{sat}
		v_L	v_V	u_L	u_V	h_L	h_{LV}	h_V	s_L	s_V	
°C	kPa	m³/kg	m³/kg	kJ/kg	kJ/kg	kJ/kg	kJ/kg	kJ/kg	kJ/(kg.K)	kJ/(kg.K)	°C
0,01	0,6117	0,001000	206,005	0,0	2374,9	0,0	2500,9	2500,9	0,0000	9,1556	0,01
4,0	0,8135	0,001000	157,135	16,8	2380,4	16,8	2491,4	2508,2	0,0611	9,0506	4,0
5,0	0,8725	0,001000	147,031	21,0	2381,8	21,0	2489,1	2510,1	0,0763	9,0249	5,0
6,0	0,9353	0,001000	137,652	25,2	2383,2	25,2	2486,7	2511,9	0,0913	8,9994	6,0
8,0	1,073	0,001000	120,846	33,6	2385,9	33,6	2481,9	2515,6	0,1213	8,9492	8,0
10,0	1,228	0,001000	106,319	42,0	2388,7	42,0	2477,2	2519,2	0,1511	8,8999	10,0
11,0	1,313	0,001000	99,8014	46,2	2390,0	46,2	2474,8	2521,1	0,1659	8,8755	11,0
12,0	1,403	0,001001	93,7319	50,4	2391,4	50,4	2472,5	2522,9	0,1806	8,8514	12,0
13,0	1,498	0,001001	88,0762	54,6	2392,8	54,6	2470,1	2524,7	0,1953	8,8275	13,0
14,0	1,599	0,001001	82,8035	58,8	2394,1	58,8	2467,7	2526,5	0,2099	8,8038	14,0
15,0	1,706	0,001001	77,8851	63,0	2395,5	63,0	2465,4	2528,3	0,2245	8,7803	15,0
16,0	1,819	0,001001	73,2949	67,2	2396,9	67,2	2463,0	2530,2	0,2390	8,7571	16,0
17,0	1,938	0,001001	69,0088	71,4	2398,2	71,4	2460,6	2532,0	0,2534	8,7340	17,0
18,0	2,065	0,001001	65,0046	75,5	2399,6	75,5	2458,3	2533,8	0,2678	8,7112	18,0
19,0	2,198	0,001002	61,2619	79,7	2401,0	79,7	2455,9	2535,6	0,2822	8,6885	19,0
20,0	2,339	0,001002	57,7619	83,9	2402,3	83,9	2453,5	2537,4	0,2965	8,6661	20,0

T_{sat}	P_{sat}	Volume específico		Energia interna específica		Entalpia específica			Entropia específica		T_{sat}
		v_L	v_V	u_L	u_V	h_L	h_{LV}	h_V	s_L	s_V	
°C	kPa	m³/kg	m³/kg	kJ/kg	kJ/kg	kJ/kg	kJ/kg	kJ/kg	kJ/(kg.K)	kJ/(kg.K)	°C
21,0	2,488	0,001002	54,4872	88,1	2403,7	88,1	2451,2	2539,3	0,3107	8,6438	21,0
22,0	2,645	0,001002	51,4218	92,3	2405,1	92,3	2448,8	2541,1	0,3249	8,6217	22,0
23,0	2,811	0,001003	48,5510	96,5	2406,4	96,5	2446,4	2542,9	0,3391	8,5999	23,0
24,0	2,986	0,001003	45,8611	100,6	2407,8	100,6	2444,1	2544,7	0,3532	8,5782	24,0
25,0	3,170	0,001003	43,3395	104,8	2409,1	104,8	2441,7	2546,5	0,3672	8,5567	25,0
26,0	3,364	0,001003	40,9747	109,0	2410,5	109,0	2439,3	2548,3	0,3812	8,5354	26,0
27,0	3,568	0,001004	38,7558	113,2	2411,9	113,2	2436,9	2550,1	0,3952	8,5143	27,0
28,0	3,783	0,001004	36,6729	117,4	2413,2	117,4	2434,6	2551,9	0,4091	8,4933	28,0
29,0	4,000	0,001004	34,7926	121,4	2414,5	121,4	2432,3	2553,7	0,4224	8,4734	29,0
29,0	4,009	0,001004	34,7167	121,6	2414,6	121,6	2432,2	2553,7	0,4229	8,4726	29,0
30,0	4,247	0,001004	32,8788	125,7	2415,9	125,7	2429,8	2555,6	0,4368	8,4520	30,0
31,0	4,497	0,001005	31,1512	129,9	2417,3	129,9	2427,4	2557,4	0,4505	8,4316	31,0
32,0	4,760	0,001005	29,5265	134,1	2418,6	134,1	2425,1	2559,2	0,4642	8,4114	32,0
33,0	5,035	0,001005	27,9981	138,3	2420,0	138,3	2422,7	2561,0	0,4779	8,3913	33,0
34,0	5,325	0,001006	26,5595	142,5	2421,3	142,5	2420,3	2562,8	0,4916	8,3714	34,0
35,0	5,629	0,001006	25,2049	146,6	2422,7	146,6	2417,9	2564,6	0,5051	8,3517	35,0
36,0	5,948	0,001006	23,9289	150,8	2424,0	150,8	2415,5	2566,4	0,5187	8,3322	36,0
36,2	6,000	0,001006	23,7317	151,5	2424,2	151,5	2415,2	2566,6	0,5208	8,3290	36,2
38,0	6,633	0,001007	21,5927	159,2	2426,7	159,2	2410,8	2569,9	0,5456	8,2935	38,0
40,0	7,385	0,001008	19,5145	167,5	2429,4	167,5	2406,0	2573,5	0,5724	8,2556	40,0
41,5	8,000	0,001008	18,0971	173,8	2431,4	173,8	2402,4	2576,2	0,5925	8,2273	41,5
45,0	9,595	0,001010	15,2514	188,4	2436,1	188,4	2394,0	2582,4	0,6386	8,1633	45,0
45,8	10,00	0,001010	14,6669	191,8	2437,2	191,8	2392,0	2583,9	0,6493	8,1488	45,8
50,0	12,35	0,001012	12,0264	209,3	2442,7	209,3	2382,0	2591,3	0,7038	8,0748	50,0
55,0	15,76	0,001015	9,56391	230,2	2449,3	230,3	2369,8	2600,1	0,7680	7,9898	55,0
60,0	19,95	0,001017	7,66704	251,2	2455,9	251,2	2357,7	2608,8	0,8313	7,9082	60,0
60,1	20,00	0,001017	7,64708	251,4	2456,0	251,4	2357,5	2609,0	0,8321	7,9072	60,1
65,0	25,04	0,001020	6,19350	272,1	2462,4	272,1	2345,4	2617,5	0,8937	7,8296	65,0
69,1	30,00	0,001022	5,22743	289,3	2467,7	289,3	2335,3	2624,6	0,9441	7,7674	69,1
70,0	31,20	0,001023	5,03960	293,0	2468,9	293,1	2333,0	2626,1	0,9551	7,7540	70,0
75,0	38,60	0,001026	4,12908	314,0	2475,3	314,0	2320,6	2634,6	1,0158	7,6812	75,0
75,9	40,00	0,001026	3,99108	317,6	2476,4	317,7	2318,4	2636,1	1,0262	7,6689	75,9
80,0	47,42	0,001029	3,40534	335,0	2481,6	335,0	2308,0	2643,0	1,0756	7,6111	80,0
81,3	50,00	0,001030	3,23863	340,5	2483,2	340,6	2304,7	2645,3	1,0914	7,5929	81,3
85,0	57,87	0,001032	2,82605	356,0	2487,8	356,0	2295,3	2651,4	1,1346	7,5435	85,0
85,9	60,00	0,001033	2,73053	359,9	2489,0	360,0	2292,9	2652,9	1,1456	7,5310	85,9
90,0	70,00	0,001036	2,36347	376,8	2493,9	376,8	2282,6	2659,5	1,1923	7,4788	90,0
90,0	70,18	0,001036	2,35928	377,0	2494,0	377,0	2282,5	2659,6	1,1929	7,4782	90,0
93,5	80,00	0,001039	2,08625	391,7	2498,2	391,8	2273,5	2665,2	1,2332	7,4338	93,5
95,0	84,61	0,001040	1,98077	398,0	2500,1	398,1	2269,6	2667,6	1,2504	7,4151	95,0
96,7	90,00	0,001041	1,86811	405,2	2502,1	405,3	2265,1	2670,4	1,2699	7,3941	96,7

T_{sat}	P_{sat}	Volume específico		Energia interna específica		Entalpia específica			Entropia específica		T_{sat}
		v_L	v_V	u_L	u_V	h_L	h_{LV}	h_V	s_L	s_V	
°C	kPa	m³/kg	m³/kg	kJ/kg	kJ/kg	kJ/kg	kJ/kg	kJ/kg	kJ/(kg.K)	kJ/(kg.K)	°C
99,6	100,0	0,001043	1,69276	417,5	2505,6	417,6	2257,4	2675,0	1,3030	7,3586	99,6
100,0	101,3	0,001043	1,67196	419,1	2506,0	419,2	2256,4	2675,6	1,3072	7,3542	100,0
110,0	143,4	0,001052	1,20945	461,3	2517,7	461,4	2229,7	2691,1	1,4188	7,2382	110,0
111,4	150,0	0,001053	1,15761	467,2	2519,3	467,3	2225,9	2693,2	1,4343	7,2225	111,4
120,0	198,7	0,001060	0,89133	503,6	2528,9	503,8	2202,1	2706,0	1,5279	7,1292	120,0
120,2	200,0	0,001061	0,88606	504,5	2529,1	504,7	2201,6	2706,2	1,5301	7,1271	120,2
127,4	250,0	0,001067	0,71898	535,0	2536,8	535,3	2181,2	2716,5	1,6071	7,0526	127,4
130,0	270,3	0,001070	0,66808	546,1	2539,5	546,4	2173,7	2720,1	1,6346	7,0265	130,0
133,6	300,0	0,001073	0,60453	561,4	2543,2	561,8	2163,3	2725,0	1,6725	6,9909	133,6
138,9	350,0	0,001079	0,52363	584,1	2548,5	584,4	2147,6	2732,0	1,7278	6,9398	138,9
140,0	361,5	0,001080	0,50850	588,8	2549,6	589,2	2144,3	2733,5	1,7392	6,9294	140,0
143,6	400,0	0,001084	0,46252	604,2	2553,1	604,6	2133,4	2738,1	1,7764	6,8956	143,6
147,9	450,0	0,001088	0,41396	622,6	2557,1	623,1	2120,3	2743,4	1,8204	6,8561	147,9
150,0	476,2	0,001091	0,39248	631,7	2559,1	632,2	2113,8	2745,9	1,8418	6,8371	150,0
151,9	500,0	0,001093	0,37419	639,8	2560,8	640,4	2107,8	2748,2	1,8611	6,8201	151,9
158,9	600,0	0,001101	0,31504	670,0	2566,9	670,7	2085,5	2756,2	1,9316	6,7587	158,9
160,0	618,2	0,001102	0,30680	674,8	2567,8	675,5	2082,0	2757,5	1,9426	6,7492	160,0
165,0	700,0	0,001108	0,27244	696,5	2571,9	697,2	2065,6	2762,8	1,9923	6,7067	165,0
170,0	792,2	0,001114	0,24260	718,2	2575,7	719,1	2048,8	2767,9	2,0417	6,6650	170,0
170,4	800,0	0,001115	0,24038	719,9	2576,0	720,8	2047,5	2768,3	2,0456	6,6617	170,4
175,4	900,0	0,001121	0,21465	741,8	2579,7	742,8	2030,3	2773,1	2,0945	6,6209	175,4
179,9	1000	0,001127	0,19427	761,5	2582,8	762,6	2014,5	2777,1	2,1383	6,5849	179,9
180,0	1003	0,001127	0,19385	761,9	2582,8	763,1	2014,2	2777,2	2,1392	6,5841	180,0
188,0	1200	0,001139	0,16311	797,2	2587,9	798,5	1985,3	2783,8	2,2163	6,5214	188,0
190,0	1255	0,001141	0,15636	806,0	2589,0	807,4	1977,9	2785,3	2,2355	6,5059	190,0
195,1	1400	0,001149	0,14060	828,6	2591,8	830,2	1958,7	2788,9	2,2841	6,4670	195,1
198,3	1500	0,001154	0,13168	842,9	2593,4	844,6	1946,4	2791,0	2,3144	6,4429	198,3
200,0	1555	0,001157	0,12721	850,5	2594,2	852,3	1939,8	2792,0	2,3305	6,4302	200,0
210,0	1908	0,001173	0,10429	895,4	2598,3	897,6	1899,7	2797,3	2,4245	6,3563	210,0
212,4	2000	0,001177	0,09954	906,2	2599,1	908,6	1889,7	2798,3	2,4469	6,3389	212,4
220,0	2320	0,001190	0,08609	940,8	2601,3	943,5	1857,4	2801,0	2,5176	6,2840	220,0
224,0	2500	0,001197	0,07988	959,1	2602,1	962,1	1839,9	2802,0	2,5546	6,2555	224,0
230,0	2797	0,001209	0,07151	986,8	2602,9	990,1	1812,8	2802,9	2,6100	6,2128	230,0
233,9	3000	0,001217	0,06661	1004,9	2603,2	1008,5	1794,7	2803,2	2,6459	6,1853	233,9
240,0	3347	0,001229	0,05971	1033,4	2603,1	1037,5	1765,5	2803,0	2,7018	6,1424	240,0
242,6	3500	0,001235	0,05702	1045,6	2603,0	1049,9	1752,7	2802,7	2,7257	6,1241	242,6
250,0	3976	0,001252	0,05009	1080,7	2601,8	1085,7	1715,3	2801,0	2,7933	6,0721	250,0
250,4	4000	0,001253	0,04974	1082,6	2601,7	1087,6	1713,2	2800,8	2,7970	6,0693	250,4
257,5	4500	0,001270	0,04401	1116,7	2599,7	1122,4	1675,5	2797,9	2,8619	6,0193	257,5
260,0	4692	0,001276	0,04218	1128,8	2598,7	1134,8	1661,8	2796,6	2,8847	6,0017	260,0
264,0	5000	0,001286	0,03941	1148,4	2597,0	1154,8	1639,4	2794,2	2,9213	5,9733	264,0

T_{sat}	P_{sat}	Volume específico		Energia interna específica		Entalpia específica			Entropia específica		T_{sat}
		v_L	v_V	u_L	u_V	h_L	h_{LV}	h_V	s_L	s_V	
°C	kPa	m³/kg	m³/kg	kJ/kg	kJ/kg	kJ/kg	kJ/kg	kJ/kg	kJ/(kg.K)	kJ/(kg.K)	°C
270,0	5500	0,001303	0,03562	1177,9	2593,7	1185,1	1604,6	2789,7	2,9762	5,9305	270,0
275,6	6000	0,001319	0,03244	1205,9	2589,9	1213,8	1570,8	2784,6	3,0276	5,8901	275,6
280,0	6417	0,001333	0,03015	1228,2	2586,4	1236,7	1543,2	2779,9	3,0681	5,8579	280,0
285,9	7000	0,001352	0,02735	1258,4	2580,9	1267,8	1504,7	2772,5	3,1227	5,8142	285,9
290,0	7442	0,001366	0,02555	1279,7	2576,5	1289,8	1476,9	2766,7	3,1608	5,7834	290,0
295,1	8000	0,001385	0,02349	1306,5	2570,4	1317,6	1440,9	2758,5	3,2086	5,7443	295,1
300,0	8588	0,001404	0,02166	1332,7	2563,6	1344,8	1404,8	2749,6	3,2548	5,7059	300,0
303,4	9000	0,001418	0,02047	1351,2	2558,4	1364,0	1378,8	2742,8	3,2871	5,6787	303,4
311,1	10000	0,001453	0,01800	1393,9	2545,0	1408,4	1316,8	2725,2	3,3613	5,6150	311,1
318,2	11000	0,001489	0,01596	1434,6	2530,2	1451,0	1255,0	2706,0	3,4311	5,5533	318,2
320,0	11284	0,001499	0,01547	1445,1	2526,0	1462,0	1238,5	2700,6	3,4491	5,5372	320,0
324,8	12000	0,001527	0,01423	1473,7	2513,9	1492,1	1192,9	2685,0	3,4977	5,4927	324,8
330,9	13000	0,001567	0,01277	1511,3	2496,4	1531,7	1130,8	2662,5	3,5611	5,4331	330,9
336,8	14000	0,001611	0,01146	1549,3	2476,6	1571,9	1065,4	2637,3	3,6246	5,3714	336,8
340,0	14601	0,001638	0,01078	1570,7	2464,5	1594,6	1027,4	2622,0	3,6602	5,3358	340,0
342,2	15000	0,001658	0,01033	1585,8	2455,5	1610,6	1000,0	2610,6	3,6853	5,3103	342,2
347,4	16000	0,001711	0,00930	1622,9	2431,8	1650,3	930,4	2580,7	3,7467	5,2460	347,4
352,4	17000	0,001771	0,00835	1661,1	2404,7	1691,2	855,7	2547,0	3,8096	5,1775	352,4
357,1	18000	0,001842	0,00748	1700,0	2374,2	1733,2	775,9	2509,1	3,8736	5,1046	357,1
360,0	18666	0,001895	0,00695	1726,2	2351,9	1761,5	720,1	2481,6	3,9165	5,0537	360,0
361,5	19000	0,001926	0,00667	1740,5	2338,9	1777,1	688,6	2465,7	3,9401	5,0251	361,5
365,8	20000	0,002039	0,00585	1786,5	2294,2	1827,3	584,0	2411,3	4,0157	4,9297	365,8
374,1	22090	0,003155	0,003155	2029,6	2029,6	2099,3	0	2099,3	4,4298	4,4298	374,1

B.2 PROPRIEDADES TERMODINÂMICAS DA ÁGUA – VAPOR SUPERAQUECIDO

	p = 50 kPa				p = 100 kPa				p = 200 kPa				
T	v	u	h	s	v	u	h	s	v	u	h	s	T
°C	m³/kg	kJ/kg	kJ/kg	kJ/(kg.K)	m³/kg	kJ/kg	kJ/kg	kJ/(kg.K)	m³/kg	kJ/kg	kJ/kg	kJ/(kg.K)	°C
100	3,419	2511,5	2682,4	7,6953	1,696	2506,2	2675,8	7,3611					100
125	3,655	2548,7	2731,5	7,8226	1,817	2545,0	2726,7	7,4932	0,898	2537	2716,6	7,1531	125
150	3,890	2585,7	2780,2	7,9413	1,937	2582,9	2776,6	7,6148	0,960	2577,1	2769,1	7,2810	150
175	4,123	2622,8	2828,9	8,0532	2,055	2620,6	2826,1	7,7284	1,021	2616,1	2820,2	7,3984	175
200	4,356	2660,0	2877,8	8,1592	2,172	2658,2	2875,5	7,8356	1,080	2654,6	2870,7	7,5081	200
250	4,821	2735,1	2976,2	8,3568	2,406	2733,9	2974,5	8,0346	1,199	2731,4	2971,2	7,7100	250
300	5,284	2811,6	3075,8	8,5387	2,639	2810,7	3074,5	8,2172	1,316	2808,8	3072,1	7,8941	300
350	5,747	2889,4	3176,8	8,7077	2,871	2888,7	3175,8	8,3866	1,433	2887,3	3173,9	8,0644	350
400	6,209	2968,9	3279,3	8,8659	3,103	2968,3	3278,6	8,5452	1,549	2967,2	3277,0	8,2236	400
500	7,134	3132,6	3489,3	9,1566	3,566	3132,2	3488,7	8,8362	1,781	3131,4	3487,7	8,5153	500

	p = 300 kPa				p = 400 kPa				p = 500 kPa				
T	v	u	h	s	v	u	h	s	v	u	h	s	T
°C	m³/kg	kJ/kg	kJ/kg	kJ/(kg.K)	m³/kg	kJ/kg	kJ/kg	kJ/(kg.K)	m³/kg	kJ/kg	kJ/kg	kJ/(kg.K)	°C
150	0,6340	2571,0	2761,2	7,0792	0,4709	2564,4	2752,8	6,9306					150
175	0,6757	2611,5	2814,2	7,2008	0,5031	2606,7	2807,9	7,0571	0,3995	2601,6	2801,4	6,9427	175
200	0,7164	2651,0	2865,9	7,3132	0,5343	2647,2	2860,9	7,1723	0,4250	2643,3	2855,8	7,0610	200
250	0,7964	2728,9	2967,9	7,5180	0,5952	2726,4	2964,5	7,3804	0,4744	2723,8	2961,0	7,2725	250
300	0,8753	2807,0	3069,6	7,7037	0,6549	2805,1	3067,1	7,5677	0,5226	2803,3	3064,6	7,4614	300
350	0,9536	2885,9	3172,0	7,8750	0,7140	2884,5	3170,0	7,7399	0,5702	2883,0	3168,1	7,6346	350
400	1,0315	2966,0	3275,5	8,0347	0,7726	2964,9	3273,9	7,9003	0,6173	2963,7	3272,4	7,7956	400
450	1,1092	3047,5	3380,3	8,1850	0,8311	3046,6	3379,0	8,0509	0,6642	3045,6	3377,8	7,9466	450
500	1,1867	3130,6	3486,6	8,3271	0,8894	3129,8	3485,5	8,1933	0,7109	3129,0	3484,5	8,0893	500
550	1,2641	3215,3	3594,5	8,4623	0,9475	3214,6	3593,6	8,3287	0,7576	3213,9	3592,7	8,2249	550
600	1,3414	3301,6	3704,0	8,5915	1,0056	3301,0	3703,3	8,4580	0,8041	3300,4	3702,5	8,3544	600

	p = 600 kPa				p = 750 kPa				p = 1000 kPa				
T	v	u	h	s	v	u	h	s	v	u	h	s	T
°C	m³/kg	kJ/kg	kJ/kg	kJ/(kg.K)	m³/kg	kJ/kg	kJ/kg	kJ/(kg.K)	m³/kg	kJ/kg	kJ/kg	kJ/(kg.K)	°C
200	0,3521	2639,4	2850,6	6,9683	0,2791	2633,2	2842,5	6,8520	0,2060	2622,3	2828,3	6,6956	200
250	0,3939	2721,2	2957,6	7,1833	0,3133	2717,2	2952,2	7,0726	0,2327	2710,4	2943,1	6,9265	250
300	0,4344	2801,4	3062	7,374	0,3462	2798,5	3058,2	7,2660	0,2580	2793,7	3051,6	7,1246	300
350	0,4743	2881,6	3166,1	7,5481	0,3784	2879,4	3163,2	7,4416	0,2825	2875,7	3158,2	7,3029	350
400	0,5137	2962,5	3270,8	7,7097	0,4102	2960,8	3268,4	7,6041	0,3066	2957,9	3264,5	7,4670	400
450	0,5530	3044,7	3376,5	7,8611	0,4417	3043,3	3374,5	7,7561	0,3304	3040,9	3371,3	7,6200	450
500	0,5920	3128,2	3483,4	8,0041	0,4731	3127,0	3481,8	7,8996	0,3541	3125,0	3479,1	7,7642	500
550	0,6309	3213,2	3591,8	8,1399	0,5043	3212,2	3590,4	8,0357	0,3777	3210,5	3588,1	7,9008	550
600	0,6698	3299,8	3701,7	8,2695	0,5354	3299,0	3700,5	8,1655	0,4011	3297,5	3698,6	8,0311	600

	p = 1200 kPa				p = 1400 kPa				p = 1600 kPa				
T	v	u	h	s	v	u	h	s	v	u	h	s	T
°C	m³/kg	kJ/kg	kJ/kg	kJ/(kg·K)	m³/kg	kJ/kg	kJ/kg	kJ/(kg·K)	m³/kg	kJ/kg	kJ/kg	kJ/(kg·K)	°C
200	0,1693	2612,9	2816,1	6,5909	0,1430	2602,7	2803	6,4975	0,0012	850,4	852,3	2,3305	200
250	0,1924	2704,7	2935,6	6,8313	0,1636	2698,9	2927,9	6,7488	0,1419	2692,9	2919,9	6,6753	250
300	0,2139	2789,7	3046,3	7,0335	0,1823	2785,7	3040,9	6,9553	0,1587	2781,6	3035,4	6,8864	300
350	0,2346	2872,7	3154,2	7,2139	0,2003	2869,7	3150,1	7,1379	0,1746	2866,6	3146,0	7,0713	350
400	0,2548	2955,5	3261,3	7,3793	0,2178	2953,1	3258,1	7,3046	0,1901	2950,8	3254,9	7,2394	400
450	0,2748	3038,9	3368,7	7,5332	0,2351	3037,0	3366,1	7,4594	0,2053	3035,1	3363,5	7,3951	450
500	0,2946	3123,4	3477,0	7,6779	0,2522	3121,8	3474,8	7,6047	0,2203	3120,1	3472,6	7,5410	500
550	0,3143	3209,1	3586,3	7,8150	0,2691	3207,7	3584,5	7,7422	0,2352	3206,4	3582,7	7,6789	550
600	0,3339	3296,3	3697,0	7,9456	0,2860	3295,1	3695,5	7,8730	0,2500	3293,9	3693,9	7,8101	600

	p = 1800 kPa				p = 2000 kPa				p = 2500 kPa				
T	v	u	h	s	v	u	h	s	v	u	h	s	T
°C	m³/kg	kJ/kg	kJ/kg	kJ/(kg·K)	m³/kg	kJ/kg	kJ/kg	kJ/(kg.K)	m³/kg	kJ/kg	kJ/kg	kJ/(kg·K)	°C
250	0,1250	2686,7	2911,7	6,6088	0,1115	2680,3	2903,3	6,5475	0,0871	2663,3	2880,9	6,4107	250
300	0,1402	2777,4	3029,9	6,8246	0,1255	2773,2	3024,2	6,7684	0,0989	2762,2	3009,6	6,6459	300
350	0,1546	2863,6	3141,9	7,0120	0,1386	2860,5	3137,7	6,9583	0,1098	2852,5	3127,0	6,8424	350
400	0,1685	2948,3	3251,6	7,1814	0,1512	2945,9	3248,4	7,1292	0,1201	2939,8	3240,1	7,0170	400
450	0,1821	3033,1	3360,9	7,3380	0,1635	3031,1	3358,2	7,2866	0,1302	3026,2	3351,6	7,1768	450
500	0,1955	3118,5	3470,4	7,4845	0,1757	3116,9	3468,3	7,4337	0,1400	3112,8	3462,8	7,3254	500
550	0,2088	3205,0	3580,8	7,6228	0,1877	3203,6	3579,0	7,5725	0,1497	3200,1	3574,4	7,4653	550
600	0,2220	3292,7	3692,3	7,7543	0,1996	3291,5	3690,7	7,7043	0,1593	3288,5	3686,8	7,5979	600

T	v	u	h	s	v	u	h	s	v	u	h	s	T
	p = 3000 kPa				**p = 3500 kPa**				**p = 4000 kPa**				
°C	m³/kg	kJ/kg	kJ/kg	kJ/(kg·K)	m³/kg	kJ/kg	kJ/kg	kJ/(kg·K)	m³/kg	kJ/kg	kJ/kg	kJ/(kg·K)	°C
250	0,0706	2644,7	2856,5	6,2893	0,0588	2624,0	2829,7	6,1764					250
300	0,0812	2750,8	2994,3	6,5412	0,0685	2738,8	2978,4	6,4484	0,0589	2726,2	2961,7	6,3639	300
350	0,0906	2844,4	3116,1	6,745	0,0768	2836,0	3104,9	6,6601	0,0665	2827,4	3093,3	6,5843	350
400	0,0994	2933,6	3231,7	6,9235	0,0846	2927,2	3223,2	6,8428	0,0734	2920,8	3214,5	6,7714	400
450	0,1079	3021,2	3344,9	7,0856	0,0920	3016,1	3338,1	7,0074	0,0800	3011,0	3331,2	6,9386	450
500	0,1162	3108,6	3457,2	7,2359	0,0992	3104,5	3451,7	7,1593	0,0864	3100,3	3446,0	7,0922	500
550	0,1244	3196,6	3569,7	7,3769	0,1063	3193,1	3565,0	7,3014	0,0927	3189,5	3560,3	7,2355	550
600	0,1324	3285,5	3682,8	7,5103	0,1133	3282,5	3678,9	7,4357	0,0989	3279,4	3674,9	7,3706	600

T	v	u	h	s	v	u	h	s	v	u	h	s	T
	p = 4500 kPa				**p = 5000 kPa**				**p = 6000 kPa**				
°C	m³/kg	kJ/kg	kJ/kg	kJ/(kg·K)	m³/kg	kJ/kg	kJ/kg	kJ/(kg·K)	m³/kg	kJ/kg	kJ/kg	kJ/(kg·K)	°C
300	0,0514	2713,0	2944,2	6,2854	0,0453	2699,0	2925,7	6,2111	0,0362	2668,4	2885,6	6,0703	300
350	0,0584	2818,6	3081,5	6,5153	0,0520	2809,5	3069,3	6,4516	0,0423	2790,4	3043,9	6,3357	350
400	0,0648	2914,2	3205,7	6,7071	0,0578	2907,5	3196,7	6,6483	0,0474	2893,7	3178,3	6,5432	400
450	0,0708	3005,8	3324,2	6,8770	0,0633	3000,6	3317,2	6,8210	0,0522	2989,9	3302,9	6,7219	450
500	0,0765	3096,0	3440,4	7,0323	0,0686	3091,8	3434,7	6,9781	0,0567	3083,1	3423,1	6,8826	500
550	0,0821	3186,0	3555,6	7,1768	0,0737	3182,4	3550,9	7,1238	0,0610	3175,2	3541,3	7,0308	550
600	0,0877	3276,4	3670,9	7,3127	0,0787	3273,3	3666,9	7,2605	0,0653	3267,2	3658,8	7,1693	600

B.3 PROPRIEDADES TERMODINÂMICAS DA ÁGUA – LÍQUIDO COMPRIMIDO

T	v	u	h	s	T	v	u	h	s
	p = 1 MPa					**p = 2 MPa**			
°C	m³/kg	kJ/kg	kJ/kg	kJ/(kg.K)	°C	m³/kg	kJ/kg	kJ/kg	kJ/(kg.K)
20	0,001001	83,9	84,9	0,2963	20	0,001001	83,8	85,8	0,2961
40	0,001007	167,4	168,4	0,5720	40	0,001007	167,3	169,3	0,5716
60	0,001017	251,0	252,0	0,8308	60	0,001016	250,8	252,8	0,8302
80	0,001029	334,7	335,8	1,0750	80	0,001028	334,5	336,6	1,0743
100	0,001043	418,8	419,8	1,3065	100	0,001043	418,5	420,6	1,3057
140	0,001079	588,5	589,6	1,7386	140	0,001079	588,1	590,2	1,7375
180	0,194437	2583	2777,4	6,5858	180	0,001127	761,3	763,6	2,1379
200	0,206022	2622,3	2828,3	6,6956	200	0,001156	850,1	852,5	2,3298

T	v	u	h	s	T	v	u	h	s
	p = 3 MPa					**p = 4 MPa**			
°C	m³/kg	kJ/kg	kJ/kg	kJ/(kg.K)	°C	m³/kg	kJ/kg	kJ/kg	kJ/(kg.K)
20	0,001001	83,7	86,7	0,2959	20	0,001	83,7	87,7	0,2956
40	0,001007	167,2	170,2	0,5712	40	0,001006	167,0	171,1	0,5709
60	0,001016	250,6	253,7	0,8297	60	0,001015	250,5	254,5	0,8292
80	0,001028	334,3	337,4	1,0736	80	0,001027	334,1	338,2	1,073
100	0,001042	418,2	421,3	1,305	100	0,001042	417,9	422,1	1,3042
140	0,001078	587,6	590,9	1,7365	140	0,001078	587,2	591,5	1,7354
180	0,001126	760,7	764,1	2,1365	180	0,001125	760,1	764,6	2,1352
200	0,001155	849,4	852,9	2,3282	200	0,001154	848,7	853,3	2,3267

		$p = 5$ MPa					$p = 6$ MPa		
T	v	u	h	s	T	v	u	h	s
°C	m³/kg	kJ/kg	kJ/kg	kJ/(kg·K)	°C	m³/kg	kJ/kg	kJ/kg	kJ/(kg·K)
20	0,001000	83,6	88,6	0,2954	20	0,000999	83,5	89,5	0,2952
40	0,001006	166,9	172,0	0,5705	40	0,001005	166,8	172,8	0,5701
60	0,001015	250,3	255,4	0,8287	60	0,001014	250,1	256,2	0,8281
80	0,001027	333,8	339,0	1,0723	80	0,001026	333,6	339,8	1,0717
100	0,001041	417,6	422,9	1,3034	100	0,001041	417,4	423,6	1,3026
140	0,001077	586,8	592,2	1,7344	140	0,001076	586,4	592,8	1,7334
180	0,001124	759,5	765,1	2,1338	180	0,001123	758,9	765,6	2,1325
200	0,001153	847,9	853,7	2,3251	200	0,001152	847,2	854,1	2,3236

B.4 PROPRIEDADES TERMODINÂMICAS DA AMÔNIA SATURADA

Temp.	Pressão	Volume específico		Entalpia			Entropia	
°C	kPa	m³/kg	m³/kg	kJ/kg	kJ/kg	kJ/kg	kJ/(kg.K)	kJ/(kg.K)
T	p	v_lx10³	v_v	h_l	h_{lv}	h_v	s_l	s_l
−50	40,8	1,424	2,6289	−24,73	1415,9	1391,2	0,0945	6,4399
−48	45,9	1,429	2,3565	−15,99	1410,6	1394,6	0,1334	6,3987
−46	51,5	1,434	2,1169	−7,24	1405,2	1397,9	0,1721	6,3585
−44	57,6	1,439	1,9057	1,55	1399,7	1401,3	0,2106	6,3191
−42	64,3	1,444	1,7191	10,35	1394,2	1404,5	0,2488	6,2805
−40	71,7	1,449	1,5539	19,17	1388,6	1407,8	0,2867	6,2428
−38	79,7	1,454	1,4073	28,01	1383,0	1411,0	0,3245	6,2058
−36	88,4	1,459	1,2769	36,88	1377,2	1414,1	0,3619	6,1696
−34	97,9	1,465	1,1607	45,77	1371,5	1417,2	0,3992	6,1341
−32	108,2	1,470	1,0570	54,67	1365,6	1420,3	0,4362	6,0993
−30	119,4	1,475	0,9642	63,60	1359,7	1423,3	0,4730	6,0652
−29	125,3	1,478	0,9214	68,07	1356,7	1424,8	0,4914	6,0484
−28	131,5	1,481	0,8810	72,55	1353,7	1426,3	0,5096	6,0318
−27	137,9	1,484	0,8426	77,03	1350,7	1427,8	0,5278	6,0153
−26	144,6	1,486	0,8062	81,52	1347,7	1429,2	0,5460	5,9990
−25	151,5	1,489	0,7717	86,01	1344,6	1430,7	0,5641	5,9828
−24	158,6	1,492	0,7390	90,51	1341,6	1432,1	0,5821	5,9668
−23	166,1	1,495	0,7079	95,01	1338,5	1433,5	0,6001	5,9509
−22	173,8	1,498	0,6784	99,52	1335,4	1434,9	0,6180	5,9352
−21	181,8	1,501	0,6504	104,0	1332,3	1436,3	0,6359	5,9196
−20	190,1	1,503	0,6237	108,6	1329,1	1437,7	0,6538	5,9041
−19	198,7	1,506	0,5984	113,1	1326,0	1439,1	0,6715	5,8888
−18	207,6	1,509	0,5742	117,6	1322,8	1440,4	0,6893	5,8736
−17	216,8	1,512	0,5513	122,1	1319,6	1441,7	0,7069	5,8586
−16	226,3	1,515	0,5294	126,7	1316,4	1443,1	0,7246	5,8437
−15	236,2	1,518	0,5086	131,2	1313,2	1444,4	0,7421	5,8289
−14	246,4	1,521	0,4888	135,8	1309,9	1445,7	0,7597	5,8142
−13	257,0	1,524	0,4699	140,3	1306,6	1446,9	0,7772	5,7997
−12	267,9	1,527	0,4518	144,9	1303,3	1448,2	0,7946	5,7852
-11	279,1	1,530	0,4346	149,4	1300,0	1449,5	0,8120	5,7709
−10	290,8	1,534	0,4182	154,0	1296,7	1450,7	0,8293	5,7568
−9	302,8	1,537	0,4025	158,6	1293,3	1451,9	0,8466	5,7427
−8	315,2	1,540	0,3876	163,2	1290,0	1453,1	0,8638	5,7287
−7	328,0	1,543	0,3732	167,8	1286,6	1454,3	0,8810	5,7149
−6	341,2	1,546	0,3596	172,3	1283,2	1455,5	0,8981	5,7011
−5	354,9	1,550	0,3465	176,9	1279,7	1456,7	0,9152	5,6875
−4	368,9	1,553	0,3340	181,5	1276,3	1457,8	0,9323	5,6740

Temp.	Pressão	Volume específico		Entalpia			Entropia	
°C	kPa	m³/kg	m³/kg	kJ/kg	kJ/kg	kJ/kg	kJ/(kg.K)	kJ/(kg.K)
T	p	$v_l \times 10^3$	v_v	h_l	h_{lv}	h_v	s_l	s_l
–3	383,4	1,556	0,3221	186,1	1272,8	1458,9	0,9493	5,6605
–2	398,3	1,559	0,3106	190,8	1269,3	1460,1	0,9662	5,6472
–1	413,7	1,563	0,2997	195,4	1265,8	1461,2	0,9831	5,6340
0	429,6	1,566	0,2892	200,0	1262,2	1462,2	1,0000	5,6208
1	445,9	1,569	0,2791	204,6	1258,7	1463,3	1,0170	5,6078
2	462,6	1,573	0,2695	209,3	1255,1	1464,3	1,0340	5,5949
3	479,9	1,576	0,2603	213,9	1251,5	1465,4	1,0500	5,5820
4	497,7	1,580	0,2514	218,6	1247,8	1466,4	1,0670	5,5692
5	516,0	1,583	0,2429	223,2	1244,2	1467,4	1,0840	5,5566
6	534,8	1,587	0,2348	227,9	1240,5	1468,4	1,1000	5,5440
7	554,1	1,590	0,2270	232,5	1236,8	1469,3	1,1170	5,5315
8	573,9	1,594	0,2195	237,2	1233,1	1470,3	1,1330	5,5190
9	594,3	1,597	0,2123	241,9	1229,3	1471,2	1,1500	5,5067
10	615,3	1,601	0,2053	246,6	1225,5	1472,1	1,1660	5,4944
11	636,8	1,605	0,1987	251,3	1221,7	1473,0	1,1830	5,4822
12	658,9	1,608	0,1923	256,0	1217,9	1473,9	1,1990	5,4701
13	681,6	1,612	0,1861	260,7	1214,1	1474,7	1,2160	5,4581
14	704,9	1,616	0,1802	265,4	1210,2	1475,5	1,2320	5,4461
15	728,8	1,619	0,1745	270,1	1206,3	1476,4	1,2480	5,4342
16	753,3	1,623	0,1691	274,8	1202,3	1477,2	1,2640	5,4224
17	778,5	1,627	0,1638	279,5	1198,4	1477,9	1,2810	5,4106
18	804,2	1,631	0,1587	284,3	1194,4	1478,7	1,2970	5,3989
19	830,7	1,635	0,1539	289,0	1190,4	1479,4	1,3130	5,3873
20	857,8	1,639	0,1491	293,8	1186,4	1480,1	1,3290	5,3757
21	885,5	1,643	0,1446	298,5	1182,3	1480,8	1,3450	5,3642
22	914,0	1,647	0,1402	303,3	1178,2	1481,5	1,3610	5,3527
23	943,1	1,651	0,1360	308,1	1174,1	1482,2	1,3770	5,3413
24	972,9	1,655	0,1320	312,9	1169,9	1482,8	1,3930	5,3300
25	1003,5	1,659	0,1281	317,7	1165,8	1483,4	1,4090	5,3187
26	1034,8	1,663	0,1243	322,5	1161,5	1484,0	1,4250	5,3075
27	1066,8	1,667	0,1206	327,3	1157,3	1484,6	1,4410	5,2963
28	1099,5	1,672	0,1171	332,1	1153,0	1485,1	1,4560	5,2852
29	1133,1	1,676	0,1137	336,9	1148,7	1485,7	1,4720	5,2741
30	1167,4	1,680	0,1104	341,8	1144,4	1486,2	1,4880	5,2631
31	1202,4	1,685	0,1073	346,6	1140,0	1486,6	1,5040	5,2521
32	1238,3	1,689	0,1042	351,5	1135,7	1487,1	1,5200	5,2411
33	1275,0	1,693	0,1013	356,3	1131,2	1487,5	1,5350	5,2302
34	1312,5	1,698	0,0984	361,2	1126,8	1488,0	1,5510	5,2194
35	1350,8	1,702	0,0956	366,1	1122,3	1488,3	1,5670	5,2086
36	1390,0	1,707	0,0930	371,0	1117,7	1488,7	1,5820	5,1978
37	1430,0	1,712	0,0904	375,9	1113,2	1489,1	1,5980	5,1870
38	1470,9	1,716	0,0879	380,8	1108,6	1489,4	1,6130	5,1763
39	1512,7	1,721	0,0855	385,7	1104,0	1489,7	1,6290	5,1657
40	1555,3	1,726	0,0831	390,6	1099,3	1489,9	1,6450	5,1550
42	1643,3	1,736	0,0787	400,5	1089,8	1490,4	1,6760	5,1338
44	1735,1	1,745	0,0745	410,5	1080,2	1490,7	1,7070	5,1127
46	1830,6	1,756	0,0705	420,5	1070,5	1491,0	1,7370	5,0917
48	1930,0	1,766	0,0668	430,5	1060,6	1491,1	1,7680	5,0708
50	2033,5	1,777	0,0634	440,6	1050,5	1491,1	1,7990	5,0500
52	2141,0	1,788	0,0601	450,8	1040,3	1491,0	1,8300	5,0292
54	2252,8	1,799	0,0570	461,0	1029,8	1490,8	1,8600	5,0084
56	2368,9	1,810	0,0541	471,2	1019,2	1490,5	1,8910	4,9877
58	2489,4	1,822	0,0514	481,6	1008,4	1490,0	1,9220	4,9670
60	2614,5	1,834	0,0488	492,0	997,4	1489,4	1,9520	4,9463
62	2744,2	1,846	0,0464	502,4	986,2	1488,6	1,9830	4,9256

Temp.	Pressão	Volume específico		Entalpia			Entropia	
°C	kPa	m³/kg	m³/kg	kJ/kg	kJ/kg	kJ/kg	kJ/(kg.K)	kJ/(kg.K)
T	p	$v_l \times 10^3$	v_v	h_l	h_{lv}	h_v	s_l	s_l
64	2878,7	1,859	0,0441	513,0	974,7	1487,7	2,0140	4,9048
66	3018,1	1,872	0,0419	523,6	963,1	1486,6	2,0440	4,8839
68	3162,5	1,886	0,0399	534,3	951,2	1485,4	2,0750	4,8630
70	3312,0	1,900	0,0379	545,0	939,0	1484,1	2,1050	4,8420
72	3466,7	1,915	0,0360	555,9	926,6	1482,5	2,1360	4,8209
74	3626,8	1,929	0,0343	566,9	913,9	1480,8	2,1670	4,7997
76	3792,4	1,945	0,0326	577,9	900,9	1478,9	2,1980	4,7783
78	3963,6	1,961	0,0310	589,1	887,7	1476,7	2,2290	4,7567
80	4140,6	1,978	0,0295	600,3	874,1	1474,4	2,2600	4,7349
85	4609,0	2,022	0,0261	629,1	838,6	1467,6	2,3380	4,6792
90	5116,3	2,071	0,0230	658,6	800,6	1459,2	2,4170	4,6215
95	5664,9	2,127	0,0203	689,2	759,8	1449,0	2,4970	4,5610
100	6257,1	2,190	0,0178	721,0	715,5	1436,5	2,5800	4,4970
105	6895,4	2,263	0,0156	754,3	666,9	1421,3	2,6650	4,4282
110	7582,8	2,349	0,0136	789,7	613,0	1402,6	2,7530	4,3530
115	8322,0	2,456	0,0117	827,7	551,7	1379,4	2,8470	4,2686
120	9116,5	2,594	0,0100	869,9	479,8	1349,7	2,9500	4,1704
130	10886,0	3,221	0,0065	994,2	250,8	1244,9	3,2490	3,8713
132,3	11320,5	4,449	0,0054	1119,0	72,7	1192,2	3,5550	3,7343

B.5 PROPRIEDADES TERMODINÂMICAS DA AMÔNIA SUPERAQUECIDA

	$p = 50$ kPa			$p = 75$ kPa			$p = 100$ kPa			$p = 125$ kPa		
T	v	h	s	v	h	s	v	h	s	v	h	s
°C	m³/kg	kJ/kg	kJ/(kg.K)	m³/kg	kJ/kg	kJ/(kg.K)	m³/kg	kJ/kg	kJ/(kg.K)	m³/kg	kJ/kg	kJ/(kg.K)
0	2,6474	1496,7	6,7686	1,7583	1494,6	6,5648	1,3137	1492,5	6,4185	1,0468	1490,4	6,3036
10	2,7472	1517,9	6,8448	1,8255	1516,1	6,6420	1,3646	1514,2	6,4966	1,0881	1512,4	6,3827
20	2,8466	1539,1	6,9184	1,8924	1537,5	6,7163	1,4153	1535,9	6,5717	1,1290	1534,3	6,4586
30	2,9457	1560,4	6,9898	1,9590	1558,9	6,7883	1,4656	1557,5	6,6443	1,1696	1556,1	6,5318
40	3,0447	1581,7	7,0591	2,0254	1580,5	6,8581	1,5158	1579,2	6,7146	1,2100	1577,9	6,6026
50	3,1434	1603,2	7,1266	2,0916	1602,1	6,9260	1,5657	1600,9	6,7829	1,2502	1599,7	6,6713
60	3,2421	1624,8	7,1924	2,1577	1623,7	6,9921	1,6155	1622,7	6,8493	1,2902	1621,7	6,7381
65	3,2913	1635,6	7,2247	2,1907	1634,6	7,0246	1,6404	1633,6	6,8819	1,3102	1632,6	6,7708
70	3,3406	1646,5	7,2566	2,2237	1645,6	7,0566	1,6652	1644,6	6,9141	1,3301	1643,7	6,8032
75	3,3898	1657,4	7,2882	2,2566	1656,5	7,0883	1,6900	1655,6	6,9460	1,3501	1654,7	6,8351
80	3,4390	1668,4	7,3194	2,2895	1667,5	7,1197	1,7148	1666,6	6,9774	1,3700	1665,8	6,8667
85	3,4882	1679,4	7,3503	2,3224	1678,5	7,1507	1,7396	1677,7	7,0085	1,3899	1676,9	6,8979
90	3,5373	1690,4	7,3809	2,3553	1689,6	7,1814	1,7643	1688,8	7,0393	1,4097	1688,0	6,9287
95	3,5864	1701,5	7,4112	2,3882	1700,7	7,2117	1,7890	1699,9	7,0697	1,4296	1699,2	6,9593
100	3,6356	1712,6	7,4412	2,4210	1711,8	7,2418	1,8138	1711,1	7,0999	1,4494	1710,4	6,9895

	$p = 150$ kPa			$p = 175$ kPa			$p = 200$ kPa			$p = 250$ kPa		
0	0,8689	1488,2	6,2085	0,7418	1486,0	6,1271	0,6465	1483,8	6,0557	0,5129	1479,3	5,9340
10	0,9037	1510,5	6,2887	0,7720	1508,6	6,2083	0,6732	1506,7	6,1380	0,5348	1502,9	6,0186
20	0,9381	1532,6	6,3654	0,8018	1531,0	6,2859	0,6995	1529,3	6,2164	0,5562	1526,0	6,0988
30	0,9722	1554,6	6,4392	0,8312	1553,2	6,3604	0,7255	1551,7	6,2916	0,5774	1548,8	6,1753
40	1,0061	1576,6	6,5105	0,8605	1575,3	6,4322	0,7512	1574,0	6,3639	0,5983	1571,4	6,2487
50	1,0398	1598,6	6,5796	0,8895	1597,4	6,5017	0,7768	1596,3	6,4338	0,6190	1593,9	6,3195
60	1,0733	1620,6	6,6467	0,9184	1619,6	6,5692	0,8022	1618,5	6,5016	0,6395	1616,4	6,3879
65	1,0901	1631,6	6,6796	0,9328	1630,6	6,6022	0,8149	1629,6	6,5348	0,6498	1627,6	6,4214
70	1,1068	1642,7	6,7121	0,9472	1641,7	6,6348	0,8275	1640,8	6,5675	0,6600	1638,8	6,4544
75	1,1234	1653,8	6,7441	0,9615	1652,9	6,6670	0,8401	1651,9	6,5998	0,6701	1650,1	6,4870

	p = 150 kPa			p = 175 kPa			p = 200 kPa			p = 250 kPa		
80	1,1401	1664,9	6,7758	0,9759	1664,0	6,6987	0,8527	1663,1	6,6317	0,6803	1661,4	6,5191
85	1,1567	1676,0	6,8071	0,9902	1675,2	6,7302	0,8653	1674,3	6,6632	0,6904	1672,7	6,5508
90	1,1733	1687,2	6,8381	1,0045	1686,4	6,7612	0,8778	1685,6	6,6944	0,7005	1684,0	6,5822
95	1,1899	1698,4	6,8687	1,0187	1697,6	6,7919	0,8903	1696,8	6,7252	0,7106	1695,3	6,6132
100	1,2065	1709,6	6,8990	1,0330	1708,9	6,8223	0,9028	1708,1	6,7557	0,7206	1706,6	6,6438

	p = 300 kPa			p = 400 kPa			p = 500 kPa			p = 600 kPa		
0	0,4238	1474,7	5,8319	0,3123	1465,2	5,6641						
10	0,4425	1498,9	5,9190	0,3270	1490,8	5,7564	0,2575	1482,4	5,6242	0,2111	1473,5	5,5106
20	0,4607	1522,6	6,0009	0,3412	1515,6	5,8422	0,2695	1508,3	5,7143	0,2215	1500,8	5,6055
30	0,4786	1545,8	6,0788	0,3552	1539,7	5,9231	0,2810	1533,4	5,7984	0,2315	1526,9	5,6931
40	0,4963	1568,7	6,1533	0,3688	1563,3	5,9999	0,2922	1557,8	5,8777	0,2411	1552,2	5,7750
50	0,5138	1591,5	6,2250	0,3822	1586,7	6,0734	0,3032	1581,8	5,9531	0,2505	1576,8	5,8524
60	0,5311	1614,2	6,2942	0,3955	1609,9	6,1441	0,3141	1605,5	6,0253	0,2598	1601,0	5,9263
65	0,5397	1625,6	6,3280	0,4020	1621,4	6,1785	0,3194	1617,3	6,0604	0,2643	1613,0	5,9620
70	0,5482	1636,9	6,3612	0,4086	1633,0	6,2123	0,3248	1629,0	6,0948	0,2689	1625,0	5,9971
75	0,5568	1648,2	6,3940	0,4151	1644,5	6,2457	0,3301	1640,7	6,1287	0,2733	1636,9	6,0315
80	0,5653	1659,6	6,4264	0,4216	1656,0	6,2785	0,3353	1652,4	6,1620	0,2778	1648,7	6,0653
85	0,5738	1671,0	6,4583	0,4280	1667,5	6,3109	0,3406	1664,1	6,1948	0,2823	1660,6	6,0986
90	0,5823	1682,3	6,4899	0,4345	1679,0	6,3428	0,3458	1675,7	6,2272	0,2867	1672,4	6,1314
95	0,5907	1693,7	6,5210	0,4409	1690,6	6,3743	0,3510	1687,4	6,2591	0,2911	1684,2	6,1636
100	0,5992	1705,1	6,5518	0,4473	1702,1	6,4055	0,3562	1699,1	6,2905	0,2955	1696,0	6,1955

	p = 700 kPa			p = 800 kPa			p = 900 kPa			p = 1000 kPa		
T	v	h	s	v	h	s	v	h	s	v	h	s
°C	m³/kg	kJ/kg	kJ/(kg.K)	m³/kg	kJ/kg	kJ/(kg.K)	m³/kg	kJ/kg	kJ/(kg.K)	m³/kg	kJ/kg	kJ/(kg.K)
20	0,1872	1493,1	5,5096	0,1614	1485	5,4227						
30	0,1961	1520,3	5,6009	0,1694	1513,4	5,5182	0,1487	1506,4	5,4426	0,1320	1499,0	5,3722
40	0,2046	1546,4	5,6857	0,1772	1540,5	5,6060	0,1558	1534,4	5,5336	0,1387	1528,2	5,4668
50	0,2129	1571,7	5,7653	0,1846	1566,5	5,6879	0,1626	1561,2	5,6179	0,1450	1555,8	5,5537
60	0,2210	1596,5	5,8408	0,1919	1591,9	5,7652	0,1692	1587,2	5,6971	0,1510	1582,4	5,6348
70	0,2289	1620,9	5,9130	0,1989	1616,8	5,8388	0,1756	1612,6	5,7721	0,1569	1608,3	5,7114
80	0,2367	1645,0	5,9823	0,2059	1641,3	5,9092	0,1819	1637,5	5,8438	0,1627	1633,7	5,7842
85	0,2406	1657,0	6,0161	0,2093	1653,5	5,9435	0,1850	1649,9	5,8785	0,1655	1646,2	5,8195
90	0,2444	1669,0	6,0493	0,2127	1665,6	5,9771	0,1881	1662,2	5,9126	0,1683	1658,7	5,8541
95	0,2482	1681,0	6,0819	0,2161	1677,7	6,0102	0,1911	1674,4	5,9461	0,1711	1671,1	5,8880
100	0,2521	1692,9	6,1141	0,2195	1689,8	6,0428	0,1942	1686,6	5,9790	0,1739	1683,5	5,9213
105	0,2558	1704,8	6,1459	0,2228	1701,8	6,0748	0,1972	1698,8	6,0115	0,1766	1695,8	5,9541
110	0,2596	1716,7	6,1772	0,2262	1713,9	6,1065	0,2002	1711,0	6,0434	0,1794	1708,1	5,9863
115	0,2634	1728,7	6,2081	0,2295	1725,9	6,1376	0,2032	1723,1	6,0749	0,1821	1720,3	6,0181
120	0,2671	1740,6	6,2386	0,2328	1737,9	6,1684	0,2061	1735,2	6,1059	0,1848	1732,5	6,0495

	p = 1100 kPa			p = 1200 kPa			p = 1300 kPa			p = 1400 kPa		
30	0,1184	1491,4	5,3059	0,0017	341,8	1,4879	0,0017	341,8	1,4875	0,0017	341,8	1,4870
40	0,1246	1521,8	5,4043	0,1129	1515,2	5,3454	0,1029	1508,4	5,2893	0,0943	1501,3	5,2354
50	0,1305	1550,3	5,4940	0,1184	1544,6	5,4380	0,1082	1538,8	5,3851	0,0994	1532,9	5,3346
60	0,1362	1577,6	5,5772	0,1238	1572,6	5,5234	0,1132	1567,6	5,4728	0,1042	1562,5	5,4247
70	0,1416	1604,0	5,6554	0,1289	1599,6	5,6032	0,1181	1595,2	5,5543	0,1088	1590,7	5,5082
80	0,1470	1629,8	5,7295	0,1339	1625,9	5,6787	0,1228	1621,9	5,6311	0,1132	1617,9	5,5864
90	0,1522	1655,2	5,8003	0,1387	1651,6	5,7506	0,1273	1648,1	5,7041	0,1175	1644,4	5,6605
95	0,1547	1667,8	5,8347	0,1411	1664,4	5,7854	0,1295	1661,0	5,7394	0,1196	1657,5	5,6962
100	0,1573	1680,3	5,8684	0,1435	1677,0	5,8195	0,1318	1673,8	5,7740	0,1217	1670,5	5,7312
105	0,1598	1692,7	5,9016	0,1458	1689,6	5,8530	0,1340	1686,5	5,8078	0,1238	1683,4	5,7655
110	0,1623	1705,1	5,9342	0,1481	1702,2	5,8860	0,1361	1699,2	5,8411	0,1258	1696,2	5,7991
115	0,1648	1717,5	5,9662	0,1505	1714,6	5,9184	0,1383	1711,8	5,8738	0,1279	1708,9	5,8322
120	0,1673	1729,8	5,9978	0,1528	1727,1	5,9503	0,1404	1724,4	5,9060	0,1299	1721,6	5,8646
125	0,1698	1742,2	6,0290	0,1550	1739,5	5,9817	0,1426	1736,9	5,9377	0,1319	1734,2	5,8966
130	0,1722	1754,5	6,0598	0,1573	1752,0	6,0127	0,1447	1749,4	5,9690	0,1338	1746,9	5,9281

	p = 1500 kPa			p = 1600 kPa			p = 1800 kPa			p = 2000 kPa		
50	0,0918	1526,8	5,2862	0,0851	1520,6	5,2395	0,0738	1507,5	5,1500	0,0647	1493,6	5,0641
60	0,0964	1557,2	5,3789	0,0895	1551,9	5,3350	0,0780	1540,8	5,2517	0,0688	1529,2	5,1729
70	0,1008	1586,1	5,4643	0,0937	1581,4	5,4224	0,0819	1571,8	5,3434	0,0725	1561,9	5,2696
80	0,1050	1613,8	5,5440	0,0977	1609,7	5,5036	0,0856	1601,3	5,4279	0,0760	1592,6	5,3576
90	0,1090	1640,8	5,6192	0,1016	1637,1	5,5801	0,0892	1629,5	5,5069	0,0793	1621,8	5,4393
100	0,1130	1667,2	5,6909	0,1054	1663,8	5,6527	0,0927	1657,0	5,5815	0,0825	1650,1	5,5161
110	0,1169	1693,1	5,7596	0,1091	1690,1	5,7221	0,0960	1683,9	5,6526	0,0856	1677,6	5,5889
115	0,1188	1706,0	5,7929	0,1109	1703,1	5,7558	0,0977	1697,2	5,6870	0,0871	1691,2	5,6240
120	0,1207	1718,8	5,8257	0,1127	1716,0	5,7889	0,0993	1710,3	5,7207	0,0886	1704,6	5,6584
125	0,1226	1731,6	5,8580	0,1145	1728,9	5,8215	0,1009	1723,4	5,7538	0,0901	1717,9	5,6921
130	0,1245	1744,3	5,8897	0,1162	1741,7	5,8535	0,1025	1736,5	5,7864	0,0916	1731,2	5,7252
135	0,1263	1757,0	5,9210	0,1180	1754,5	5,8850	0,1041	1749,5	5,8184	0,0930	1744,4	5,7577
140	0,1282	1769,6	5,9518	0,1197	1767,2	5,9160	0,1057	1762,4	5,8499	0,0945	1757,5	5,7897
145	0,1300	1782,3	5,9822	0,1215	1780,0	5,9467	0,1073	1775,3	5,8809	0,0959	1770,6	5,8212
150	0,1318	1794,9	6,0123	0,1232	1792,7	5,9769	0,1088	1788,2	5,9115	0,0973	1783,6	5,8522

B.6 PROPRIEDADES TERMODINÂMICAS DO R-134a SATURADO

Temp.	Pressão	Volume específico		Entalpia			Entropia	
T	p	v_l	v_v	h_l	h_{lv}	h_v	s_l	s_v
°C	kPa	m³/kg	m³/kg	kJ/kg	kJ/kg	kJ/kg	kJ/(kg.K)	kJ/(kg.K)
−40	51,25	0,000705	0,3606	0	225,9	225,9	0	0,9687
−39	53,99	0,000707	0,3434	1,255	225,2	226,5	0,005364	0,9673
−38	56,86	0,000708	0,3272	2,512	224,6	227,1	0,01071	0,9659
−37	59,84	0,000710	0,3119	3,771	224,6	227,8	0,01605	0,9645
−36	62,95	0,000711	0,2974	5,032	223,4	228,4	0,02137	0,9632
−35	66,19	0,000713	0,2837	6,295	222,7	229,0	0,02667	0,9619
−34	69,56	0,000714	0,2708	7,559	222,1	229,7	0,03196	0,9606
−33	73,06	0,000716	0,2586	8,826	221,5	230,3	0,03723	0,9594
−32	76,71	0,000717	0,2471	10,09	220,8	230,9	0,04249	0,9582
−31	80,49	0,000719	0,2361	11,36	220,2	231,6	0,04774	0,9570
−30	84,43	0,000720	0,2258	12,64	219,5	232,2	0,05297	0,9559
−29	88,52	0,000722	0,2160	13,91	218,9	232,8	0,05819	0,9547
−28	92,76	0,000723	0,2067	15,19	218,3	233,4	0,06339	0,9536
−27	97,16	0,000725	0,1978	16,47	217,6	234,1	0,06858	0,9526
−26,37	100,0	0,000726	0,1926	17,27	217,2	234,5	0,07182	0,9519
−26,1	101,3	0,000726	0,1903	17,62	217,0	234,6	0,07325	0,9516
−25	106,5	0,000728	0,1815	19,03	216,3	235,3	0,07893	0,9505
−24	111,4	0,000730	0,1740	20,31	215,6	235,9	0,08408	0,9495
−23	116,5	0,000731	0,1668	21,60	215,0	236,6	0,08922	0,9485
−22	121,7	0,000733	0,1600	22,89	214,3	237,2	0,09435	0,9476
−21	127,2	0,000734	0,1535	24,18	213,6	237,8	0,09946	0,9467
−20	132,8	0,000736	0,1473	25,47	213,0	238,4	0,1046	0,9457
−19	138,7	0,000738	0,1415	26,77	212,3	239,0	0,1097	0,9449
−18	144,7	0,000739	0,1359	28,07	211,6	239,7	0,1147	0,9440
−17	150,9	0,000741	0,1306	29,36	210,9	240,3	0,1198	0,9432
−17,15	150,0	0,000741	0,1313	29,17	211,0	240,2	0,1191	0,9433
−16	157,4	0,000743	0,1255	30,67	210,2	240,9	0,1249	0,9423
−15	164,0	0,000745	0,1207	31,97	209,5	241,5	0,1299	0,9415
−14	170,9	0,000746	0,1160	33,28	208,8	242,1	0,1349	0,9408
−13	178,0	0,000748	0,1116	34,59	208,1	242,7	0,1400	0,9400
−12	185,4	0,000750	0,1074	35,90	207,4	243,3	0,1450	0,9393
−11	192,9	0,000752	0,1034	37,21	206,7	243,9	0,1500	0,9385
−10,09	200,0	0,000753	0,09995	38,41	206,1	244,5	0,1545	0,9379
−10	200,7	0,000753	0,0996	38,53	206,0	244,6	0,1550	0,9378
−9	208,8	0,000755	0,09594	39,85	205,3	245,2	0,1599	0,9371
−8	217,1	0,000757	0,09244	41,17	204,6	245,8	0,1649	0,9364
−7	225,6	0,000759	0,08909	42,49	203,9	246,4	0,1699	0,9358
−6	234,4	0,000761	0,08589	43,82	203,1	247,0	0,1748	0,9351
−5	243,5	0,000763	0,08282	45,15	202,4	247,6	0,1798	0,9345
−4,30	250,0	0,000764	0,08076	46,08	201,9	248,0	0,1832	0,9341

Temp.	Pressão	Volume específico		Entalpia			Entropia	
T	p	v_l	v_v	h_l	h_{lv}	h_v	s_l	s_v
°C	kPa	m³/kg	m³/kg	kJ/kg	kJ/kg	kJ/kg	kJ/(kg.K)	kJ/(kg.K)
–4	252,9	0,000764	0,07989	46,48	201,7	248,1	0,1847	0,9339
–3	262,5	0,000766	0,07708	47,81	200,9	248,7	0,1896	0,9333
–2	272,4	0,000768	0,07439	49,15	200,2	249,3	0,1945	0,9327
–1	282,5	0,000770	0,07181	50,49	199,4	249,9	0,1994	0,9321
0	293,0	0,000772	0,06934	51,83	198,7	250,5	0,2043	0,9316
0,65	300,0	0,000774	0,06778	52,71	198,2	250,9	0,2075	0,9312
1	303,8	0,000774	0,06696	53,18	197,9	251,1	0,2092	0,9310
2	314,8	0,000776	0,06469	54,53	197,1	251,7	0,2141	0,9305
3	326,2	0,000778	0,06251	55,88	196,4	252,2	0,2190	0,9300
4	337,9	0,000780	0,06041	57,23	195,6	252,8	0,2238	0,9295
5	349,9	0,000782	0,05840	58,59	194,8	253,4	0,2287	0,9290
6	362,2	0,000784	0,05647	59,95	194,0	254,0	0,2335	0,9285
7	374,9	0,000787	0,05461	61,31	193,2	254,5	0,2383	0,9280
8	387,9	0,000789	0,05283	62,68	192,4	255,1	0,2432	0,9275
8,91	400,0	0,000791	0,05127	63,92	191,7	255,6	0,2476	0,9271
9	401,2	0,000791	0,05111	64,05	191,6	255,7	0,2480	0,9271
10	414,9	0,000793	0,04947	65,42	190,8	256,2	0,2528	0,9266
11	428,9	0,000795	0,04788	66,79	190,0	256,8	0,2576	0,9262
12	443,3	0,000797	0,04635	68,17	189,2	257,3	0,2624	0,9257
13	458,1	0,000800	0,04489	69,55	188,3	257,9	0,2672	0,9253
14	473,2	0,000802	0,04347	70,94	187,5	258,4	0,2720	0,9249
15	488,7	0,000804	0,04211	72,32	186,6	259,0	0,2768	0,9245
15,7	500,0	0,000806	0,04117	73,32	186,0	259,4	0,2802	0,9242
16	504,6	0,000806	0,04080	73,72	185,8	259,5	0,2816	0,9241
17	520,9	0,000809	0,03953	75,11	184,9	260,1	0,2863	0,9237
18	537,5	0,000811	0,03832	76,51	184,1	260,6	0,2911	0,9233
19	554,6	0,000814	0,03714	77,91	183,2	261,1	0,2959	0,9229
20	572,1	0,000816	0,03601	79,32	182,3	261,6	0,3006	0,9225
21	590,0	0,000818	0,03492	80,73	181,4	262,2	0,3054	0,9222
21,6	600,0	0,000820	0,03433	81,50	181,0	262,5	0,3080	0,922
22	608,3	0,000821	0,03387	82,14	180,6	262,7	0,3101	0,9218
23	627,0	0,000824	0,03285	83,56	179,7	263,2	0,3149	0,9214
24	646,2	0,000826	0,03187	84,98	178,7	263,7	0,3196	0,9211
25	665,8	0,000829	0,03092	86,40	177,8	264,2	0,3243	0,9207
26	685,8	0,000831	0,03001	87,83	176,9	264,7	0,3290	0,9204
26,7	700,0	0,000833	0,02939	88,82	176,3	265,1	0,3323	0,9201
27	706,3	0,000834	0,02912	89,26	176,0	265,2	0,3338	0,9200
28	727,3	0,000837	0,02827	90,70	175,0	265,7	0,3385	0,9197
29	748,7	0,000839	0,02745	92,14	174,1	266,2	0,3432	0,9193
30	770,6	0,000842	0,02665	93,58	173,1	266,7	0,3479	0,9190
31	793,0	0,000845	0,02588	95,03	172,2	267,2	0,3526	0,9186
31,3	800,0	0,000846	0,02565	95,48	171,9	267,3	0,3541	0,9185
32	815,9	0,000848	0,02513	96,49	171,2	267,7	0,3573	0,9183
33	839,2	0,000851	0,02441	97,94	170,2	268,1	0,3620	0,9179
34	863,1	0,000854	0,02371	99,41	169,2	268,6	0,3667	0,9176
35	887,5	0,000857	0,02304	100,9	168,2	269,1	0,3714	0,9173
35,5	900,0	0,000858	0,02270	101,6	167,7	269,3	0,3738	0,9171
36	912,4	0,000860	0,02238	102,3	167,2	269,5	0,3761	0,9169
37	937,8	0,000863	0,02175	103,8	166,2	270,0	0,3809	0,9166
38	963,7	0,000866	0,02114	105,3	165,1	270,4	0,3855	0,9162
39	990,1	0,000869	0,02054	106,8	164,1	270,9	0,3902	0,9159
39,4	1000	0,000870	0,02033	107,3	163,7	271,0	0,3920	0,9157
40	1017	0,000872	0,01997	108,3	163,0	271,3	0,3949	0,9155
41	1045	0,000875	0,01941	109,8	162,0	271,7	0,3996	0,9152
42	1073	0,000879	0,01887	111,3	160,9	272,2	0,4043	0,9148
43	1101	0,000882	0,01835	112,8	159,8	272,6	0,4090	0,9144
44	1131	0,000885	0,01784	114,3	158,7	273,0	0,4137	0,9141
45	1161	0,000889	0,01734	115,8	157,6	273,4	0,4184	0,9137
46	1191	0,000892	0,01687	117,3	156,5	273,8	0,4231	0,9133
47	1222	0,000896	0,01640	118,9	155,3	274,2	0,4278	0,9129
47,9	1250	0,000899	0,01600	120,2	154,3	274,5	0,4320	0,9126
48	1254	0,000900	0,01595	120,4	154,2	274,6	0,4325	0,9125
49	1286	0,000903	0,01551	122,0	153,0	275,0	0,4372	0,9121

Temp.	Pressão	Volume específico		Entalpia			Entropia	
T	p	v_l	v_v	h_l	h_{lv}	h_v	s_l	s_v
°C	kPa	m³/kg	m³/kg	kJ/kg	kJ/kg	kJ/kg	kJ/(kg.K)	kJ/(kg.K)
50	1319	0,000907	0,01509	123,5	151,8	275,3	0,4419	0,9117
51	1352	0,000911	0,01468	125,1	150,6	275,7	0,4466	0,9113
52	1386	0,000915	0,01428	126,6	149,4	276,0	0,4514	0,9108
53	1421	0,000919	0,01389	128,2	148,2	276,4	0,4561	0,9104
54	1456	0,000923	0,01351	129,8	146,9	276,7	0,4608	0,9099
55	1492	0,000927	0,01314	131,3	145,7	277,0	0,4655	0,9095
55,2	1500	0,000928	0,01306	131,7	145,4	277,1	0,4665	0,9094
56	1529	0,000932	0,01278	132,9	144,4	277,3	0,4703	0,9090
57	1566	0,000936	0,01243	134,5	143,1	277,7	0,4750	0,9085
58	1605	0,000941	0,01209	136,1	141,8	278,0	0,4798	0,9080
59	1643	0,000945	0,01176	137,8	140,5	278,2	0,4845	0,9074
60	1683	0,000950	0,01143	139,4	139,1	278,5	0,4893	0,9068
61	1723	0,000955	0,01113	141,0	137,8	278,8	0,4941	0,9063
61,7	1750	0,000958	0,01093	142,1	136,8	278,9	0,4973	0,9059
62	1764	0,000960	0,01083	142,7	136,4	279,0	0,4989	0,9057
63	1805	0,000965	0,01053	144,3	134,9	279,3	0,5037	0,9051
64	1848	0,000970	0,01024	146,0	133,5	279,5	0,5085	0,9045
65	1891	0,000975	0,009959	147,6	132,1	279,7	0,5133	0,9038
66	1935	0,000981	0,009684	149,3	130,6	279,9	0,5181	0,9031
67	1980	0,000986	0,009407	151,0	129,0	280,0	0,5230	0,9023
67,5	2000	0,000989	0,009297	151,8	128,4	280,1	0,5252	0,9020
68	2025	0,000992	0,009155	152,7	127,5	280,2	0,5278	0,9016
69	2071	0,000998	0,008899	154,4	126,0	280,4	0,5327	0,9008
70	2118	0,001004	0,008650	156,2	124,4	280,5	0,5376	0,9000
71	2166	0,001010	0,008406	157,9	122,7	280,6	0,5426	0,8992
72	2215	0,001017	0,008168	159,7	121,1	280,7	0,5475	0,8983
72,7	2250	0,001021	0,008002	160,9	119,9	280,8	0,5510	0,8976
73	2264	0,001023	0,007936	161,4	119,4	280,8	0,5525	0,8973
74	2315	0,001030	0,007708	163,2	117,6	280,9	0,5575	0,8963
75	2366	0,001037	0,007486	165,0	115,9	280,9	0,5625	0,8953
76	2418	0,001045	0,007268	166,8	114,1	280,9	0,5676	0,8942
77	2471	0,001052	0,007055	168,6	112,2	280,9	0,5726	0,8931
78	2525	0,001060	0,006845	170,5	110,3	280,8	0,5778	0,8919
79	2580	0,001069	0,006640	172,4	108,4	280,7	0,5829	0,8906
80	2635	0,001077	0,006439	174,3	106,4	280,6	0,5881	0,8893
81	2692	0,001086	0,006242	176,2	104,3	280,5	0,5934	0,8878
82	2750	0,001096	0,006048	178,1	102,2	280,3	0,5986	0,8863
83	2808	0,001106	0,005857	180,1	100,0	280,1	0,6039	0,8847
84	2868	0,001116	0,005669	182,1	97,73	279,8	0,6094	0,8830
85	2928	0,001127	0,005484	184,1	95,39	279,5	0,6149	0,8812
86	2990	0,001139	0,005302	186,2	92,97	279,1	0,6204	0,8793
87	3052	0,001151	0,005122	188,3	90,46	278,7	0,6260	0,8772
88	3116	0,001165	0,004943	190,4	87,83	278,2	0,6318	0,8749
89	3181	0,001179	0,004767	192,6	85,09	277,7	0,6376	0,8725
90	3247	0,001194	0,004591	194,8	82,22	277,0	0,6435	0,8699
91	3314	0,001210	0,004417	197,1	79,19	276,3	0,6496	0,8671
92	3382	0,001228	0,004242	199,5	75,99	275,5	0,6559	0,8640
93	3452	0,001247	0,004068	201,9	72,63	274,5	0,6622	0,8605
94	3522	0,001270	0,003904	204,5	69,09	273,6	0,6690	0,8572
95	3594	0,001294	0,003713	207,1	64,94	272,1	0,6760	0,8524
96	3667	0,001323	0,003531	210,0	60,58	270,5	0,6835	0,8475
97	3742	0,001355	0,003341	212,9	55,79	268,7	0,6911	0,8418
98	3818	0,001395	0,003141	216,2	50,17	266,4	0,6998	0,8350
99	3896	0,001448	0,002921	220,0	43,37	263,4	0,7098	0,8263
100	3975	0,001527	0,002657	224,8	34,22	259,0	0,7222	0,8139

B.7 PROPRIEDADES TERMODINÂMICAS DO R-134a SUPERAQUECIDO

T	p = 100 kPa			p = 150 kPa			p = 200 kPa		
	v	h	s	v	h	s	v	h	s
°C	m³/kg	kJ/kg	kJ/(kg.K)	m³/kg	kJ/kg	kJ/(kg.K)	m³/kg	kJ/kg	kJ/(kg.K)
0	0,21630	255,6	1,0333	0,14201	254,4	0,9969	0,10481	253,1	0,9699
5	0,22069	259,7	1,0481	0,14506	258,5	1,0120	0,10720	257,3	0,9853
10	0,22506	263,8	1,0628	0,14808	262,7	1,0269	0,10955	261,6	1,0005
15	0,22940	268,0	1,0774	0,15108	267,0	1,0417	0,11188	265,9	1,0155
20	0,23373	272,2	1,0919	0,15405	271,2	1,0564	0,11418	270,2	1,0304
25	0,23804	276,4	1,1062	0,15701	275,5	1,0709	0,11647	274,5	1,0451
30	0,24233	280,7	1,1204	0,15995	279,8	1,0852	0,11874	278,9	1,0596
35	0,24661	285,0	1,1345	0,16287	284,2	1,0995	0,12099	283,3	1,0740
40	0,25088	289,4	1,1485	0,16579	288,6	1,1136	0,12322	287,7	1,0882
45	0,25513	293,7	1,1624	0,16869	293,0	1,1276	0,12545	292,2	1,1024
50	0,25937	298,2	1,1762	0,17157	297,4	1,1415	0,12766	296,7	1,1164
60	0,26783	307,1	1,2036	0,17732	306,5	1,1691	0,13206	305,8	1,1441
70	0,27626	316,3	1,2306	0,18303	315,7	1,1962	0,13641	315,0	1,1714
80	0,28465	325,6	1,2573	0,18872	325,0	1,2230	0,14074	324,4	1,1984
90	0,29303	335,0	1,2836	0,19438	334,5	1,2495	0,14504	333,9	1,2250
100	0,30138	344,6	1,3097	0,20001	344,1	1,2757	0,14933	343,6	1,2513

T	p = 250 kPa			p = 300 kPa			p = 400 kPa		
5	0,08444	256,1	0,9637	0,06922	254,7	0,9452	0,00078	58,6	0,2287
10	0,08640	260,4	0,9792	0,07093	259,2	0,9611	0,05151	256,6	0,9306
15	0,08833	264,8	0,9945	0,07261	263,7	0,9767	0,05288	261,3	0,9469
20	0,09024	269,2	1,0096	0,07425	268,1	0,9920	0,05421	265,9	0,9628
25	0,09212	273,6	1,0245	0,07588	272,6	1,0071	0,05552	270,5	0,9784
30	0,09399	278,0	1,0392	0,07748	277,0	1,0220	0,05680	275,1	0,9937
35	0,09584	282,4	1,0537	0,07906	281,5	1,0367	0,05805	279,7	1,0088
40	0,09767	286,9	1,0681	0,08063	286,1	1,0513	0,05929	284,3	1,0237
45	0,09950	291,4	1,0824	0,08218	290,6	1,0657	0,06052	289,0	1,0384
50	0,10130	295,9	1,0965	0,08372	295,2	1,0799	0,06172	293,6	1,0529
60	0,10489	305,1	1,1244	0,08677	304,4	1,1080	0,06410	303,0	1,0814
70	0,10844	314,4	1,1519	0,08978	313,8	1,1357	0,06644	312,5	1,1095
80	0,11195	323,8	1,1790	0,09275	323,2	1,1629	0,06875	322,0	1,1370
90	0,11544	333,4	1,2057	0,09570	332,9	1,1898	0,07102	331,8	1,1641
100	0,11891	343,1	1,2321	0,09863	342,6	1,2163	0,07327	341,6	1,1908

T	p = 500 kPa			p = 600 kPa			p = 700 kPa		
20	0,04212	263,5	0,9384	0,00082	79,3	0,3006	0,00082	79,4	0,3004
25	0,04324	268,3	0,9546	0,03500	265,9	0,9335	0,00083	86,4	0,3243
30	0,04434	273,0	0,9704	0,03598	270,8	0,9500	0,02997	268,5	0,9314
35	0,04541	277,8	0,9859	0,03694	275,7	0,9660	0,03085	273,6	0,9480
40	0,04646	282,5	1,0011	0,03787	280,6	0,9817	0,03170	278,6	0,9642
45	0,04749	287,2	1,0161	0,03877	285,5	0,9971	0,03252	283,6	0,9800
50	0,04850	292,0	1,0309	0,03966	290,3	1,0122	0,03332	288,5	0,9955
55	0,04950	296,7	1,0455	0,04053	295,1	1,0271	0,03411	293,5	1,0107

	p = 500 kPa			p = 600 kPa			p = 700 kPa		
60	0,05049	301,5	1,0600	0,04139	300,0	1,0417	0,03487	298,4	1,0257
65	0,05146	306,3	1,0743	0,04223	304,9	1,0562	0,03563	303,4	1,0404
70	0,05243	311,1	1,0884	0,04307	309,8	1,0706	0,03637	308,3	1,0550
75	0,05338	316,0	1,1024	0,04389	314,7	1,0848	0,03711	313,3	1,0693
80	0,05433	320,8	1,1163	0,04471	319,6	1,0988	0,03783	318,3	1,0835
90	0,05620	330,6	1,1436	0,04632	329,5	1,1265	0,03925	328,3	1,1115
100	0,05805	340,5	1,1706	0,04790	339,5	1,1536	0,04064	338,4	1,1389

	p = 800 kPa			p = 900 kPa			p = 1000 kPa		
T	v	h	s	v	h	s	v	h	s
°C	m³/kg	kJ/kg	kJ/(kg.K)	m³/kg	kJ/kg	kJ/(kg.K)	m³/kg	kJ/kg	kJ/(kg.K)
40	0,02704	276,5	0,9481	0,02337	274,2	0,9328	0,02041	271,7	0,918
45	0,02780	281,6	0,9644	0,02411	279,5	0,9497	0,02112	277,3	0,9356
50	0,02855	286,7	0,9803	0,02481	284,8	0,9661	0,02180	282,8	0,9526
55	0,02927	291,8	0,9958	0,02549	290,0	0,9821	0,02244	288,1	0,9691
60	0,02997	296,8	1,0111	0,02615	295,1	0,9977	0,02307	293,4	0,9851
65	0,03066	301,9	1,0261	0,02679	300,3	1,0130	0,02367	298,6	1,0007
70	0,03134	306,9	1,0409	0,02741	305,4	1,0280	0,02426	303,9	1,0160
75	0,03200	311,9	1,0555	0,02803	310,5	1,0428	0,02484	309,1	1,0311
80	0,03266	317,0	1,0699	0,02863	315,6	1,0574	0,02540	314,3	1,0459
85	0,03330	322,0	1,0841	0,02922	320,8	1,0718	0,02595	319,5	1,0605
90	0,03394	327,1	1,0982	0,02981	325,9	1,0861	0,02649	324,7	1,0749
100	0,03519	337,3	1,1259	0,03095	336,2	1,1141	0,02755	335,1	1,1032
110	0,03642	347,6	1,1531	0,03207	346,6	1,1415	0,02858	345,5	1,1309
120	0,03763	358,0	1,1798	0,03316	357,0	1,1684	0,02959	356,1	1,1580
130	0,03881	368,5	1,2062	0,03424	367,6	1,1949	0,03058	366,7	1,1847
140	0,03998	379,1	1,2321	0,03530	378,2	1,2211	0,03155	377,4	1,2110

	p = 1250 kPa			p = 1500 kPa			p = 1750 kPa		
40	0,00087	108,2	0,3941	0,00087	108,2	0,3933	0,00087	108,2	0,3925
45	0,00089	115,8	0,4181	0,00089	115,7	0,4172	0,00088	115,7	0,4162
50	0,01626	277,1	0,9204	0,00091	123,4	0,4412	0,00090	123,3	0,4402
55	0,01688	282,9	0,9385	0,00093	131,3	0,4655	0,00092	131,2	0,4643
60	0,01746	288,7	0,9558	0,01361	283,2	0,9278	0,00095	139,3	0,4889
65	0,01801	294,3	0,9725	0,01416	289,3	0,9460	0,01130	283,5	0,9195
70	0,01854	299,8	0,9887	0,01466	295,2	0,9634	0,01182	290,1	0,9388
75	0,01905	305,2	1,0045	0,01515	301,0	0,9802	0,01229	296,4	0,9570
80	0,01955	310,7	1,0199	0,01561	306,8	0,9965	0,01274	302,5	0,9743
85	0,02003	316,1	1,0351	0,01605	312,4	1,0123	0,01317	308,4	0,9911
90	0,02050	321,4	1,0500	0,01648	318,0	1,0278	0,01358	314,3	1,0073
100	0,02142	332,1	1,0791	0,01731	329,1	1,0579	0,01435	325,8	1,0386
110	0,02230	342,9	1,1075	0,01809	340,1	1,0871	0,01507	337,2	1,0687
120	0,02315	353,6	1,1352	0,01885	351,1	1,1154	0,01576	348,4	1,0977
130	0,02399	364,4	1,1623	0,01958	362,1	1,1431	0,01643	359,7	1,1260
140	0,02480	375,3	1,1890	0,02029	373,2	1,1702	0,01707	370,9	1,1536

	p = 2000 kPa			p = 2250 kPa			p = 2500 kPa		
60	0,00095	139,1	0,4876	0,00094	139,0	0,4864	0,00094	138,8	0,4852
65	0,00097	147,5	0,5126	0,00097	147,3	0,5111	0,00097	147,0	0,5097
70	0,00957	283,9	0,9131	0,00100	156,0	0,5367	0,00100	155,6	0,5350
75	0,01008	291,0	0,9335	0,00825	284,5	0,9083	0,00103	164,7	0,5613
80	0,01054	297,6	0,9525	0,00875	292,1	0,9299	0,00722	285,2	0,9049
85	0,01096	304,0	0,9705	0,00920	299,1	0,9497	0,00771	293,4	0,9278
90	0,01136	310,3	0,9877	0,00960	305,8	0,9683	0,00815	300,8	0,9484
95	0,01174	316,3	1,0043	0,00998	312,3	0,9860	0,00854	307,8	0,9675
100	0,01210	322,3	1,0205	0,01034	318,6	1,0030	0,00890	314,5	0,9856
105	0,01245	328,2	1,0362	0,01068	324,7	1,0194	0,00923	321,0	1,0030
110	0,01279	334,1	1,0516	0,01100	330,8	1,0354	0,00955	327,4	1,0196
120	0,01344	345,7	1,0815	0,01162	342,8	1,0662	0,01015	339,8	1,0516
130	0,01405	357,2	1,1104	0,01220	354,6	1,0958	0,01070	351,9	1,0820
140	0,01464	368,6	1,1385	0,01275	366,3	1,1245	0,01123	363,9	1,1114
150	0,01521	380,1	1,1659	0,01328	378,0	1,1524	0,01173	375,7	1,1398

B.8   PROPRIEDADES TERMODINÂMICAS DO AR SECO A 100 kPA

T	ρ	h	u	T	ρ	h	u
°C	kg/m³	kJ/kg	kJ/kg	°C	kg/m³	kJ/kg	kJ/kg
–40	1,496	233,1	166,2	840	0,3128	1177	857,3
–20	1,377	253,2	180,6	860	0,3073	1200	874,8
0	1,276	273,3	194,9	880	0,3019	1224	892,4
20	1,189	293,4	209,3	900	0,2968	1247	910,0
40	1,112	313,6	223,7	920	0,2918	1270	927,7
60	1,046	333,7	238,1	940	0,2870	1294	945,5
80	0,9862	353,9	252,5	960	0,2824	1317	963,3
100	0,9332	374,1	266,9	980	0,2778	1341	981,2
120	0,8857	394,3	281,4	1000	0,2735	1365	999,1
140	0,8428	414,6	296,0	1020	0,2693	1389	1017
160	0,8038	435,0	310,6	1040	0,2652	1412	1035
180	0,7683	455,4	325,2	1060	0,2612	1436	1053
200	0,7358	475,9	340,0	1080	0,2573	1460	1071
220	0,7060	496,4	354,8	1100	0,2536	1484	1090
240	0,6785	517,0	369,6	1120	0,2499	1508	1108
260	0,6530	537,7	384,6	1140	0,2464	1532	1126
280	0,6294	558,5	399,6	1160	0,2430	1556	1144
300	0,6074	579,4	414,7	1180	0,2396	1580	1163
320	0,5869	600,3	429,9	1200	0,2364	1604	1181
340	0,5678	621,4	445,2	1220	0,2332	1628	1200
360	0,5499	642,5	460,6	1240	0,2301	1653	1218
380	0,5330	663,7	476,1	1260	0,2271	1677	1237
400	0,5172	685,1	491,7	1280	0,2242	1701	1255
420	0,5023	706,5	507,4	1300	0,2213	1726	1274
440	0,4882	728,0	523,2	1320	0,2186	1750	1292
460	0,4749	749,6	539,0	1340	0,2159	1774	1311
480	0,4623	771,3	555,0	1360	0,2132	1799	1330
500	0,4503	793,1	571,1	1380	0,2106	1823	1349
520	0,4389	815,0	587,2	1400	0,2081	1848	1367

T	ρ	h	u		T	ρ	h	u
°C	kg/m³	kJ/kg	kJ/kg		°C	kg/m³	kJ/kg	kJ/kg
540	0,4281	837,0	603,5		1420	0,2057	1872	1386
560	0,4179	859,1	619,8		1440	0,2033	1897	1405
580	0,4081	881,3	636,2		1460	0,2009	1922	1424
600	0,3987	903,6	652,8		1480	0,1986	1946	1443
620	0,3898	925,9	669,4		1500	0,1964	1971	1462
640	0,3813	948,3	686,1		1520	0,1942	1996	1481
660	0,3731	970,9	702,8		1540	0,1920	2020	1500
680	0,3653	993,5	719,7		1560	0,1900	2045	1519
700	0,3578	1016	736,6		1580	0,1879	2070	1538
720	0,3506	1039	753,7		1600	0,1859	2095	1557
740	0,3436	1062	770,7		1620	0,1839	2120	1576
760	0,3370	1085	787,9		1640	0,1820	2145	1595
780	0,3306	1108	805,2		1660	0,1801	2170	1614
800	0,3244	1131	822,5		1680	0,1783	2194	1634
820	0,3185	1154	839,9		1700	0,1765	2219	1653

REFERÊNCIAS BIBLIOGRÁFICAS

[01] FOX, R. W.; McDONALD, A. T. *Introdução à mecânica dos fluidos*. 6. ed. Rio de Janeiro: LTC, 2006. 798 p.

[02] HOLMAN, J. P. *Transferencia de calor*. 8. ed., 1. ed. en español. Madrid: McGraw Hill/Interamericana de España, S.A.U., 1998. 484 p.

[03] INCROPERA, F. P. et al. *Fundamentos de transferência de calor e massa*. 6. ed. Rio de Janeiro: LTC, 2008. 644 p.

[04] MORAN, M. J.; SHAPIRO, H. *Princípios de termodinâmica para engenharia*. 6. ed. Rio de Janeiro: LTC, 2002. 800 p.

[05] MORAN, M. J. et al. *Introdução à engenharia de sistemas térmicos*: termodinâmica, mecânica dos fluidos e transferência de calor. Rio de Janeiro: LTC, 2005. 604 p.

[06] MUNSON, B. R.; YOUNG, D. F.; OKIISHI, T. H. *Fundamentos da mecânica dos fluidos*. São Paulo: Blucher, 2004. 572 p.

[07] SCHMIDT, F. W.; HENDERSON R. E.; WOLGEMUTH, C. H. *Introdução às ciências térmicas*: termodinâmica, mecânica dos fluidos e transferência de calor. São Paulo: Blucher, 1996. 466 p.

[08] SONNTAG, R. E.; BORGNAKKE, C.; VAN WYLEN, G. J. *Fundamentos da termodinâmica*. 6. ed. São Paulo: Blucher, 2003. 577 p.

[09] YAWS, C. L. et al. Correlation Constants for Chemical Compounds – Procedures to Speed Calculations for: Heat Capacities, Heats of Formation, Free Energies of Formation, Heats of Vaporization. *Chemical Engineering*, August 16, 1976, pp. 76-87.

[10] YAWS, C. L. et al. Correlation Constants for Chemical Compounds – Procedures to Speed Calculations for: Surface Tensions, Liquid Densities, Heat Capacities, Thermal Conductivities. *Chemical Engineering*, October 25, 1976, pp. 127-135.

[11] YAWS, C. L. et al. Correlation Constants for Chemical Compounds – Procedures to Speed Calculations for: Gas Thermal Conductivity, Gas Viscosity, Liquid Viscosity, Vapor Pressure. *Chemical Engineering*, November 22, 1976, pp. 153-162.

[12] POTTER, M. C.; SCOTT, E. P. *Ciências térmicas* – Termodinâmica, *mecânica dos fluidos e transmissão de calor*. São Paulo: Thomson Learning Edições, 2006. 772 p.

[13] SONNTAG, R. E.; BORGNAKKE, C. *Introdução à Termodinâmica para Engenharia*. Rio de Janeiro: LTC, 2003. 381 p.

[14] SCHMIDT, F. W.; HENDERSON, R. E.; WOLGEMUTH, C. H. *Introdução às ciências t*érmicas: termodinâmica, mecânica dos fluidos e transferência de calor. São Paulo: Blucher, 1996. 466 p.